오일러상수 감마

Gamma: Exploring Euler's Constant by Julian Havil
Copyright © 2003 by Princeton University Press
Published by Princeton University Press, 41 William Street,
Princeton, New Jersey 08540
In the United Kingdom: Princeton University Press, 3 Market Place,
Woodstock, Oxfordshire OX20 1SY
All rights reserved
Korean translation copyright © 2008 by Seung San Publishers.
Korean translation rights arranged with Princeton University Press
through EYA(Eric Yang Agency).

이 책의 한국어판 저작권은 EYA(Eric Yang Agency)를 통한
Princeton University Press사와의 독점계약으로 한국어 판권을 '도서출판 승산'이 소유합니다.
저작권법에 의하여 한국 내에서 보호를 받는 저작물이므로 무단전재와 복제를 금합니다.

오일러상수 감마 / 줄리언 해빌 지음 ; 고중숙 옮김. -- 서울 : 승산, 2008
  p. ; cm

원표제: Gamma : exploring Euler's constant
원저자명: Julian Havil
참고문헌과 색인 수록
영어 원작을 한국어로 번역
ISBN 978-89-6139-018-7 03410 : ₩20000

수학(산수)[數學]

411-KDC4
513-DDC21   CIP2008003384

α β **γ** δ ε ζ η θ

오일러 상수 감마

줄리언 해빌 지음 • 프리먼 다이슨 서문 • 고중숙 옮김

Exploring Euler's Constant
GAMMA

승산

《오일러상수 감마》에 대한 찬사

이 책은 독자층이 넓다. 그중에서도 특히 수학을 사랑하지만 교과서의 건조함과 형식성에 체념한 사람, 대다수 수학 대중서의 엄격하지 못한 접근법에 만족할 수 없는 사람에게 적합하다. 이 책에서는 수학을 현실과 연결된 것으로 제시한다. 많은 독자들은 이 책에서 그들이 찾던 바로 그것을 발견할 것이다.

Mohammad Akbar, 〈Plus Magazine〉

놀라운 책이다. 역사적 맥락에 대한 강조와 이야기체 서술 덕분에 즐겁게 읽을 수 있다. 《오일러상수 감마》는 저항할 수 없는 수학 지식의 노다지이다. 수학에 진지한 관심이 있는 사람이라면 누구나 이 책이 값지다고 여길 것이다.

Ben Longstaff, 〈New Scientist〉

수학적으로나 역사적으로나 탁월한 책이다. 대학 고학년에서 대학원 정도의 주제를 다룬 중요한 수학적 및 역사적 문헌으로 여겨질 것이다. 줄리언 해빌 박사는 이 주제에 독창적인 흥취를 불어넣었다.

Eli Maor, 《오일러가 사랑한 수 e》의 저자

격식을 차리지 않는 이 책은 매력적이고 재미있다. 지은이는 공경하고 경외하는 태도로 과거의 수학 천재들에 관해 썼다. 특히 수학 주제들을 역사적 맥락 안에서 논한다는 점이 훌륭하다.

Ward R. Stewart, 〈Mathematics Teacher〉

아마존(www.amazon.com) 독자 서평

상수 하나가 그토록 많은 우여곡절을 겪었을지 누가 알았겠는가? 당신이 수학에 관심이 있다면 감마라는 상수에 얽힌 사건들에 사로잡힐 것이다. 핵심을 놓치지 않는 유려한 필치가 돋보인다.

Palle Jorgensen

해빌은 매혹적인 수학을 소개하기 위한 수단으로 감마를 사용했다. 그는 역사적 접근법을 통해 흥미를 더하면서도 다소 어려운 주제들을 쉽게 전달한다. 그의 가장 뛰어난 능력은 폭넓은 주제들을 자연스러운 방식으로 소개한다는 점이다. 감마에 관한 바로 이런 책이 필요했다.

Brian Freemantle

해빌은 수학 주제들 — 네이피어 로그, 조화수열, 오일러의 기여 등 — 을 상세하고 명쾌하게 전달한다. 잘 쓰였지만 다소 깊이가 없는 수학 대중서와 건조한 교과서 사이에서 이 책은 절묘한 균형을 이룬다.

H. Price Kagey

레온하르트 오일러(Leonhard Euler, 1707~1783)

> 오일러를 읽고 또 읽어라. 그는 우리 모두의 스승이다.
> 피에르 시몽 라플라스(Pierre-Simon Laplace, 1749~1827).

> 오일러는 사람이 숨을 쉬고 독수리가 하늘에 떠있듯 아무 힘도 들이지 않고 계산했다.
> 도미니크 프랑수아 장 아라고(Dominique François Jean Arago, 1786~1853)

> 수학의 여러 분야에서 최고의 가르침은 오일러의 업적에 대한 연구에서 얻을 수 있으며 다른 무엇으로도 대체할 수 없다.
> 카를 프리드리히 가우스(Carl Friedrich Gauss, 1777~1855)

결코 읽지는 않겠지만 내가 이것을 썼다는 사실은 언제까지나 자랑스럽게 여길 사이먼(Simon)과 다니엘(Daniel), 그리고 모든 것을 함께 나누었듯 이 자랑스러움도 함께 나눌 그래임(Graeme)에게 바친다.

| 차례 |

서문　14
감사의 글　17
들어서면서　19

제1장　로그 요람　27
    1.1　수학의 악몽과 각성 · 27
    1.2　남작의 놀라운 법칙 · 31
    1.3　케플러의 손길 · 43
    1.4　오일러의 손길 · 46
    1.5　네이피어의 다른 아이디어들 · 50

제2장　조화급수　57
    2.1　원리 · 57
    2.2　H_n의 생성함수 · 58
    2.3　놀라운 세 가지 결과 · 59

제3장　부조화급수　65
    3.1　부드러운 출발 · 65
    3.2　소수의 조화급수 · 66
    3.3　켐프너급수 · 72
    3.4　마델룽상수 · 76

제4장   제타함수   79

4.1 n이 자연수일 때 · 79
4.2 x가 실수일 때 · 86
4.3   두 가지만 더 · 88

제5장   감마의 고향   91

5.1   도래 · 91
5.2   탄생 · 94

제6장   감마함수   99

6.1   기이한 정의 · 99
6.2   그럴듯한 정의 · 103
6.3   감마가 감마를 만나다 · 104
6.4   보완과 아름다움 · 106

제7장   경이로운 오일러식   109

7.1   너무나 중요한 식 · 109
7.2   유용성의 실마리 · 110

제8장   지켜진 약속   115

제9장   감마는 도대체 무엇인가?   121

9.1   감마는 존재한다 · 121
9.2   감마는 어떤 수인가? · 126
9.3   놀라운 진전 · 129
9.4   위대한 아이디어의 싹 · 134

제10장   소수로서의 감마   137

10.1   베르누이수 · 137
10.2   오일러-매클로린합 · 143

10.3 두 가지 예 · 145

10.4 감마의 실마리 · 148

제11장 분수로서의 감마 151

11.1 신비 · 151

11.2 도전 · 152

11.3 답 · 154

11.4 세 가지 결과 · 157

11.5 무리수 · 157

11.6 펠방정식이 풀리다 · 161

11.7 틈새 메우기 · 161

11.8 조화급수 표현 · 162

제12장 감마는 어디에? 167

12.1 교대조화급수의 재조명 · 168

12.2 해석학에 · 173

12.3 수론에 · 181

12.4 추측에 · 187

12.5 일반화에 · 187

제13장 조화가 넘치는 세상 191

13.1 여러 가지 평균 · 191

13.2 기하적 조화 · 195

13.3 음악적 조화 · 197

13.4 기록 세우기 · 200

13.5 파괴검사 · 202

13.6 사막 건너기 · 204

13.7 카드 섞기 · 205

13.8 퀵소트 · 206

13.9   완전세트 모으기 · 209
13.10 퍼트넘상 문제 · 210
13.11 최대 돌출 · 212
13.12 끈 위의 벌레 · 213
13.13 최적의 선택 · 214

제14장 로그가 넘치는 세상   221

14.1 불확실성의 척도 · 222
14.2 벤포드법칙 · 230
14.3 연분수의 행동 · 244

제15장 소수의 문제   253

15.1   소수를 둘러싼 어려운 문제들 · 253
15.2   수수한 출발 · 255
15.3   그럴싸한 답들 · 260
15.4   그림으로 본 문제 · 262
15.5   에라토스테네스의 체 · 265
15.6   견출법(見出法) · 267
15.7   편지 · 269
15.8   조화평균 어림 · 276
15.9   다르지만 같은 · 278
15.10 진짜 문제는 셋이 아니라 둘 · 280
15.11 체비셰프의 멋진 아이디어들 · 281
15.12 리만의 등장과 뒤이은 증명 · 286

제16장 앞장 선 리만   291

16.1 리만처럼 소수 세기 · 291
16.2 새로운 수학적 도구 · 293
16.3 해석적 접속 · 294

16.4 리만의 제타함수 확장 · 296
16.5 제타의 함수방정식 · 296
16.6 제타의 영점 · 297
16.7 $\Pi(x)$와 $\pi(x)$의 계산 · 300
16.8 잘못된 증거 · 302
16.9 망골트명시식은 소수정리의 증명에 어떻게 쓰이는가? · 306
16.10 리만가설 · 309
16.11 리만가설이 왜 중요한가? · 312
16.12 실수형 대안 · 314
16.13 불멸에 이르는 반쯤 막힌 뒷길 · 316
16.14 옛 자극과 새 자극 · 320
16.15 진전 · 324

부록 A 그리스 문자 331

부록 B 차도(次度)표기법(Big Oh Notation) 332

부록 C 테일러전개 333
    C.1 1차 · 333
    C.2 2차 · 334
    C.3 예 · 336
    C.4 수렴성 · 336

부록 D 복소함수론 338
    D.1 복소미분 · 338
    D.2 바이어슈트라스함수 · 345
    D.3 복소로그 · 347
    D.4 복소적분 · 349

D.5　유용한 부등식 · 352
D.6　부정적분 · 352
D.7　풍성한 결론 · 355
D.8　놀라운 귀결 · 356
D.9　테일러전개와 한 가지 중요한 귀결 · 358
D.10　로랑전개와 또 하나의 중요한 귀결 · 362
D.11　유수 계산 · 365
D.12　해석적 접속 · 368

부록 E　제타함수에의 응용　370

E.1　해석적으로 접속된 제타 · 370
E.2　제타의 함수관계 · 374

옮긴이의 말　378
참고자료　385
인명 찾아보기　391
항목 찾아보기　399

서문

나는 줄리언 해빌 박사가 펴낸 이 책에 서문을 쓰게 되어 참으로 기쁘게 생각한다. 나는 60여 년 전의 어린 학창 시절 지금 해빌 박사가 계시는 학교에서 수학을 배웠고, 그때부터 수학을 사랑했으며, 이후 평생 전문 수학자의 길을 걷게 되었다(이 학교는 윈체스터 칼리지(Winchester College)로, 영국에서 전통적으로 수학 분야에 가장 뛰어난 학교로 알려져 있다. 이름에는 '칼리지'란 단어가 들어가 있지만 우리나라의 중고교에 해당하는 사립학교이다. 영국의 위대한 수학자 하디(Godfrey Harold Hardy, 1877~1947)도 이 학교 출신이다. - 옮긴이).

이 책은 전문 수학자를 위해 쓰이지 않았다. 고등학교와 대학교에서 수학을 배우는 학생들을 위한 책이고, 이들을 가르치는 분들을 위한 책이다. 이 책은 수학이 얼마나 사람을 매혹시킬 수 있는지를 보여 주는 훌륭한 영감이 어린 책이다.

수학은 흔히 어렵고 따분하다고 여겨진다. 많은 사람들이 될 수 있으면 수학은 피하며, 그 결과 대다수 사람들이 수학적 문맹, 곧 수맹(數盲)이 되고 말았다. 이는 부분적으로 우리 문화가 기본적인 계산능력의 중요성을 상대적으로 낮게 보기 때문이기도 하고, 학생들에게 수학을 제시하는 방법에 문제가 있기 때문이기도 하다. 이런 점에서 우리는 학창 시절 또는 그 이후의 사람들에게 수학을 가르치는 데에 가장 널리 쓰이는 두 가지 주요 방법이 이런 결과를 낳았다고 말할 수 있다.

첫째는 이른바 '신병훈련소' 방식으로 문제풀이를 중요시한다. 그러면 학생들은 여러 시험에 대한 준비는 잘 갖출 수 있지만 수학에 대한 진정한 이해는 일궈 내지 못할 가능성이 높다. 이런 방법으로는 수학에 내재된 아름다움과 희열을 만끽하도록 학생들을 이끌 수 없다. 나 또한 학창 시절의 경험으로 이 방법을 잘 알고 있는데, 그때 사용된 교재는 바로 유명한 수학 교재 저술가이자 우리의 수학 주임교사였던 클레멘트 듀렐(Clement Durell) 선생님이 쓴 책들이었다.

둘째는 이른바 '새 수학(New Math)'이라고 부르는 방식이다. 이것은 내 아이들이 학교에 다닐 무렵 유행처럼 번졌으며, 옛 방식이 깊이도 없고 재미도 없다는 비판에서 유래했다. 새 수학은 어린이들이 실제적 문제들의 해법을 배우기 전에 현대적인 수학 개념들을 이해해야 한다는 생각에 기반을 두고 있다. 이에 따라 학생들은 집합과 관계를 먼저 배운 다음 곱셈과 나눗셈을 숙달한다. 다시 말해서 학생들은 실체에 대한 이해 없이 현대수학의 용어들부터 배우는 셈이다. 이와 같은 새 수학이 소개되고 얼마간의 세월이 흐르자 수학적 문맹도는 급감했다.

하지만 이보다 더 성공적인 제3의 방법은 없을까? 나는 그런 방법이 있다고 믿으며, 해빌 박사가 쓴 이 책이 바로 어디서 그 길을 찾을 것인지 보여 준다. 이 제3의 길은 '역사적 접근법'이라고 부를 수 있다. 학생들에게 실제적 기법들을 가르치되, 그것들이 처음 개발되었던 때의 역사적 맥락 안에서 다루기 때문이다.

해빌 박사는 배워야 할 역사적 맥락으로 18세기를 택했는데, 이는 올바른 선택이다. 18세기에는 고등수학의 아이디어와 기법들이 당시의 실제적 문제들로부터 자연스럽게 이끌려 나왔다. 추상적인 순수수학과 실제적인 응용수학이라는 선명한 현대적 구별은 아직 없었다. 이 시대를 풍미한 천재 레온하르트 오일러는 이후 전개될 수학을 위해 새로운 언어와 방식을 창조했다. 이 책은 오일러의 인성 및 후대의 수학자들이 깊이 숙고하며 사용할 그의 아이디어들을 중심으로 이야기를 풀어 간다. 오일러의 아이디어는 마음 편히 다가설 수 있을 만큼 쉬우면서도 진정한 수학의 아름다움을 절감하게 할 만큼 깊기도 하다.

수학을 배우다 보면 자주 그렇듯, 독자들이 약간의 노력만 기울이면 이 책에서 아이디어로 가득 찬 세계를 만나게 될 것이다. 이 책은 수학의 몇 가지 주제에 대한 해설이나 오일러의 천재성이 드러나는 예들을 늘어놓는 데에 지나지 않는 수준을 훨씬 뛰어넘는다. 수학이 중요하고 흥미롭고 아름답다는 생각을 조금이라도 가진 사람이라면 이 책이 영감으로 넘치면서도 매우 즐길 만하다는 점을 깨닫게 될 것이다.

끝으로 이 책을 읽을 교사들과 학생들에게 말한다. 여기에 최상의 포도주가 즐비한 찬장이 있다. 자, 들이키자!

프리먼 다이슨(Freeman Dyson)

감사의 글

어떤 책의 지은이든 도움과 후원이 필요하며 특히 첫 책을 쓰는 지은이는 더욱 그렇다(이 글의 인명은 원어로 쓴다. - 옮긴이). 나의 동료 John Hodgins 박사는 타이핑된 초기 원고를 검토해 주었고 Coralie Ovenden 양은 18세기 라틴어를 21세기 영어로 옮겨 주었다. 동료이자 좋은 친구인 Lachlan Mackinnon은 이 책에 흥미를 갖고 뛰어난 문학적 경력을 토대로 수학자가 말하려는 바를 잘 쓸 수 있도록 도와주었다. 이 작업에 열정을 가지고 참여한 Charlotte Liu에게도 감사드린다. 또한 용감하게 의문을 제기함으로써 원고를 개선하는 데에 크게 기여한 두 학생 Owen Jones와 Andrei Pogonaru에게도 고마움을 전한다. 이곳의 위컴 암스(Wykeham Arms) 술집에서 어울렸던 많은 친구들에게도 감사를 표하는데, 이들은 자신들의 분야와 아주 동떨어진 것임에도 많은 관심과 흥미를 보여 주었다. 원고를 처음과 나중에 검토해 주신 분들께도 시간을 내주시고 조언을 해주신 데 감사드리며, 특히 프리먼 다이슨 교수는 처리해야 할 중요한 일들이 많았지만 수고를 마다하지 않고 추천의 글을 써주셨기에 진심으로 감사드린다. 한편 이 책에 인용한 많은 책과 논문의 저자들에게도 감사를 드린다. 특히 맥 튜터 수학사(Mac Tutor History of Mathematics) 사이트는 수학자들의 자세한 전기를 읽고 여러 가지 날짜들을 확인하는 데에 큰 도움이 되었다. 수학 전문 프로그램인 매서매티커(Mathematica)는 여러모로 아주 유용했고,

Stan Wagon의 저서 《매서매티커 실행(Mathematica in Action)》과 매서매티컬 익스플로러(Mathematical Explorer) 프로그램은 내가 직접 프로그램할 경우 소모했어야 할 엄청난 노력과 시간을 절약하게 해주었다. Jonathan Wainwright는 내가 교정에 교정을 거듭하며 괴롭혔지만 놀라운 인내심으로 단 한 번도 귀찮아하지 않으면서 그때마다 '완성된' 판형을 다시금 고쳐 주었다. 끝으로 편집자 David Ireland는 차분하고 우호적인 가운데 능수능란하고 전문적인 방식으로 많은 지원을 아끼지 않았다. 모든 편집자가 그와 같으리라고는 도무지 믿을 수 없다.

328쪽의 시 〈리만가설(The Riemann Conjecture)〉의 저작권은 Jonathan P. Dowling에게 있으며 그의 허락을 받고 여기에 옮겼다. 책 첫부분의 오일러 초상화와 54쪽에 실은 네이피어막대(Napier's bones) 그림은 저작권을 가진 Picture Library사(社)의 Ann Ronan이 제공해 주었다.

들어서면서

> 책의 첫머리에 무엇을 쓸 것인지는 끝에 가서야 알게 된다.
> 블레즈 파스칼(Blaise Pascal, 1623~1662)

수학에서 특별한 상수는 π와 e와 i 셋뿐이라고 생각하기 쉽다. 하지만 그러한 상수들은 많으며, 수학의 여러 분야에서 자연스럽게 유래하여 고유의 정의를 얻고, 특별한 이름과 기호도 갖게 된다. 이것들에 기호가 필요한 이유는 숫자 그대로 쓸 경우 너무 불편하기 때문이다. 다시 말해서 이 수들은 유한개의 숫자로 나타낼 수 없고, 규칙적인 반복성을 보이지도 않는다. 원의 둘레와 지름의 비율은 3.142나 22/7가 아니라 3.14159…이며, 이와 견줄 정도로 신비로운 수를 품은 함수 $(2.71828\cdots)^x$는 그 도함수가 본래의 함수와 같은 사실상 유일한 함수이다. 여기서 생략점은 이 수들이 무리수임을 나타내는데, 더 나아가 초월수(transcendental number)이기도 하다. 이것들에 비하면 '$\sqrt{-1}$'을 i로 쓰는 것은 조금 더 편할 뿐이다. 오늘날 널리 '감마(gamma)'라고 부르는 수는 일반적으로 가장 의미심장한 '미지의 상수'로 여겨지며, 그렇기에 수학에서 넷째 가는 중요한 상수로 꼽는다. 감마의 기호로는 그리스 문자 'γ'를 쓰며, 이 기호가 나타내는 수는 스위스의 천재 수학자 레온하르트 오일러(Leonhard Euler, 1707~1783)의 이름과 영원토록 엮여 있다. 그 값은 선뜻 호감이 가지 않는 0.5772156…이다. 여기서의 생략점도 π나 e에서와 같은 뜻을 나타낼 것처럼 보인다. 하지만 이 친구들의 것과 달리 감마에 쓰인 점들은 아직까지 단지 그럴 거라는 예상에 지나지 않는다.

이 책은 감마에 대한 탐구이며, 이는 필연적으로 로그(logarithm)와 조화급수(harmonic series)에 대한 탐구이기도 함을 뜻한다. 왜냐하면 오일러가 이 상수를 정의할 때 아래와 같이 이것들 사이의 관계를 이용했기 때문이다.

$$\gamma = \lim_{n \to \infty} \left(1 + \frac{1}{2} + \frac{1}{3} + \frac{1}{4} + \cdots + \frac{1}{n} - \ln n \right)$$

여기서 ln은 수학의 곳곳에서 모습을 드러내는 밑(base)이 e인 로그, 곧 '자연로그'로, 이에 대한 프랑스어 'logarithmic natural'의 첫 글자들을 따서 만든 기호이다. 자연로그보다는 덜 알려진 조화급수는 자연로그의 이산짝(discrete counterpart)이라고 말할 수 있다.

$$H_n = 1 + \frac{1}{2} + \frac{1}{3} + \frac{1}{4} + \cdots + \frac{1}{n}$$

1970년대 중반부터 반도체칩이 내장되어 있고 배터리로 작동하는 비교적 값싼 휴대용 계산기가 널리 보급됨으로써 계산 보조 수단으로서의 로그와 계산자의 역할은 종막을 고했다. 하지만 여전히 로그가 수학의 곳곳에서 모습을 드러내는 게 놀라운 일로 여겨지진 않는다. 미적분을 배운 사람이면 누구나 로그가 되풀이해 등장하는 것을 보았을 텐데, 대개 어떤 함수의 적분 또는 지수함수의 역함수 형태로 나타나며, 이를 통해 e는 최고 상수의 권좌를 놓고 π와 다툰다. 로그는 또한 전혀 영향을 미치지 못할 듯한 곳에서도 아무런 경고 없이 불쑥 나타나곤 한다. 나아가 이럴 때면, 앞으로 보겠지만, 예상하지 못한 방식으로 놀라운 지배력을 발휘하곤 한다. 한편 조화급수 및 이와 관련된 것들도 이런 현상에 동참하여 나름대로 그들 존재의 중요성을 한껏 과시한다는 점도 함께 살펴볼 것이다.

이에 따라 이 책은 자연스럽게 두 부분으로 나뉘며, 제1장부터 11장까지는 '이론' 그리고 나머지 부분은 '실제'라고 말할 수 있다.

'이론' 부분에서는 여러 가지 정의들과 그 귀결들 및 어림법에 관심을 기울일 것이며, 나머지 장에 대한 길도 미리 조금 닦아 둘 예정이다. 이야기는 처음에 로그가 기이한 형태로 정의되었다는 사실에서 시작한다. 이 정의를 보면 곱셈을 덧셈으로 바꾸기 위해, 그리고 새 시대로 안내할 옛 시대의 아이디어를 활용하기 위해 투입해야 했던 막대한 지적 노력을 이해할 수 있다. 조화급수는 그 특이한 세 가지 성질과 함께 논의하며, 특수화와 일반화를 이야기한 다음 감마의 정의를 좀 더 자세히 살펴본다. 그 후 감마라는 상수가 실제로 존재함을 확인하고, 그 어림값을 소수와 분수의 형태로 나타내는 법을 배운다. 이것들 가운데 '서로소(素)(coprime)'인 정수들에 관한 가까스로 믿을 만한 한 가지 결과를 증명하고, 소수에 대한 현대적 연구에서 관건인 오일러식을 유도한다.

'실제' 부분에서는 우리가 주목하는 세 주제가 수학에서 나타나는 몇 가지 양상을 살펴보고 그 응용에 대해서도 약간씩 다룬다. 이 도중에 해석학(解析學, analysis)과 수론(數論, number theory)에서 다양하게 드러나는 감마의 역할을 언급하고, 조화급수와 로그의 몇 가지 놀라운 모습을 논의한다. 대단원도 사실은 로그의 응용 가운데 하나인데, 이는 리만가설(Riemann Hypothesis)로 이어지는 소수정리(Prime Number Theorem)의 응용이므로 특히 따로 다룰 만한 가치가 있다(단 소수정리와 리만가설 모두 증명하지는 않는다!). 오일러 자신이 감마를 연구하면서 말했다시피 우리의 여정은 필연적으로 '심사숙고할 가치'가 있는 수학적 주제에 이르게 된다. 하지만 그 가운데서도 유명한 소수정리와 장엄한 리만가설보다 더 가치 있는 것은 없다. 소수정리는 천방지축 날뛰는 소수의 행동을 다스렸으며, 리만가설은 이

기교를 더욱 정밀하게 가다듬었다. 리만가설의 이런 능력은 어떤 함수의 영점(일반적으로 어떤 함수를 0으로 만드는 변수값을 그 함수의 영점 또는 근이라 한다)들을 통해 발휘되는데, 이 영점들의 존재는 오늘날 수학 전체를 통틀어 가장 중요한 미해결 문제로 우뚝 서있다.

이 책에 나오는 수학은 얼마나 어려울까? 물론 이는 주관적인 문제이다. 하지만 분명히 밝혀둘 것은 여러 가지 수학 기호들의 사용을 기피하지 않겠다는 것인데, 만일 기피한다면 우리는 수학에 대해서 이야기할 수 있을 뿐 실제로 수학을 배우지는 못할 것이기 때문이다. 다만 고도의 기법은 거의 사용하지 않을 것이며 오히려 간단한 아이디어들을 고도로 활용하는 경우가 더 많다. 일상적으로는 '기본적(elementary)'이란 말과 '간단한(simple)'이란 말을 동의어처럼 사용하지만 수학은 이를 분명히 구별한다. '기본적'이라 함은 어떤 주제를 읽는 데에 수학적 지식이 많이 필요하지 않다는 뜻이며, '간단하다'고 함은 이를 이해하는 데에 별다른 수학적 능력이 필요하지 않다는 뜻이다. 이런 뜻에 비춰 볼 때 이 책이 다루는 내용은 때로 기본적이지만 그다지 간단하지는 않다. 따라서 독자들은 여러 군데에서 종이와 필기구를 쓸 채비를 갖춰야 한다. 수학은 보면서 즐기는 경기가 아니기 때문이다! 이 책은 정식 교재가 아니라 수학의 맥락을 다루는 책이므로 논의의 수준은 편안함과 적절한 엄밀성의 균형을 꾀할 것이다. 그리고 수학의 맥락을 전달하기 위해 수학을 논하는 도중에 따로 시간을 내서 수학을 둘러싼 상황과 수학을 만들어 낸 수학자들 및 그들이 살았던 시대에 대해 이야기할 것이다. 이런 이야기를 자세히 하는 때도 있겠지만, 이 책은 수학사에 관한 책이 아니므로 어떤 때는 간단히 몇 줄 정도만 언급할 것이며, 또 아예 하지 않을 때도 있을 것이다. 어쨌든 그 취지는 수학이란 게 책이 아니라 수학자들로부터 나온다는 것을 환기시키는 데에 있고, 걸출한 아이디어를 내놓았지만 어둠에

묻힌 인물들을 전면에 드러내 그들의 아이디어를 공유하고자 하는 데에도 있으며, 시간이 흐름에 따라 이런 아이디어들이 어떻게 발전해 갔는지에 대한 느낌을 얻도록 하는 데에도 있다.

'기본적'이란 분류의 예외는 리만가설에 대한 마지막 장의 일부 내용들이다. 여기에는 복소함수론(complex function theory), 특히 복소미분(complex differentiation)과 복소적분(complex integration)이 필수적으로 수반되기 때문이다. 이런 주제들을 이미 알고 있는 사람들에게는 별문제가 없겠지만 그렇지 않은 사람들은 제법 두렵게 여길 수도 있을 것이다. 만일 그렇다면 그냥 지나쳐 버려도 상관없다. 하지만 이 주제들은 가장 찬란히 빛나는 강력한 체계이므로 과감히 파헤쳐 보는 편이 좋을 것이며, 이런 분들을 위해 부록 D에 복소함수론의 몇 가지 내용에 대한 '특강'을 수록했다. 리만가설은 수학의 전 분야를 통틀어 참으로 가장 중요한 미해결 문제이므로 기본적이지도 간단하지도 않다는 것은 전혀 놀랄 일이 아니다. 마지막 장의 내용을 오귀스탱 루이 코시(Augustin Louis Cauchy, 1789~1857)의 위대한 아이디어를 통해 파악하고 싶다는 아쉬움을 느끼는 분들이 있을 텐데, 이 부록은 바로 이런 아쉬움을 해소해 줄 수 있다는 점만으로도 충분히 의의가 있다.

나는 이 책의 내용이 먼저 정식 대수학을 배우고(아직 그런 과정이 있다면), 확률과 통계도 약간 맛본 뒤, 미적분 강좌를 충분히 거친 다양한 사람들에게 매력적으로 비칠 수 있기를 바란다. 이런 사람들을 구체적으로 살펴본다면 대략 다음과 같을 것이다. 첫째, 진취적인 고교 상급생들은 이 책의 많은 내용들을 처음 접할 것이다. 둘째, 대학생들은 이를 통해 자칫 메마른 뼈대로만 남을 곳에 살을 덧붙일 수 있을 것이다. 셋째, 교사들은 이를 이용하여 몇 가지의 훌륭한 아이디어들을 간편히 종합할 수 있을 것이다(어쩌면 강좌도 한두 개 만들 수 있을 것이다). 넷째, 수학을 떠났지만 왜 한때 수학이 그토록 환상적으로 보였는지 다시 돌이켜보고자 하는 사람들도 포함시킬 수 있다. 이 책은 "흥미로운 수학을 흥미롭게 설명한다"는 목표 아래 썼지만, 이를 얼마나 이뤘는지는 독자들의 판단에 맡긴다.

이 책에는 많은 수학자들의 이름이 나온다. 수학적 주제의 내용과 역사에 흥미를 가진 사람이라면 이 이름들로부터 경이로움을 느끼겠지만, 그 가운데 다른 누구보다 많은 곳에서 언급하지 않을 수 없는 수학자는 바로 오일러이다. 이는 우리의 여정이 우연히도 그가 지배했던 수학적 영역을 통과해야 하기 때문만은 아니다. 그보다는 수학 세계의 어느 방향을 향하든 그의 영향력을 조금이라도 받지 않고 나아가기란, 완전히 불가능하지는 않겠지만 아주 어렵기 때문이다. 이 사실은 우리가 오늘날 아주 자연스럽게 사용하는 많은 기호들이 그에게서 유래했다는 점만 살펴봐도 쉽게 납득할 수 있다. 예를 들어 e, i, $f(x)$, Σ, Δ, $\sin x$, $\cos x$ 등은 물론, 삼각형의 꼭짓점은 대문자, 이와 마주보는 변은 소문자로 나타내는 관습도 그가 확립했다. 얼마나 많은 중요한 아이디어들이 그의 이름과 관련되어 있는지, 나아가 그의 이름과 붙어 있는지를 제대로 음미하기란 어려우며, 오히려 잊고 지내기 쉽다. 오일러는 엄청나게 많은 중요한 개념들을 고안해 냈고, 알려진 분야마다 거치지 않은 곳이 없으며, 손을 댄 모든 것을 찬란히 빛나게 만들었다. 캘링거(Ronald Calinger) 교수에 따르면 지금껏 알려진 오일러의 책과 논문은 모두 873편에 이르는데, 이는 수학과 역학의 이론과 응용 분야를 합쳐 1726년부터 1800년까지 발행된 전체 연구 저작물의 1/3 정도에 해당한다. 그의 전집 《오페라 옴니아(*Opera Omnia*)》는 현재 300쪽에서 600쪽에 이르는 74권의 책으로 구성되어 있으며, 최종적으로 완성되려면 앞으로 적어도 7권이 더해져야 한다. 수학책이나 수학사책의 찾아보기에서 '오일러'라는 이름은 수많은 관련 항목들을 이끌고 나타나 찾아보는 사람들의 기를 꺾곤 한다. 길게 나열된 이 항목들은 대개 큼직한 덩어리로 묶여 있으며, 때로는 개별적으로 열거되거나 아예 빠져 있기도 하는데, 주로 다음과 같은 것들을 포함한다.

> 오일러각(Euler angles), 오일러삼각형(Euler triangle), 오일러지표(Euler characteristic), 오일러(항등)식(Euler's identity), 오일러원(Euler circle), 오일러회로(Euler circuit), 오일러-마스케로니상수(Euler-Mascheroni constant), 오일러선(Euler line), 오일러수(Euler numbers), 오일러의 제1적분(Euler's first integral), 오일러의 제2적분(Euler's second integral), 오일러다항식(Euler polynomials), 오일러의 토티엔트함수(Euler's Totient function) 등.

이 밖에도 십여 가지는 더 나올 것이며, 어쩌면 알아야 할 것은 그의 이름을 '오일러'라고 발음한다는 사실뿐일 것이다.

'천재'라는 명사는 '이례적으로 특출한 본능적 상상력과 창의력이 넘치는 뛰어난 지적 능력'으로 정의되어 왔다. 이 단어를 지나치게 사용하면 그 의미가 엷어지고 저자의 판단도 의심을 받겠지만, 오일러에 대해 이미 썼고 앞으로도 위험을 무릅쓰고 다른 여러 사람들에게도 사용할 것이다. 물론 오일러보다 이 단어가 더 잘 어울리는 사람은 없으며, 따라서 만일 그를 천재라고 할 수 없다면 다른 사람들도 모두 천재가 아니고 어떤 천재도 아직 태어나지 않았다고 봐야 한다. 어쨌거나 대다수 사람들에게 오일러란 이름은 그의 이름이 붙은 상수만큼이나 신비로울 것이다. 그는 조화급수를 일반화한 제타함수(Zeta function)를 통해 감마에 생명을 불어넣었는데, 그중 하나의 합은 오일러가 놀라운 솜씨를 발휘하여 해결할 때까지 이른바 '해석학자들의 절망(the despair of analysts)'이라 불릴 정도로 오랫동안 골치 아픈 문제였다.

오일러 이전과 오일러 당대, 그리고 어느 정도 오일러 이후의 시대까지는 '쓰든지 사라지든지'라는 말로 대변되는 오늘날의 치열한 학문적 경쟁 사회와 거리가 멀었으므로 우선권을 확립하기가 매우 어려운 경우가 많았다. 때로 이는 저명한 저널의 논문들보다 그냥 남긴 기록이나 동시대인들에게 보낸 편지를 통해 이뤄지는데, 당시 사람들은 성과를 실제로 얻은 뒤 한참 지나서야 논문으로 발표하는 경우가 많았기 때문이다. 미적분의 발견을 두고 뉴턴(Isaac Newton, 1642~1727)과 라이프니츠(Gottfried von Leibnitz, 1646~1716) 사이에 벌어진 우선권 다툼은 악명 높은 예이다. 따라서 독자들은 이 책의 이야기가 모두 완벽한 것은 아니지만, 적어도 충분히 대표적인 것이라고 받아들여 주기 바란다.

오일러위원회의 회장인 우르스 부르크하르트(Urs Burckhardt) 박사는 "최고도로 간결하고도 명료하게 쓰고자 하는 노력이 돋보이는 오일러의 저작들은 현대적 의미로 볼 때 실질적인 최초의 수학 교과서라고 말할 수 있으며, 이에 따라 오일러는 정녕 그의 시대는 물론 19세기에 깊이 들어서도 유럽 최고의 스승이 되었다"라고 썼다. 예나 지금이나 오일러는 다가서기는커녕 똑바로 쳐다보기에도 너무 먼 목표이다. 그러나 그를 통해 우리는 옛 아이디어를 신선하게 이해하고 새로운 아이디어를 펼쳐 내는 즐거움은(때로 좌절을 겪기도 하지만) 참으로 소중한 삶의 활력소이며, 말로 하든 글로 하든, 가르침이야말로 최선의 배움이라는 사실을 다시금 깨닫게 된다. 이제 여러 나라와 여러 세기에 걸쳐 경이로운 수학자들의 삶과 그들이 내놓은 경이로운 수학적 업적들을 조금씩 둘러보는 여정을 시작하면서 독자들도 이와 같은 환희를 한껏 함께 누릴 수 있기를 진심으로 기원한다.

제1장
로그 요람

> 친구여, 이 책의 용도는 아주 많다네,
> 비록 소박하게 보일지언정,
> 차분히 공부하면 알게 될 걸세,
> 커다란 천 권의 책 못지않은 혜택을 준다는 걸.
>
> 존 네이피어(John Napier, 1550~1617)

1.1 수학의 악몽과 각성

'컴퓨터'가 '계산하는 사람'이 아니라 '계산하는 기계'로 여겨지는 오늘날에는 엄청나게 복잡한 계산이 번개처럼 빠르게 일상적으로 이뤄지므로 통상적인 계산에서 오는 압박감은 머나먼 딴 세상의 이야기처럼 들리며 실제로도 그렇다. 수학이 계산의 족쇄에서 풀려난 것을 당연히 여기기 쉽지만 이런 자유를 쟁취한 것은 최근의 일이다. 1970년대 중반만 하더라도 아주 기초적인 계산을 제외하고는 계산을 수행할 때 기계적 계산기와 계산자와 로그표를 써야 했으며, 이것마저도 매우 고맙게 여겼다. 17세기 초에는 과학의 여러 분야에서 커다란 발전이 이뤄졌지만 이런 보조 수단은 전혀 없었으며, 이에 따라 갈수록 엄청나게 쏟아져 나오는 기본적 계산들 때문에 과학의 발전은 심각한 타격을 받게 되었다. 덧셈과 뺄셈은 그래도 참을 만하다. 그러나 이보다 훨씬 힘든 곱셈과 나눗셈, 나아가 중요하지만 도저히 감내할 수 없을 것처럼 보이는 여러 제곱근들의 계산은 또 어떻게 다뤄야 할까?

고대 문명들도 이런 문제들의 해결에 나섰다. 예를 들어 바빌로니아인들

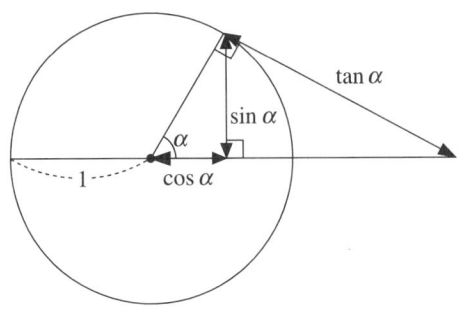

그림 1.1. 중세에 쓰인 삼각함수의 정의

은 제곱수를 수록한 표와 $ab = \frac{1}{4}\{(a+b)^2 - (a-b)^2\}$이라는 식으로부터 약간의 도움을 받았다. 16세기에는 잘 될 것 같지는 않지만 더 정교한 아이디어가 나왔는데, 삼각함수의 관계식을 이용한 것으로 비티히(Wittich)와 클라비우스(Clavius)라는 두 네덜란드 수학자가 고안했다. 이 무렵 유럽 전역에 걸쳐 다양한 삼각함수 관계식들이 나타났으며, 일례로 프랑수아 비에트(François Viète, 1540~1603)가 유도해 낸 식들 가운데는 아래와 같은 것도 있었다.

$$\sin x \cos y = \frac{1}{2}(\sin(x+y) + \sin(x-y)) \qquad (1.1)$$

이때 어떤 각에 대한 사인(sine)의 값은 그림 1.1에서 보는 것처럼 반현(半弦)의 길이를 가리키므로 정의에 사용된 원의 반지름에 따라 그 값도 달라진다. 이런 어려움에도 불구하고 삼각함수의 값에 대한 방대한 표가 만들어졌으며, 정의에 사용된 원의 반지름을 크게 잡아 12자리가 넘는 정수값으로 수록했다. 이처럼 엄청난 수고를 감수한 이유는 항해와 천문과 달력 제작과 같은 실제적 문제를 다루기 위함이었는데, 비티히와 클라비우스의 업적에 힘입어 다른 분야에도 응용되었다.

식 (1.1)과 삼각함수표를 사용하고 문제에 따라 비율을 조정하면 곱셈을 덧셈과 뺄셈으로 바꿀 수 있다(2로 나누기 포함). '프로스타파레시스(prosthaphaeresis)'라고 알려진 이 기법은 덧셈과 뺄셈을 뜻하는 그리스어(각각 prosthesis와 aphaeresis)에서 유래했다. 나누기도 비슷한 방식으로 할 수 있으며, 이때는 시컨트(secant)와 코시컨트(cosecant)를 이용한다. 어딘지 빈약하게 보이지만 이 기법은 알려진 모든 곳에서 활용되었다. 특히 유럽 곳곳의 천문대가 매우 효율적으로 사용했는데, 그 가운데서도 스웨덴-덴마크 왕실 천문학자 티코 브라헤(Tycho Brahe, 1546~1601)가 살면서 일했던 벤 섬(Hven island)의 이름 높은 천문대 우라니보르크(Uraninborg, '하늘의 성'이란 뜻)보다 더 적극적으로 활용한 곳은 없다. 그런데 여기에 우연히 하나의 낭만적인 사건이 끼어들어 아주 다행스런 뜻밖의 발견으로 이어졌다. 1590년 훗날 영국의 제임스 1세(James I)가 된 스코틀랜드의 제임스 6세(James VI)가 덴마크의 왕녀이자 약혼녀인 앤(Anne)을 만나기 위하여 배를 타고 덴마크로 향했으며 이때 주치의인 존 크레이그(John Craig) 박사도 동행했다. 하지만 항해 중 날씨가 험악해져서 벤 섬으로 피할 수밖에 없었고, 브라헤의 천문대가 가까이 있었으므로 이 위대한 천문학자는 자연스럽게 날씨가 좋아질 때까지 이 귀빈들을 환대했으며, 그동안 프로스타파레시스에 대한 시범도 보였다. 그런데 스코틀랜드인 크레이그에게는 에든버러(Edinburgh) 근처에 사는 존 네이피어라는 각별한 친구가 있었다.

머키스턴 남작(Baron Merchiston)으로 불린 존 네이피어는 세상이 1688년과 1700년 사이에 끝장날 것이라고 믿었다. 그리하여 가톨릭을 비판하는 《요한계시록의 요체(A Plaine Discovery of the Whole Revelation of St. John)》를 펴냈는데, 주된 내용은 교황이 적(敵)그리스도(Antichrist, 세상이 끝날 무렵에 나타나 그리스도에 대적할 것이라고 예언된 통치자. - 옮긴이)라는 것이었다. 이 책은 모두 21판(네이피어 생존에는 10판)까지 발행되었으므로,

그가 사후에도 남을 자신의 최대 업적이라고 믿을 만도 했다. 하지만 이 두 예상은 모두 틀렸으며, 특히 후자의 경우 죽은 뒤 그의 이름을 가장 널리 알린 위대한 업적으로 기려지는 게 있긴 하지만, 그것은 위의 책이 아니라 그의 로그표(Table of Logarithms) 또는 로그법(Canon of Logarithms)과 이에 관한 두 권의 책이었다. 두 책 가운데 첫째인 《놀라운 로그법의 해설(*Mirifici logarithmorum canonis descriptio*)》은 1614년에 나왔고, 둘째인 《놀라운 로그법의 구성(*Mirifici logarithmorum canonis constructio*)》은 죽은 뒤인 1619년에 나왔다(영어로는 각각 《*The Description of the Wonderful Canon of Logarithm*》과 《*The Construction of the Wonderful Canon of Logarithms*》으로 쓰며 앞으로 《해설》과 《구성》으로 줄여서 부른다. - 옮긴이). 지나칠 정도로 완고한 신교도였지만 결코 '괴짜'는 아니었던 그는 당시의 뜨거운 종교적 및 정치적 시류에 휘말리면서도 상당한 사유지를 잘 관리하면서 여가 시간을 내 수학과 과학을 연구했다. 특히 그는 오늘날의 기관총과 탱크와 잠수함에 해당하는 무기들에 대한 (놀라울 만큼 정확한) 아이디어를 내놓았다. 네이피어가 개인적으로 남긴 원고 《로그 기법(*De Arte Logistica*)》은 1839년에야 출판되었는데, 이를 보면 수학에 대한 그의 흥미를 잘 헤아릴 수 있다. 여기에는 허수까지도 고려하는 방정식 연구가 담겨 있으며, n번째 제곱근을 구하는 일반적 방법도 논의되어 있다.

오늘날 $a^m \times a^n = a^{m+n}$ (m, n은 양의 정수)으로 나타내는 곱셈적 행동과 덧셈적 행동 사이의 관계는 바빌로니아의 진흙판 유물과 시라쿠사(Siracusa) 출신의 위대한 수학자 아르키메데스(Archimedes, BC 278~212)가 쓴 책으로 나중에 154쪽에서 다시 언급할 《모래 세는 사람(*The Sandreckoner*)》에서 보듯이 고대로부터 알려져 왔다. 당시 시라쿠사의 참주(僭主)이자 친척이었던 겔론(Gelon)에게 바친 이 책에서 아르키메데스는 아무리 큰 수라도 나타낼 수 있는 체계적 기수법(記數法)을 고안했다. 이 방법은 그때까지 알려진 '최대 크기의 우주에 가득 찬 모래의 수'라는 엄청나게 크지만 명확히 계산된 값을 이용했으며, 여기에서 우리는 로그의 본질에 대한 최초의 실마리를 찾을 수 있다. 위에 쓴 지수법칙에는 곱셈이 덧셈으로 변환된 모습이 담겨 있다. 네이피어는 친구의 이야기를 듣고 창의력을 한껏 발휘한다면 더 나은 계산법을 얻을 수도 있음을 깨달았다. 그리하여 산술과 대수에 대한 연구를 제쳐 놓고 당시 과학자들에게 지워진 힘겨운 부담을 덜어 줄 방법을 찾아 나섰다. 그는 이로부터 20년이 지난 뒤 비로소 성공을 거두었는데 사실상 이는 위의 지수법칙을 이용한 것이었다. 《해설》의 서문에서 그는 이렇게 썼다.

수학을 공부하는 참으로 사랑스런 학생들에게 큰 수의 곱셈, 나눗셈, 제곱근, 세제곱근 등의 계산처럼 귀찮고 골치 아픈 것도 없다. 이런 계산들을 하자면 엄청난 시간을 지겹도록 소모해야 할 뿐 아니라 대개의 경우 사소한 잘못들을 저지르기 십상이다. 이에 나는 이런 장애를 극복하는 데에 필요한 확실하고도 간편한 기법이 무엇인지 생각해 보기 시작했다. 그래서 이 용도에 쓰일 여러 가지 방법들을 검토했으며, 마침내 (어쩌면) 이후로도 계속 쓰이게 될 단순하면서도 탁월한 규칙들을 얻어 냈다. 이 규칙들이 주는 가장 큰 이점은 힘들고 지겨운 곱셈, 나눗셈, 거듭제곱근 구하기 등의 수고를 일소해 버릴 수 있다는 사실이다. 이 규칙에 따르면 어떤 수들의 곱셈, 나눗셈, 거듭제곱근 구하기는 이들 수 자체가 아닌 다른 수들의 덧셈, 뺄셈, 2로 나누기, 3으로 나누기, …로 바뀌게 된다.

1.2 남작의 놀라운 법칙

여기서는 흔히 《구성》이라고 줄여 부르는 네이피어의 둘째 저작 《놀라운 로그법의 구성》 가운데 일부를 인용하면서 그가 지나갔던 길을 더듬어 본다.

이 책은 번호가 붙은 60개의 단락으로 시작하며, 이것들은 서로 결합하여 그의 방법을 설명해 준다. 여기에 약간의 로그표가 덧붙어 있고, 이를 더 확장하려면 어찌해야 하는지에 대한 지침도 실려 있다.

(1) 로그표는 작은 표인데 이를 이용하면 아주 쉬운 계산을 통해 공간 속의 기하적 크기와 운동에 대한 모든 지식을 얻을 수 있다.

이 첫 문장에서 로그의 실제적 응용에 대한 네이피어의 관심이 드러난다. 아마 가장 혜택을 본 사람은 티코 브라헤와 같은 천문학자들일 텐데, 브라헤는 네이피어가 로그를 개발하는 동안 그와 편지를 주고받았다. 네이피어는 '비율'과 '수'를 뜻하는 라틴어를 결합하여 '로그', 곧 '로가리듬(logarithm)'이란 말을 만들고 이것을 책의 제목에도 썼다. 그러나 본문에서는 로그를 '조수(造數, artificial number)', '로그표'를 '조수표(Tabula Artificialis)'라고 불렀다.

이 표를 아주 작다고 말하는 것은 합당한 일인데, 왜냐하면 사인표(table of sines)의 크기를 넘지 않기 때문이다. 또한 아주 쉽다고 말하는 것도 합당한 일인데, 왜냐하면 모든 곱셈과 나눗셈과 제곱근 구하기를 덧셈과 뺄셈과 2로 나누기와 같은 훨씬 간단한 셈으로 마칠 수 있기 때문이다. 이를 통해 모든 형상과 운동을 매우 일반적으로 측정할 수 있다.

위 구절은 내용의 분량이 '적음'을 이야기하고 또한 로그를 사용했을 때의 산술적 이점을 분명히 지적하고 있는데, 다만 여기서는 제곱근만 언급했다.

하나의 사례는 일정한 비율로 진행하는 수들에서 찾을 수 있다.

이것은 그의 방법에 대한 한 가지 힌트이다.

(2) 연속적으로 이어지는 수열 가운데 등차수열은 인접한 수들의 차이가 일정하고 등비수열은 그 비율이 일정하다.

등차수열과 등비수열에 대한 그의 정의에 이어 몇 가지 예가 제시된다.

(3) 이런 수열들에서 우리는 정확성과 편리성을 요구한다. 정확성을 얻는 방법은 큰 수를 기초로 삼는 것이며, 큰 수는 '사이퍼(cipher)'를 덧붙이면 가장 쉽게 만들어진다. 예를 들어 최대의 사인을 얻고자 할 때 미숙련자들은 100000을 사용하지만 숙련자들은 10000000을 사용하며, 이렇게 하면 사인들의 차(差, difference)가 더 정확히 표현된다. 같은 이유로 반지름이나 등비수열의 비(比, proportional)에 대해서도 될 수 있는 한 큰 값을 사용한다.

'사이퍼'는 '0'을 말하며, 어떤 수의 오른쪽에 이것을 덧붙이면 실제로 수의 크기가 증가한다. 소수(小數)를 사용하지 않고자 할 때 (미터 대신 밀리미터를 쓰듯) 단위를 바꾸는 게 통례이다. '최대의 사인'은 원의 반지름을 말하며, 그림 1.1에서 $a = 90°$일 때 얻어진다. 네이피어는 이것을 나타내는 데에 단순히 10^5 단위가 아니라 10^7 단위를 사용했다.

(4) 표를 만들 때는 이 큰 수들에 0을 또 덧붙여 더욱 큰 수를 사용했다. 곧 곱셈을 되풀이할 때마다 오차가 증폭되는 현상을 최소화하기 위하여 10000000 대신에 10000000.0000000을 사용했다.

여기서 네이피어는 반올림 오차의 위험성에 주목하고, 이에 대처하기 위하여 소수점을 사용한다고 말한다. 그의 아이디어에 따르면 마지막 수치는 반올림해서 정수로 맞추더라도 중간 단계의 계산에서는 될 수 있는 한 정확한 값을 사용해야 한다.

인도에서 유래한 자리수법(place-value number system)의 도입은 수학사상 가장 중요한 발전의 하나였지만 실제적으로나 개념적으로나 아주 힘든 과정이기도 했다. 1530년에 크리스토프 루돌프(Christof Rudolff, 1499~1545)라는 사람이 산술의 예들을 모은 책을 펴내면서 소수 표기법의 한 형태를 사용했는데, 제곱근 기호로 '$\sqrt{}$'를 처음 쓴 사람도 바로 그다. 하지만 이전의 여러 사람들을 제치고 소수 표기법의 최초 사용자로 인정받는 사람은 다양한 면모를 지닌 네덜란드의 과학자 시몬 스테빈(Simon Stevin, 1548~1620)이다. 그가 1585년에 펴낸 〈십진법에 대하여(*De Thiende*)〉라는 논문에서 소수들을 다루는 체계적 규칙들을 최초로 제시했기 때문이다. 곧이어 이것이 '상업에서 마주치는 모든 계산을 분수의 도움 없이 정수로만 하는 방법'이라는 부제를 달고 프랑스어로 번역되자 훨씬 많은 사람들에게 알려졌다. 책이라기보다 팸플릿에 가까웠지만 사뭇 휘황한 머리말에는 네이피어의 생각과 잘 어울리는 내용이 담겨 있다.

> 점성가, 측량사, 직물 측정인, 검수인, 일반적인 측량인들, 조폐국장 그리고 모든 상인들에게 시몬 스테빈이 인사를 드립니다.
>
> 이 책의 작은 크기를 제가 가장 존경하는 여러분의 위대함과 대조하는 사람은 저의 아이디어를 터무니없다고 여길 것이며, 특히 이 책의 작은 크기가 여러분처럼 걸출한 능력을 지닌 분들에게 유용할 거라고 믿는 무지를 드러내는 것이라 생각한다면 더욱 그러할 것입니다. 하지만 이때 그 사람은 어떤 수열에서 감히 비교할 수 없는 양 극단의 항들을 놓고 비교하는 셈이며, 오히려 그보다는 셋째와 넷째 항을 비교하는 편이 옳을 것입니다.
>
> 그렇다면 여기서 제시하는 게 과연 무엇일까요? 어떤 경이로운 발명일까요? 결코 그런 것은 아니며, 아주 단순해서 발명이란 이름은 전혀 어울리지 않습니다. 왜냐하면 이는 마치 어떤 어리석은 촌뜨기가 아무런 특별한 기술도 없이 우연히 큰 보물을 캐낸 것과도 같기 때문입니다. 제가 소수의 유용성을 설명하면서 이

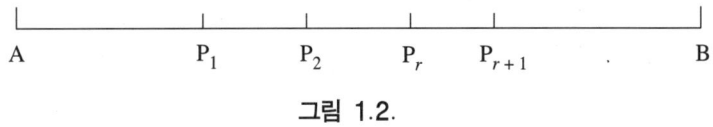

그림 1.2.

기법을 고안한 저의 명석함을 자랑한다고 생각하는 사람이 있다면, 그는 어려운 것과 쉬운 것을 구별할 판단력이나 지성을 갖추지 못했든지 아니면 공익적 산물을 질시하는 사람일 것입니다. 하지만 어쨌든 저는 이런 사람들의 공허한 중상모략 앞에서라도 이 수들의 유용성을 언급하지 않을 수 없습니다. 우연히 미지의 섬을 발견한 뱃사람이 사기꾼이라는 비난을 전혀 받지 않으면서도 그 섬의 모든 부, 예를 들어 아름다운 과일, 쾌적한 들판, 값비싼 광물 등을 모두 왕의 소유라고 선언하듯이, 저도 자유로운 마음으로 이 발명에는 위대한 유용성, 아마 여러분 중 그 누구의 예상보다 훨씬 큰 유용성이 담겨 있다는 점을, 이 성취에 대해 한사코 자랑스레 여기려는 마음 없이 흔연히 밝히고자 합니다.

네이피어의 표기법은, 예를 들어 3 ⊙ 1 ⊙ 4 ⊙ 2 ⊙ , 3/142 그리고 3^{142} 등에서 보듯, 아주 귀찮은 것부터 그런 대로 괜찮은 것까지 다양하다. 그는 자신의 표기법에서도 일관성을 지키지 못했지만 《구성》에서의 소수점 사용은 적어도 어느 정도까지는 표준화의 길을 열었다. 사실 오늘날에도 미국에서는 3.142로 쓰지만 영국에서는 3·142 그리고 유럽에서는 3,142로 쓴다. 분명 소수는 크기를 비교하거나 표를 만들 때 분수보다 탁월하며 이 결정적인 장점이 널리 퍼진 데에는 네이피어의 로그표가 가장 큰 기여를 했다.

(5) 중간에 마침표로 구별된 수에서 마침표 다음에 오는 것은 모두 분수와 같은 값을 나타내는데, 그 분모는 1에 마침표 아래에 나오는 자릿수만큼의 0을 덧붙인 수와 같다. 예를 들어 10000000.04는 $10000000\frac{4}{100}$와 같다.

네이피어는 《해설》의 원전에서 소수를 명확히 쓰지는 않았지만 몇 가지 예

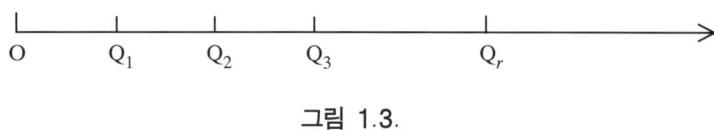

그림 1.3.

를 통해 소수 표기법의 의미를 계속 설명했다.

다음 구절은 우리의 흥미를 끈다.

(25) 따라서 고정점에 등비적으로 접근하는 점의 속도는 고정점으로부터의 거리에 비례한다.

그 뒤로 장황한 설명을 하는데, 그 내용은 그림 1.2를 이용하여 파악할 수 있다. 점 P가 A에서 출발하여 B를 향해 $BP_r : BP_{r+1}$의 값이 상수가 되도록 유지하면서 연속적으로 접근하면(곧 '등비적으로' 움직이면) 이 상수는 점 P_r과 P_{r+1}에서의 속도의 비와 같으며, 식으로는 $V_r : V_{r+1} = BP_r : BP_{r+1}$로 나타낸다.

이 관계를 확립하기 위하여 네이피어는 일정한 시간 간격 t에 대한 P의 운동을 상상하면서, 이 시간 간격 동안 변하는 P의 속도를 암묵적으로 각 간격의 시작점에서의 속도로 어림잡았다. 현대적 표기법을 사용하면 이 상황은 다음과 같이 나타낼 수 있다. 어느 단계를 시작할 때는 점 P가 P_r에 있지만 일정한 시간 t가 흐른 뒤에는 P_{r+1}에 이른다고 할 경우 위 어림법에 따르면 $BP_r = BP_{r+1} + P_r P_{r+1} = BP_{r+1} + V_r t$이다. 그런데 $BP_{r+1} : BP_r = k$이므로 $BP_r = kBP_r + V_r t$이고, 따라서 $V_r = (1/t)(1-k)BP_r$이다. 물론 이는 $V_{r+1} = (1/t)(1-k)BP_{r+1}$이란 뜻이며, 이로부터 바라던 결과인 $V_{r+1} : V_r = BP_{r+1} : BP_r$이 얻어진다. 어떤 의미로 볼 때 그는 이 과정에서 순간속도라는 미묘한 수학적 관념을 내비쳤다고 말할 수 있는데, 이는 이로부터 70년 뒤에 뉴턴이 본격적으로 다루게 된다.

(26) 반지름이 등비적으로 줄어드는 것에 맞추어 등차적으로 늘어나는 길이가 있다고 하자. 그러면 어느 주어진 사인의 로그는 반지름이 이 사인에 이르렀을 때 등차적으로 늘어나는 길이의 값이다.

네이피어가 제시하는 로그 관념의 핵심이 이 대목에서 드러난다. 그림 1.2에서 AB는 길이가 10^7인 반지름으로 간주되고, $\sin \alpha$가 취할 수 있는 값은 B로부터의 거리로 주어지는데, A에서는 이 값이 10^7이고 B에서는 0이다. 점 P는 A에서 출발하여 B로 향하며, 그 속도는 B로부터의 거리와 같다. 다시 말해서 (비록 실제로 구현할 수는 없지만) 점 P의 처음 속도는 10^7이고 마지막 속도는 0이다. 전체적 구도의 요체는, 또 다른 점 Q의 운동을 나타내며 무한히 뻗어 가는 제2의 직선을 도입한 것이다(그림 1.3 참조). 이 직선에서 점 Q는 P와 동일한 시간에 O에서 출발하지만, 출발할 때부터 10^7이라는 일정한 속도로 움직인다. 네이피어는 이 직선 위에서 Q가 차지하는 위치 Q_r은 처음 직선에서 P가 P_r에 있을 때에 대응하는 위치라고 규정했다. 그런데 P가 한 단계에서 다음 단계로 갈 때까지의 시간 간격은 일정하고 Q는 일정한 속도로 움직이므로 인접한 Q_r들 사이의 간격도 일정하며, 따라서 Q의 운동은 '등차적'이다. 이때 OQ_r은 상응하는 BP_r의 로그로 정의되며, 이를 식으로 쓰면 $OQ_r = NapLog(BP_r)$이 된다.

이렇게 정의된 네이피어의 로그에 담긴 내용은 이 상황을 로그표로 구성해 보면 분명히 파악할 수 있다.

맨 첫 번째 시간 간격 t동안 P는 P_1까지 가는데, 이 동안의 속도를 첫 순간에서의 속도인 10^7으로 어림잡으면 $BP_1 = 10^7 - AP_1 = 10^7 - 10^7 t = 10^7(1-t)$이다. 이 시간 동안에 Q는 Q_1까지 움직이므로 $OQ_1 = 10^7 t$이고, 따라서 $NapLog\{10^7(1-t)\} = 10^7 t$이다. 이와 같은 분석을 다음 단

계에 적용하면 $BP_2 = 10^7 - AP_2 = 10^7 - (AP_1 + P_1P_2) = 10^7 - 10^7 t - V_1 t = 10^7(1-t) - V_1 t$를 얻는다. 앞 문단에서의 결과를 이용하면 $V_1 : 10^7 = BP_1 : 10^7$이므로 $V_1 = BP_1 = 10^7(1-t)$인데, 이는 곧 $BP_2 = 10^7(1-t) - 10^7(1-t)t = 10^7(1-t)^2$이란 뜻이다. 한편 $OQ_2 = 10^7 \times 2t = 2(10^7 t)$이므로 $NapLog\{10^7(1-t)^2\} = 2(10^7 t)$이며, 이후 이런 과정은 계속 되풀이된다. 결과적으로 네이피어는 $t = 1/10^7$을 이용하여 다음과 같은 관계를 얻은 셈이다.

$$NapLog\left\{10^7\left(1-\frac{1}{10^7}\right)^1\right\} = NapLog(9{,}999{,}999) = 1$$

$$NapLog\left\{10^7\left(1-\frac{1}{10^7}\right)^2\right\} = NapLog(9{,}999{,}998) = 2$$

그리고 이를 일반적으로 나타내면 아래와 같다.

$$NapLog\left\{10^7\left(1-\frac{1}{10^7}\right)^r\right\} = r, \quad r \in \mathbb{N}$$

또한 운동이 연속이란 사실을 고려하면 다음 식을 얻는다.

$$NapLog\left\{10^7\left(1-\frac{1}{10^7}\right)^L\right\} = L, \quad \text{모든 양수 } L\text{에 대하여}$$

끝으로 다음 대목을 살펴보자.

(27) 따라서 반지름의 로그는 0이다.

$BA = 10^7$은 반지름인데, $P = A$이면 $Q = O$이고 따라서 $NapLog(10^7) = 0$이다.

이상의 과정은 $(1-1/10^7)$을 거듭제곱하는 것으로 볼 수 있으며, 이 값이 1에 가까우므로 거듭제곱의 값들도 서로 가깝다. 따라서 10^7이란 인수에 의해 소수(小數)가 되지 않는 값들을 이용한 보간법(補間法)의 정확성은 비교적 높다. 네이피어는 《구성》에서 AB를 따라가며 중간의 간격을 메우는 보간법에 대해 설명했는데, 특히 어떤 두 수의 기하평균은 그 두 수의 로그에 대한 산술평균과 같다는 점도 보였다. 구체적으로 $L_1 = NapLog\ N_1$이고 $L_2 = NapLog\ N_2$라고 하면,

$$N_1 = 10^7\left(1 - \frac{1}{10^7}\right)^{L_1}$$

$$N_2 = 10^7\left(1 - \frac{1}{10^7}\right)^{L_2}$$

$$\sqrt{N_1 \times N_2} = \sqrt{10^7\left(1 - \frac{1}{10^7}\right)^{L_1} \times 10^7\left(1 - \frac{1}{10^7}\right)^{L_2}}$$

$$= 10^7\left(1 - \frac{1}{10^7}\right)^{(L_1+L_2)/2}$$

이므로

$$NapLog(\sqrt{N_1 \times N_2}) = \frac{1}{2}(L_1 + L_2)$$

가 된다.

이 체계에서 다음과 같은 또 다른 중요한 관계가 성립한다는 것도 쉽게 점검할 수 있다. 만일 $N_1 : N_2 = N_3 : N_4$이면 $NapLog(N_1) - NapLog(N_2) = NapLog(N_3) - NapLog(N_4)$이다.

이 로그가 계산의 보조수단으로 유용하다는 점은 추론 과정을 조금만 바꿔 보면 곧 알 수 있다.

$$N_1 \times N_2 = 10^7\left(1 - \frac{1}{10^7}\right)^{L_1} \times 10^7\left(1 - \frac{1}{10^7}\right)^{L_2}$$

$$= 10^7 \times 10^7\left(1 - \frac{1}{10^7}\right)^{L_1+L_2}$$

이므로

$$\frac{N_1 \times N_2}{10^7} = 10^7 \left(1 - \frac{1}{10^7}\right)^{L_1+L_2}$$

이고

$$NapLog\left(\frac{N_1 \times N_2}{10^7}\right) = L_1 + L_2 = NapLogN_1 + NapLogN_2$$

이다. 이렇게 하여 조금 변형되기는 했지만 낯익은 곱셈에 대한 로그법칙이 여전히 유용한 행태로 등장하는데, 소수점의 위치만 다를 뿐 곱셈이 덧셈으로 바뀐다는 점은 변함이 없다. 네이피어는 그의 로그에서 성립하는 이와 같은 '함수관계'를 이용하면 소수(素數)에 대한 로그값을 알 경우 소인수분해를 통해 다른 모든 정수의 로그값도 계산해 낼 수 있음을 간파했다. 여기서 앞으로 계속 등장할 소수가 첫 선을 보였으며, 이것들의 값이 채워져 감에 따라 엄청나게 다양한 곱셈들이 덧셈으로 바뀌게 된다. 이에 따라 그의 '놀라운 법칙'은 계산에 대한 기념비적 보조수단으로 여겨지게 되었고, 네이피어의 이름은 로그의 발견자로 영원토록 기억될 것이다. 그는 곱셈과 나눗셈의 문제를 덧셈과 뺄셈의 문제로 이어 줄 새 다리를 건설했으며, 이로써 '프로스타파레시스'는 성숙한 단계에 이르렀다.

스위스의 욥스트 뷔르기(Jobst Bürgi, 1552~1632)는 세부적으로만 다를 뿐 같은 아이디어를 독립적으로 구축했으나 불행히도 널리 알려지지 못했다. 당시 가장 유명한 시계 및 과학기계 제작자였고 요하네스 케플러(Johannes Kepler, 1571~1630)의 산술 선생이기도 했던 그는 자신이 개발한 방법을 1620년에야 발표했지만 일찍이 1588년부터 생각해 왔던 게 분명하다. 이후 로그의 역사에서 지울 수 없는 업적을 보려면 1707년까지 기다려야 하는데, 이때 태어난 또 다른 스위스 사람인 오일러는 로그뿐 아니라 수학의 거의 모든 분야에서 위대한 업적을 남겼다.

《해설》은 이 장의 첫머리에 실린 운문으로 시작하며, 여기서 네이피어는 자신의 발명에 대해 낙관적인 견해를 분명하고도 흥겹게 드러냈고, 실제로도 이는 즉각 상당한 찬양을 받았다. 이러한 반응은 영국 옥스퍼드대학교의 서빌천문학석좌교수(Savilian Professor of Astronomy)이자 왕립학회(The Royal Society) 회원인 존 케일(John Keill, 1672~1721)의 다음과 같은 설득력 있는 말에 잘 집약되어 있다(1619년 헨리 서빌 경(Sir Henry Savile, 1549~1622)은 '서빌천문학석좌교수직'과 '서빌기하학석좌교수직'을 마련했다. - 옮긴이).

수학은 지금껏 두 가지 커다란 혜택을 입었는데, 첫째는 인도숫자의 도입, 둘째는 소수(小數)의 발명에서 유래했다. 이제 셋째로 로그의 혜택까지 누리게 된 바, 이는 결코 앞선 두 가지 혜택에 못지않다. 모두 잘 알다시피 이 혜택들이 미치는 범위는 매우 넓어서 실로 수학의 전 분야에 걸친다. 이 방법들을 쓰면 사실상 무한대와 같이 전에는 거의 다룰 수 없었던 큰 수들도 쉽고 빠르게 처리할 수 있다. 이런 도움에 힘입어 선원들은 배를 몰고, 기하학자들은 고차원 곡선들의 특성을 탐구하며, 천문학자들은 별들의 위치를 알아내고, 철학자들은 자연의 다른 여러 현상들을 해명하며, 끝으로 회계원들은 원금에 대한 이자를 계산해 낸다.

헨리 브리그스(Henry Briggs, 1561~1630)는 네이피어의 연구를 특히 높게 평가했다. 그는 1596년에 런던 그레셤대학(Gresham College)의 첫 번째 기하학 교수가 되었고, 1620년에는 옥스퍼드대학교의 첫 번째 서빌기하학석좌교수(Savilian Chair of Geometry)로 취임했다. 나중에 우리는 위대한 수학자 하디(Godfrey Harold Hardy, 1877~1947)를 만나게 되는데, 그는 이로부터 약 300년 뒤에 이 석좌교수직을 차지했으며 이를 상으로 내놓았다! 브리그스는 식(蝕)의 연구에 특별한 관심을 가졌고 널리 계산의 보조수단에도 관심이 많아 자연스럽게 네이피어의 아이디어에 끌렸다. 1615년 3월 10일 친구 제임스 어셔(James Ussher, 1581~1656)에게 보낸 편지에서 그는 이렇게 썼다.

> … 새로운 로그의 개발에 전념하여 최근에 이루어 낸 마킨스턴 경 내퍼(Napper, lord of Markinston)는 … 그의 경이로운 로그로 저의 손과 머리를 사로잡았습니다(네이피어의 이름과 호칭의 철자는 여러 가지로 쓰였다. - 옮긴이). 저는 신의 은총을 입어 올 여름 그분을 뵈었으면 합니다. 지금껏 이토록 놀랍고도 흥미로운 책은 본 적이 없기 때문입니다.

이 만남은 그해 여름에 이뤄졌고, 브리그스는 네이피어의 손님으로 한 달 동안 머물렀다. 두 사람은 1616년에 두 번째로 만났는데, 1617년 4월로 예정되었던 세 번째 만남은 네이피어가 세상을 뜸으로써 이뤄지지 못했다. 이 기간에 그들은 "1의 로그를 0으로 하고 100,000 등을 반지름의 로그로 삼자"라고 제안한 네이피어의 변형된 로그에 대해 논의했다. 브리그스는 《구성》의 런던판 출판을 떠맡았고, 여기에 '1의 로그를 0으로 하는 개선된 다른 형태의 로그 구성에 대하여'라는 제목의 부록을 덧붙였다. 이렇게 중대한 발걸음을 뗀 그는 첫 문단에서 "… 그리고 10,000,000,000을 10 또는 1/10의 로그로 한다 …"라고 이어 갔다. 따라서 로그의 최종 형태에는 아직 이르지 못했다. 하지만 결국 1의 로그를 0 그리고 10의 로그를 1로 하는 틀이 갖춰졌고, 이로부터 이후 350년이 넘도록 쓰인 브리그스의 로그표(Briggsian logarithms)가 탄생했다.

네이피어가 쇠약해져 세상을 뜬 뒤 새로운 로그표를 만드는 일은 브리그스에게 넘어갔다. 브리그스는 1617년이라는 이른 시기에 《1부터 1000까지의 로그(*Logarithmorum chilias prima*)》라는 책을 펴냈는데, 여기에는 이 범위에 있는 자연수들의 로그값이 실려 있다. 나아가 브리그스는 1624년에 놀랄 정도로 정밀한 값이 담긴 《로그산술(*Arithmetica Logarithmica*)》도 펴냈으며, 여기에 전보다 훨씬 자세한 로그표뿐 아니라 수많은 종류의 로그를 계산하는 방법 및 그 응용법까지 담았다. 물론 로그값들 사이의 간격은 여전히 존재했고 이를 메우기 위한 계산은 불가능에 가까울 수도 있었다. 네이피어의 저작을 번역한 에드워드 라이트(Edward Wright)에 따르면 때로 어떤 수의 로그값을 찾는 게 그것 없이 계산하는 것보다 더 복잡했다! 심지어 브리그스는 여럿이 팀을 짜서 로그값을 계산해야 한다고 하면서 이런 목적에 쓰도록 특별히 고안한 문서 양식을 제시하기도 했다.

주목할 만한 한 가지 흥미로운 사실은 1618년에 나온 에드워드 라이트의 《해설》 번역본에 덧붙여진 저자 미상의 부록에 곱셈 기호 '×'가 처음 나온다는 점이다. 지금까지 이는 계산자를 발명한 윌리엄 오트레드(William Oughtred, 1574~1660)가 처음 사용했다고 알려져 왔다.

1.3 케플러의 손길

놀랄 것도 없이 로그를 가장 즉각적으로 중요하게 사용한 분야는 천문학이었다. 까다로운 성격의 브라헤가 1601년에 세상을 뜨자 케플러가 발탁되어 그의 자리에 올랐다. 케플러는 스승의 높은 지위뿐 아니라 그가 남긴 믿을 수 없을 정도로 정확한 엄청난 양의 자료도 물려받았다. 그는 이를 이용하여 '화성과의 전쟁'을 치렀고, 마침내 승리를 거두어 행성의 운동에 대한 그의 첫 두 법칙을 얻어 냈다.

1. 행성은 타원궤도를 돌며, 태양이 한 초점을 차지하고 다른 초점은 비어 있다.
2. 동경 벡터(radius vector)는 같은 시간 동안 같은 넓이를 휩쓴다.

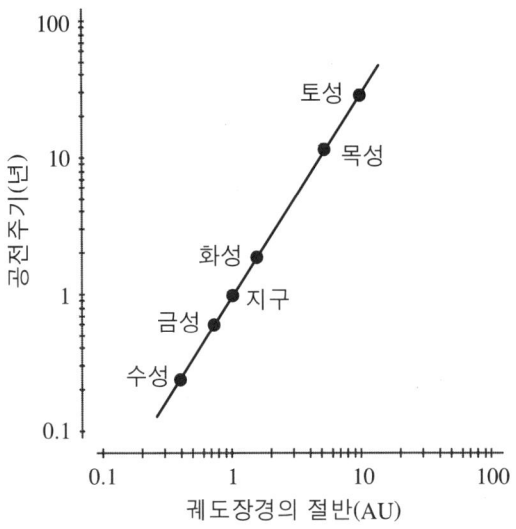

그림 1.4. 케플러 제3법칙에 대한 로그-로그 그래프

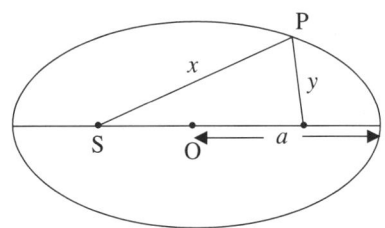

그림 1.5. 행성의 타원궤도

화성을 토대로 얻은 결과들은 1609년에 《새 천문학(*Astronomia Nova*)》으로 발간되었고 나중에 다른 행성들로 확장되었다. 하지만 행성의 공전주기와 궤도의 크기 사이에 어떤 간단한 관계가 있을 것이라는 케플러의 추측은 오랫동안 제자리걸음이었다. 그의 말을 직접 들어 보자.

··· 정확한 날짜를 말하자면 그것은 1618년 3월 8일 처음 머리에 떠올랐는데, 계산에서 운이 따르지 않아 잘못된 결과가 나왔다. 그러나 마침내 5월 15일 어

두운 마음을 폭풍처럼 뒤흔든 새로운 전략을 채택하여 다시 시도했다. 브라헤의 관측 자료에 대한 나의 17년 동안의 노력에 현재의 연구를 더하여 얻은 뒷받침이 매우 강했기에 나는 처음에 꿈을 꾸는 것으로 믿으면서도 이 결론을 기본 전제들의 하나로 여겼다. 하지만 어떤 두 행성의 공전주기와 평균 거리 사이에 1.5배의 비례관계가 존재한다는 사실은 절대적으로 확실하고도 정확하다 ….

케플러는 이 결과를 1619년에 펴낸 《세계의 조화(*Harmonice Mundi*)》에 늦었지만 중요한 내용으로 덧붙였다. 그가 최종적으로 $T \propto D^{3/2}$이란 관계를 발견했을 때 이 책은 이미 인쇄에 들어가 있었다. 다시 말해서 "행성의 공전주기의 제곱은 태양과의 평균 거리의 세제곱에 비례한다"는 뜻인데, 도대체 그는 이 법칙을 어떻게 얻어 냈을까? 이에 대한 명확한 기술은 없다. 하지만 1616년에 그는 《해설》을 읽었으며, 따라서 이 숨겨진 패턴을 간파하는 데에 로그가 도움이 되었으리란 점은 확실한 것 같다.

오늘날의 표현법에 따라 $\log T - \log D$의 그래프를 그리면 그림 1.4와 같은 직선이 얻어진다. 이렇게 돌이켜 보면 너무나 명백하지 않은가!

여기서 D를 타원궤도 장경의 절반으로 보면 더욱 이해하기 쉬우며, 약간의 계산으로 확인할 수 있다.

그림 1.5를 보면 타원의 정의로부터 $x + y = 2a$임을 알 수 있고 따라서
$$\int_0^{2\pi}(x+y)\,d\theta = \int_0^{2\pi}2a\,d\theta = 4\pi a$$
이며
$$\int_0^{2\pi}x\,d\theta + \int_0^{2\pi}y\,d\theta = 2\int_0^{2\pi}a\,d\theta = 4\pi a$$
이다. 그러므로 행성과 태양 사이의 평균 거리는 다음과 같다.
$$\frac{1}{2\pi}\int_0^{2\pi}x\,d\theta = \frac{2\pi a}{2\pi} = a$$

제3법칙을 둘러싼 진실이 어떻든 1628년에 케플러가 행성들의 위치에 관한 루돌프표(Rudolphine Tables)를 펴내기까지 로그를 사용했을 뿐 아니라 그 정당성을 확립하고 더욱 발전시켰다는 점은 분명하다. 그는 이 표에 자신이 개발한 로그도 실었는데 그 값들의 정밀도가 여덟 자리에 이른다. 피에르 라플라스(Pierre Laplace, 1749~1827)는 로그에 대하여 "… 계산의 수고를 줄임으로써 천문학자의 수명을 두 배로 늘렸다"고 말했다. 시적 표현으로 부정확하기는 하지만 로그의 위력을 잘 드러낸다.

1.4 오일러의 손길

오늘날의 관점에서 보면 로그에 대한 네이피어식 접근법은 기이하게 보인다. 이 로그는 점의 운동을 통해 정의되며, 밑(base)도 없고 10,000,000의 로그값을 처음에는 0으로 삼았다. 전반적으로 지금 우리가 생각하는 것과 너무 차이가 나는데, 특히 애초 발명의 동기였던 계산의 목적으로는 더 이상 쓰이지 않는다. 초창기의 로그적 행동에 대한 다른 암시도 살펴보자. 우선 꼽아 볼 피에르 페르마(Pierre Fermat, 1601~1665)는 나중에 다른 곳에서도 만나게 되는데, 1636년 이전에 지금 같으면 다음과 같이 쓸 관계식을 얻어 냈다.

$$\int_0^a x^n \, dx = \frac{a^{n+1}}{n+1}$$

그는 이 식이 $n \neq -1$인 모든 유리수에 대하여 성립한다고 보았고, 따라서 직교좌표에서 $y = 1/x$이라는 쌍곡선 아래의 넓이를 구하는 식은 수수께끼로 남았다. 이 문제와 로그 사이의 어렴풋한 관계는 1647년 예수회의 사제 그레구아르 드 생-빈센트(Gregoire de Saint-Vincent, 1584~1667)의 저서 《원과 원뿔곡선의 기하학적 연구(*Opus geometricum quadraturae*

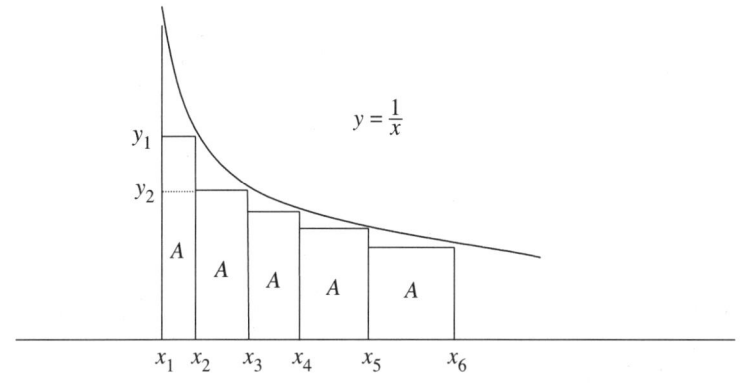

그림 1.6. 쌍곡선의 로그적 행동

circuli et sectionum coni)》에서 처음 나타난다. 당시에는 밑변의 길이가 같은 사각형들을 써서 넓이를 어림하는 게 통례였다. 하지만 생-빈센트는 넓이가 같은 사각형들을 썼으며, 이에 따라 밑변의 길이가 달라졌다.

그림 1.6을 보면 첫 두 사각형의 넓이가 같으므로 $y_1(x_2 - x_1) = y_2(x_3 - x_2)$이고 따라서 아래 관계식이 나온다.

$$\frac{1}{x_1}(x_2 - x_1) = \frac{1}{x_2}(x_3 - x_2) : \frac{x_2}{x_1} - 1 = \frac{x_3}{x_2} - 1 \quad \text{그리고} \quad \frac{x_2}{x_1} = \frac{x_3}{x_2}$$

이는 넓이가 등차적으로 증가할 경우 x좌표는 등비적으로 증가함을 뜻하며 $y = 1/x$ 아래의 넓이와 x좌표가 로그법칙으로 연결되어 있다는 사실을 강하게 시사한다. 위대한 뉴턴은 1664년의 〈낙서장(Waste Book)〉에 "쌍곡선 아래의 넓이와 그 점근선(漸近線, asymptote)에 대한 관계는 그 수들에 대한 로그의 관계와 같다"라고 썼다. 뉴턴과 니콜라스 메르카토르 (Nicholas Mercator, 1620∼1687)는 독립적으로 $1/(1+x)$을 $1 - x + x^2 - x^3 + \cdots$ 으로 전개할 수 있다는 사실을 발견했으며, 우변의 항들을 각각 적분하여 오늘날의 표기법에 따르면 $\log(1 + x) = x - \frac{1}{2}x^2$

$+\frac{1}{3}x^3 - \cdots$ 으로 나타나는 관계를 이끌어 냈다. 이것은 로그를 계산하는 훨씬 더 쉬운 방법이기도 하며, 이로써 한때 네이피어의 '인공적인' 수였던 로그가 직각쌍곡선 아래의 넓이를 나타내는 무한급수의 합으로 여겨지게 되었다.

이 밖에도 많은 사람들이 기여했지만 앞날을 가장 멀리 내다보면서 과거와 현재의 간극을 누구보다 잘 메운 사람은 바로 오일러였다. 오일러가 내린 로그의 정의에 따라 이전의 여러 가지 로그법들이 통합되었는데, 이는 1770년에 펴낸 대수에 관한 베스트셀러 교재 《대수학 전반 개론(Complete Introduction to Algebra)》에 실려 있다.

220 $a^b = c$라는 식으로 돌아와 로그의 취지에 따라 어떤 밑 a를 택하면서 시작한다. 이 수는 원하는 어떤 것이든 상관없지만 언제나 일정한 값을 가진다고 본다. 이렇게 쓴 다음 a^b가 주어진 어떤 수 c와 같아지도록 지수 b를 택하며, 이때 지수 b를 c의 로그라고 부른다 ….

221 이렇게 어떤 밑을 택하고 나면 어떤 수 c의 로그는 바로 이에 대한 a의 지수에 지나지 않는다. 곧 $a^b = c$라는 식에서 b는 a^b의 로그이다.

오일러의 표현은 현대적 관점에서 보면 사뭇 장황하지만 그 안에는 오늘날 많은 사람들이 로그를 처음 대할 때 마주치는 정의가 들어 있다. 이 놀라운 책은 이것을 쓸 당시 오일러가 사실상 맹인이었다는 점을 생각하면 더욱 놀라운데, 오일러가 수학 비서 역할을 하는 하인에게 내용을 불러 줌으로써 원고가 작성되었다. 나중에 그는 함수의 개념을 현대의 것에 가깝게 확립했으며, 한 가지 특별한 예로 $y = a^x$을 들고 이것의 역함수를 로그로 정의했다. 1749년 오일러는 언어 장벽을 뛰어넘는 〈음수와 허수의 로그에 대한 라이프니츠와 베르누이 사이의 논쟁에 대하여(*De la controverse entre Messers. Leibnitz et Bernouilli sur les logarithms négatifs et imaginaires*))라는 논문을 썼다. 여기서 그는 자연로그에 대한 급수 전개식을 사용하여 복소수의 아이디어를 발전시키고, 모든 수의 로그값은 본래 여러 개가 존재한다고 주장했다. 아래에 입이 딱 벌어지게 하는 그의 논의를 제시하는데, 이는 그의 유명한 로그 극한을 사용한다('핼리혜성'으로 널리 알려진 에드먼드 핼리(Edmond Halley, 1656~1742)도 독립적으로 이를 발견했다). 오일러의 설명에 따르면 w는 '무한히 작은 수'임에 비하여 n은 '무한히 큰 수'이며, l은 로그를 나타낸다.

w는 '무한소'이므로 $l(1+w) = w$이며, 따라서 $y = l(1+w)^n = nw$이다. 이제 $x = (1+w)^n$이라 하면 $1 + w = x^{1/n}$이므로 $w = x^{1/n} - 1$이며, $lx = y = n(x^{1/n} - 1)$이다. 이어서 그는 어떤 수 x에 대해 $x^{1/n}$을 충족하는 복소수는 n개가 있는데 n이 '무한대'이므로 lx의 값도 무한개가 있다고 말했다. 나아가 그는 하나의 값을 제외한 다른 모두는 $\sqrt{-1}$과 관련된다고 지적했으며, 이는 다음 세기의 복소함수론에 등장하는 가장 미묘한 개념, 곧 리만곡면(Riemann surface)의 전조가 되었다. 그 극한 $\ln x = \lim_{n \to \infty} n(x^{1/n} - 1)$ 및 이와 마찬가지로 유명한 식 $e^x = \lim_{n \to \infty}(1 + x/n)^n$은 모두 1784년에 펴낸 두 권짜리 고전 《무한해석개론(*Introductio in Analysin Infinitorum*)》에 실려 있다. 이 두 번째 식에 $x = -1$을 대입하면 다음과 같으며

$$\frac{1}{e} = \lim_{n \to \infty}\left(1 - \frac{1}{n}\right)^n$$

이를 통해 우리는 네이피어의 생각을 더듬어 볼 수 있다.

$NapLog\{10^7(1 - 1/10^7)^L\} = L$이므로 $NapLog\{10^7(1 - 1/10^7)^{10^7}\}$

$= 10^7$이다. 물론 10^7이 무한대는 아니지만 상당히 큰 수임은 분명하므로 $(1-1/10^7)^{10^7}$을 통해 $1/e$의 어림값을 매우 정밀하게 계산하기에는 충분하다.

$$10^7 = NapLog\left\{10^7\left(1-\frac{1}{10^7}\right)^{10^7}\right\} \approx NapLog\left(10^7\frac{1}{e}\right)$$

다음으로 10^7의 비율로 축소하면 $NapLog\,(1/e) \approx 1$이라는 관계식이 나오며, 이는 $NapLog\,x$가 사실상 $\log_{1/e} x$임을 뜻한다.

미분을 이용하면 정확하게 이끌어 낼 수 있다.

그림 1.2와 1.3에서 $PB=x$, $OQ=y$로 쓰고 비례상수를 1로 하면 $dx/dt=-x$와 $dy/dt=10^7$이 나온다. $t=0$에서 얻어지는 초기조건은 $x=10^7$과 $y=0$이므로

$$\frac{dy}{dx}=\frac{dy}{dt}\frac{dt}{dx}=-\frac{10^7}{x}$$

이다. 그리고 $y=-10^7\ln x + c$이며, $0=-10^7\ln 10^7 + c$이므로

$$y=-10^7\ln x + 10^7\ln 10^7 = 10^7\ln\frac{10^7}{x} \quad \text{또는} \quad \frac{y}{10^7}=\ln\frac{10^7}{x}$$

이다. 그런데 $\ln\lambda = \log_{1/e} 1/\lambda$이므로 최종적으로 다음 식을 얻는다.

$$\frac{y}{10^7}=\log_{1/e}\frac{x}{10^7}$$

다시 말해서 네이피어의 로그는 밑이 $1/e$이고 변수를 축소한 형태의 로그이다.

1.5 네이피어의 다른 아이디어들

네이피어의 주요 유산은 다양한 계산법으로, 여러 세기에 걸쳐 과학자들과 수학자들의 지루한 산술을 상대적으로 덜어 줌으로써 탐구와 이론 개발에 몰

두할 수 있도록 도와주었다. 하지만 앞으로 보게 되듯 로그의 현대적 역할은 훨씬 의미심장하다. 네이피어는 또한 다른 업적들도 남겼다.

당시 실용적으로 가장 중요한 기하학적 문제는 천문관측을 이용한 항해술이었는데(GPS(Global Positioning System)는 공상과학에서도 나오지 않았다), 지구가 둥글다는 사실이 받아들여졌으므로 이 문제는 구면 위의 삼각형들을 다루어야 했다. 네이피어는 구면삼각법(spherical trigonometry)과 관련된 두 가지 아이디어를 떠올렸다. 첫째는 빗각구면삼각형(oblique spherical triangle) 문제를 푸는 데에 유용한 네 개의 공식으로 '네이피어유추식(Napier's analogies)'이라고 불린다. 둘째는 직각구면삼각형(rightangled spherical triangle) 문제에 사용되는 10개의 공식을 외우는 데에 유용한 두 가지 독창적인 규칙이다. 이 두 아이디어는 오늘날에도 쓰이며 아래에 차례로 열거했는데, (이미 이야기했듯 오일러가 남긴 관습의 하나인) 삼각형에 대한 현재의 일반적 표기법에 따라 꼭짓점을 대문자, 이와 마주 보는 변은 소문자로 나타냈다. 한 가지 새겨 둘 것은 구면삼각형의 변은 이를 규정하는 원의 중심에서 이를 바라보는 각으로 여길 수 있다는 점이다. 이런 표기법에 따르면 네이피어의 유추식은 다음과 같다.

$$\frac{\sin\frac{1}{2}(A-B)}{\sin\frac{1}{2}(A+B)} = \frac{\tan\frac{1}{2}(a-b)}{\tan\frac{1}{2}c},$$

$$\frac{\cos\frac{1}{2}(A-B)}{\cos\frac{1}{2}(A+B)} = \frac{\tan\frac{1}{2}(a+b)}{\tan\frac{1}{2}c},$$

$$\frac{\sin\frac{1}{2}(a-b)}{\sin\frac{1}{2}(a+b)} = \frac{\tan\frac{1}{2}(A-B)}{\cot\frac{1}{2}c},$$

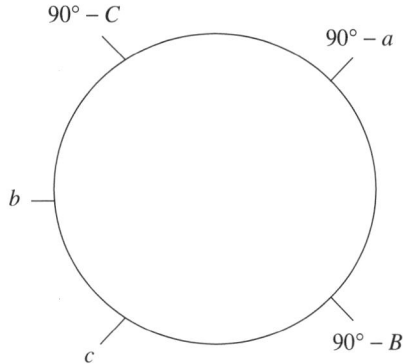

그림 1.7 네이피어의 원(Napier's circle)

$$\frac{\cos\frac{1}{2}(a-b)}{\cos\frac{1}{2}(a+b)} = \frac{\tan\frac{1}{2}(A+B)}{\cot\frac{1}{2}c}.$$

만일 꼭짓점 A의 각이 직각이라면 나머지 두 개의 각과 세 개의 변에 대한 다섯 개의 문자는 그림 1.7의 원에 보이는 점들로 순서대로 나열할 수 있다. 여기서 각 점들에는 두 개의 '이웃점(adjacent point)'과 두 개의 '대면점(opposite point)'이 있다.

이를 이용한 네이피어규칙(Napier's rule)은 다음과 같다.

- 어떤 점의 사인은 이웃점들의 탄젠트의 곱과 같다.
- 어떤 점의 사인은 대면점들의 코사인의 곱과 같다.

원을 따라 이 규칙을 적용하면 두 공식의 다섯 묶음이 나온다.

가장 유명한 것은 그의 또 다른 계산도구인 '네이피어막대(Napier's bones 또는 Napier's rods)'이다. 이것으로부터 오트레드(Oughtred), 건터(Gunter), 만하임(Mannheim)의 계산자들이 유래했고, 만일 실리콘칩이

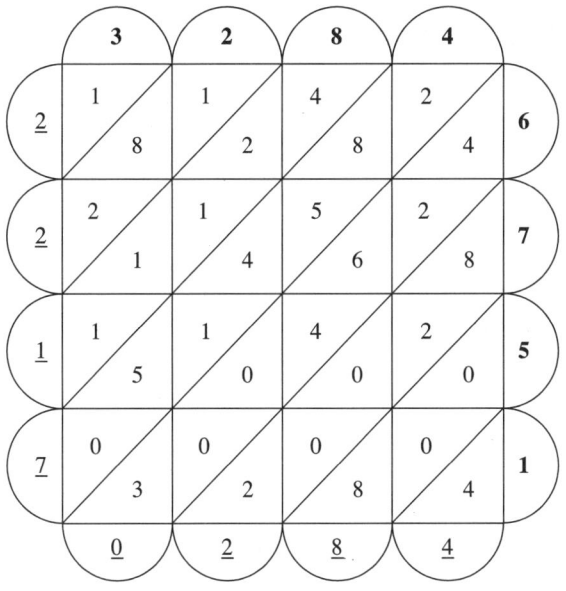

그림 1.8 겔로시아법의 예

없었더라면 우리는 아직도 이를 토대로 한 도구를 이용하고 있을 것이다. 그 기본 아이디어는 체계적 배열을 통해 곱셈을 단순화한 고대 아리비아의 방법, 곧 우아한 겔로시아 또는 격자법(gelosia or grating method)에서 따온 것으로 보인다. 이 로맨틱한 '겔로시아'라는 이름은 이 방법에 사용되는 격자가 질투심에 불타는 연인이 숨어서 내다보는 창문의 구조를 연상시키기 때문에 붙여졌다. 계산 과정은 두 숫자의 곱을 써넣을 빈칸을 만드는 데에서 시작하는데, 실제 예를 통해 살펴보자.

$$3284 \times 6751 = 22170284$$

곱할 두 수는 그림 1.8에 두꺼운 글씨체로 보였듯 위와 오른쪽의 반원에 써넣는다. 다음으로 각 자릿수들의 곱을 격자들에 그려진 대각선의 위아래에 나누어 써넣으면 일종의 곱셈표가 만들어진다. 답은 왼쪽과 아래의 반원들

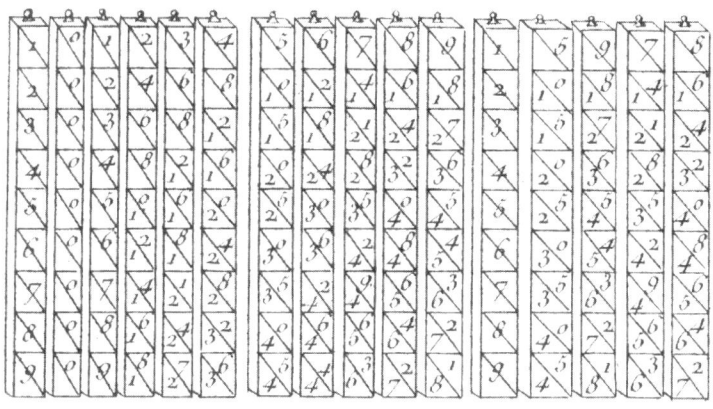

그림 1.9 네이피어막대

에 밑줄 친 숫자들로 나타나는데, 이 숫자들은 각 반원에 이르는 대각선상의 수들을 더한 것이며, 오른쪽 아래에서 시작하고, 필요한 곳에는 '올림'도 적용한다.

이 아이디어를 발전시킨 네이피어의 방법은 그가 세상을 뜬 1617년에 발간된 《랍돌로지아(*Rabdologia*)》에 실렸다(이 책의 제목은 그리스어의 '막대'와 '모음'이란 말을 합쳐서 만들었다). 이 방법은 엄청난 인기를 끌었는데, 아마 로그가 너무 추상적으로 보였던 사람들도 쉽게 이용할 수 있었기 때문인 것 같다. 네이피어는 제곱근도 계산할 수 있는 몇 가지 변종도 만들어 냈지만, 가장 널리 알려진 것은 간단한 곱셈과 나눗셈을 다루는 방법이었다. 이 계산법에서는 10개의 가능한 조합을 나타내는 막대 맨 위에 적힌 수로 곱할 수의 각 자릿수를 나타내며, 그 아래에 곱셈표가 있다. 겔로시아법에서는 곱셈표를 매번 새로 작성하지만 여기서의 곱셈표는 영구적이다. 그림 1.9에서 보듯 11번째 지표막대에는 단순히 1부터 9까지의 숫자가 쓰여 있다. 두 수를 곱할 때, 하나의 수는 위에서 말한 10개의 막대 맨 위에 적힌 수를 가로로 배열해서 나타낸다. 그림 1.9의 오른쪽 부분에는 5978이란 수가 있는데, 만일 같은 수가 반복되면 여벌의 막대가 필요하다. 그런 다음 11번째의 지표막대를 왼쪽에 놓고 이에 대응하는 각 자릿수들을 겔로시아법처럼 대각선 방향으로 더하면서 읽으면 답이 얻어진다. 예를 들어 5978×5의 답을 이 방법으로 찾아보면 29890이 됨을 알 수 있다.

1890년 프랑스의 토목기사 앙리 제나유(Henri Genaille)는 '제나유막대(Genaille's rods)'라 불리는 우아하고도 세련된 도구를 만들었다. 이것을 사용하면 '올림'을 할 필요가 없으며, 말 그대로 아무 계산도 하지 않고 각 자리마다 하나씩의 숫자만 읽어 내리면 된다.

끝으로 《랍돌로지아》에 담긴 또 하나의 간편한 계산법인 '네이피어주판(Napier's abacus)'을 살펴본다. 체스판처럼 사각형 무늬가 덮인 판을 계산에 사용하는 일은 네이피어가 살던 당시 널리 행해졌다. 네이피어는 이런 판에 계수기(計數器)를 덧붙여 사용했는데, 이것은 체스의 비숍(bishop)이나 루크(rook)의 역할을 하면서 사칙연산은 물론 제곱근도 계산해 낸다. 이 도구를 위해 그는 배증(倍增)으로 곱셈을 하는 고대의 아이디어를 채택했으며, 이는 어떤 수를 2의 거듭제곱으로 나타냈다는 뜻이다. 그는 깨닫지 못했지만 사실상 이진법을 이용한 것이었고, 350여 년 전에 이미 현대적 컴퓨터의 전조가 되었던 셈이다.

조화급수

> 수학자들은 연인들과 같다.
> 수학자에게 최소한의 원리를 허용하면
> 이로부터 그는 다시 허용해야 할 결론을 이끌어 내며,
> 그 결론으로부터 또 다른 결론을 이끌어 낸다.
>
> 베르나르 르 보비에 퐁트넬(Bernard Le Bovier Fontenelle, 1657~1757)

2.1 원리

노르망디 지방의 아름다운 도시 리지외(Lisieux)에서 1377년부터 주교로 지내 왔던 니콜 오렘(Nicole Oresme)은 1382년 7월 12일 59세로 세상을 떴다. 중세 말인 1323년 알레망(Allemagne)에서 태어난 그는 프랑스어에서 과세이론에 이르는 폭넓은 학업을 쌓았고, 두드러진 경력으로는 루앙(Rouen)의 수석 사제를 지내고 샤를 5세의 스승이 된 것을 꼽을 수 있다. 또한 그는 아리스토텔레스의 《니코마코스 윤리학》과 《정치학》 그리고 경제에 관한 글을 라틴어에서 프랑스어로 번역했다. 오렘은 코페르니쿠스가 태어나기 100여 년 전에 태양중심설을 주장했고, 데카르트가 태어나기 약 200년 전에 그래프의 식을 제시하기도 했다. 한편 《화폐론(De Moneta)》을 펴내어 중세의 가장 위대한 경제학자라고 일컬어졌는데, 여기서 우리의 흥미를 끄는 것은 수학, 그중에서도 특히 무한급수에 관한 연구이다(그는 덧셈 기호 '+'를 처음 쓴 것으로 보이고, 《비율의 계산(Algorismus Proportionum)》에서는 지표 표기법을 분수와 음의 거듭제곱까지 확장했다). 정확히 말하자면 우

리는 조화급수에 관한 그의 연구와 그 한 성질에 대한 증명에 주목하며, 이처럼 범위를 좁힘으로써 이 위대한 인물이 성취한 다른 것들은 거의 모두 의식적으로 무시하고 넘어간다. 비유하자면 자기다발(magnetic flux)의 측정을 두고 비길 데 없는 카를 프리드리히 가우스(Carl Friedrich Gauss, 1777~1855)를 돌이켜 보는 것과 같다. 가장 위대한 수학자인 가우스는 앞으로도 수없이 등장할 것이다. 하지만 지금 당장은 오렘의 차례인데, 그에 들어가기에 앞서 ….

2.2　H_n의 생성함수

조화급수의 정의는

$$H_n = \sum_{r=1}^{n} \frac{1}{r} = 1 + \frac{1}{2} + \frac{1}{3} + \cdots + \frac{1}{n}$$

인데, 이는 다음 식과 동등하다.

$$H_r = H_{r-1} + \frac{1}{r}, \quad r > 1 \quad \text{그리고} \quad H_1 = 1$$

위의 식은 아래의 생성함수(generating function)를 만드는 데에 쓸 수 있다.

$$\frac{1}{1-x} \ln\left(\frac{1}{1-x}\right) = \sum_{r=1}^{\infty} H_r x^r$$

H_r에 어떤 가정도 하지 않는다면 양변에 $(1-x)$를 곱해서 다음을 얻을 수 있다.

$$-\ln(1-x) = (1-x) \sum_{r=1}^{\infty} H_r x^r$$

여기에 $\ln(1-x)$에 대한 뉴턴과 메르카토르의 전개식을 적용하면

$$\therefore x + \frac{1}{2}x^2 + \frac{1}{3}x^3 + \cdots = \sum_{r=1}^{\infty} H_r x^r - \sum_{r=1}^{\infty} H_r x^{r+1}, \quad |x| < 1 \text{로 가정}$$

이 되고, x^r의 계수를 비교하면

$$\frac{1}{r} = H_r - H_{r-1}, \quad r > 1$$

$$\therefore H_r = H_{r-1} + \frac{1}{r} \quad \text{그리고} \quad H_1 = 1$$

과 같이 본래의 정의가 유도됨으로써 원했던 결과가 확립된다.

1671년 2월 15일자 편지에서 제임스 그레고리(James Gregory, 1638~1675)는 다음과 같이 썼다. "12월 24일자로 보내 온 귀하의 편지를 보았지만 저는 조화수열(harmonical progression)을 기하적으로 간결하게 더할 일반적 방법이 없다는 사실을 도무지 믿을 수 없습니다." 조화급수에도 일반적인 n에 대해 H_n의 식과 같은 게 있으면 좋겠지만 오늘날까지도 우리는 여전히 그레고리의 실망을 떠안고 있다. 조화급수 정의의 단순함은 뒤에 숨은 미묘함을 가리고 있으며, 우리는 이로부터 많은 귀결들을 이끌어 낼 수 있다. 아래에서는 그중 세 가지를 살펴본다.

2.3 놀라운 세 가지 결과
2.3.1 발산

H_n의 성질 가운데 가장 예기치 못한 것은 발산한다는 사실로, 오렘이 이를 증명했다. 곧 $n \to \infty$이면 $H_n \to \infty$인데, 다만 매우 느리게 증가한다. 구체적으로 첫 100항의 합은 5.187…이고, 첫 1,000항의 합은 7.486…이며, 첫 1,000,000항의 합은 14.392…에 지나지 않는다. 따라서 n이 충분히 크기만 하다면 H_n이 우리가 택하는 어떤 수보다 더 커진다는 점을 믿기란 어렵다. 하지만 이는 사실이며, 이 발산을 수치적으로 나타내려면 정교한 눈길이 필요하다. 1968년 존 렌치 주니어(John W. Wrench Jr.)는 조화급수가 100을 넘어서는 데에 필요한 항의 개수를 정확히 계산했는데 그 값은 15,092,688,622,113,788,323,693,563,264,538,101,449,859,497이다. 물론 그가

실제로 더하면서 계산한 것은 아니다. 만일 컴퓨터에게 10억 분의 1초마다 한 항씩 더하도록 한다면 이 계산을 마치는 데 3.5×10^{14}조 년이 걸린다.

오렘의 증명을 현대적 표현으로 고쳐서 보면 다음과 같으며

$$\begin{aligned}
H_\infty &= 1 + \frac{1}{2} + \left(\frac{1}{3} + \frac{1}{4}\right) + \left(\frac{1}{5} + \frac{1}{6} + \frac{1}{7} + \frac{1}{8}\right) \\
&\quad + \left(\frac{1}{9} + \frac{1}{10} + \frac{1}{11} + \frac{1}{12} + \frac{1}{13} + \frac{1}{14} + \frac{1}{15} + \frac{1}{16}\right) + \cdots \\
&> 1 + \frac{1}{2} + \left(\frac{1}{4} + \frac{1}{4}\right) + \left(\frac{1}{8} + \frac{1}{8} + \frac{1}{8} + \frac{1}{8}\right) \\
&\quad + \left(\frac{1}{16} + \frac{1}{16} + \frac{1}{16} + \frac{1}{16} + \frac{1}{16} + \frac{1}{16} + \frac{1}{16} + \frac{1}{16}\right) + \cdots \\
&= 1 + \frac{1}{2} + \frac{2}{4} + \frac{4}{8} + \frac{8}{16} + \cdots = 1 + \frac{1}{2} + \frac{1}{2} + \frac{1}{2} + \frac{1}{2} + \cdots
\end{aligned}$$

끝 부분의 내용으로부터 발산한다는 점을 분명히 알 수 있다.

필연적이랄까, 이런 결과에 대해서는 여러 가지 증명이 있는데, 그중 두 가지를 더 살펴보자. 우아함을 하나의 동기로 삼는다면 다음 증명이 어울린다.

$$\begin{aligned}
H_\infty &= 1 + \frac{1}{2} + \frac{1}{3} + \frac{1}{4} + \cdots = \frac{2}{2} + \frac{2}{4} + \frac{2}{6} + \frac{2}{8} + \cdots \\
&= \left(\frac{1}{2} + \frac{1}{2}\right) + \left(\frac{1}{4} + \frac{1}{4}\right) + \left(\frac{1}{6} + \frac{1}{6}\right) + \left(\frac{1}{8} + \frac{1}{8}\right) \cdots \\
&< \left(1 + \frac{1}{2}\right) + \left(\frac{1}{3} + \frac{1}{4}\right) + \left(\frac{1}{5} + \frac{1}{6}\right) + \left(\frac{1}{7} + \frac{1}{8}\right) + \cdots
\end{aligned}$$

이 이야기뿐 아니라 다른 분야에서도 위대한 업적을 남긴 오일러에게 경의를 표한다는 뜻에서 그의 증명을 보자.

$$\begin{aligned}
\int_{-\infty}^0 \frac{e^x}{1-e^x} dx &= \int_{-\infty}^0 e^x (1-e^x)^{-1} dx \\
&= \int_{-\infty}^0 e^x (1 + e^x + e^{2x} + e^{3x} + \cdots) dx = \int_{-\infty}^0 (e^x + e^{2x} + e^{3x} + \cdots) dx \\
&= [e^x + \frac{1}{2}e^{2x} + \frac{1}{3}e^{3x} + \cdots]_{-\infty}^0 = 1 + \frac{1}{2} + \frac{1}{3} + \cdots \\
&= [-\ln(1-e^x)]_{-\infty}^0
\end{aligned}$$

적분구간 상단에서의 값을 구해 보면 이는 무한임이 분명히 드러난다. 여기서는 변칙적분(improper integral)과 부적절한 이항전개가 쓰였다. 물론 이런 문제점들은 깨끗이 해소할 수 있지만 세부적 측면에 너무 얽매인다면 간결한 세련미가 흐려질 것이다.

2.3.2 H_n은 정수가 아니다

H_n의 두 번째 놀라운 성질은 이것이 무한히 증가하는 과정에서 $n=1$인 경우를 제외하면 어떤 정수값도 취하지 않는다는 사실이다. 나아가 H_n의 어떤 부분급수(subseries)들도 마찬가지이다. 곧 어떤 두 자연수 m, n에 대해($m < n$)

$$S_{mn} = \frac{1}{m} + \frac{1}{m+1} + \frac{1}{m+2} + \cdots + \frac{1}{n}$$

과 같은 급수는 결코 정수가 되지 않는다.

이에 대한 논의는 미묘하고도 약간 장황하지만 어쨌든 그 증명법은 S_{mn}이 홀수 분자에 짝수 분모를 가진 분수여서 정수가 될 수 없다는 식으로 진행된다. 이 목표를 이루려면 한 가지 중간 결론이 필요한데, 처음에는 이것 자체도 약간 놀랍게 여겨진다.

1, 2, 3, … 으로 진행하는 수열에서 연속하면서도 유한한 어떤 부분수열을 생각하자. 그런 다음 각 항들을 소인수분해하면 2의 최고차 인수를 가진 항은 단 하나 존재한다. 다시 말해서 이 부분수열의 각 항에 초점을 맞추고 이것들을 소인수분해하면 2의 최고차가 나오는 항은 하나밖에 없다는 뜻이다. 이 사실은 다음과 같이 밝힐 수 있다.

이 수열이 2의 거듭제곱을 포함하고 있다면 2의 최고차 인수를 가진 항이 바로 우리가 찾는 항이다. 그렇지 않다면 이 수열은 두 개의 연이은 2의 거듭제곱들 사이, 예를 들어 2^a와 2^{a+1} 사이에 있다. 이를 다시 쓰면 $2 \cdot 2^{a-1}$

과 $4 \cdot 2^{a-1}$ 사이라는 뜻이며, 따라서 이 사이에서 2의 최고차 인수를 가진 항은 $3 \cdot 2^{a-1}$이다. 만일 이 수열이 이 항을 가진다면 이 항이 우리가 찾는 것이고, 그렇지 않다면 이 수열은 두 개로 나뉜 구간 중 하나에 존재한다. 이 두 구간 중 하나로 $2 \cdot 2^{a-1}$과 $3 \cdot 2^{a-1}$ 사이, 곧 $4 \cdot 2^{a-2}$과 $6 \cdot 2^{a-2}$ 사이를 택하면 이 안에서 2의 최고차 인수를 가진 항은 $5 \cdot 2^{a-2}$이다. 이런 과정을 두 개의 항만 남을 때까지 계속하면 그중 하나는 짝수이므로 이것을 택하면 된다.

다음으로 S_{mn}의 분모들을 소인수분해하고 분모에 2의 최고차 인수가 포함된 항을 찾아 $1/k$로 부르자. 그리고 모든 S_{mn}들을 그 분모들의 최소공배수를 분모로 하는 분수로 나타내자. 그러면 본래 $1/k$이었던 항의 분자는 홀수가 되고, 다른 모든 항의 분자는 짝수가 된다. 따라서 S_{mn}을 하나의 분수로 나타낼 경우 그 분자는 홀수이고 분모는 짝수가 되어 우리가 원했던 결과가 얻어진다. 그리고 여기에 $m = 1$을 대입하면 H_n은 정수가 아니라는 점이 증명된다.

2.3.3 H_n은 거의 언제나 무한소수이다

$H_1 = 1$, $H_2 = 1.5$, $H_6 = 2.45$인데, 어쨌든 H_n은 분수이므로 소수로 고치면 이런 예들처럼 유한한 자릿수에서 끝난다지, 아니면 한 무리의 숫자들이 무수히 되풀이되는 모습을 보인다. 끝으로 이야기할 조화급수의 놀라운 성질은 위의 세 가지 예를 제외한 다른 모든 H_n은 무한순환소수라는 점이다. 이 경이로운 사실에 대한 증명을 하자면 수론의 가장 심오하고도 중요한 결론의 하나인 베르트랑추측(Bertrand Conjecture)의 도움을 받아 비교적 얕은 물에서 아주 깊은 물로 뛰어들어야 한다. 1845년 프랑스의 수학자 조제프 베르트랑(Joseph Bertrand, 1822~1900)은 1보다 큰 모든 정수에 대하여

($n < 3,000,000$에 대한 증명과 함께) $n < p < 2n$을 충족하는 소수 p가 적어도 하나는 존재한다는 추측을 내놓았다. 다만 그는 이를 증명할 운명은 타고나지 못했으며, 그 영예는 5년 뒤 러시아 수학자 파프누티 체비셰프(Pafnuty Chebychev, 1821~1894)에게 돌아갔다. 체비셰프는 또 다른 위대한 수학적 결론인 소수정리(Prime Number Theorem)의 증명에도 가까이 다가섰는데, 이에 대해서는 뒤에서 많은 이야기를 할 것이다.

먼저 유한한 소수로 나타나는 분수의 분모는 10의 거듭제곱임이 분명하다. 10은 2 곱하기 5이므로 이런 분모는 2 곱하기 5의 거듭제곱이며, 가능한 소거를 모두 마치면 $2^\alpha 5^\beta$의 모습을 띤다. H_n이 유한소수가 아님을 보이려면 H_n을 하나의 분수로 썼을 때 분모의 인수 중에 5보다 큰 소수가 있음을 보이면 된다. H_3, H_4, H_5의 경우 단순히 직접 써봄으로써 무한순환소수임을 곧 알 수 있다. 따라서 이제 $n \geq 7$인 경우에 대해 기약분수 형태인 H_n을 a_n/b_n으로 쓰자. 그러면 우리가 보일 것은 b_n이 7 이상의 소수 p로 나뉜다는 점이다. 이를 위해 우리는 수학적 귀납법을 이용하여 $p \in [1/2(n+1), n]$인 모든 소수 p로 b_n이 나뉨을 증명한다. $n = 7$인 경우, 해당 구간은 $[4, 7]$이고 여기에 들어 있는 소수의 집합은 $\{5, 7\}$이며, $H_7 = \frac{363}{140}$이므로 위 명제는 성립한다. 다음으로 이 결과가 n에 대해서도 성립한다고 가정하면 $p \in [1/2(n+2), n+1]$인 모든 소수 p로 b_{n+1}이 나뉘는지 알아본다.

$$\frac{a_{n+1}}{b_{n+1}} = \frac{a_n}{b_n} + \frac{1}{n+1} = \frac{a_n(n+1) + b_n}{b_n(n+1)}$$

이 새 구간은 소수의 목록에 $n+1$을 더할 수 있을 뿐인데, $n+1$이 소수라면 $b_{n+1} = b_n(n+1)$이므로 a_{n+1}과의 사이에서 약분이 일어날 수 없다. 이러한 b_{n+1}은 바로 우리가 필요로 했던 형태이며, 따라서 위의 명제는 수학적 귀납법에 의하여 옳다는 게 밝혀진다. 베르트랑추측은 p와 $2p$ 사이에 어떤 소수가 존재한다는 것을 보장하므로 $p \geq 7$에 대해 $[p, 2p-1]$이라는 구간들의 집합은 서로 약간씩 겹치면서 $n \geq 7$인 모든 정수를 포함한다. 따라서 이제 우리에게 필요한 것들은 모두 갖춰졌다. 모든 $n \geq 7$에 대하여 $n \in [p, 2p-1]$이 되도록 하는 7 이상의 소수가 존재하며, 이는 $p \in [1/2(n+1), n]$이란 뜻이고, 이미 보았듯 b_n은 이 소수로 나뉜다. 독자들은 $p=5$인 경우 어떤 일이 일어나는지 점검해 보기 바란다.

조화급수 전체에 대해 살펴보았으므로 다음으로는 몇몇 흥미로운 부분급수들을 둘러보기로 한다.

부조화급수

> 수학자들은 연구의 모든 단계에서
> 재치와 좋은 감각이 필요하며, 스스로의 수고에
> 정말로 합당한 것과 그렇지 않은 것을
> 가를 때 자신의 본능을 믿도록 배워야 한다.
>
> 제임스 글레이셔(James Glaisher, 1848~1928)

조화급수의 믿을 수 없을 만큼 느린 발산성은 이것을 수렴하도록 하기 위해 각 항들을 많이 고칠 필요가 없다는 점을 암시한다. 여기서 고친다고 함은 생략하거나 소거한다는 뜻인데, 이 장에서는 바로 이런 것들을 시도해 본다.

3.1 부드러운 출발

체계적으로 일부 항들을 추려 내고자 한다면

$$\frac{1}{2}+\frac{1}{4}+\frac{1}{6}+\frac{1}{8}+\cdots = \frac{1}{2}\left(1+\frac{1}{2}+\frac{1}{3}+\frac{1}{4}+\cdots\right)$$

또는

$$1+\frac{1}{3}+\frac{1}{5}+\frac{1}{7}+\cdots > 1+\frac{1}{4}+\frac{1}{6}+\frac{1}{8}+\cdots$$
$$= 1+\frac{1}{2}\left(\frac{1}{2}+\frac{1}{3}+\frac{1}{4}+\cdots\right)$$

와 같이 써볼 수 있겠지만 모두 발산한다는 게 분명하며, 여기에는 168쪽에서 보게 될 암시가 숨겨져 있다.

이처럼 항들의 '절반'을 추려 내는 것만으로는 수렴하는 급수를 얻을 수 없고, 3분의 1이나 기타 비율만큼 추려 내더라도 마찬가지이다. 어떤 수의 거듭제곱들을 추려 내면 수렴하는 등비수열을 얻지만 그렇게 하자면 엄청나게 많은 항들을 모아야 하며, 여기서의 논의에 비춰 볼 때 그다지 흥미로운 방법도 아니다. 이 두 가지 사이에 다른 길은 없을까? 우리를 감질나게 하는 한 가지 가능성은 홀수인 완전수(perfect number)들의 역수를 모으는 것으로, 그 합은 유한하다는 게 알려져 있다. 완전수란 약수들의 합이 자신과 같은 수를 말하며 6과 28이 그 예이다. 다만 문제는 홀수인 완전수들의 예를 전혀 모른다는 데 있다. 따라서 우리가 바라는 급수는 전혀 없을 수도 있다!

3.2 소수의 조화급수

소수는 영원한 흥미로움의 원천이다. 소수는 드물고도 불규칙하게 나타나므로(이 희소성과 불규칙성은 나중에 살펴본다) 그 역수들을 모은 급수는 매력적인 후보이다.

$$\frac{1}{2} + \frac{1}{3} + \frac{1}{5} + \frac{1}{7} + \frac{1}{11} + \frac{1}{13} + \cdots$$

이 급수는 분명 H_∞에서 많은 항들을 추려 낸 것이지만, 놀랍게도 이것 또한 발산한다. 물론 이 사실은 소수의 개수가 무한임을 뜻하며, 기원전 300년 무렵 유클리드가 이미 증명했다. 그의 유명한 증명은 한번 돌아볼 가치가 충분하며, 이와 전혀 다르고 좀 더 현대적인 방법도 마찬가지로 우아하다. 먼저 유클리드의 증명을 본다.

소수의 개수가 유한이라 하고 그중 가장 큰 것을 N이라고 하자. 그러면 모든 소수를 곱하고 거기에 1을 더한 $P = 2 \times 3 \times 5 \times 7 \times \cdots \times N + 1$이란 수는 소수이거나(이 경우 가장 큰 소수가 N이라는 가정과 모순이다) 소수로 나눠떨어지는 합성수일 것이다. 그런데 P를 알려진 모든 소수로 나누면 항상 1이 남으므로 N보다 더 큰 소수가 항상 존재한다는 뜻이며, 이는 소수의 개수가 유한하다는 가정과 모순이다. 유일한 탈출구는 소수의 개수가 무한하다는 것뿐이고, 이로써 증명은 완결된다.

만일 P가 정말로 소수라면 '유클리드소수(Euclidean prime)'라고 부르는 게 좋을 텐데, 이런 소수들은 얼마나 많을까? 처음에는 꽤 생산적이어서 N이 첫 다섯 소수인 2, 3, 5, 7, 11일 경우 3, 7, 31, 211, 2311이라는 소수를 내놓는다. 그 다음 유클리드소수는 $N = 31$일 때 나타나고 그 값은 200,560,490,131이다. 하지만 1,000보다 작은 N에 대해 그 다음으로 나타나는 것은 $N = 379$일 때뿐이며 그 값은 너무 커서 쓰기도 곤란하다! 현재까지 알려진 가장 큰 유클리드소수는 N이 24,029일 때의 것이다. 과연 유클리드소수의 개수도 무한일까? 그 답은 아직 아무도 모르지만 N이 커질수록 매우 드물게 나타난다.

유클리드의 결론에 대한 현대 수론가의 증명은 보기에도 느끼기에도 다르다. 1938년 탁월한 일선 연구자 폴 에어디시(Paul Erdös, 1913~1996)는 아래에서 이야기할 증명을 내놓았는데, 이는 셈법과 수론가들이 사용하는 말끔한 도구, 곧 어떤 정수든 다른 어떤 정수의 제곱과 제곱이 아닌 정수의 곱으로 나타난다는 사실을 이용했다. 이 사실은 어떤 정수를 소인수분해하고 반복되는 인수들을 함께 모아서 살펴보면 선명히 드러난다. 예를 들어 $2,851,875 = 3^3 \times 5^4 \times 11 \times 13^2 = 3 \times 11 \times (3 \times 5^2 \times 13)^2$로 써지며, 완전제곱수의 경우 제곱이 아닌 부분의 정수는 1이다. 나중에 리만가설을 이야기하면서 뫼비우스함수(Möbius function)와 마주치게 되면 어떤 정수가 반복되는 인수를 갖는지의 여부가 매우 중요함을 알게 된다. 에어디시의 증명은 다음과 같다.

N을 어떤 자연수라 하고 p_1, p_2, p_3, $\cdots$, p_n을 N보다 작거나 같은 모든 소수라고 하자. 그러면 N보다 작거나 같은 자연수들은 p_i의 곱들로 나타나는데, 위에서 이야기한 내용을 함께 고려하면 $p_1^{e_1} p_2^{e_2} p_3^{e_3} \cdots p_n^{e_n} \times m^2$으로 쓸 수 있고, 어떤 특정 소수가 들어가거나 들어가지 않을 수 있으므로 $e_i \in \{0, 1\}$이다. 따라서 제곱이 아닌 소인수분해를 택하는 방법의 수는 2^n이며, 분명 $m^2 \leq N$이므로 $m \leq \sqrt{N}$이다. 이는 N보다 작거나 같은 정수들을 만들 방법의 수가 최고 $2^n \sqrt{N}$가지라는 뜻이며 따라서 $N \leq 2^n \sqrt{N}$이다. 이것을 다시 쓰면 $2^n \geq \sqrt{N}$이고, 이는 또 $n \geq \frac{1}{2} \log_2 N$으로 고쳐진다. 그런데 N의 값에는 제한이 없다. 따라서 소수의 개수는 무한이다.

우리의 숨을 멎게 하는 이 증명을 보면 과연 어떤 사람이 이런 생각을 할 수 있을까 하는 의문이 솟지만, 이는 그 사람이 지닌 천재성의 일단이다.

소수의 수열이 무한하다는 점은 명확해졌으므로 그 역수를 모은 급수의 발산성으로 넘어가자. (필연이랄까) 오일러가 이 문제를 공략했고, 그 경이로운 결과로부터 해석적 정수론(analytic number theory)이라는 분야 전체가 도출되었다. 여기서는 에어디시가 확장한 오일러의 논의에 기반을 둔 증명을 살펴본다. 만일 이 급수가 수렴한다면 어느 일정한 항 뒤의 꼬리를 모두 모아도 1/2이 넘지 않는 경우가 반드시 생긴다. 다시 말해서 아래의 식을 만족하는 i의 값이 존재한다.

$$\frac{1}{p_{i+1}} + \frac{1}{p_{i+2}} + \frac{1}{p_{i+3}} + \cdots < \frac{1}{2}$$

x보다 작은 자연수들 가운데 첫 i개의 소수들로만 나누어떨어지는 것들의 개수를 $N_i(x)$라고 하자. n이 그중 하나라면 앞서 보았듯 $n = k \times m^2$으로 쓸 수 있고, k는 제곱이 되는 소인수가 없는 부분이다. k는 오직 i개의

소수들로만 나누어떨어지므로 $k = p_1^{a_1} p_2^{a_2} p_3^{a_3} \cdots p_i^{a_i}$으로 쓸 수 있다. 여기서도 $a_i \in \{0, 1\}$이므로 k가 만들어지는 경우의 수는 특정한 소수의 존재 여부에 따라 모두 2^i가 된다. 또한 $m^2 \le n < x$임은 분명하므로 m을 택하는 방법의 수는 $\sqrt{x}$보다 적으며 결과적으로 $N_i(x) < 2^i \sqrt{x}$이다. x보다 작으면서 소수 p로 나누어떨어지는 자연수의 개수는 최대 x/p이다 (p의 배수들, 곧 $p, 2p, 3p, \cdots, np$를 생각해 보자. 이때 $np \le x$이면 $n \le x/p$이다). 그러므로 x보다 작으면서 첫 i개 이외의 소수들로 나누어떨어지는 자연수의 개수는 최대

$$\frac{x}{p_{i+1}} + \frac{x}{p_{i+2}} + \frac{x}{p_{i+3}} + \cdots$$

인데, 이는 물론 $x/2$보다 작다. 그런데 정의에 의하면 이것은 $x - N_i(x)$이며 따라서 $x - N_i(x) < \frac{1}{2}x$이고 이를 고쳐 쓰면 $N_i(x) > \frac{1}{2}x$이다. 이렇게 얻은 두 경계를 결합하면 $\frac{1}{2}x < N_i(x) < 2^i \sqrt{x}$이므로 $\frac{1}{2}x < 2^i \sqrt{x}$이고, 이를 고쳐 쓰면 $x < 2^{2i+2}$이다. 하지만 x의 범위에는 제한이 없으므로 $x > 2^{2i+2}$인 경우를 얼마든지 택할 수 있고 이는 위의 결론과 모순된다. 따라서 소수의 역수를 모은 급수는 발산하며, 이 또한 완벽하게 아름다운 증명의 하나이다.

그런데 과연 이 급수는 얼마나 느리게 발산할까? 그 답은 아래의 예에서 보듯 "매우 느리다"이다.

$$\sum_{p \text{는 소수}}^{p < 1 \text{백만}} \frac{1}{p} = 2.887289 \cdots$$

10억 분의 1초마다 한 항씩 더하는 컴퓨터가 이 급수를 150억 년 동안 더하면 겨우 4를 넘게 된다. 나중에 오일러의 증명을 살펴보는데, 이것도 빙하처럼 느린 이 발산의 정도를 가늠케 해준다.

완전한 조화급수처럼 소수의 역수를 모은 급수도 발산할 뿐 아니라 그 과정에서 어떤 정수도 되지 않는다. 그런데 이에 대한 증명은 조화급수에 대한 증명보다 놀랄 정도로 쉽다. 서로 다른 소수 $p_1, p_2, \cdots, p_m$의 역수들로 이루어진 수열의 합이 아래처럼 어떤 정수가 된다고 하자.

$$\frac{1}{p_1}+\frac{1}{p_2}+\frac{1}{p_3}+\cdots+\frac{1}{p_m}=n$$

이를 고쳐 쓰면

$$\frac{1}{p_1}=n-\frac{1}{p_2}-\frac{1}{p_3}-\cdots-\frac{1}{p_m}=\frac{a}{p_2 p_3 p_4 \cdots p_m}$$

가 되며, 이에 따르면 $ap_1=p_2 p_3 p_4 \cdots p_m$이다. 하지만 $p_2 p_3 p_4 \cdots p_m$은 p_1으로 나누어떨어질 수 없으므로 이는 불가능하다.

소수들만 남겨서 수렴토록 하는 일은 실패했다. 그러나 이 방향으로 노력을 계속한다면 가장 자연스런 다음 단계는 쌍둥이소수(twin prime)들을 이용하는 것이다. (모두 그런 것은 아니지만) 이 경우 2는 보통 제외하며, 5를 두 번 사용하여 $(3,5), (5,7), (11,13), \cdots, (1019,1021), \cdots$ 등으로 만들어진 짝을 가리키는데, 믿을 수 없을 정도로 드물게 나타난다(쌍둥이소수는 차이가 2인 두 소수의 묶음을 말한다. 이는 $(2,3)$을 제외하고는 차이가 가장 작은 소수들의 묶음이다. – 옮긴이). 사실 쌍둥이소수가 무한히 많은지는 아직 모르는데, 그렇다고 보는 견해를 가리켜 쌍둥이소수추측(Twin Prime Conjecture)이라고 부른다. $(1019,1021)$의 경우 둘 다 유클리드소수를 내놓는다는 점도 흥미롭다. 쌍둥이소수들만 쓴다면 아래와 같은 급수가 나온다.

$$\left(\frac{1}{3}+\frac{1}{5}\right)+\left(\frac{1}{5}+\frac{1}{7}\right)+\left(\frac{1}{11}+\frac{1}{13}\right)+\left(\frac{1}{17}+\frac{1}{19}\right)+\cdots$$

과연 이번에는 수렴할까? 마침내 그 답은 "그렇다"이다. 하지만 정확한 값을 아는 사람은 아무도 없다. 대략 $1.9021605824\cdots$로 알려진 이 값은 노르웨이 수학자 비고 브룬(Viggo Brun, 1885~1978)의 이름을 따 브룬상수(Brun's constant)라고 부르는데, 그는 1919년에 이 급수가 수렴함을 밝혔다. 이밖에 이 급수에 대해 알려진 것은 별로 없지만, 이 값으로 볼 때 쌍둥이소수가 얼마나 드물게 나타나는지는 분명히 알 수 있다. 1994년 토머스 나이슬리(Thomas Nicely)가 위 값을 추산해 냈는데, 이 과정에서 악명 높은 인텔 펜티엄의 나누기 버그(bug)를 발견했으며, 이 버그는 쌍둥이소수 824633702441과 824633702443에서 뚜렷이 나타났다. 이제 유명한 이메일이 된 그의 공표는 다음과 같이 시작된다.

> 많은, 어쩌면 모든 펜티엄 프로세서의 부동소수점연산장치(FPU, floating point unit)(수치보조프로세서)에 버그가 있는 것으로 보인다. 요컨대 펜티엄의 FPU는 어떤 나누기를 할 때 오답을 내놓는다. 예를 들어 1/824633702441.0의 계산에서 9자리 이후의 유효숫자는 모두 틀리다 ….

1995년 1월 17일 인텔은 소득 가운데 세금 포함 4억 7천 5백만 달러를 들여 잘못된 펜티엄 프로세서들을 교체할 비용으로 쓰겠다고 발표했다.

여담이지만 만일 이 급수가 발산하는 것으로 밝혀졌다면 쌍둥이소수의 수가 무한하다는 쌍둥이소수추측이 받아들여지는 쪽으로 결론이 나서 아주 좋았을 것이다. 또한 독자들은 쌍둥이소수에서 5가 유일하게 두 번 쓰인다는 사실을 알 수 있을 것이다. 이는 3보다 큰 소수는 모두 $6n \pm 1$의 형태를 가져야 하고, 따라서 모든 쌍둥이소수는 $6n - 1$과 $6n + 1$이 되어야 하므로, 3, 5, 7 이외에 잇달아 나오는 세 소수로 된 쌍둥이소수는 있을 수 없기 때문이다.

3.3 켐프너급수

조화급수에서 항들을 추려 내는 가장 기발한 방법은 켐프너(A. J. Kempner)가 제시한 것이라고 해야겠다. 1914년에 그는 조화급수의 분모들에서 특정 수가 포함된 항들을 제외하면 어찌될 것인지를 생각해 보았다. 예를 들어 7을 택하면 분모가 7, 27, 173, 33779 등인 항들을 제외한다. 택할 수는 0, 1, 2, ⋯, 9의 10가지이므로 이렇게 만들어지는 급수도 10가지이다. 이때 자연스럽게 가장 먼저 떠오르는 의문은 이것이다: 이 과정에서 몇 퍼센트의 항이 제거될까? 예를 들어 0이 포함된 항들을 제거하면 다음과 같고

$$1 + \frac{1}{2} + \frac{1}{3} + \cdots + \frac{1}{9} + \frac{1}{11} + \cdots + \frac{1}{19} + \frac{1}{21} + \cdots$$
$$+ \frac{1}{99} + \frac{1}{111} + \cdots + \frac{1}{119} + \frac{1}{121} + \cdots + \frac{1}{999} + \cdots$$

1이 포함된 항들을 제거하면 다음과 같다.

$$\frac{1}{2} + \frac{1}{3} + \cdots + \frac{1}{9} + \frac{1}{20} + \frac{1}{22} + \frac{1}{23} + \cdots + \frac{1}{30} + \frac{1}{32} + \cdots$$
$$+ \frac{1}{99} + \frac{1}{200} + \frac{1}{202} + \cdots + \frac{1}{999} + \cdots$$

어떤 한계까지는 분모들을 거기에 포함된 수들로 그룹을 지음으로써 항의 개수를 정확히 셀 수 있다. 먼저 0을 제거했을 경우에 대해서는 표 3.1에 수록했다.

이는 0이 포함된 분모를 제거할 경우 $10^n - 1$까지 살펴볼 때 다음 개수의 항들이 남는다는 뜻이다.

$$9 + 9^2 + 9^3 + 9^4 + \cdots + 9^n = \frac{9(9^n - 1)}{9 - 1}$$
$$= \frac{9}{8}(9^n - 1)$$

같은 분석을 1이 포함된 분모들에 대해 행한 결과는 표 3.2에 있다.

표 3.1 분모에 0이 든 항을 제거한 경우

분모의 범위	남겨진 분모의 개수
$1 \to 9$	9
$10 \to 99$	$9 \times 9 = 9^2$
$100 \to 999$	$9 \times 9 \times 9 = 9^3$
$1000 \to 9999$	$9 \times 9 \times 9 \times 9 = 9^4$
$\vdots$	$\vdots$
$10^{n-1} \to 10^n - 1$	9^n

표 3.2 분모에 1이 든 항을 제거한 경우

분모의 범위	남겨진 분모의 개수
$1 \to 9$	8
$10 \to 99$	8×9
$100 \to 999$	$8 \times 9 \times 9 = 8 \times 9^2$
$1000 \to 9999$	$8 \times 9 \times 9 \times 9 = 8 \times 9^3$
$\vdots$	$\vdots$
$10^{n-1} \to 10^n - 1$	$8 \times 9^{n-1}$

두 결과의 차이는 1이 든 항을 제거할 경우 0은 허용되지만 어떤 수의 맨 위 자릿수로 쓰이지는 못하기 때문에 나온다. 구체적으로 헤아리면 $10^n - 1$까지 다음 개수의 항들이 남는다.

$$8 + 8 \times 9 + 8 \times 9^2 + 8 \times 9^3 + \cdots + 8 \times 9^{n-1}$$

$$= 8 \frac{9^n - 1}{9 - 1}$$

$$= 9^n - 1$$

1에 대한 논의는 2부터 9까지에 대해서도 마찬가지로 적용되지만, 물론 그 합의 값은 (존재한다고 할 경우) 서로 다를 것이다.

관점을 바꿔 0이 든 항을 제거한 경우에 얼마나 많은 항들이 제거되었는지 보자.

$$\frac{(10^n-1)-\frac{9}{8}(9^n-1)}{10^n-1} = 1 - \frac{9}{8}\frac{9^n-1}{10^n-1} \xrightarrow[n \to \infty]{} 1-0 = 1$$

0이 아닌 다른 수들의 경우는 다음과 같다.

$$\frac{(10^n-1)-(9^n-1)}{10^n-1} = 1 - \frac{9^n-1}{10^n-1} \xrightarrow[n \to \infty]{} 1-0 = 1$$

따라서 점근적으로 볼 때 우리는 '거의 모든' 항을 제거한 셈이다! 다시 말하면, 거의 모든 정수가 모든 가능한 숫자를 가진다는 첫 번째 놀라운 사실을 발견한 것이다. 하지만 정수들이 커짐에 따라 자릿수도 늘어난다는 점을 생각해 보면 놀라움이 좀 덜어질 것도 같다.

이처럼 조화급수에서 매우 많은 항들을 제거한 것으로 밝혀졌으므로 남겨진 급수가 수렴한다는 사실은 그다지 놀랄 일은 아니다. 이를 이해하려면 0과 다른 숫자들이 든 항을 제거한 두 가지 경우를 다시 따로 살펴볼 필요가 있다. 표 3.1을 보면 9개의 한 자리 수들은 모두 1보다 크거나 같으므로 이를 분모로 한 분수들은 모두 1보다 작거나 같다. 그리고 9^2개의 두 자리 수들은 모두 10보다 크거나 같으므로 이를 분모로 한 분수들은 모두 1/10보다 작거나 같다. 따라서 아래 급수의 상계(上界, upper bound)는 다음과 같이 구해진다.

$$9 \times 1 + 9^2 \times \frac{1}{10} + 9^3 \times \frac{1}{10^2} + 9^4 \times \frac{1}{10^3} + \cdots$$
$$= 9\left(1 + \left(\frac{9}{10}\right) + \left(\frac{9}{10}\right)^2 + \left(\frac{9}{10}\right)^3 + \cdots\right)$$
$$= \frac{9}{1-\frac{9}{10}} = 90$$

같은 방식으로 다른 숫자들에 대해 상응하는 급수의 상계를 구하면 다음과 같다.

$$8 \times 1 + 8 \times 9 \times \frac{1}{10} + 8 \times 9^2 \times \frac{1}{10^2} + 8 \times 9^3 \times \frac{1}{10^3} + \cdots$$

$$= 8 + 8 \times \frac{9}{10} + 8 \times \left(\frac{9}{10}\right)^2 + 8 \times \left(\frac{9}{10}\right)^3 + \cdots$$

$$= 8 \left(\frac{1}{1 - \frac{9}{10}}\right) = 80$$

이렇게 얻은 상계는 정확한 값은 아니지만 적어도 이 급수가 수렴한다는 사실은 분명히 보여 준다. 물론 느린 수렴성은 그 정확한 값을 계산하는 데에 장애가 된다. 그러나 로버트 베일리(Robert Baillie)는 아주 간편하고도 정확하게 더하는 법을 제시했고, 표 3.3에는 소수 다섯째 자리까지의 값들을 수록했다.

표 3.3 켐프너 방식으로 제거된 조화급수의 합

제거된 수	합
0	23.10344
1	16.17696
2	19.25735
3	20.56987
4	21.32746
5	21.83460
6	22.20559
7	22.49347
8	22.72636
9	22.92067

3.4 마델룽상수

항을 제거하는 방법에 대한 마지막 논의로 교대로 소멸시키는 방법을 보자. 가장 유명한 것으로는 $1 - \frac{1}{2} + \frac{1}{3} - \frac{1}{4} + \cdots$라는 모습의 교대조화급수 (alternating harmonic series)가 있다. 물론 이는 뉴턴-메르카토르 로그급수의 특별한 경우로 그 합은 ln2이다. 더 복잡하게 꾸며 낸 교묘한 교대급수로는 $-\frac{4}{1} + \frac{4}{2} + \frac{4}{4} - \frac{8}{5} + \frac{4}{8} - \cdots + \frac{12}{100} - \cdots + \frac{16}{500} - \cdots$이 있는데 처음에는 임의적으로 보인다. 하지만 시그마를 사용한 표기법을 쓰면 아래와 같은 패턴이 드러나며

$$\sum_{i=1}^{\infty} (-1)^i \frac{r_2(i)}{i} \tag{3.1}$$

여기서 $r_2(i)$는 어떤 정수를 두 제곱수의 합으로 나타내는 방법의 수이다(0과 음의 정수를 포함한다. 예를 들어 $4 = 0^2 + 2^2 = 0^2 + (-2)^2 = 2^2 + 0^2 = (-2)^2 + 0^2$의 네 가지로 쓸 수 있다). 분모가 3, 6, 7, …인 것들은 빠져 있는데, 이는 모든 정수가 이렇게 표현되지는 않기 때문이다. 어떤 정수가 두 제곱수의 합으로 표현될 수 있는지의 여부는 오일러가 처음 밝혀냈다. 그는 1738년에 어떤 자연수의 각 소인수들이 $4k+3$의 형태이고 이것들이 짝수 제곱으로 나타날 때만 이런 표현이 가능하다는 사실을 발표했다.

보기에 전혀 분명하지는 않지만 이 급수는 수렴하며 그 값은 $-\pi \ln 2$임이 알려져 있다. 나아가 더욱 알기 어려운 것은 이 급수가 암염(巖鹽)과 관련이 있다는 사실이다. NaCl 결정은 정육면체의 격자 구조이고, 각 격자점들에 놓인 단위 전하들로 인해 원점에 형성된 정전기퍼텐셜(electrostatic potential)은 정의에 따라 다음과 같이 주어진다.

$$M_3 = \sum_{i,j,k=-\infty}^{\infty} \frac{(-1)^{i+j+k}}{\sqrt{i^2+j^2+k^2}}$$

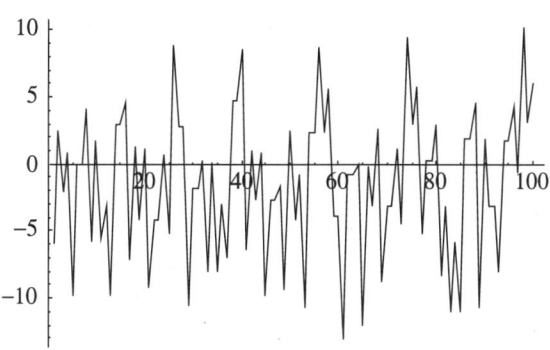

그림 3.1. 3차원에서 NaCl의 정전기퍼텐셜

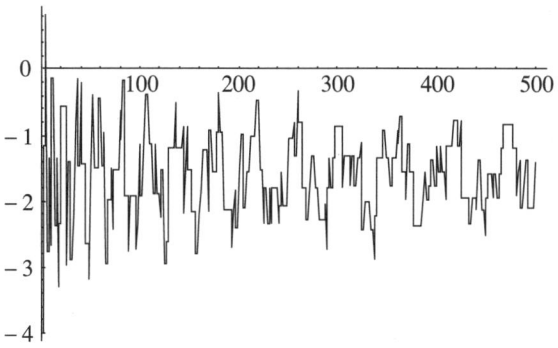

그림 3.2. 2차원에서 NaCl의 정전기퍼텐셜

위 식에서 세 가지 변수가 동시에 0이 되지는 않는다. 이 급수는 $k = 0$이고 $i = j$일 때의 부분급수가 무한으로 발산하는 조화급수가 된다는 점에서 알 수 있듯 매우 미묘한 구석이 있다. 그림 3.1에는 이 급수의 불규칙적인 성질이 드러나 있으며, 앞으로도 이와 같은 괴이한 그래프가 많이 등장할 것이다.

그럼에도 이 급수가 수렴하는 형태는 정의될 수 있고, 이 정의에 따르면 그 값은 $-1.74756459\cdots$이며, 이른바 마델룽상수(Madelung constant)들 가운데 하나이다. 다른 형태의 식은 아래와 같고

$$\sum_{i=1}^{\infty}(-1)^i\frac{r_3(i)}{\sqrt{i}}$$

$r_3(i)$는 정수 i를 제곱수 세 개의 합으로 나타낼 수 있는 방법의 수를 말한다. 2차원의 경우에는 아래의 식이 얻어지는데

$$\sum_{i=1}^{\infty}(-1)^i\frac{r_2(i)}{\sqrt{i}}$$

정육면체 격자는 정사각형 격자로 변하고 그림 3.2에서 보듯 수렴성도 더 분명하게 드러난다.

이 값은 $-1.61554\cdots$이고 역시 마델룽상수의 하나이며(공간의 차원이 증가함에 따라 마델룽상수의 수도 무한 가지로 늘어난다), 다음으로 살펴볼 제타함수(Zeta function)와 관련된다.

이 식에서 루돌프의 제곱근 기호를 제거하면 식 (3.1)의 급수가 나온다.

제4장
제타함수

> 조지 오웰(George Orwell)의 유명한 문장을 바꾸어 "모든 수학은 아름답지만 그중 어떤 것은 더욱 아름답다"라고 말해도 좋다. 하지만 수학에서 참으로 가장 아름다운 것은 제타함수이다. 여기에는 의문의 여지가 없다.
>
> 크르치스초프 마슬란카(Krzysztof Maslanka)

이제 수학에서 가장 높은 수준의 함수를 살펴볼 차례인데, 이는 해석적 정수론의 핵심에 자리 잡고 있으며, 구츠빌러(M. C. Gutzwiller)에 따르면 "현대수학의 가장 신비롭고도 힘겨운 과제일 것이다." 여기서는 이 함수 자체에 대해 알아보고, 6장에서는 두 번째로 높은 수준의 함수와 관련지어 살펴보며, 마지막 장에서는 가장 심오한 귀결인 리만가설과의 관계를 파헤친다.

4.1 n이 자연수일 때

아래 급수는 수학의 전설들 중에서 특별한 자리를 차지한다.

$$\sum_{r=1}^{\infty} \frac{1}{r^2} = 1 + \frac{1}{2^2} + \frac{1}{3^2} + \cdots$$

간단히 계산해 보면 이 급수는 $1.644934\cdots$에 수렴하는 듯 보이며, 이것만으로는 별다른 낌새를 알 수 없다. 하지만 이것도 조화급수처럼 매우 느리게 발산할지 모른다. 그러나 이것은 수렴하며, 1보다 큰 정수들에 대해 정의된 한 무리의 수렴급수들 가운데 특별한 경우이다('ζ'는 '제타(zeta)'라고 읽는 그리스 문자이며, 제타함수의 기호로 쓰인다. - 옮긴이).

$$\zeta(n) = \sum_{r=1}^{\infty} \frac{1}{r^n} = 1 + \frac{1}{2^n} + \frac{1}{3^n} + \cdots$$

항들을 괄호로 묶고 아래의 등비급수와 비교하면 수렴한다는 사실을 곧 알 수 있다.

$$\sum_{r=1}^{\infty} \frac{1}{r^n} = 1 + \frac{1}{2^n} + \frac{1}{3^n} + \frac{1}{4^n} + \cdots$$

$$= 1 + \left(\frac{1}{2^n} + \frac{1}{3^n}\right) + \left(\frac{1}{4^n} + \frac{1}{5^n} + \frac{1}{6^n} + \frac{1}{7^n}\right) + \cdots$$

$$< 1 + \frac{2}{2^n} + \frac{4}{4^n} + \cdots$$

$$= 1 + \frac{1}{2^{n-1}} + \left(\frac{1}{2^{n-1}}\right)^2 + \left(\frac{1}{2^{n-1}}\right)^3 + \cdots$$

$$= \frac{1}{1 - \frac{1}{2^{n-1}}}$$

여기에서 $1/2^{n-1} < 1$ 이어야 하며, 따라서 $2^{n-1} > 1$ 이고, $n - 1 > 0$ 이므로 $n > 1$ 이다.

$n = 2$ 인 위의 경우는 1650년 피에트로 멩골리(Pietro Mengoli, 1625~1686)가 그 값이 얼마인지 물은 것을 계기로 나타난 이래 독특한 역사를 갖게 되었다. 존 월리스(John Wallis, 1616~1703)는 1665년 소수 셋째 자리까지 계산했지만 1.645의 중요성을 충분히 깨닫지는 못했다. 1673년 (영국 왕립학회의 간사였던 - 옮긴이) 올덴부르크(Henry Oldenburg, 1619~1677)는 이 문제를 위대한 라이프니츠에게 제기했지만 그도 이를 해결하지 못했으며, 이 밖에 야콥 베르누이(Jacob Bernoulli, 1654~1705)를 비롯한 저명한 수학자들도 마찬가지였다. 야콥 베르누이는 1689년 스위스 바젤

(Basel)에서 발표한 〈무한급수에 관한 논문(*Tractatus de seriebus infinitis*)〉에 "누구든 우리의 노력을 빠져나간 이 문제의 답을 찾아 알려 준다면 매우 고맙겠다"라는 말을 남겼다. (프랑스의 수학사가 - 옮긴이) 몽투엘라(Montuela)에 따르면 이때부터 이것은 '바젤문제(Basel Problem)' 또는 '해석학자의 재앙(the scourge of analysts)' 등으로 불리게 되었다. 야콥 베르누이의 동생이자 오일러의 스승이었던 요한 베르누이(Johann Bernoulli, 1667~1748)의 시도도 실패했으며, 결국 총명한 제자를 부추겨 도전케 했던 것으로 보인다. 어쨌든 오일러는 이에 덤벼들어 마침내 승리를 거두었다. 1731년 그는 소수 여섯째 자리까지의 값을 얻었고, 1735년에는 더욱 정확한 계산을 통해 1.64493406684822643647…이라는 답을 얻었다. 나아가 1735년 후반, 이제 막 스타로 떠오르기 시작한 그는 "뜻밖에도 이 답의 우아한 식에는 원의 넓이가 관련되어 있음을 발견했다"라고 썼다. 여기서 '원의 넓이'라 함은 π를 암시하는 말인데, 엄밀함에 얽매이지 않는 천재적인 해석학자로서의 재능을 한껏 발휘하여 그는 다음의 결과를 얻어냈다.

$$\frac{1}{1^2}+\frac{1}{2^2}+\frac{1}{3^2}+\cdots=\frac{\pi^2}{6}$$

신기하게 보였던 1.644934…라는 수는 바로 $\pi^2/6$이었으며, 이 놀라운 결과는 오일러의 평판을 드높이는 데에 크게 기여했다. 나아가 1737년 오일러는 이것에 소수의 역수를 모은 급수가 발산한다는 사실을 결합하여 완전제곱수보다 소수가 더 많다고 말했는데, 그다지 터무니없는 주장은 아니었다. 하지만 이에 대한 정확한 답은 다시 100여 년을 기다려야 했다. 또 다른 수학의 거인 게오르크 칸토어(Georg Cantor)의 논란 많은 연구는 이 문제를 엄밀히 검토할 길을 열었으며, 이에 따르면 엄밀한 의미에서 이 주장은 잘못으로 밝혀졌다.

오일러의 본래 증명은 마술적이어서 다른 무엇보다도 이에 대한 비판에 대비하기 위해 좀 더 면밀하고도 완전한 버전을 내놓아야 할 것으로 보였다. 그 증명은 아래와 같이 $\sin x$의 표준적인 테일러전개(Taylor expansion)로부터 시작하는데

$$\sin x = x - \frac{x^3}{3!} + \frac{x^5}{5!} - \frac{x^7}{7!} + \cdots$$

이 식은 모든 x에 대해 수렴한다. 오일러는 좌변을 무한차수의 다항식으로 풀이했다. 다항식은 인수들의 곱으로 쓸 수 있고, 그 근들은 0, $\pm\pi$, $\pm 2\pi$, $\pm 3\pi$, $\cdots$이므로

$$x(x^2 - \pi^2)(x^2 - 4\pi^2)(x^2 - 9\pi^2)\cdots$$

과 같이 표현되고, 이는 또한 아래와 같다.

$$Ax\left(1 - \frac{x^2}{\pi^2}\right)\left(1 - \frac{x^2}{2^2\pi^2}\right)\left(1 - \frac{x^2}{3^2\pi^2}\right)\cdots$$

그런데

$$x \to 0 \text{이면} \quad \frac{\sin x}{x} \to 1$$

이므로 $A = 1$이어야 한다. 따라서 전체적으로 아래처럼 쓸 수 있다.

$$\sin x = x - \frac{x^3}{3!} + \frac{x^5}{5!} - \frac{x^7}{7!} + \cdots = x\left(1 - \frac{x^2}{\pi^2}\right)\left(1 - \frac{x^2}{2^2\pi^2}\right)\left(1 - \frac{x^2}{3^2\pi^2}\right)\cdots$$

놀라운 독창성이 어린 이 결과는 이제 무한곱의 이론 가운데 일부를 이루며, 이를 통해 이론은 엄밀성을 갖추게 되었다. 오일러는 이 식의 양변에서 x^3의 계수를 서로 같게 놓았다. 그러면

$$-\frac{1}{3!} = -\frac{1}{\pi^2} - \frac{1}{2^2\pi^2} - \frac{1}{3^2\pi^2} - \frac{1}{4^2\pi^2} - \cdots$$

또는

$$\frac{1}{1^2} + \frac{1}{2^2} + \frac{1}{3^2} + \cdots = \frac{\pi^2}{6}$$

이 되고, 바라는 결과가 마치 허공에서 튀어나온 것처럼 보인다.

이것을 얻는 데에 필요한 높은 수준의 천재성과 지략을 유념한다면 하우슨(A. G. Howson)이 느꼈던 즐거움을 함께 나눌 수 있다. 그에 따르면 "1838년에 치러진 런던대학교(London University)의 첫 번째 입학시험에서 이 대학에 들어가기를 바라는 19살 이하의 학생들에게 제시된 한 문제는 다음과 같았다: 아래에 주어진 두 무한급수의 합을 구하라."

$$\frac{1}{1^2}+\frac{1}{2^2}+\frac{1}{3^2}+\cdots$$

$$\frac{1}{1\times 2}+\frac{1}{2\times 3}+\frac{1}{3\times 4}+\cdots$$

이와 관련하여 시험관이 어떤 식으로 풀기를 원하는지에 대한 지시는 전혀 없었다. 시험 요강(要綱)을 보면 미적분은 포함되지 않았으며, 단지 '등차수열과 등비수열' 및 '산술과 대수'만을 언급하고 있을 뿐이다. 앞으로 보게 되듯, 부분적으로 아래의 관계를 통해

$$\frac{1}{1^2}+\frac{1}{2^2}+\frac{1}{3^2}+\cdots$$

$\pi^2/6$이란 수는 예기치 못한 곳에서 놀랍도록 자주 출현한다. 한 가지 놀라운 예는 다음과 같다. 임의로 두 자연수를 택했을 때 공약수가 없는 관계, 곧 서로소가 될 확률은 바로 $\pi^2/6$이다. 이것은 참으로 놀라운 현상이어서 이에 대한 증명을 확립하려면 상당한 노력을 기울여야 한다. 하지만 이를 위해서는 오일러의 도움이 좀 더 필요하므로 나중에 다시 돌아오기로 한다.

마지막 장에서는 세 번에 걸쳐 제시된 유명한 수학 문제 목록들을 살펴볼 텐데, 첫째는 20세기에 접어들 무렵, 둘째는 20세기가 끝날 무렵, 셋째는 21세기에 접어들 무렵에 제시되었다. 그런데 오일러는 이런 목록들을 네 번 제시했다. 그 첫째는 1742년 9월 6일 베를린대학교의 수학과에서 낭독되었으

며 모두 7개의 문제로 구성되었다. 다른 것들은 수학계의 도전 과제로 공표되었지만 이것은 오일러 스스로 중요하다고 여기며 연구하고 있던 것들로 구체적으로는 다음과 같다.

1. 1742년 3월에 관측되었던 혜성의 궤도 결정
2. 원의 넓이를 구하는 적분공식들을 간단히 하기 위한 정리들
3. 변화량의 적분으로 값이 정해지는 적분 찾기
4. 자연수의 거듭제곱 역수들로 만든 급수의 합
5. 고차미분방정식들의 적분
6. 어떤 원뿔곡선과 무한히 많은 다른 곡선들이 갖는 공통성
7. $dy + ayy\,dx = bxm\,dx$의 풀이

이 문제들 대부분은 현대적 기준에 어울릴 정도로 명료하지 못하다. 3번 문제는 모호하고, 7번 문제는 리카티미분방정식(Riccatti differential equation)으로 다음과 같이 써야 하며

$$\frac{dy}{dx} + ay^2 = bx^m$$

4번 문제는 제타급수를 언급하고 있다.

오일러의 노력이 1748년에 펴낸 《무한해석개론》으로 일부 결실을 거두었다는 데에 대한 증거는 많다. 이 책에서 그는 여러 항들의 계수들을 비교함으로써 $x = 2, 4, 6, \cdots, 26$에 대한 $\zeta(x)$의 값을 열거했으며, 한 예는 다음과 같다.

$$\zeta(4) = \frac{1}{1^4} + \frac{1}{2^4} + \frac{1}{3^4} + \cdots = \frac{\pi^4}{90}$$

이 문제들의 어려움을 가늠하기 위해 $x = 26$인 경우를 보면 그 결과는

$$\zeta(26) = \frac{1}{1^{26}} + \frac{1}{2^{26}} + \frac{1}{3^{26}} + \cdots$$

$$= \frac{2^{24} \times 76977927 \times \pi^{26}}{27!}$$

$$= \frac{1315862}{11094481976030578125} \pi^{26}$$

인데, 그는 계산기도 없이 이 모두를 얻어 냈다.

또한 비슷한 아이디어를 사용해 다음 결과들도 증명할 수 있었다.

$$\frac{1}{1^2} + \frac{1}{3^2} + \frac{1}{5^2} + \cdots = \frac{\pi^2}{8}$$

$$\frac{1}{1^4} + \frac{1}{3^4} + \frac{1}{5^4} + \cdots = \frac{\pi^4}{96}$$

$$\frac{1}{1^3} - \frac{1}{3^3} + \frac{1}{5^3} - \cdots = \frac{\pi^3}{32}$$

$$\frac{1}{1^5} - \frac{1}{3^5} + \frac{1}{5^5} - \cdots = \frac{5\pi^5}{1536}$$

1750년에 발표한 논문에서 오일러는 짝수 n에 대한 일반적인 해를 구하는 중요한 성과를 거두었다.

$$\zeta(2n) = \sum_{r=1}^{\infty} \frac{1}{r^{2n}} = (-1)^{n-1} \frac{(2\pi)^{2n}}{2(2n)!} B_{2n}$$

여기서 B_{2n}은 베르누이수(Bernoulli Number)라 부르며, 10장에서 다시 이야기한다.

놀랍게도 (1보다 큰) 홀수 n에 대한 $\zeta(n)$의 일반식은 알려져 있지 않으며, 이에 따라 위의 마지막 두 결과는 더욱 우리의 애를 태운다.

여흥 삼아 첫 몇 가지의 합을 소수점 이하 여러 자리까지 나타내면 다음과 같다.

$$\zeta(3) = \frac{1}{1^3} + \frac{1}{2^3} + \frac{1}{3^3} + \cdots = 1.2020569031\cdots$$

$$\zeta(5) = \frac{1}{1^5} + \frac{1}{2^5} + \frac{1}{3^5} + \cdots = 1.0369277551\cdots$$

$$\zeta(7) = \frac{1}{1^7} + \frac{1}{2^7} + \frac{1}{3^7} + \cdots = 1.0083492773\cdots$$

$\zeta(3)$은 이름 붙여진 많은 수학 상수들 가운데 하나로, 1978년 이것이 무리수임을 증명한 로저 아페리(Roger Apery, 1916~1994)를 기려 아페리 상수(Apery's constant)라고 부른다. 이 밖에 다른 것들에 대해서는 아무것도 알려져 있지 않지만 n이 짝수인 경우의 합은 초월수임이 분명하다. 짝수 거듭제곱의 경우에 나오는 패턴에 주목하여 어떤 정수 p와 q에 대해

$$\zeta(2n+1) = \sum_{r=1}^{\infty} \frac{1}{r^{2n+1}} = \frac{p}{q}\pi^{2n+1}$$

과 같으리라 추측하고 싶기도 한데, 이는 $n=2$일 경우 아래의 식이 유리수임을 증명하려는 것에 해당한다.

$$\frac{1.0369277551\cdots}{\pi^5} = 0.003388434\cdots$$

과연 그럴까? 하지만 어쨌든 힘겨운 진전이 이루어졌다. 2000년에 라이벌 (T. Rival)은 $\zeta(2n+1)$이 무리수가 되도록 하는 정수 n이 무한히 많다는 것을 증명했고, 2001년에는 $\zeta(5), \zeta(7), \zeta(9), \cdots, \zeta(21)$ 가운데 적어도 하나는 무리수임을 증명했다. 나아가 주딜린(Zudilin)은 2001년에 이 범위를 21에서 11로 줄였다.

4.2 x가 실수일 때

지금까지 우리는 n이 자연수일 경우의 $\zeta(n)$에 대해 살펴보았다. 그런데 n이 정수임을 가정하지 않더라도 다음의 식이 의미를 갖는다는 점이 이미 증명되어 있다.

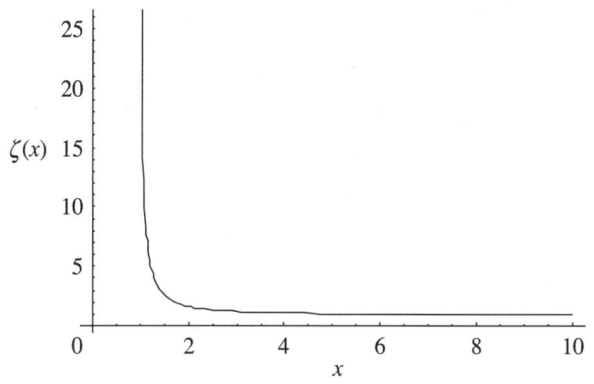

그림 4.1. 제타함수

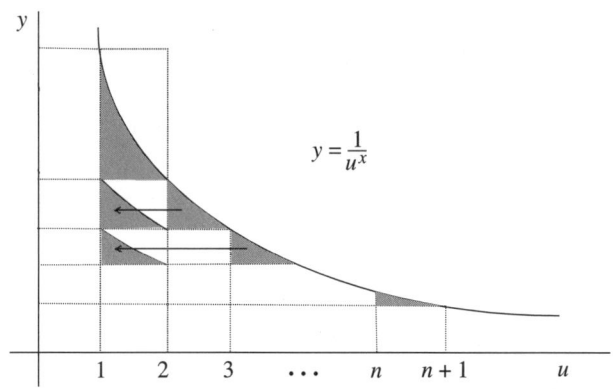

그림 4.2.

$$\zeta(n) = \sum_{r=1}^{\infty} \frac{1}{r^n}, \quad n > 1$$

이제 n을 1보다 큰 연속적인 실변수(實變數, real variable) x로 바꾸면 우리는 실제타함수(real zeta function)를 얻고 그 그래프는 그림 4.1과 같다.

$x = 1$에서 보는 수직 점근선은 $\zeta(1)$의 발산성을 나타내며, $y = 1$에서 보는 수평 점근선은 $x \to \infty$일 때 첫 항을 제외한 $\zeta(x)$의 값들이 극히 작아짐을 나타낸다.

4장_ 제타함수 | 87

이와 같은 점근적 행동은 좀 더 정확히 가늠할 수 있다. 어떤 고정된 x에 대해 $y = 1/u^x$이 그리는 그래프 아래의 넓이를 구한다고 생각하자. 이 넓이를 그림 4.2에서 보듯 $u=1$과 $u=n+1$ 사이의 밑변이 1인 직사각형을 사용하여 실제보다 크게 어림잡으면 다음 관계를 얻는다.

$$\left| \sum_{u=1}^{n} \frac{1}{u^x} - \int_{1}^{n+1} \frac{du}{u^x} \right| < 1$$

왜냐하면 좌변의 양은 그림의 각 영역 맨 위에 음영으로 나타낸 곡선 삼각형들의 넓이를 합친 것인데, 이것들을 그림의 화살표 방향으로 이동시키면 넓이가 1인 첫 직사각형 안으로 미끄러져 들어가지만 이것을 다 채우지는 못하기 때문이다. 다시 말해서 이는 아래의 식이 성립한다는 뜻이다.

$$\left| \sum_{u=1}^{n} \frac{1}{u^x} - \frac{1}{x-1} \left(1 - \frac{1}{(n+1)^{x-1}} \right) \right| < 1$$

그러므로 $n \to \infty$이면 $|\zeta(x) - 1/(x-1)| \leq 1$이 되고, 이는 아래의 식이 성립한다는 뜻이다.

$$|(x-1)\zeta(x) - 1| \leq |x-1|$$

이에 따르면 $x \to 1^+$의 극한에서 $(x-1)\zeta(x) \to 1$이며, 이 결과는 나중에 다시 사용할 것이다.

이제 제타함수의 정의를 한 번 더 확장하는데, 이번에는 실수 x에서 복소수 z로 옮겨 가며, 여기에는 심오한 암시들이 담겨 있다.

4.3 두 가지만 더

제타함수가 (오일러의 도움을 조금 받아) 어떻게 감마를 탄생시키는지 살펴보기 전에 이와 관련된 두 가지 부수적이면서도 멋진 결론을 살펴본다.

첫째, 우리는 소수의 역수를 모은 아래의 급수가 발산함을 알고 있다.

$$\sum_{p\text{는 소수}} \frac{1}{p}$$

그러나 거듭제곱한 소수의 역수를 모은 급수는 수렴한다. 이게 정확히 어떤 값에 수렴하는지는 별개의 문제이고 답도 모르지만 적어도 다음의 결론을 내릴 수는 있다.

$$\sum_{p\text{는 소수}} \frac{1}{p^n} \leq \sum_{p\text{는 소수}} \frac{1}{p^2} < \sum_{r=2}^{\infty} \frac{1}{r^2} = 1 - \frac{\pi^2}{6} < 1, \quad n > 1$$

이 성과는 그다지 대단하다고 할 수 없다. 그러나 이처럼 어려운 수학 분야에서 약간의 노력으로 거둘 수 있는 성과는 대략 이 정도라고 하겠다.

끝으로 이야기할 내용은 요한 베르누이가 1697년에 발표한 아래의 식으로 언뜻 쉬워 보인다.

$$\int_0^1 \frac{1}{x^x} dx = \frac{1}{1^1} + \frac{1}{2^2} + \frac{1}{3^3} + \cdots$$

이 적분은 0^0이라는 부정형을 포함하므로 변칙적이다. 하지만 $\lim_{x \to 0} x^x = 1$ 이란 사실이 잘 알려져 있으므로 이것과 부분적분을 이용하여 위 결과를 증명할 수 있다.

$$\begin{aligned}\int_0^1 \frac{1}{x^x} dx &= \int_0^1 e^{-x\ln x} dx = \int_0^1 \sum_{r=0}^{\infty} \frac{(-x \ln x)^r}{r!} dx \\ &= \sum_{r=0}^{\infty} \frac{1}{r!} \int_0^1 (-x \ln x)^r dx = \sum_{r=0}^{\infty} \frac{(-1)^r}{r!} \int_0^1 x^r \ln^r x \, dx \\ &= 1 + \sum_{r=1}^{\infty} \frac{(-1)^r}{r!} \int_0^1 x^r \ln^r x \, dx\end{aligned}$$

이제 부분적분으로 공략하고 $\ln x$는 x의 어떤 거듭제곱보다 더 느리게 증가한다는 점을 이용하면

$$\int_0^1 x^r \ln^r x \, dx = \left[\frac{x^{r+1}}{r+1} \ln^r x \right]_0^1 - \frac{r}{r+1} \int_0^1 \frac{x^{r+1}}{x} \ln^{r-1} x \, dx$$

$$= -\frac{r}{r+1}\int_0^1 x^r \ln^{r-1} x \, dx$$

$$= \cdots (-1)^r \frac{r!}{(r+1)^r}\int_0^1 x^r \, dx$$

$$= (-1)^r \frac{r!}{(r+1)^{r+1}}$$

가 되고, 따라서 다음 결론을 얻는다.

$$\int_0^1 \frac{1}{x^x} \, dx = 1 + \sum_{r=1}^{\infty} \frac{(-1)^r}{r!}(-1)^r \frac{r!}{(r+1)^{r+1}}$$

$$= 1 + \sum_{r=1}^{\infty} \frac{1}{(r+1)^{r+1}}$$

$$= \frac{1}{1^1} + \frac{1}{2^2} + \frac{1}{3^3} + \cdots$$

감마의 고향

> 수학자는 의상 디자이너에 비유할 수 있는데 다만 이 디자이너는 자신이 만든 옷이 어떤 존재에게 어울릴지에 대해서는 아무런 관심도 없다. 정확히 말하자면 애초에 그의 작품은 그런 존재들에게 입히려고 만들어졌지만 이는 오래 전 이야기이다. 이제는 가끔씩 여러 형상들이 나타나 마치 그 옷들이 본래부터 그들을 위해 만들어진 것처럼 잘 맞아 들어간다. 이리하여 놀라움과 환희는 끝없이 이어진다!
>
> 토비아스 단치히(Tobias Dantzig)

5.1 도래

조화급수는 느리게 발산하는데 얼마나 느리게 발산하는지는 이것을 단속적 (斷續的)인 로그로 풀이함으로써 가늠할 수 있다. $\int_1^n (1/x)dx = \ln n$의 넓이는 그림 5.1과 5.2에 보였듯 그래프 아래에 그려진 직사각형들 넓이의 합으로 작게 어림잡은 것과 그래프 위에 그려진 직사각형들 넓이의 합으로 크게 어림잡은 것의 범위에 들어가므로 다음 부등식이 성립한다.

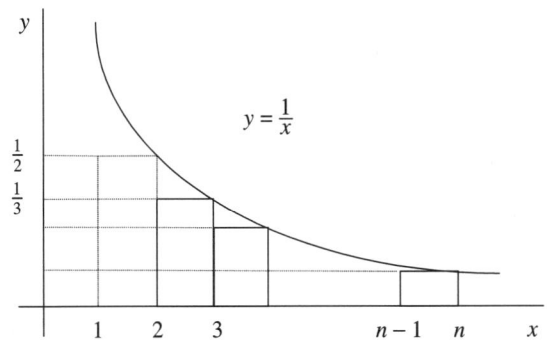

그림 5.1. 직사각형으로 작게 어림잡기

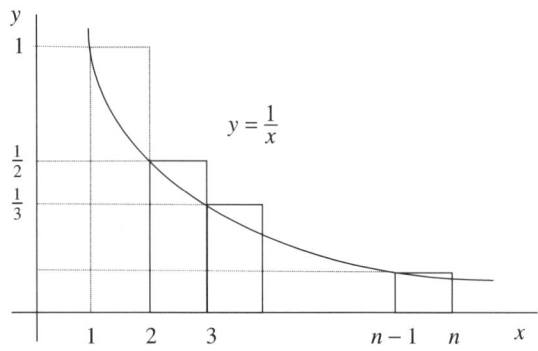

그림 5.2. 직사각형으로 크게 어림잡기

$$\frac{1}{2} + \frac{1}{3} + \cdots + \frac{1}{n} < \int_1^n \frac{1}{x} dx < 1 + \frac{1}{2} + \frac{1}{3} + \cdots + \frac{1}{n-1}$$

다시 말해서

$$H_n - 1 < \ln n < H_n - \frac{1}{n}$$

또는

$$\ln n + \frac{1}{n} < H_n < \ln n + 1$$

이다.

우리는 H_n의 값을 최소 $1/n$이고 최대 1인 오차범위 안에서 어림잡으므로 그림 5.3에 보인 것처럼 H_n의 값은 두 그래프 사이에 갇힌다. 다시 말해서 아래 식이 성립하며

$$\frac{1}{n} < H_n - \ln n < 1$$

만일 극한이 존재한다면 $0 \leq \lim_{n \to \infty}(H_n - \ln n) \leq 1$이다.

만일 그림 5.4처럼 사다리꼴 모양을 써서 작게 어림잡는다면 또 다른 통찰을 얻는다.

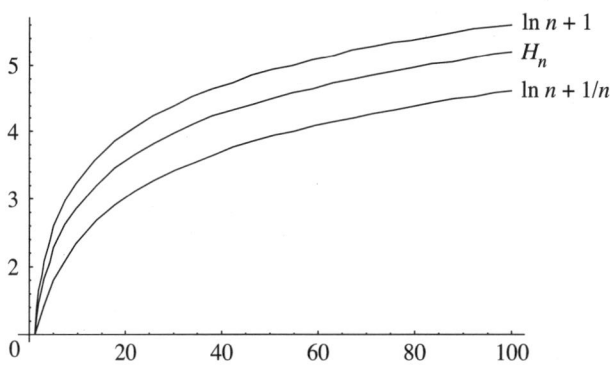

그림 5.3. 두 그래프 사이에 갇힌 조화급수의 그래프

$$\int_1^n \frac{1}{x} dx$$

$$= \ln n$$

$$\approx \frac{1}{2}\left(1 + \frac{1}{2}\right) + \frac{1}{2}\left(\frac{1}{2} + \frac{1}{3}\right) + \frac{1}{2}\left(\frac{1}{3} + \frac{1}{4}\right) + \cdots + \frac{1}{2}\left(\frac{1}{n-1} + \frac{1}{n}\right)$$

$$= \frac{1}{2}\left(1 + \frac{1}{2} + \frac{1}{2} + \frac{1}{3} + \frac{1}{3} + \frac{1}{4} + \frac{1}{4} + \cdots + \frac{1}{n-1} + \frac{1}{n-1} + \frac{1}{n}\right)$$

$$= \frac{1}{2}\left(1 + 2\left(\frac{1}{2} + \frac{1}{3} + \frac{1}{4} + \cdots + \frac{1}{n-1}\right) + \frac{1}{n}\right)$$

$$= \frac{1}{2}\left(1 + 2\left(H_n - 1 - \frac{1}{n}\right) + \frac{1}{n}\right)$$

$$= \frac{1}{2}\left(2H_n - 1 - \frac{1}{n}\right)$$

$$= H_n - \frac{1}{2} - \frac{1}{2n}$$

그러므로

$$H_n \approx \ln n + \frac{1}{2} + \frac{1}{2n}$$

인데, 이는 다음을 뜻하며

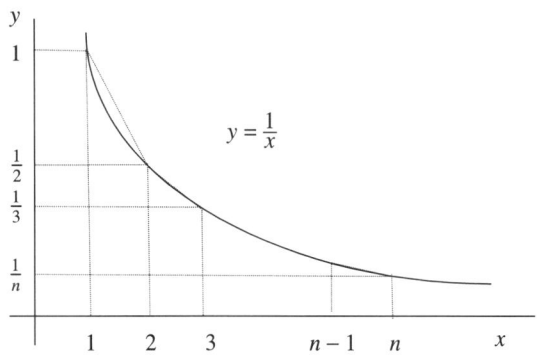

그림 5.4. 사다리꼴로 작게 어림잡기

$$H_n - \ln n \approx \frac{1}{2} + \frac{1}{2n}$$

따라서 우리는 아래처럼 생각할 수 있다.

$$\lim_{n \to \infty}(H_n - \ln n) \approx 0.5$$

결론적으로 조화급수와 자연로그의 차는 0과 1 사이, 그중에서도 0.5에 가까운 값으로 다가서는 듯하다.

5.2 탄생

우리는 아래와 같은 놀라운 사실이 1735년 오일러에 의해 확립되었음을 살펴보았으며

$$\zeta(2) = \frac{1}{1^2} + \frac{1}{2^2} + \frac{1}{3^2} + \cdots = \frac{\pi^2}{6}$$

이로써 오랫동안 수학자들을 괴롭혀 왔던 '바젤문제'가 해결되었다. 같은 해에 그는 〈조화수열 연구(*De Progressionibus harmonicus observationes*)〉라는 제목의 논문을 발표하여 제타함수에 대한 자연스런 관심을 더욱 드러냈으며, 이로부터 감마가 탄생하게 되었다. 이제 그가 발명한 $\sum$를 사용하면

서 이 논문의 해당 부분을 잠시 살펴본다(단 이 논문 자체에는 이 기호가 나오지 않는다). 오일러는 널리 알려진 아래의 식

$$\ln(1+x) = x - \frac{1}{2}x^2 + \frac{1}{3}x^3 - \frac{1}{4}x^4 + \cdots \quad -1 < x \leq 1$$

의 x를 $1/r$로 치환하여

$$\ln\left(1+\frac{1}{r}\right) = \frac{1}{r} - \frac{1}{2r^2} + \frac{1}{3r^3} - \frac{1}{4r^4} + \cdots$$

을 얻었고, 따라서

$$\frac{1}{r} = \ln\left(\frac{r+1}{r}\right) + \frac{1}{2r^2} - \frac{1}{3r^3} + \frac{1}{4r^4} - \cdots$$

이며, 또한

$$\sum_{r=1}^{n}\frac{1}{r} = \sum_{r=1}^{n}\ln\left(\frac{r+1}{r}\right) + \frac{1}{2}\sum_{r=1}^{n}\frac{1}{r^2} - \frac{1}{3}\sum_{r=1}^{n}\frac{1}{r^3} + \frac{1}{4}\sum_{r=1}^{n}\frac{1}{r^4} - \cdots$$

이다. 그러므로

$$\sum_{r=1}^{n}\frac{1}{r} = \sum_{r=1}^{n}(\ln(r+1) - \ln r) + \frac{1}{2}\sum_{r=1}^{n}\frac{1}{r^2} - \frac{1}{3}\sum_{r=1}^{n}\frac{1}{r^3} + \frac{1}{4}\sum_{r=1}^{n}\frac{1}{r^4} - \cdots$$

이고

$$\sum_{r=1}^{n}\frac{1}{r} = \ln(n+1) + \frac{1}{2}\sum_{r=1}^{n}\frac{1}{r^2} - \frac{1}{3}\sum_{r=1}^{n}\frac{1}{r^3} + \frac{1}{4}\sum_{r=1}^{n}\frac{1}{r^4} - \cdots$$

인데, 이는 결국 다음과 같다.

$$\sum_{r=1}^{n}\frac{1}{r} - \ln(n+1) = \frac{1}{2}\sum_{r=1}^{n}\frac{1}{r^2} - \frac{1}{3}\sum_{r=1}^{n}\frac{1}{r^3} + \frac{1}{4}\sum_{r=1}^{n}\frac{1}{r^4} - \cdots$$

$n \to \infty$의 극한에서, 발산하는 조화급수와, 무한개의 수렴하는 제타급수들로 표현된 발산하는 자연로그의 차는 이미 알고 있으므로 그 합도 안다면 아주 좋을 것이다. 오일러는 짝수 거듭제곱으로 이루어진 제타급수의 합에 대한 일반식을 알아냈지만 홀수 거듭제곱의 경우에 대한 것은 오늘날까지도 알려져 있지 않다. 따라서 우변의 합을 어림잡기 위해 그는 수치계산법에 의

지할 수밖에 없었는데, 〈조화수열 연구〉 논문에서 그는 이 값이 0.577218 이라고 썼다.

사실 이때 오일러는 로그를 우변으로 옮겨 아래처럼 썼다.

$$\sum_{r=1}^{n}\frac{1}{r} = \ln(n+1) + \frac{1}{2}\sum_{r=1}^{n}\frac{1}{r^2} - \frac{1}{3}\sum_{r=1}^{n}\frac{1}{r^3} + \frac{1}{4}\sum_{r=1}^{n}\frac{1}{r^4} - \cdots$$

아래에는 〈조화수열 연구〉에 나오는 그의 표현을 그대로 옮겼다.

Quae series cum sint convergentes, si proxime summentur prodibit

$$1 + \frac{1}{2} + \cdots + \frac{1}{i} = \log(i+1) + 0.577218$$

Si summa dicatur *s*, foret, ut supra fecimus,

$$ds = \frac{di}{i+1}$$

ideoque $s = \log(i+1) + C$. Hujus igitur quantitatis constantis C valorem deteximus, quippe est $C = 0.577218$.

18세기의 라틴어를 21세기의 우리말로 바꿔 쓰면 다음과 같다.

이 급수는 각 항이 수렴하므로 그 값들을 차례로 모으면 결과는

$$1 + \frac{1}{2} + \cdots + \frac{1}{i} = \log(i+1) + 0.577218$$

이다. 만일 합을 *s*로 쓰면 위에서 보았듯

$$ds = \frac{di}{i+1}$$

의 식이 나오므로 $s = \log(i+1) + C$이다. 따라서 우리는 이 상수의 값을 $C = 0.577218$이라는 정확도까지 어림잡을 수 있다.

이렇게 탄생한 상수의 이름은 'C'로 지어졌고, 이후 다른 문자들도 쓰였지만 결국 가장 널리 쓰이게 된 것은 γ였다. '들어서면서'에서 이야기했듯 오일러는 이것을 '심사숙고할 가치'가 있는 주제로 여겼고, 스스로 상당한 노력을 기울여 이것을 이미 알려진 다른 상수나 함수로 표현하고자 했다. 1781년에 오일러는 C라는 기호 아래 이에 대한 연구만 실은 〈De Numero Memorabili in Summatione Progessionis Harmonicae Naturalis Occurente〉라는 제목의 논문을 페테르부르크 아카데미에 제출했지만 그 성질이 여전히 수수께끼에 싸여 있음을 인정했다. 그는 C가 다른 중요한 수의 로그였으면 한다는 희망을 피력했으나 그런 수를 찾는 데에 실패한 뒤 C의 어림값을 계산하기 위해 만든 많은 급수들의 목록을 실었다. 그중 두 가지는

$$\sum_{i=2}^{\infty} \frac{1}{i}(\zeta(i)-1) = 1-\gamma$$

와

$$\sum_{i=1}^{\infty} \frac{1}{(2i+1)2^{2i}}(\zeta(2i)-1) = 1-\gamma-\ln\frac{3}{2}$$

이며, 오일러는 처음 것을 사용하여(12장에서 증명한다) 소수 다섯째 자리까지 계산했고, 나중 것으로는 열두째 자리까지 계산했다.

이후 오랜 세월이 흐르면서 많은 수학자들이 이 상수를 정말로 '심사숙고'의 대상으로 삼았지만, 이 상수는 그런 노력에 거의 협조하지 않았다. 그리하여 270년 이상의 연륜이 쌓인 현재에 이르도록 깊은 신비에 가려져 있어 심지어 이 상수가 유리수인지도 아직 모른다. 오죽했으면 곧 이야기할 위대한 하디는 감마가 무리수임을 증명하는 사람에게 옥스퍼드에서 자신이 차지하고 있던 서빌기하학석좌교수직을 내놓겠다고 제안했을까!

감마함수

> 아무리 추상적이라도 언젠가 실제 세계의 현상에
> 적용되지 않을 수학 분야는 없다.
> 니콜라이 로바체프스키(Nikolai Lobatchevsky, 1792~1856)

이 장에서는 두 번째로 높은 수준의 함수를 살펴보고, 이것과 오일러상수 및 제타함수와의 관련성도 알아본다.

6.1 기이한 정의

1729년부터 1730년 사이에 오일러는 수학 연구 시간의 상당 부분을 아래의 인상적인 적분에 바쳤다.

$$\int_0^1 \left(\ln\left(\frac{1}{t}\right)\right)^{x-1} dt$$

1730년 1월 8일자로 크리스티안 골드바흐(Christian Goldbach, 1690~1764)에게 보낸 편지에서 그는 이것을 사뭇 놀라운 방식으로 사용할 것을 제안했다. 이 적분은 $x > 0$에서 수렴하므로 이 영역에서 x의 함수로 여길 수 있는데, 놀랍고도 예기치 못하게 그 특성이 아주 유용하다. 1809년 앙드리앵-마리 르장드르(Adrien-Marie Legendre, 1752~1833)는 이것에 감마라는 이름을 붙이면서 아래처럼 이에 상응하는 기호 Γ로 나타냈다.

$$\Gamma(x) = \int_0^1 \left(\ln\left(\frac{1}{t}\right)\right)^{x-1} dt = \int_0^1 (-\ln t)^{x-1} dt, \quad x > 0$$

$-\ln t$를 t로 치환하면 쓸모 있는 다른 형태를 얻는다.

$$\Gamma(x) = \int_0^\infty t^{x-1} e^{-t} dt, \quad x > 0$$

분명

$$\Gamma(1) = \int_0^\infty e^{-t} dt = [-e^{-t}]_0^\infty = 1$$

이며, 또한

$$\Gamma(x+1) = \int_0^\infty t^x e^{-t} dt$$
$$= [-t^x e^{-t}]_0^\infty + x \int_0^\infty t^{x-1} e^{-t} dt = x\Gamma(x)$$

이다.

바로 위의 성질은 자체의 '함수관계'로서, $x > 0$이 아닌 곳에서도 이 함수를 확장하여 정의하는 데에 쓰인다(마지막 장에서 한층 더 중요한 함수관계를 보게 된다). 곧 위의 관계를 아래처럼 쓰면

$$\Gamma(x) = \frac{\Gamma(x+1)}{x}$$

이고, 따라서 예를 들면 $\Gamma(-1/2) = -2\Gamma(1/2)$이다. $x = 0$에서의 수직점근선 때문에 이 함수는 음의 정수에서는 의미를 갖지 못한다. 그러나 이를 확장하면 음의 정수와 0을 제외한 실수($\mathbb{R}$) 전체에 미치고(나중에는 이런 정수들을 제외한 복소수($\mathbb{C}$)까지 확장된다), 그래프는 그림 6.1과 같다.

이 함수는 $x = n$을 양의 정수로 놓으면 함수관계가 아래처럼 됨에 따라 약간의 미묘한 모습을 드러낸다.

$$\Gamma(n) = (n-1)\Gamma(n-1) = (n-1)(n-2)\Gamma(n-2)$$
$$= (n-1)(n-2)(n-3)\Gamma(n-3) = \cdots = (n-1)!$$

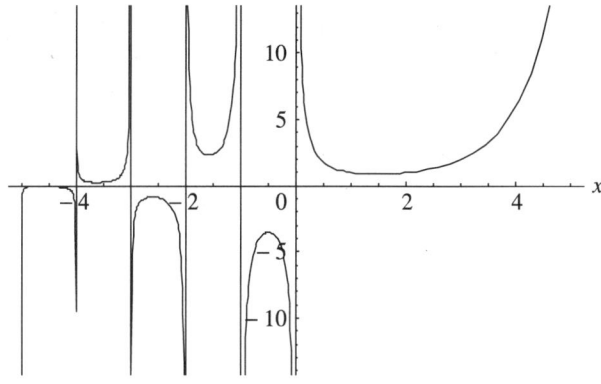

그림 6.1. 확장된 감마함수

이에 의하면 감마함수는 자연수에 대해서만 정의되는 계승함수(factorial function)의 확장으로 볼 수 있다. Γ 대신 느낌표(!)를 이렇게 확장된 의미로 사용하면 많은 학생들이 골치 아프고도 미심쩍어하는 '팩토리얼 팩트(factorial fact)'를 얻는다.

$$0! = (1-1)! = \Gamma(1) = 1$$

만일 아래의 표준적인 결론을 받아들이면

$$\int_0^\infty e^{-u^2} du = \frac{\sqrt{\pi}}{2}$$

기이하게 보이는 다른 관계들도 쉽게 이끌어 낼 수 있다.

$$\left(\frac{1}{2}\right)! = \Gamma\left(\frac{3}{2}\right) = \frac{1}{2}\Gamma\left(\frac{1}{2}\right) = \frac{1}{2}\int_0^\infty t^{-1/2} e^{-t} dt = \int_0^\infty e^{-u^2} du = \frac{\sqrt{\pi}}{2}$$

나아가 한층 더 놀라운 다음 식도 나온다.

$$\left(-\frac{1}{2}\right)! = \Gamma\left(\frac{1}{2}\right) = \sqrt{\pi}$$

물론 Γ의 무한히 많은 정확한 값들을 이렇게 만들어 낼 수 있다. 하지만 흥미롭게도 $\Gamma(1/3)$과 $\Gamma(1/4)$의 정확한 값은 아무도 모르며, 이런 것들은 이 밖에도 무한히 많은데, 그중 다수가 초월수로 알려져 있다.

1729년 10월 13일 오일러는 골드바흐에게 다음 정의를 제시했다.

$$\Gamma(x) = \lim_{r \to \infty} \Gamma_r(x)$$

여기서

$$\Gamma_r(x) = \frac{r! \, r^x}{x(1+x)(2+x)\cdots(r+x)}$$

$$= \frac{r^x}{x\left(1+\dfrac{x}{1}\right)\left(1+\dfrac{x}{2}\right)\cdots\left(1+\dfrac{x}{r}\right)}$$

이고, 당분간은 이것이 앞서 본 다른 두 가지보다 더 유용하다.

이것만으로는 이게 실제로는 감마함수라는 사실을 알기가 어렵다. 하지만 극한을 취하면 함수관계와 경계조건이 충족됨을 보임으로써 본래의 정의를 되살릴 수 있다.

$$\Gamma_r(x+1) = \frac{r! \, r^{x+1}}{(x+1)(x+2)\cdots(x+r)(x+1+r)}$$

$$= \frac{r}{x+r+1} x \Gamma_r(x)$$

따라서

$$\Gamma(x+1) = \lim_{r \to \infty} \Gamma_r(x+1) = \lim_{r \to \infty} \frac{r}{x+r+1} x\Gamma_r(x) = x\Gamma(x)$$

이고, 이것은 함수관계이다. 그리고

$$\Gamma_r(1) = \frac{r!}{(1+1)(1+2)\cdots(1+r)} r = \frac{r}{r+1}$$

이며, 따라서

$$\Gamma(1) = \lim_{r \to \infty} \Gamma_r(1) = \lim_{r \to \infty} \frac{r}{r+1} = 1$$

이므로 경계조건도 충족된다.

6.2 그럴듯한 정의

지금까지의 모든 것은 어딘지 부자연스럽다. 왜 계승을 그처럼 괴이한 방식으로 일반화한단 말인가? 어쨌든 이 문제를 기하적 관점에서 보면 그림 6.2에 보듯, 단속적인 계승의 점들을 쓸모 있는 방식으로 연결하는 게 우리가 바라는 것이다. 나아가 어떻게 이 점들을 연결하든 우리가 바라는 것은 분명한 식을 얻는 것이고, 이 확장된 식을 $f(x)$라고 쓴다면 이는 $f(1) = 1$과 $f(x+1) = xf(x)$의 관계를 충족해야 한다는 것이다. 과연 이런 조건들이 이 점들을 연결하는 유일한 방식을 이끌어 낼 수 있을까? 그 답은 "아니요"이다. 하지만 여기에 한 가지 그럴듯한 조건을 덧붙인다면 답은 "예"로 바뀐다. 보어-몰러럽정리(Bohr-Mollerup Theorem)로 알려진 1922년의 중요한 성과가 이 조건을 추적했다. 그림 6.3을 보면 $x > 0$에서 $\ln(\Gamma(x))$의 그래프는 언제나 볼록한 모습이다. 보어-몰러럽정리에 따르면 위의 첫 두 조건에 $\ln(\Gamma(x))$의 그래프가 볼록해야 한다는 조건을 덧붙이면 $f(x)$는 감마함수여야 하며, 다른 어떤 함수도 이를 충족할 수 없다!

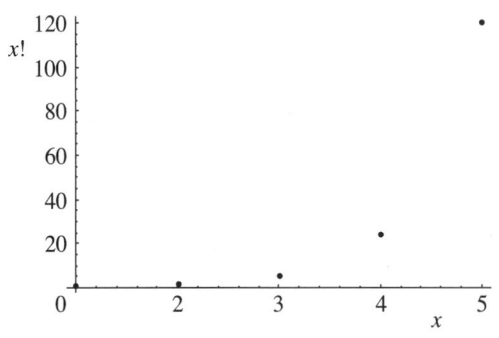

그림 6.2. 계승함수

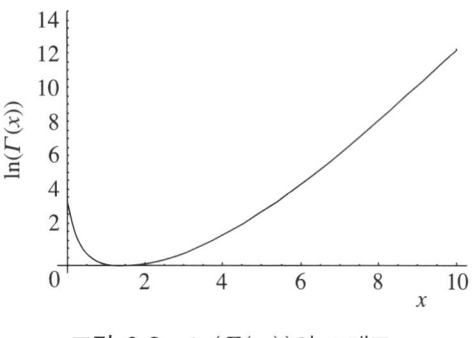

그림 6.3. $\ln(\Gamma(x))$의 그래프

6.3 감마가 감마를 만나다

카를 바이어슈트라스(Karl Weierstrass, 1815~1897)는 정의를 고쳐 씀으로써 감마라는 수와 감마함수 사이의 관계를 얻어 냈다.

$$\Gamma_r(x) = \frac{e^{x\ln r}}{x\left(1+\frac{x}{1}\right)\left(1+\frac{x}{2}\right)\cdots\left(1+\frac{x}{r}\right)}$$

$$= \frac{e^{x(\ln r - 1 - 1/2 - 1/3 - \cdots - 1/r)}e^{(x + x/2 + x/3 + \cdots + x/r)}}{x\left(1+\frac{x}{1}\right)\left(1+\frac{x}{2}\right)\cdots\left(1+\frac{x}{r}\right)}$$

$$= e^{x(\ln r - 1 - 1/2 - 1/3 - \cdots - 1/r)}$$

$$\times \frac{1}{x}\frac{e^x}{\left(1+\frac{x}{1}\right)}\frac{e^{x/2}}{\left(1+\frac{x}{2}\right)}\frac{e^{x/3}}{\left(1+\frac{x}{3}\right)}\cdots\frac{e^{x/r}}{\left(1+\frac{x}{r}\right)}$$

$$= \frac{e^{-x(1+1/2+1/3+\cdots+1/r-\ln r)}}{x}$$

$$\times \frac{e^x}{\left(1+\frac{x}{1}\right)}\frac{e^{x/2}}{\left(1+\frac{x}{2}\right)}\frac{e^{x/3}}{\left(1+\frac{x}{3}\right)}\cdots\frac{e^{x/r}}{\left(1+\frac{x}{r}\right)}$$

그러므로

$$\frac{1}{\Gamma(x)} = \lim_{r\to\infty}\frac{1}{\Gamma_r(x)} = xe^{\gamma x}\prod_{r=1}^{\infty}\left(1+\frac{x}{r}\right)e^{-x/r}$$

이며

$$\lim_{r\to\infty}\left(\frac{1}{1}+\frac{1}{2}+\frac{1}{3}+\cdots+\frac{1}{r}-\ln r\right)=\lim_{r\to\infty}(H_r-\ln r)=\gamma$$

이다. 여기서 조금 더 나아가면 아래 식이 나온다.

$$-\ln\Gamma(x)=\ln x+\gamma x+\sum_{r=1}^{\infty}\left(\ln\left(1+\frac{x}{r}\right)-\frac{x}{r}\right)$$

양변을 x에 대해 미분하고 정리하면

$$\frac{\Gamma'(x)}{\Gamma(x)}=-\frac{1}{x}-\gamma+\sum_{r=1}^{\infty}\left(\frac{1}{r}-\frac{1/r}{1+x/r}\right)$$

$$=-\frac{1}{x}-\gamma+\sum_{r=1}^{\infty}\left(\frac{1}{r}-\frac{1}{r+x}\right)$$

이 나오는데, 이것이 바로 $\Psi(x)=\Gamma'(x)/\Gamma(x)$라는 디감마함수(digamma function) 또는 프사이함수(psi function)의 정의이다.

$x=1$에서 그 값을 구하면

$$\Psi(1)=\frac{\Gamma'(1)}{\Gamma(1)}=-1-\gamma+\sum_{r=1}^{\infty}\left(\frac{1}{r}-\frac{1}{r+1}\right)=-\gamma$$

이므로 $\Gamma'(1)=-\gamma$이다. 이로부터 우리는 기하적으로 매력적인 결론을 얻는데, 이에 따르면 감마는 x좌표가 1인 곳에서 감마함수의 기울기(gradient)와 같다.

만일 $1/x$을 시그마 안에 포함시키면

$$\Psi(x)=-\gamma+\sum_{r=1}^{\infty}\left(\frac{1}{r}-\frac{1}{r+x-1}\right)$$

이므로

$$\Psi(x+1)-\Psi(x)=\sum_{r=1}^{\infty}\left(\frac{1}{r}-\frac{1}{r+x}\right)-\sum_{r=1}^{\infty}\left(\frac{1}{r}-\frac{1}{r+x-1}\right)=\frac{1}{x}$$

이 되고, 낯익은 점화관계(漸化關係, recurrence relation)를 얻는다.

$$\Psi(x+1)=\Psi(x)+\frac{1}{x}$$

이게 낯익다고 함은 2장의 첫머리에서 본 조화급수의 점화정의(recurrence definition)를 상기시키기 때문이다.

$$H_r = H_{r-1} + \frac{1}{r}$$

위에서 $r > 1$이고 $H_1 = 1$이다. x를 음이 아닌 정수 n으로 하고, $\Psi(1) = -\gamma$의 조건을 이용하면서 점화관계를 이런 정수들에 적용하면 $\Psi(n) = -\gamma + H_{n-1}$이라는 멋진 관계식을 얻는다.

6.4 보완과 아름다움

여기 마지막 절에서는 감마함수와 관련된 것으로 역시 오일러가 처음 발견한 중요한 공식, 그리고 이것과 제타함수 사이의 아름답고도 심원한 관계를 살펴본다.

앞서 나온 결과를 이용하면 다음과 같이 쓸 수 있다.

$$\frac{1}{\Gamma(x)}\frac{1}{\Gamma(-x)} = -x^2 e^{\gamma x}e^{-\gamma x}\prod_{r=1}^{\infty}\left(1+\frac{x}{r}\right)\left(1-\frac{x}{r}\right)e^{x/r}e^{-x/r}$$

하지만 $\Gamma(1-x) = -x\Gamma(-x)$이므로

$$\frac{1}{\Gamma(x)}\frac{1}{\Gamma(1-x)} = x\prod_{r=1}^{\infty}\left(1-\frac{x^2}{r^2}\right)$$

이다. 그런데 오일러의 마술과도 같은 식에 따라

$$\sin(\pi x) = \pi x\left(1-\frac{x^2}{1^2}\right)\left(1-\frac{x^2}{2^2}\right)\left(1-\frac{x^2}{3^2}\right)\cdots$$

아래의 식을 얻는다.

$$\frac{1}{\Gamma(x)}\frac{1}{\Gamma(1-x)} = \frac{\sin(\pi x)}{\pi}$$

이는 다음과 같이 쓸 수 있다.

$$\boxed{\begin{array}{c}\text{보조식}\\[4pt]\Gamma(x)\Gamma(1-x)=\dfrac{\pi}{\sin(\pi x)}\end{array}}$$

이것은 x와 $1-x$가 0이나 음의 정수가 아니면 성립한다. 어떤 함수 $f(x)$의 '반사식(reflection formula)'은 어떤 상수 a에 대해 $f(x)$와 $f(a-x)$ 사이의 관계를 알려 주는 식이다. 이런 관점에서 보면 보조식은 $a=1$에 대한 감마함수의 반사식이다.

다음으로 아래의 관계를 되새겨 보자.

$$\Gamma(x)=\int_0^\infty t^{x-1}e^{-t}\,dt,\quad x>0$$

변수 t를 ru로 바꾸면 다음 식이 얻어진다.

$$\Gamma(x)=\int_0^\infty (ru)^{x-1}e^{-ru}r\,du=r^x\int_0^\infty u^{x-1}e^{-ru}\,du$$

따라서

$$\frac{1}{r^x}=\frac{1}{\Gamma(x)}\int_0^\infty u^{x-1}e^{-ru}\,du$$

이며

$$\zeta(x)=\sum_{r=1}^\infty \frac{1}{r^x}=\frac{1}{\Gamma(x)}\sum_{r=1}^\infty \int_0^\infty u^{x-1}e^{-ru}\,du$$

$$=\frac{1}{\Gamma(x)}\int_0^\infty u^{x-1}\sum_{r=1}^\infty e^{-ru}\,du$$

이다. 시그마를 적분기호 안으로 밀어 넣고 무한등비급수를 더하면

$$\zeta(x)=\frac{1}{\Gamma(x)}\int_0^\infty u^{x-1}\frac{e^{-u}}{1-e^{-u}}\,du$$

이므로, 다음 결과를 얻는다.

> **아름다운 식**
>
> $$\zeta(x)\,\Gamma(x) = \int_0^\infty \frac{u^{x-1}}{e^u - 1}\,du$$

이것은 $x \notin \{1, 0, -1, -2, \cdots\}$에서 성립하며, 나중에 그 심원한 귀결을 살펴볼 것이다.

경이로운 오일러식

> 위대한 수학에는 필연성 및 경제성과 결합된 매우 높은 수준의 불가측성이 존재한다.
> 하디(G. H. Hardy, 1877~1947)

7.1 너무나 중요한 식

오일러는 소수의 역수를 모은 급수가 발산함을 보이고자 했다. 우리는 이미 이에 대한 에어디시의 멋들어진 증명을 보았지만 그렇다고 해서 오일러의 발견에 담긴 장관을 더욱 즐기지 못할 이유는 없다. 특히 이로부터 해석적 정수론의 초석이 되는 결과가 도출되었기에 그러하며, 나중에 이를 적잖이 사용할 것이다.

자연수는 유일한 소인수분해 영역이다. 다시 말해서 각 자연수를 소수의 곱으로 표현한 형태는 유일하며, 이것이 바로 1을 소수에서 제외한 이유이다. 오일러는 이 단순한 사실로부터 아래의 논의와 동등한 것을 유도하여 경이로움을 자아냈다.

각각의 자연수 r은 $r_1, r_2, r_3, \cdots \in \{0, 1, 2, 3, \cdots\}$에 대해 $2^{r_1} 3^{r_2} 5^{r_3} \cdots$으로 쓸 수 있으므로

$$\frac{1}{r^x} = \frac{1}{(2^{r_1} 3^{r_2} 5^{r_3} \cdots)^x} = \frac{1}{2^{xr_1} 3^{xr_2} 5^{xr_3} \cdots}$$

이며, $x > 1$에 대해서는 또 다음과 같이 쓸 수 있다.

$$\zeta(x) = \sum_{r=1}^{\infty} \frac{1}{r^x} = \sum_{r_1, r_2, r_3 \cdots \geq 0} \frac{1}{2^{xr_1} 3^{xr_2} 5^{xr_3} \cdots}$$

$$= \left(\sum_{r_1 \geq 0} \frac{1}{2^{xr_1}}\right)\left(\sum_{r_2 \geq 0} \frac{1}{3^{xr_2}}\right)\left(\sum_{r_3 \geq 0} \frac{1}{5^{xr_3}}\right) \cdots$$

$$= \prod_{p \text{는 소수}} \left(\sum_{a=0}^{\infty} \frac{1}{p^{xa}}\right) = \prod_{p \text{는 소수}} \left(\sum_{a=0}^{\infty} \frac{1}{(p^x)^a}\right)$$

각각의 합들은 등비급수에 해당하고 그 값은

$$\frac{1}{1 - 1/p^x} = \frac{1}{1 - p^{-x}}$$

이므로 다음 식이 얻어진다.

> **오일러공식(Euler's Formula)**
>
> $$\zeta(x) = \sum_{r=1}^{\infty} \frac{1}{r^x} = \prod_{p \text{는 소수}} \frac{1}{1 - p^{-x}}, \quad x > 1$$

이 결과에 의해 정수의 구성 요소인 소수는 제타함수와 떼려야 뗄 수 없이 얽혀 있으며, 이 연결고리로부터 해석적 정수론이 탄생하게 되었다.

7.2 유용성의 실마리

소수의 무한성에 대한 증명은 이미 살펴보았는데, 오일러의 결과는 두 가지를 더 보탠다. $x \to 1$의 극한을 취하면

$$\sum_{r=1}^{\infty} \frac{1}{r} = \prod_{p \text{는 소수}} \frac{1}{1 - p^{-1}}$$

이 된다. 그런데 조화급수는 발산하므로 우변의 곱도 무한대이고, 따라서 소수의 개수도 무한이다.

한편 $\zeta(2)$의 결과를 이용하면

$$\frac{\pi^2}{6} = \zeta(2) = \prod_{p \text{는 소수}} \frac{1}{1-p^{-2}}$$

이고, 만일 소수의 개수가 유한이라면 우변은 유리수가 된다. 그러나 1796년에 르장드르가 증명했듯 π^2은 무리수이므로 다시금 소수의 개수는 무한이어야 한다는 결론이 나온다.

에어디시는 모순을 이용하여 아래의 급수가 발산한다는 사실을 보였다.

$$\sum_{p \text{는 소수}} \frac{1}{p}$$

이 증명을 따라가면 오일러 방식의 묘미를 맛볼 수 있으며, 이것을 사용하여 아래 급수의 합에 대한 유용한 어림값을 구할 수 있다.

$$\sum_p \frac{1}{p^x}$$

이를 살펴보기 위해 먼저 오일러식에 로그를 취하면 아래와 같다.

$$\ln \zeta(x) = \sum_{p \text{는 소수}} \ln\left(1 - \frac{1}{p^x}\right)^{-1}$$

가장 유용한 로그급수인 $\ln(1-t) = -t - \frac{1}{2}t^2 - \frac{1}{3}t^3 - \cdots$에 $t = 1/p^x$을 대입하면

$$\ln\left(1 - \frac{1}{p^x}\right)^{-1} = \frac{1}{p^x} + \left(\frac{1}{2p^{2x}} + \frac{1}{3p^{3x}} + \frac{1}{4p^{4x}} + \cdots\right)$$

이므로 아래 식을 얻는다.

$$\ln \zeta(x) = \sum_{p \text{는 소수}} \ln\left(1 - \frac{1}{p^x}\right)^{-1}$$

$$= \sum_{p \text{는 소수}} \left[\frac{1}{p^x} + \left(\frac{1}{2p^{2x}} + \frac{1}{3p^{3x}} + \frac{1}{4p^{4x}} + \cdots\right)\right]$$

$$= \sum_{p \text{는 소수}} \frac{1}{p^x} + \sum_{p \text{는 소수}} \left(\frac{1}{2p^{2x}} + \frac{1}{3p^{3x}} + \frac{1}{4p^{4x}} + \cdots\right)$$

위 결과에 대한 참고 사항은 다음과 같다.

$$\frac{1}{2p^{2x}} + \frac{1}{3p^{3x}} + \frac{1}{4p^{4x}} + \cdots < \frac{1}{2p^{2x}} + \frac{1}{2p^{3x}} + \frac{1}{2p^{4x}} + \cdots$$

$$= \frac{1}{2p^{2x}}\left(1 + \frac{1}{p^x} + \left(\frac{1}{p^x}\right)^2 + \left(\frac{1}{p^x}\right)^3 + \cdots\right)$$

$$= \frac{1}{2p^{2x}}\left(1 - \frac{1}{p^x}\right)^{-1}$$

다음으로 $p^x > 2$라는 부등식으로 시소게임을 해보면

$$\frac{1}{p^x} < \frac{1}{2} \text{ 이고 } 1 - \frac{1}{p^x} > 1 - \frac{1}{2} \text{ 이며 } \left(1 - \frac{1}{p^x}\right)^{-1} < \left(1 - \frac{1}{2}\right)^{-1} = 2$$

이므로 아래 식이 나온다.

$$\frac{1}{2p^{2x}} + \frac{1}{3p^{3x}} + \frac{1}{4p^{4x}} + \cdots < \frac{1}{p^{2x}}$$

따라서

$$\sum_{p\text{는 소수}} \left(\frac{1}{2p^{2x}} + \frac{1}{3p^{3x}} + \frac{1}{4p^{4x}} + \cdots\right) < \sum_{p\text{는 소수}} \frac{1}{p^{2x}}$$

$$< \sum_{p\text{는 소수}} \frac{1}{p^2} < \sum_n \frac{1}{n^2} = \zeta(2)$$

가 되는데, 이는

$$\ln \zeta(x) = \sum_{p\text{는 소수}} \frac{1}{p^x} + \text{오차}$$

라는 뜻이며, 위의 오차는 $\zeta(2)$보다 작다. 그러나

$$\ln \zeta(x) = \ln[(x-1)\zeta(x)] + \ln \frac{1}{x-1}$$

이므로 다음 식을 얻는다.

$$\ln[(x-1)\zeta(x)] + \ln \frac{1}{x-1} = \sum_{p\text{는 소수}} \frac{1}{p^x} + \text{오차}$$

89쪽의 결과를 되새겨 보면 1보다 큰 모든 x에 대해 아래 식을 얻는다.

$$\sum_{p\text{는 소수}} \frac{1}{p^x} = \ln\frac{1}{x-1} + \text{유한한 오차}$$

$x \to 1$이라는 극한에서 이는 발산한다.

발산의 빠르기는 큰 값의 n에 대한 다음 식을 통해 알아볼 수 있다.

$$\prod_{p<n} \frac{1}{1-p^{-1}} \approx \sum_{r<n} \frac{1}{r} \approx \ln n$$

여기에 로그를 취하면

$$-\sum_{p<n} \ln(1-p^{-1}) \approx \ln\ln n$$

이 되고, 이는

$$-\sum_{p<n}\left(-\frac{1}{p} - \frac{1}{2p^2} - \cdots\right) \approx \ln\ln n$$

라는 뜻이며, 따라서 다음 결과를 얻는다.

$$\sum_{p<n} \frac{1}{p} \approx \ln\ln n$$

곧 소수의 역수를 모은 급수는 대략 이중 로그와 같은 빠르기로 발산함을 알 수 있다. 좀 더 자세하고도 엄밀한 논증에 따르면

$$\lim_{n\to\infty}\left(\sum_{p<n} \frac{1}{p} - \ln\ln n\right) = \gamma + \sum_{p\text{는 소수}}\left(\ln\left(1-\frac{1}{p}\right) + \frac{1}{p}\right)$$

$$= 0.2614972128\cdots$$

으로, 다시 감마가 나타난다. 위 최종 결과의 값은 마이셀-메르텐스상수(Meissel-Mertens constant)라고 불리는 것 중 하나이다.

나중에 오일러공식과 관련된 연구들을 적잖이 더 살펴볼 것이다.

제8장
지켜진 약속

> 훌륭한 기독교도는 수학자들과 헛된 예언을 일삼는 모든 자를 경계해야 한다.
> 수학자들이 영혼을 흐리게 하고 인간을 지옥에 가둬 두기 위해
> 악마와 계약을 맺은 위협이 이미 다가와 있다.
>
> 성 아우구스티누스 (St. Augustinus, 354~430)[1]

앞서 우리는 임의로 두 자연수를 택했을 때 서로소가 될 확률은 $1 : \frac{1}{6}\pi^2$이라는 거의 믿기지 않는 사실을 이야기했다. 오일러공식과 아래에 열거한 몇 가지 다른 수학적 도구를 사용하면 이를 증명할 수 있다. 먼저 이 도구들을 보자.

(1) 집합론에서 ∩과 ∪은 각각 교집합과 합집합을 나타내는 기호이며, 교집합은 두 집합에 공통된 원소들, 합집합은 두 집합 중 어느 하나 또는 모두에 속한 원소들로 만들어진 집합을 말한다. 집합에 대한 이와 같은 '이진(binary)' 연산은 '불대수(Boolean algebra)'라는 셈법을 탄생시켰는데, 이는 영국의 수학자 조지 불(George Boole, 1815~1864)의 이름에서 따온 것이다. 이 셈법 가운데 우리는 단지 A∩(B∪C) = (A∩B)∪(A∩C)라는 분배법칙만 필요하다(이 책보다 높은 수준에 도전하고

---

[1] 여기서 '수학자'는 '점성가(astrologer)'를 말한다.

싶은 독자는 스펜서-브라운(G. Spencer-Brown)이 1969년에 펴낸《형태의 법칙(Laws of Form)》을 참조하면 좋은데, 거기서는 불대수의 셈법을 다룬다).

$n(A \cup B \cup C)$
$= n(A \cup (B \cup C))$
$= n(A) + n(B \cup C) - n(A \cap (B \cup C))$
$= n(A) + n(B) + n(C) - n(B \cap C) - n((A \cap B) \cup (A \cap C))$
$= n(A) + n(B) + n(C) - n(B \cap C) - n(A \cap B) - n(A \cap C)$
$\quad + n(A \cap B \cap C)$

수학적 귀납법이나 다른 방법을 쓰면 "하나씩 넣고, 둘씩 빼고, 셋씩 넣고, 넷씩 빼고, …"의 패턴을 아무리 많은 집합들에 대해서도 계속 적용할 수 있다는 게 쉽게 증명되며, 이를 흔히 '넣기빼기원리(inclusion-exclusion principle)'라고 부른다.

(2) 동등한 결과. $(1-x_1)(1-x_2)(1-x_3)(1-x_4)$를 전개하면 다음과 같다.
$$1 - (x_1 + x_2 + x_3 + x_4 + \cdots) + (x_1x_2 + x_2x_3 + x_3x_4 + \cdots)$$
$$- (x_1x_2x_3 + x_2x_3x_4 + x_1x_2x_4 + \cdots) + \cdots$$
이 식의 괄호들은 x 하나씩들의 합, 둘씩들의 합, 셋씩들의 합 등이며, 이것들 사이의 부호는 교대로 바뀐다.

(3) $[\,\cdot\,]$라는 기호로 나타내는 최대정수함수(Greatest Integer function)의 현대판은 1960년대에 케네스 아이버슨(Kenneth E. Iverson)이 제시했던 이름과 기호를 물려받은 바닥함수(floor function)와 천장함수(ceiling function)이다.

$\lfloor x \rfloor$ 는 x 이하의 최대정수, $\lceil x \rceil$ 는 x 이상의 최소정수를 가리킨다.

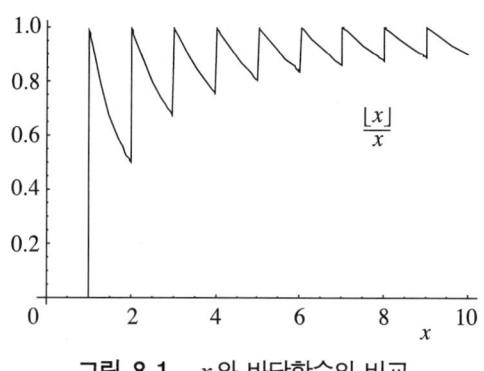

그림 8.1. x와 바닥함수의 비교

N과 n이 $n \leq N$인 자연수이고, $1n, 2n, 3n, \cdots, xn$이란 수열에 나타나는 n의 최대 배수가 N보다 작은 곳에서 멈추면 $x = \lfloor N/n \rfloor$이다. 이는 N이하에 n을 약수로 가진 수가 $\lfloor N/n \rfloor$개 있다는 뜻이다. 우리는 이 책의 여러 곳에서 이 사실을 이용할 것인데, 68쪽에 나오는 에어디시의 증명도 한 예이다.

또한 $0 \leq a < 1$이면 $\lfloor x \rfloor = x - a$이며, 이는 $x \to \infty$일 때

$$\frac{\lfloor x \rfloor}{x} \to 1$$

이라는 뜻이다. 하지만 그 구체적인 모습은 조금 복잡하며, 그림 8.1의 흥미로운 그래프에 잘 나타나 있다.

이로써 증명에 대한 준비는 완료되었다.

자연수 N보다 작은 모든 소수의 집합 $P = \{p_1, p_2, p_3, \cdots, p_n\}$을 생각해 보자. 그러면 N까지의 자연수들 가운데 적어도 하나의 소수로 나누어떨어지는 것의 개수는 아래와 같다.

$$\sum_P \left\lfloor \frac{N}{p_1} \right\rfloor$$

마찬가지로 적어도 두 개의 소수로 나누어떨어지는 것의 개수는 아래와 같다.

$$\sum_p \left\lfloor \frac{N}{p_1 p_2} \right\rfloor$$

이제 N보다 작은 자연수들로 만든 N^2쌍의 자연수들 가운데 p_1을 약수로 공유하는 것은 $\lfloor N/p_1 \rfloor^2$이므로

$$\sum_p \left\lfloor \frac{N}{p_1} \right\rfloor^2$$

개의 쌍들이 하나의 소수를 약수로 공유한다. 마찬가지로

$$\sum_p \left\lfloor \frac{N}{p_1 p_2} \right\rfloor^2$$

개의 쌍들이 두 소수를 약수로 공유하며, 이런 논의는 셋 이상의 묶음에 대해서도 적용된다. 그런데 문제는 이 과정에서 중복되는 것들이 있다는 점이다. 예컨대 어떤 수가 세 소수로 나뉜다면 이는 그중 하나 또는 두 소수로도 나뉘기 때문이며, 바로 이를 해결하는 데에 '넣기빼기정리'가 사용된다. 이런 서술을 문자로 나타내기 위하여 한 소수를 약수로 공유하는 쌍들의 집합을 A, 두 소수를 약수로 공유하는 쌍들의 집합을 B 등으로 쓰면 넣기빼기원리로부터 다음을 얻는다.

$$N^2 = \sum_p \left\lfloor \frac{N}{p_1} \right\rfloor^2 - \sum_p \left\lfloor \frac{N}{p_1 p_2} \right\rfloor^2 + \sum_p \left\lfloor \frac{N}{p_1 p_2 p_3} \right\rfloor^2 - \cdots + \Pi_N$$

위에서 Π_N은 서로소인 쌍들의 개수이다.

다른 방식으로 표현하면

$$\Pi_N = N^2 - \sum_p \left\lfloor \frac{N}{p_1} \right\rfloor^2 + \sum_p \left\lfloor \frac{N}{p_1 p_2} \right\rfloor^2 - \sum_p \left\lfloor \frac{N}{p_1 p_2 p_3} \right\rfloor^2 + \cdots$$

이므로

$$\frac{\Pi_N}{N^2} = 1 - \sum_p \left(\frac{1}{N} \left\lfloor \frac{N}{p_1} \right\rfloor \right)^2$$
$$+ \sum_p \left(\frac{1}{N} \left\lfloor \frac{N}{p_1 p_2} \right\rfloor \right)^2 - \sum_p \left(\frac{1}{N} \left\lfloor \frac{N}{p_1 p_2 p_3} \right\rfloor \right)^2 + \cdots$$

이 된다. 이제 $N \to \infty$라는 극한을 취하는데, (3)의 결과를 이용하면

$$\lim_{N \to \infty} \frac{1}{N} \left\lfloor \frac{N}{p_1} \right\rfloor = \frac{1}{p_1}$$

이 되고, 다른 항들에 대해서도 마찬가지이다. 이것과 (2)의 결과로부터 어떤 두 자연수가 서로소일 확률은

$$1 - \sum_P \frac{1}{p_1^2} + \sum_P \frac{1}{p_1^2 p_2^2} - \sum_P \frac{1}{p_1^2 p_2^2 p_3^2} + \cdots$$

$$= 1 - \sum_P \frac{1}{p_1^2} + \sum_P \frac{1}{p_1^2} \frac{1}{p_2^2} - \sum_P \frac{1}{p_1^2} \frac{1}{p_2^2} \frac{1}{p_3^2} + \cdots$$

$$= \left(1 - \frac{1}{p_1^2}\right)\left(1 - \frac{1}{p_2^2}\right)\left(1 - \frac{1}{p_3^2}\right) \cdots$$

$$= \frac{1}{\left(\frac{1}{1-p_1^{-2}}\right)\left(\frac{1}{1-p_2^{-2}}\right)\left(\frac{1}{1-p_3^{-2}}\right) \cdots} = \frac{1}{\zeta(2)}$$

이 되어 바라는 증명이 완결된다.

108쪽의 아름다운 식을 $x = 2$에 대해 쓰면

$$\int_0^\infty \frac{u}{e^u - 1} du = \zeta(2) \Gamma(2) = \frac{1}{6}\pi^2 \times 1 = \frac{1}{6}\pi^2$$

이 되므로, 두 자연수가 서로소일 확률은 아래와 같기도 하다.

$$1 : \int_0^\infty \frac{u}{e^u - 1} du$$

어떻게 이럴 수가 있냐고? 당연히 이렇게 물을 것이다!

나아가 임의로 k개의 자연수를 택할 때 서로소일 확률은 $1 : \zeta(k)$이다. 하지만 이는 증명하지 않을 것이다!

감마는 도대체 무엇인가?

> 상수는, 매개변수가 아닌 한, 변하지 않는다.
>
> 애넌(Anon)

9.1 감마는 존재한다

우리는 상수 γ의 존재에 대해 꽤 믿을 만한 증거를 갖고 있기는 하지만 정밀한 증명은 없다. 오일러의 시대에는 수학적 엄밀성을 크게 중요시하지 않았으므로 그는 직관적으로 명백한 듯한 것을 증명하는 데에 많은 시간을 들이지 않았을 게 분명하다. 이러한 엄밀성이 부각된 것은 19세기 들어서의 일이었다. 21세기에 사는 우리들로서는 γ가 정말로 존재한다는 확실한 보장이 없다면 불안하게 여길 것이므로 이제 이 문제를 둘러보기로 한다.

γ가 존재한다고 할 때 가장 먼저 주목할 점은 아마도 이에 대한 정의가 두 가지인 것처럼 보인다는 사실일 것이다. 한 가지는 $\ln n$, 다른 한 가지는 $\ln(n+1)$을 이용한 것인데, 실제로는 이 두 가지가 동등하다. 좀 더 일반적으로 보자면

$$\lim_{n \to \infty}\left(\frac{1}{1} + \frac{1}{2} + \frac{1}{3} + \cdots + \frac{1}{n} - \ln(n+a)\right)$$

의 값은 $a > -n$이면 항상 일정하며 아래 식으로부터 쉽게 알 수 있다.

$$\lim_{n\to\infty}\left(\frac{1}{1}+\frac{1}{2}+\frac{1}{3}+\cdots+\frac{1}{n}-\ln(n+\alpha)\right)$$

$$=\lim_{n\to\infty}\left(\frac{1}{1}+\frac{1}{2}+\frac{1}{3}+\cdots+\frac{1}{n}-\ln n-\ln(n+\alpha)+\ln n\right)$$

$$=\lim_{n\to\infty}\left(\frac{1}{1}+\frac{1}{2}+\frac{1}{3}+\cdots+\frac{1}{n}-\ln n-\ln\left(1+\frac{\alpha}{n}\right)\right)$$

$$=\lim_{n\to\infty}\left(\frac{1}{1}+\frac{1}{2}+\frac{1}{3}+\cdots+\frac{1}{n}-\ln n\right)$$

놀랄 것도 없이 γ의 존재를 확립하려는 노력으로부터 많은 증명들이 이뤄졌는데, 우리는 그중 미시시피대학교의 반스(C. W. Barnes)의 증명을 살펴본다. 이것은 가장 짧은 것은 아니지만 우아하며, e에 대한 오일러의 정의에 필요한 등식을 이끌어 내고, 또한 $\zeta(2)$의 값을 이용한다.

여기에는 다음과 같은 두 가지 합리적인 원리가 필요하다.

(ⅰ) 어떤 연속함수 $f(x)$에 대해 다음 식이 성립한다.

$$\int_a^b f(x)\,dx = (b-a)f(\xi), \quad \text{어떤 } \xi\in[a,\,b]\text{에 대해}$$

(ⅱ) 위로 유계(有界, bounded)인 어떤 증가하는 실수의 수열은 반드시 어떤 극한값에 접근한다.

첫째 원리는 흔히 적분에 대한 제1평균값정리(the first mean value theorem for integration)라고 부르며, 구간 $[a,\,b]$에서 어떤 연속함수 $f(x)$와 x축 사이의 넓이는 이 구간을 가로로 하고 적절한 높이를 세로로 하는 직사각형의 넓이와 같다는 뜻이다. 그림 9.1을 보면 이 상황을 쉽게 파악할 수 있다.

둘째 원리는 실해석학(實解析學, real analysis)에서 나온 표준적이면서도 합리적인 결론으로 $\mathbb{R}$의 완전성(completeness)에 근거한다.

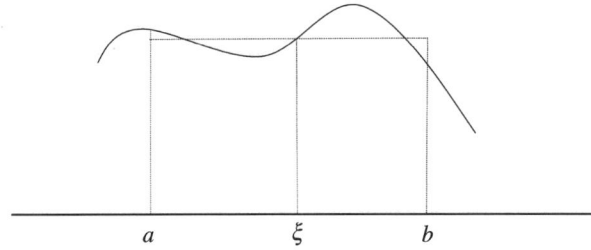

그림 9.1. 적분에 대한 제1평균값정리

그러면 이제 시작하는데, 평균값정리를 이용하면 한편으로 아래 결과를 얻고

$$\int_{1/n+1}^{1/n} \ln x \, dx = \left(\frac{1}{n} - \frac{1}{n+1}\right) \ln c_n = \frac{1}{n(n+1)} \ln c_n, \quad \frac{1}{n+1} < c_n < \frac{1}{n}$$

다른 한편으로 세상에서 가장 장황한 적분기법을 사용하여 $\ln x$를 부분적분으로 적분하면 아래 결과를 얻는다.

$$\int_{1/n+1}^{1/n} \ln x \, dx = \int_{1/n+1}^{1/n} 1 \times \ln x \, dx = \left[x \ln x - x\right]_{1/n+1}^{1/n}$$

$$= \left(\frac{1}{n} \ln \frac{1}{n} - \frac{1}{n}\right) - \left(\frac{1}{n+1} \ln \frac{1}{n+1} - \frac{1}{n+1}\right)$$

$$= \left(-\frac{1}{n} \ln n - \frac{1}{n}\right) - \left(-\frac{1}{n+1} \ln(n+1) - \frac{1}{n+1}\right)$$

$$= \frac{1}{n+1} \ln(n+1) - \frac{1}{n} \ln n + \frac{1}{n+1} - \frac{1}{n}$$

$$= \frac{1}{n(n+1)} \left(n \ln(n+1) - (n+1) \ln n\right) - \frac{1}{n(n+1)}$$

$$= \frac{1}{n(n+1)} \ln \frac{(n+1)^n}{n^{n+1}} - \frac{1}{n(n+1)}$$

$$= \frac{1}{n(n+1)} \left(\ln \frac{(n+1)^n}{n^{n+1}} - 1\right)$$

두 형태를 같다고 놓으면

$$\frac{1}{n(n+1)}\ln c_n = \frac{1}{n(n+1)}\left(\ln\frac{(n+1)^n}{n^{n+1}} - 1\right)$$

인데, 이는

$$\ln c_n = \ln\frac{(n+1)^n}{n^{n+1}} - 1 \quad \text{또는} \quad \ln\frac{(n+1)^n}{n^{n+1}} - \ln c_n = 1$$

과

$$\ln\frac{(n+1)^n/n^{n+1}}{c_n} = 1$$

을 뜻하며, 이는 다시

$$\frac{(n+1)^n/n^{n+1}}{c_n} = e$$

를 뜻한다. 따라서 모든 자연수에 대해 다음이 성립한다.

$$e = \frac{(n+1)^n}{n^n}\frac{1}{nc_n} \quad \text{그리고} \quad e = \left(1+\frac{1}{n}\right)^n\frac{1}{nc_n}$$

그런데

$$\frac{1}{n+1} < c_n < \frac{1}{n}, \quad n < \frac{1}{c_n} < n+1$$

이므로

$$1 < \frac{1}{nc_n} < 1 + \frac{1}{n}$$

이며, 만일

$$a_n = \frac{1}{nc_n}$$

과 같이 쓴다면 아래 식을 얻는다.

$$e = a_n\left(1+\frac{1}{n}\right)^n, \quad 1 < a_n < 1 + \frac{1}{n}, \quad n \in \mathbb{N}$$

이것은 바로 앞서 이야기했던 e에 대한 오일러의 정의에 필요한 등식이다.

여기에 극한을 취하면

$$\lim_{n\to\infty} 1 \leq \lim_{n\to\infty} a_n \leq \lim_{n\to\infty}\left(1+\frac{1}{n}\right)$$

이며, 이에 의하면 $\lim_{n\to\infty} a_n = 1$ 이므로 아래처럼 오일러의 정의를 얻는다.

$$e = \lim_{n\to\infty} a_n\left(1+\frac{1}{n}\right)^n = \lim_{n\to\infty}\left(1+\frac{1}{n}\right)^n$$

이제 n을 r로 바꾸고

$$e = a_r\left(1+\frac{1}{r}\right)^r$$

양변에 로그를 취하면

$$1 = \ln a_r + r\ln\left(1+\frac{1}{r}\right) = \ln a_r + r\ln\left(\frac{r+1}{r}\right)$$

이므로 다음 식이 나온다.

$$\frac{1}{r} = \frac{1}{r}\ln a_r + \ln\left(\frac{r+1}{r}\right)$$

그리고 이 항들을 더하면

$$\sum_{r=1}^{n} \frac{1}{r} = \sum_{r=1}^{n} \frac{1}{r}\ln a_r + \sum_{r=1}^{n} \ln\left(\frac{r+1}{r}\right)$$

$$= \sum_{r=1}^{n} \frac{1}{r}\ln a_r + \sum_{r=1}^{n} (\ln(r+1) - \ln r)$$

$$= \sum_{r=1}^{n} \frac{1}{r}\ln a_r + \ln(n+1)$$

이므로 다음 식이 나온다.

$$\sum_{r=1}^{n} \frac{1}{r} - \ln(n+1) = \sum_{r=1}^{n} \frac{1}{r}\ln a_r$$

각각의 a_r이 1보다 크므로 위의 식은 n에 대해 증가하는 수열이다. 이제 이것이 위로 유계임을 보이기로 하자.

$1 < a_n < 1 + 1/n$으로부터 다음 식이 나온다.

$$\sum_{r=1}^{n}\frac{1}{r}-\ln(n+1)=\sum_{r=1}^{n}\frac{1}{r}\ln a_r<\sum_{r=1}^{n}\frac{1}{r}\ln\left(1+\frac{1}{r}\right)$$

기하적으로 볼 때 $x>0$에 대해 $\ln(1+x)<x$임은 분명하므로

$$\ln\left(1+\frac{1}{r}\right)<\frac{1}{r}$$

이며

$$\sum_{r=1}^{n}\frac{1}{r}-\ln(n+1)<\sum_{r=1}^{n}\frac{1}{r^2}<\frac{\pi^2}{6}$$

이므로 약속했던 $\zeta(2)$를 다시 얻는다.

이처럼 좌변은 위로 유계이면서도 계속 증가하므로 어떤 극한에 접근한다. 앞서 보았던 식

$$\gamma=\lim_{n\to\infty}\left(\frac{1}{1}+\frac{1}{2}+\frac{1}{3}+\cdots+\frac{1}{n}-\ln(n+a)\right)$$

를 되새기고 $a=1$을 대입하면 논의는 완결된다.

9.2 감마는 어떤 수인가?

γ가 존재한다는 것을 알았으므로 그 값에 대해 의문을 품는다고 해서 그다지 불합리한 것은 아니다. 다만 그 정확한 본질은 신비에 가려 있으므로 우선은 어림값에 집중하는 수밖에 없다. 91쪽과 92쪽에서 이미 그 값이 0과 1 사이임을 보았는데, 좀 더 정확하게는 대략 0.5 부근인 것 같다.

γ의 소수값을 알려면 단순히 n을 증가시키면서 $\gamma_n=H_n-\ln n$의 값을 계산해 내면 되지만 문제는 이 값이 극히 느리게 수렴한다는 데에 있다. 예를 들어 $\gamma_{100}=0.58220733165153\cdots$은 소수 첫째 자리까지만 정확하며, $\gamma_{1000000}=0.577216164901481\cdots$은 소수 다섯째 자리까지만 정확하다. 두 개의 항 모두 마지못해 무한대로 발산하는 듯이 굴기 때문에, 합쳐져서 마

음에도 없는 수렴성을 보이는 것도 수치스러운 모양이다. 그 이유는 아래의 부등식을 통해 드러난다.

$$\frac{1}{2(n+1)} < \gamma_n - \gamma < \frac{1}{2n}, \quad n \in \mathbb{N}$$

이것이 사실일 경우, 소수 m째 자리까지의 정확도를 원한다면 $\gamma_n - \gamma < 5 \times 10^{-m-1}$이어야 하므로

$$\frac{1}{2n} < 5 \times 10^{-m-1}$$

이어야 한다. 이는 $n > 10^m$이란 뜻이며, 위의 완전부등식(strict inequality) ('≤'나 '≥'가 아니라 '<'나 '>'로 표현된 부등식. - 옮긴이)이 필요하다. 이에 따르면

$$\gamma_n - \gamma > \frac{1}{2(n+1)} = \frac{1}{2n}\left(1+\frac{1}{n}\right)^{-1} > \frac{1}{2n}\left(1-\frac{1}{n}\right)$$

이므로 $n = 10^m$이라면

$$\gamma_n - \gamma > \frac{1}{2 \times 10^m}\left(1 - \frac{1}{10^m}\right) = \frac{5}{10^{m+1}}\left(1 - \frac{1}{10^m}\right)$$

$$= \frac{5}{10^{m+1}}\left(\frac{10^m - 1}{10^m}\right) = 4.\underbrace{99999999999}_{(m-1)\text{개}}5 \times 10^{-(m+1)}$$

이어서, 어림값이 소수 $m-1$째 자리까지는 정확함을 보장해 준다.

이 부등식을 쓴 김에 이에 대한 영(R. M. Young)의 증명을 살펴본다. 이 증명은 88쪽에서 $x \to 1^+$일 경우에 대한 제타함수의 행동을 묘사할 때 채택했던 기법을 사용한다. 그림 9.2를 보자.

$\sum_{n}^{N}$ 곡선에 닿은 음영 부분의 넓이

$$= \left(\int_n^{n+1} \frac{1}{x}\, dx - \frac{1}{n+1}\right) + \left(\int_{n+1}^{n+2} \frac{1}{x}\, dx - \frac{1}{n+2}\right)$$

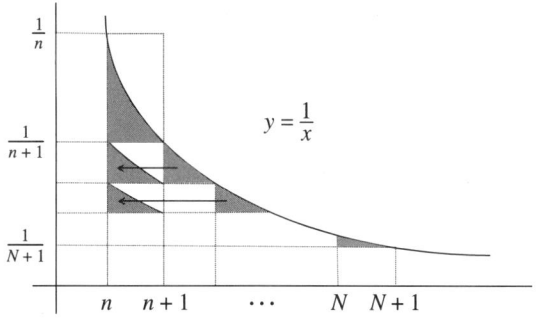

그림 9.2. 상한

$$+ \cdots + \left(\int_{N-1}^{N} \frac{1}{x} \, dx - \frac{1}{N} \right)$$

$$= \int_{n}^{N} \frac{1}{x} \, dx - \sum_{r=1}^{N-n} \frac{1}{n+r} = \int_{n}^{N} \frac{1}{x} \, dx - \left(\sum_{r=1}^{N} \frac{1}{r} - \sum_{r=1}^{n} \frac{1}{r} \right)$$

$$= \left(\ln N - \sum_{r=1}^{N} \frac{1}{r} \right) - \left(\ln n - \sum_{r=1}^{n} \frac{1}{r} \right)$$

여기서 $N \to \infty$의 극한을 취하면 정의에 따라 다음을 얻는다.

$$\sum_{n}^{\infty} \text{음영 부분의 넓이} = -\gamma + \gamma_n = \gamma_n - \gamma$$

이제 음영 부분들을 수평으로 이동시켜 모두 n과 $n+1$ 사이에 있는 첫 번째의 직사각형 안으로 집어넣으면 ($1/x$이라는 곡선이 오목하기 때문에) 각각의 음영 부분들은 이것을 포함하는 직사각형 넓이의 절반보다 작음을 알 수 있다. 그런데 이 직사각형의 넓이는 $1/n$이며, 이는 곧 아래의 사실을 뜻한다.

$$\gamma_n - \gamma < \frac{1}{2n}$$

다음으로 하계(下界, lower bound)를 결정하기 위하여 그림 9.3에 그려진 각 영역의 직각삼각형을 생각해 보자. 음영으로 나타낸 직각삼각형의 빗변은 그 오른쪽 칸에 그린 직각삼각형의 빗변을 연장해서 얻은 것이다. 이

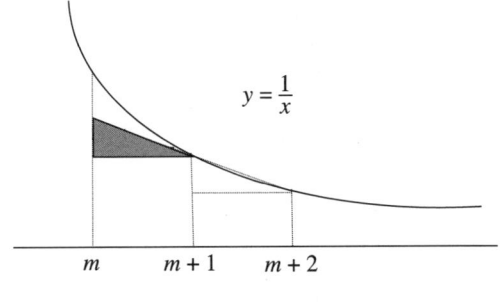

그림 9.3. 하한

두 직각삼각형은 합동이며 후자의 넓이는

$$\frac{1}{2}\left(\frac{1}{m+1} - \frac{1}{m+2}\right)$$

이므로 이것들을 모두 더하면 아래와 같다.

$$\gamma_n - \gamma = \sum_{n}^{\infty} \text{음영 부분의 넓이} > \frac{1}{2} \sum_{m=n}^{\infty} \left(\frac{1}{m+1} - \frac{1}{m+2}\right) = \frac{1}{2(n+1)}$$

곧 우리가 바라는 결과는 다음과 같다.

$$\frac{1}{2(n+1)} < \gamma_n - \gamma < \frac{1}{2n}$$

9.3 놀라운 진전

위의 경계는 $\ln n$ 형태를 이용한 γ의 정의를 관련시켜 주며, 극한에서는

$$\gamma = \lim_{n \to \infty} \left(\frac{1}{1} + \frac{1}{2} + \frac{1}{3} + \cdots + \frac{1}{n} - \ln(n+\alpha)\right),$$

$\alpha > -n$인 모든 α에 대해

이지만, n이 유한하다면 α의 값에 따라 영향을 받을 것이다. 이는 실제로 그러한데, 오차함수(error function) $\varepsilon_n(\alpha)$를 아래처럼 정의하고 살펴봄으로써 파악할 수 있다.

$$\varepsilon_n(\alpha) = \frac{1}{1} + \frac{1}{2} + \frac{1}{3} + \cdots + \frac{1}{n} - \ln(n+\alpha) - \gamma,$$
$$n \geq 1, \alpha > -n$$

여기서 γ는 (필요한 인내심과 계산의 정확성만 있다면) 원래의 정의를 이용하여 원하는 만큼의 정확도를 가진 소수값으로 나타낼 수 있다. 물론 모든 α에 대하여 $n \to \infty$이면 $\varepsilon_n(\alpha) \to 0$이다. 하지만 고정된 n에 대해 α를 변화시키면서 이 값을 살펴보면 흥미롭고도 놀라운 결과가 나온다.

α에 대해 미분하면

$$\frac{d\varepsilon_n(\alpha)}{d\alpha} = -\frac{1}{n+\alpha}$$

이므로, 이 함수는 $\alpha = -n$에서의 수직 점근선이 나타내는 $+\infty$로부터 α가 증가함에 따라 $-\infty$로 끊임없이 감소해 간다. 따라서 이 함수의 영점(수평축과 만나는 점. - 옮긴이)은 하나뿐이다.

그림 9.4는 $0 \leq \alpha \leq 1$ 구간에 초점을 맞추었으며 이처럼 좁은 구간에서는 이 함수의 모습이 언뜻 직선으로 보인다. 그러나 중요한 것은 영점에서의 α값으로, 이는 점점 더 0.5에 가까워진다.

그림 9.4는 $\alpha = 1/2$일 때 어떤 n값에 대해서든 오차가 최소일 것이란 점을 강력히 시사하므로 아래와 같은 정의를 생각해 보자.

$$\gamma = \lim_{n \to \infty}\left(\frac{1}{1} + \frac{1}{2} + \frac{1}{3} + \cdots + \frac{1}{n} - \ln\left(n + \frac{1}{2}\right)\right) = \lim_{n \to \infty} \rho_n$$

앞서 $\alpha = 0$이면 γ_{100}의 값은 소수 첫째 자리, $\gamma_{1000000}$의 값은 소수 다섯째 자리까지만 정확하다는 사실을 지적했다. 하지만 이제 $\alpha = 1/2$로 하면 ρ_{100} $= 0.57721979014049$이고 $\rho_{1000000} = 0.577215664900631$로, 각각 소수 다섯째와 열하나째 자리까지 정확하다.

이 엄청난 진전에 대한 설명은 다음과 같으며

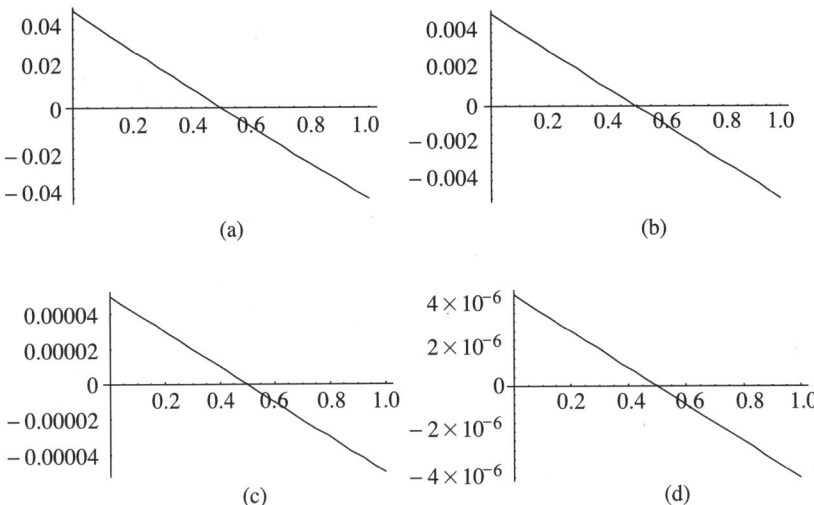

그림 9.4. 영점 부근의 오차함수. (a) $n = 10$일 때 영점의 α값은 0.503962732569747 ; (b) $n = 100$일 때 영점의 α값은 0.500414587370329 ; (c) $n = 10,000$일 때 영점의 α값은 0.50000416606963 ; (d) $n = 100,000$일 때 영점의 α값은 0.500000401909347.

$$\frac{1}{24(n+1)^2} < \rho_n < \frac{1}{24n^2}$$

여기서는 아래의 결과에 대한 듀앤 드템플(Duane W. DeTemple)의 증명을 살펴본다.

$$\rho_n - \rho_{n+1} = H_n - \ln\left(n + \frac{1}{2}\right) - H_{n+1} + \ln\left(n + \frac{3}{2}\right)$$

$$= -\frac{1}{n+1} - \ln\left(n + \frac{1}{2}\right) + \ln\left(n + \frac{3}{2}\right)$$

사용할 함수를 아래와 같이 정의한다.

$$f(x) = -\frac{1}{x+1} - \ln\left(x + \frac{1}{2}\right) + \ln\left(x + \frac{3}{2}\right), \quad x > 0$$

$$f'(x) = \frac{1}{(1+x)^2} - \frac{1}{\left(x+\frac{1}{2}\right)} + \frac{1}{\left(x+\frac{3}{2}\right)}$$

$$= \frac{1}{(1+x)^2} - \frac{1}{\left(x+\frac{1}{2}\right)\left(x+\frac{3}{2}\right)}$$

$$= \frac{x^2 + 2x + \frac{3}{4} - (1 + 2x + x^2)}{(1+x)^2\left(x+\frac{1}{2}\right)\left(x+\frac{3}{2}\right)}$$

$$= -\frac{1}{4}(x+1)^{-2}\left(x+\frac{1}{2}\right)^{-1}\left(x+\frac{3}{2}\right)^{-1}$$

그러면 $\left(x+\frac{3}{2}\right)^{-1} < (x+1)^{-1} < \left(x+\frac{1}{2}\right)^{-1}$ 이므로

$-f'(x) < \frac{1}{4}\left(x+\frac{1}{2}\right)^{-4}$ 이다.

그리고 $f(\infty) = 0$ 이므로

$$f(k) = -\int_k^\infty f'(x)\,dx < \frac{1}{4}\int_k^\infty \left(x+\frac{1}{2}\right)^{-4} dx$$

$$= -\frac{1}{12}\left[\left(x+\frac{1}{2}\right)^{-3}\right]_k^\infty = \frac{1}{12}\left(k+\frac{1}{2}\right)^{-3}$$

$\left(k+\frac{1}{2}\right)^2 > k(k+1)$ 이면 $\left(k+\frac{1}{2}\right)^4 > k^2(k+1)^2$ 이고

$\left(k+\frac{1}{2}\right)^{-4} < 1/(k^2(k+1)^2)$ 이다. 따라서

$$\left(k+\frac{1}{2}\right)^{-3} < \frac{1}{k^2(k+1)^2}\left(k+\frac{1}{2}\right)$$

$$= \frac{1}{2}\frac{2k+1}{k^2(k+1)^2} = \frac{1}{2}\left(\frac{1}{k^2} - \frac{1}{(k+1)^2}\right)$$

$$= \int_k^{k+1} x^{-3}\,dx$$

$$\therefore \rho_n - \gamma = \sum_{k=n}^{\infty} (\rho_k - \rho_{k+1})$$

$$= \sum_{k=n}^{\infty} f(k) < \frac{1}{12} \sum_{k=n}^{\infty} \left(k + \frac{1}{2}\right)^{-3} < \frac{1}{12} \int_n^{\infty} x^{-3} dx$$

$$= \frac{1}{24n^2}$$

이므로 부등식의 한쪽은 얻어 냈으며, 다른 한쪽은 다음과 같이 얻어 낸다.

$\left(x + \frac{1}{2}\right)\left(x + \frac{3}{2}\right) = x^2 + 2x + \frac{3}{4} < (x+1)^2$ 이므로

$\left(x + \frac{1}{2}\right)^{-1}\left(x + \frac{3}{2}\right)^{-1} > (x+1)^{-2}$ 이고 $-f'(x) > \frac{1}{4}(x+1)^{-4}$ 이다.

앞에서와 같이

$$f(k) = -\int_k^{\infty} f'(x) dx > \frac{1}{4} \int_k^{\infty} (x+1)^{-4} dx$$

$$= -\frac{1}{12}\left[(x+1)^{-3}\right]_k^{\infty} = \frac{1}{12}(k+1)^{-3}$$

이므로

$$\rho_n - \gamma = \sum_{k=n}^{\infty} (\rho_k - \rho_{k+1})$$

$$= \sum_{k=n}^{\infty} f(k) > \frac{1}{12} \sum_{k=n}^{\infty} (k+1)^{-3} > \frac{1}{12} \int_{n+1}^{\infty} x^{-3} dx$$

$$= \frac{1}{24(n+1)^2}$$

이며, 따라서 증명은 완결되었다.

소수 m째 자리까지의 정확도를 바란다면 $\rho_n - \gamma < 5 \times 10^{-m-1}$ 이어야 하므로

$$\frac{1}{24n^2} < 5 \times 10^{-m-1} \quad \text{그리고} \quad n > \sqrt{\frac{10^{m+1}}{5 \times 24}} \approx 0.288675 \times 10^{m/2}$$

이다. 여기서 다시 아래와 같은 이유 때문에 완전부등식이 필요하다.

$$\rho_n - \gamma > \frac{1}{24(n+1)^2} = \frac{1}{24n^2}\left(1+\frac{1}{n}\right)^{-2} > \frac{1}{24n^2}\left(1-\frac{2}{n}\right)$$

그리고 만일 $n = \sqrt{10^{m+1}/(5\times 24)}$ 라면

$$\delta_n - \gamma > \frac{5\times 24}{24\times 10^{m+1}}\left(1 - \frac{2\sqrt{120}}{10^{(m+1)/2}}\right) = 4.\underbrace{99999999}_{(m-1)\text{개}}945\cdots \times 10^{-(m+1)}$$

이므로 이렇게 얻은 어림값이 소수 $m-1$째 자리까지는 정확하다는 게 보장된다.

9.4 위대한 아이디어의 싹

'$\approx$'의 성질들을 너무 확대해서 적용한 것일 수도 있지만 어쨌든 우리는 아래의 식을

$$\gamma_n = H_n - \ln n \approx \frac{1}{2} + \frac{1}{2n} \implies \gamma \approx 0.5$$

다음과 같이 고쳐 쓸 수 있다.

$$\gamma_n - \gamma \approx \frac{1}{2n} \quad \text{또는} \quad \gamma \approx \gamma_n - \frac{1}{2n}$$

이에 따르면 $n = 1{,}000$일 때 $\gamma \approx 0.577215581568204\cdots$로 소수 여섯째 자리까지 정확하며, $n = 1{,}000{,}000$일 때 $\gamma \approx 0.577215664901481\cdots$로 소수 열두째 자리까지 정확하다. 물론 이게 엄밀한 것은 아니지만 적어도 γ의 어림값을 구하는 과정에서 올바른 길로 접어든 것이기는 하다! 실제로 이것은 γ의 어림값에 대한 최초의 급수이며, 신비롭게도 아래와 같이 계속된다.

$$\gamma \approx \gamma_n - \frac{1}{2n} + \frac{1}{12n^2} - \frac{1}{120n^4} + \frac{1}{252n^6} - \frac{1}{240n^8} + \cdots + \frac{1}{12n^{14}}\cdots$$

이 신비는 n^{12}의 계수가 분자는 -691이고 분모는 32760이란 점에서 더욱 깊어진다.

사실 이 어림값에 대한 식을 좀 더 자세히 써보면 아래와 같다.

$$\gamma \approx \gamma_n - \frac{1}{2n} + \sum_{r=1}^{\infty} \frac{B_{2r}}{2r} \frac{1}{n^{2r}}$$

이는 오일러-매클로린합공식(Euler-Maclaurin summation formula)의 한 가지 특수한 경우이다. B_{2r}은 베르누이수(Bernoulli Number)라고 부르며 곧이어 이들에 대해 살펴본다.

소수로서의 감마

> 수학자는 캄캄한 방에서 있지도 않은 검은 고양이를 찾는 맹인이다.
> 찰스 다윈(Charles Darwin, 1809~1882)

10.1 베르누이수

처음 우리가 제타급수에 눈길을 돌렸을 때는 $k \in \mathbb{N}$인 한 무리의 $1^k + 2^k + 3^k + \cdots + n^k$로 만들어진 사다리의 둘째 칸에서 시작했던 셈이다. 1784년 가우스는 7살에 1부터 100까지의 자연수를 순식간에 더함으로써 선생님을 깜짝 놀라게 했다는 유명한 이야기를 남겼다. 그는 이 답이 각각의 합이 101인 50쌍의 수들로 간주될 수 있음을 깨달았던 것이다. 물론 이 어린 천재는 고대 희랍, 인도, 아랍 등에서 $k \leq 4$인 경우에 대한 합이 이미 알려져 있었다는 사실이나 요한 파울하버(Johann Faulhaber, 1580~1635)의 연구 업적에 대해서는 전혀 몰랐다. 생전에 이미 '울름의 위대한 수학자(또는 직공(織工))'로 알려졌던 파울하버는 실제로 직공 교육을 받았다. 하지만 수학적 재능에 힘입어 울름의 수학자이자 측량가로 임명되었고, 물레방아와 성을 설계하고 측량기계를 만들었다. 그는 케플러, 데카르트, 네이피어 등과 사귀고 협력하였으며, 브리그스 로그의 첫 독일어판 출판을 준비하기도 했다. 사실 그는 '산술가(Arithmetician)'라기보다 '코시스트(Cossist)'

였으며, 1631년에 펴낸 《학교대수(*Academiae Algebrae*)》에는 $k = 17$까지의 합뿐 아니라 다음과 같은 중요한 내용도 실려 있다('코시스트'란 말은 '것(thing)'을 뜻하는 이탈리아어 '코사(cosa)'에서 나왔다. 당시 수학자들은 미지수를 가리키는 데에 이 용어를 사용했다. 따라서 코시스트는 대수학자(代數學者, algebraist)로 보는 게 좋다).

$$1^k + 2^k + 3^k + \cdots + n^k = \begin{cases} k\text{가 홀수일 때는 } n(n+1)\text{에 대한 다항식} \\ k\text{가 짝수일 때는 } n(n+1)\text{에 대한 다항식과} \\ \quad (2n+1)\text{의 곱} \end{cases}$$

1636년 페르마는 뉴턴보다 앞서 $f(x) = x^k$라는 그래프들과 x축 사이의 넓이를 구하는 과정에서 위 급수들의 합이 필요함을 알게 되었다. 그는 k에 대한 합을 $k-1, k-2, \cdots$ 등에 대한 합과 관련짓는 점화식을 발견했다. 이것은 독창적인 성과였으나 어느 정도 이상 추적하기는 불가능했고, 1654년 블레즈 파스칼(Blaise Pascal, 1623~1662)이 좀 더 개선했지만 완전한 해결은 다음 세기 또 다른 수학자가 나타나기까지 기다려야 했다.

이 급수들 가운데 첫 몇 가지 답은 다음과 같다.

$$1 + 2 + 3 + \cdots + n = \frac{1}{2}n(n+1)$$

$$1^2 + 2^2 + 3^2 + \cdots + n^2 = (2n+1)\frac{1}{6}n(n+1)$$

$$1^3 + 2^3 + 3^3 + \cdots + n^3 = \frac{1}{4}[n(n+1)]^2$$

$$1^4 + 2^4 + 3^4 + \cdots + n^4 = (2n+1)\frac{1}{30}n(n+1)[3n(n+1) - 1]$$

이로부터 다음과 같은 산뜻한 관계를 얻을 수 있지만 파울하버의 답을 그대로 옮긴 것에 지나지 않는다.

$$1^3 + 2^3 + 3^3 + \cdots + n^3 = (1 + 2 + 3 + \cdots n)^2$$

이 문제를 해결한 사람은 야콥 베르누이였고, 해답은 죽은 뒤인 1713년에 출간된 유명한 논문 〈추론의 기술(*Ars Conjectandi*)〉을 통해 세상에 알려졌다. $k=10$까지의 결과를 수록하면서 베르누이는 문제가 되는 패턴을 기술했고, 다른 사람들도 아마 동일한 통찰력을 가졌으리라는 겸손함을 보였다. 증명 없이 쓴 그의 글을 보자.

이 급수의 규칙성을 조사하려는 사람이라면 누구나 이 표를 계속 볼 수 있을 것이다. c를 거듭제곱의 지수라고 하면

$$\int n^c \infty \frac{1}{c+1} n^{c+1} + \frac{1}{2} n^c + \frac{1}{2} cAn^{c-1}$$

$$+ \frac{c.c-1.c-2}{2.3.4} Bn^{c-3} + \frac{c.c-1.c-2.c-3.c-4}{2.3.4.5.6} Cn^{c-5}$$

$$+ \frac{c.c-1.c-2.c-3.c-4.c-5.c-6}{2.3.4.5.6.7.8} Dn^{c-7}$$

등과 같이 진행하므로 지수는 n이나 nn이 될 때까지 계속해서 2씩 감소한다. 대문자 A, B, C, D는 차례대로 $\int nn$, $\int n^4$, $\int n^6$, $\int n^8$ 등의 표현에 나오는 마지막 항의 계수를 나타낸다. 곧 A는 $1/6$, B는 $-1/30$, C는 $1/42$, D는 $-1/30$이다.
이 계수들은 같은 표현 안에 있는 다른 것들과 합쳐서 1이 되는 관계가 있다. 따라서 D는 $-1/30$이 되어야 하는데, 왜냐하면 아래의 관계 때문이다.

$$\frac{1}{9} + \frac{1}{2} + \frac{2}{3} - \frac{7}{15} + \frac{2}{9} + (+D) - \frac{1}{30} = 1$$

이 표의 도움을 받아 나는 1시간의 4분의 1의 절반도 지나기 전에 첫 1000개 수들의 10차항을 모두 더하면 다음 값이 됨을 알 수 있었다.

$$91409924241424243424241924242500$$

이로부터 이스마엘 불리알두스가 그의 두꺼운 《무한산술(*Arithmatica Infi-*

nitorum)》에서 했던 일이 얼마나 쓸모없는 것이었는지 분명히 드러난다. 거기서 그는 엄청난 노력을 들여 첫 6차에 대한 합을 구했으나 이는 여기서 한 페이지에서 행한 일의 일부에 지나지 않는다.

이 기죽이는 언급은 첫 6차의 결과를 얻기 위해 6권의 책을 펴냈던 이스마엘 불리알두스(Ismael Bullialdus, 1605~1694)의 방대한 연구를 가리킨다. 위의 글에서는 '='대신 '거꾸로 쓴 비례기호', n^2 대신 nn이 쓰였으며, 오일러의 영향이 아직 효력을 발휘하지 못해 합의 기호 대신 적분기호가 사용되었다. 또한 점으로 곱하기를 나타냈고, c에 대한 표현에는 괄호가 암시되어 있다. 어쩐 일인지 그는 $k=9$일 때 n^2의 계수가 $-3/20$인데 $-1/12$로 잘못 썼다. $A, B, C, D, \cdots$라고 부른 것들을 명시하는 과정에서 베르누이는 전개했을 때 거듭제곱 차수와 무관한 수들을 골라냈다. 0이 되는 것들을 포함하여 이것들을 모두 나열하면 오일러가 '베르누이수(Bernoulli Number)'라고 이름 지은 $B_0, B_1, B_2, \cdots$를 얻는다.

$$1, \frac{1}{2}, \frac{1}{6}, 0, -\frac{1}{30}, 0, \frac{1}{42}, 0, -\frac{1}{30}, 0, \frac{5}{66}, 0 \cdots$$

하지만 이 수들의 패턴은 너무나 모호한데, 좀 더 살펴보기 위해 다음 항을 들면 이는 691/2730이며, 그 뒤로는 아래와 같이 이어진다.

$$\frac{7}{6}, -\frac{3617}{510}, \frac{43867}{798}, \cdots$$

이항계수(二項係數, binomial coefficients)에 대한 현대의 표준적인 표기법은 아래와 같으며

$$\binom{n}{r} = \frac{n!}{r!(n-r)!}$$

이를 사용하여 베르누이가 말하고자 한 것을 나타내면 다음과 같다.

$$1+2+3+\cdots+n = \frac{1}{2}n^2 + \frac{1}{2}n = \frac{1}{2}\left(\binom{2}{0}B_0 n^2 + \binom{2}{1}B_1 n\right)$$

$$1^2+2^2+3^2+\cdots+n^2 = \frac{1}{3}n^3 + \frac{1}{2}n^2 + \frac{1}{6}n$$

$$= \frac{1}{3}\left(\binom{3}{0}B_0 n^3 + \binom{3}{1}B_1 n^2 + \binom{3}{2}B_2 n\right)$$

$$1^3+2^3+3^3+\cdots+n^3 = \frac{1}{4}n^4 + \frac{1}{2}n^3 + \frac{1}{4}n^2$$

$$= \frac{1}{4}\left(\binom{4}{0}B_0 n^4 + \binom{4}{1}B_1 n^3\right.$$

$$\left. + \binom{4}{2}B_2 n^2 + \binom{4}{3}B_3 n\right)$$

$$1^4+2^4+3^4+\cdots+n^4 = \frac{1}{5}n^5 + \frac{1}{2}n^4 + \frac{1}{3}n^3 - \frac{1}{30}n$$

$$= \frac{1}{5}\left(\binom{5}{0}B_0 n^5 + \binom{5}{1}B_1 n^4 + \binom{5}{2}B_2 n^3\right.$$

$$\left. + \binom{5}{3}B_3 n^2 + \binom{5}{4}B_4 n\right)$$

베르누이수들에 뚜렷한 패턴은 없지만 귀납적 정의(recursive definition)는 있다. 베르누이는 D를 계산하면서 이를 소개했는데, 아래에 보인 그의 설명은 $k=8$에 대한 전개와 관련된다.

$$1^8+2^8+3^8+\cdots+n^8 = \frac{1}{9}n^9 + \frac{1}{2}n^8 + \frac{2}{3}n^7 - \frac{7}{15}n^5 + \frac{2}{9}n^3 - \frac{1}{30}n$$

$n=1$일 경우에 대해 생각해 보면 양변은 모두 1이 되어야 한다. 따라서 어떤 하나를 다른 것들을 이용해서 표현할 수 있으며, 우리가 보기에는 좀 이상한 형태이지만 베르누이가 D를 계산할 때 사용한 방법이 바로 이것이다. 첫째 것만 빼고 홀수 번째 베르누이수들은 모두 0이며, 비록 지겨운 일이기는 하지만 짝수 번째 베르누이수들은 점화관계로 구할 수 있다. 이와 달리

얻는 방법들도 많으며, 전개식들에서 계수들의 한 부분으로 나타난다. 예를 들어 오일러가 제시한 아래 식에서

$$\frac{x}{e^x - 1}$$

베르누이수들은 '탄젠트수(tangent number)'라고 알려진 수들을 통해 효율적으로 생성된다. 하지만 아무도 이 과정을 협조적이라고 여기지는 않는다. 오일러는 B_{30}까지 계산했고, 1840년에 옴(Ohm)은 B_{62}까지 늘렸으며, 이듬해에 애덤스(Adams)는 B_{124}까지 계산했는데, 마지막 수는 분자가 무려 110자리에 이르는 큰 수이다(대조적으로 분모는 그냥 30이란 수이다). 이 계산을 수행하려면 오늘날 우리가 당연하게 여기는 계산도구들이 간절히 필요했다. 1843년 바이런 경(Lord Byron)의 딸인 러블레이스 백작부인(Countess Lovelace) 오거스타 에이더 킹(Augusta Ada King)은, 오늘날 컴퓨터의 원조라 할 해석기관(Analytical Engine)을 발명한 찰스 배비지(Charles Babbage)에게 이 계산을 수행할 '계획'을 세우도록 제안했다. 그녀는 나중에 (이탈리아 토리노대학교의 역학 교수였다가 후일 수상까지 지낸) 루이기 페데리코 메나브레아(Luigi Federico Menabrea)의 한 책을 주석까지 덧붙여서 번역했으며, 여기서 해석기관과 관련된 아이디어들을 다루면서 이런 '계획'들을 몇 가지 서술했다. 이것은 말하자면 기록된 최초의 컴퓨터 프로그램이라고 할 수 있으며, 이를 수행할 기계에 대해 그녀는 "자카드직기(Jacquard-loom)가 꽃과 나뭇잎을 수놓듯, 대수적 패턴들을 수놓는다"라고 낭만적으로 표현했다.

페르마의 마지막 정리(Fermat's Last Theorem)가 마침내 증명됨에 따라 베르누이수가 그 해결에 한몫했던 사실은 역사적 흥미 이상도 이하도 아닌 것으로 남게 되었다. 1850년 에른스트 쿰머(Ernst Kummer, 1810~1893)

는 '정규소수(regular prime)'들의 모든 거듭제곱에 대해 페르마의 마지막 정리와 같은 모습의 정리가 성립함을 증명했는데, 여기서 어떤 정규소수 p 는 "$B_2, B_4, B_6, \cdots, B_{p-3}$의 분자들을 나눌 수 없는 소수"를 가리킨다. 비정규소수(irregular prime)의 수가 무한이란 사실은 알려져 있지만 정규소수도 그런가는 불명이다(첫 비정규소수는 37인데, $B_{32}=-208360028141\times 37/510$이기 때문이다).

10.2 오일러-매클로린합

아래의 식은

$$\gamma = \lim_{n\to\infty}\left(\frac{1}{1}+\frac{1}{2}+\frac{1}{3}+\cdots+\frac{1}{n}-\ln n\right)$$

$f(x)=1/x$이라는 함수의 합과 적분의 차라고 풀이할 수 있으며, 이에 따라 다음과 같이 쓸 수 있다.

$$\begin{aligned}\gamma &= \lim_{n\to\infty}\left(\frac{1}{1}+\frac{1}{2}+\frac{1}{3}+\cdots+\frac{1}{n}-\ln n\right)\\ &= \lim_{n\to\infty}\left(\sum_{k=1}^{n}\frac{1}{k}-\int_1^n\frac{1}{x}dx\right)\\ &= \lim_{n\to\infty}\left(\sum_{k=1}^{n}f(k)-\int_1^n f(x)\,dx\right)\end{aligned}$$

γ의 중요성을 부수적으로 여긴다면

$$\sum_{k=1}^{n}\frac{1}{k}-\int_1^n\frac{1}{x}dx \approx \gamma$$

또는

$$\sum_{k=1}^{n}\frac{1}{k} \approx \int_1^n\frac{1}{x}dx + \gamma$$

로 쓰면 된다. 이처럼 주안점을 바꿈으로써 합을 적분으로 어림잡게 되었는데, 적분이 비록 힘들 수도 있겠지만 반대로 합보다 훨씬 쉬울 수도 있으며, 따라서 어쩌면 여기서 어떤 좋은 아이디어를 얻을 수도 있다. 우리는 '오일러-매클로린합공식'으로 알려지게 된 것을 만들어 내는 참이다. 하지만 여기서 오일러와 콜린 매클로린(Colin Maclaurin, 1698~1746)은 우리를 거의 300년이나 앞섰다. 이 책에서는 이 공식을 증명하지 않겠지만 수학의 많은 분야에서 널리 응용되며, 그 가운데 수치해석, 해석적 정수론, 점근적 전개의 일반론 등이 가장 주된 분야일 것이다. 매클로린은 1742년 《유율법논고(Treatise of Fluxions)》에 이 공식을 실었고, 오일러는 1736년에 매클로린과 거의 무관하게 이 공식의 가장 간단한 형태와 일반형을 개발했다. 그 일반형들 가운데 하나는 다음과 같다.

$$\sum_{k=1}^{n} f(k) = \int_{1}^{n} f(x)\,dx + \frac{1}{2}(f(1) + f(n))$$
$$+ \sum_{k=1}^{n} \frac{B_{2k}}{(2k)!}(f^{(2k-1)}(n) - f^{(2k-1)}(1)) + R_n(f, m)$$
$$R_n(f, m) \leq \frac{2}{(2\pi)^{2m}} \int_{1}^{n} |f^{(2m+1)}(x)|\,dx$$

이 식의 B_{2k}는 물론 베르누이수를 가리키며, 위첨자 $(2k-1)$과 $(2m+1)$은 거듭제곱처럼 쓰였지만 실제로는 $(2k-1)$차와 $(2m+1)$차 미분을 뜻한다. 전개식의 사용은 미묘한 일로, 실제 응용에서 나타나는 대부분의 함수에서 나머지항 $R_n(f, m)$이 발산하기 때문에 이를 무시하면 파탄적인 결과를 초래할 수 있다. 다행히 좋은 정확도를 얻는 데에 그다지 많은 항이 필요하지 않으며, 따라서 이 급수로 얻는 어림값은 대개 아주 만족스럽다. 그러나 어쨌든 나머지항의 위험성은 오일러를 괴롭혔고, 1823년 시메옹 푸아송(Simeon Poisson, 1781~1840)이 이를 이어받아 진지한 연구를 하게 되었다.

10.3 두 가지 예

1. 첫째 예로, $f(x) = x^3$이라는 함수에 대해 오일러-매클로린공식을 써보면 어느 정도 믿음을 얻을 수 있을 것이다. 잘 알겠지만 그 도함수들은 $f'(x) = 3x^2$, $f''(x) = 6x$, $f'''(x) = 6$이며, 이 이상의 도함수들은 모두 0이므로 오차항도 0이다.

$$\sum_{k=1}^{n} k^3 = \int_1^n x^3 dx + \frac{1}{2}(1^3 + n^3) + \frac{B_2}{2!}(3n^2 - 3 \times 1^2) + \frac{B_4}{4!}(6-6)$$

$$= \frac{1}{4}n^4 - \frac{1}{4} + \frac{1}{2} + \frac{1}{2}n^3 + \frac{1}{2} \times \frac{1}{6}(3n^2 - 3)$$

$$= \frac{1}{4}n^4 + \frac{1}{2}n^3 + \frac{1}{4}n^2 = (\frac{1}{2}n(n+1))^2$$

2. 둘째 예로, n이 클 때 $n!$의 어림값에 대한 식을 보자(정당하게 유명하지만 이름은 잘못 붙여졌다). 여기서는 $f(x) = \ln x$로 하며 그 도함수들은 아래와 같다.

$$f'(x) = \frac{1}{x}, \quad f''(x) = -\frac{1}{x^2}$$

$$f'''(x) = \frac{2}{x^3}, \cdots, \quad f^{(n)}(x) = (-1)^{n-1}\frac{(n-1)!}{x^n}$$

이번에는 오차항을 무시하면 다음을 얻는다.

$$\sum_{k=1}^{n} \ln k = \int_1^n \ln x \, dx + \frac{1}{2}(\ln 1 + \ln n)$$

$$+ \frac{B_2}{2!}\left(\frac{1}{n} - \frac{1}{1}\right) + \frac{B_4}{4!}\left(\frac{2}{n^3} - \frac{2}{1^3}\right) + \frac{B_6}{6!}\left(\frac{24}{n^5} - \frac{24}{1^5}\right) + \cdots$$

좌변에는 로그의 성질을 적용하고 우변은 $\ln x = 1 \times \ln x$라는 가장 단순한 변환을 한 뒤 부분적분 기법을 적용하면

$$\ln n! = n \ln n - n + \frac{1}{2} \ln n + \frac{1}{12n} - \frac{1}{360n^3} + \frac{1}{1260n^5} + C_n + \cdots$$

가 되고, C_n은 n개 항까지에 대한 상수이다. 다음으로 양변을 지수함수로 고치면

$$n! = n^n e^{-n}\sqrt{n}\, e^{C_n} \exp\left(\frac{1}{12n} - \frac{1}{360n^3} + \frac{1}{1260n^5} + \cdots\right)$$

가 된다.

여기에 독자들이 점검해 볼 수 있는 e^x의 테일러전개(Taylor expansion)를 사용하면

$$n! = n^n e^{-n}\sqrt{n}\, e^{C_n}\left(1 + \frac{1}{12n} + \frac{1}{288n^2} - \frac{139}{51840n^3}\right.$$
$$\left. - \frac{571}{2488320n^4} + \frac{163879}{209018880n^5} + \cdots\right)$$

가 되며, e^{C_n}의 극한값이 존재하고 그 점근값만 안다면 $n!$에 대한 아주 만족스러운 어림법이 될 수 있다. 이 급수가 바로 잘 알려진 '스털링어림법 (Stirling approximation)'으로 제임스 스털링(James Stirling, 1692~1770)은 1730년에 펴낸 그의 가장 중요한 저작 《미분법(*Methodus Differentialis*)》에 첫 여덟째 항까지 실었다. 사실 그의 관심은 계승의 로그에 있었으므로 이 급수를 로그의 형태로 둔 채 위 상수의 어림값을 사용하여 $\log_{10} 1000!$을 소수 열째 자리까지 계산했다. 같은 해에 아브라함 드무아브르(Abraham de Moivre, 1667~1754)는 《해석잡기(解析雜記, *Miscellanea Analytica*)》를 펴냈는데, 다른 무엇보다 여기에는 그의 독자적인 로그표와 함께(나중에 수정되어야 했다) 위의 어림법 및 상수값의 존재에 대한 증명이 실려 있다. 스털링은 몇 년이 지나서야 이 상수를 정확한 형태로 구했으며 이 과정에서 $n \to \infty$일 때 $e^{C_n} \to \sqrt{2\pi}$임을 알게 되었다. 이 결과에 따르면 위의 급수는 아래와 같이 쓸 수 있다.

$$n! = n^n e^{-n} \sqrt{2\pi n} \left(1 + \frac{1}{12n} + \frac{1}{288n^2} - \frac{139}{51840n^3}\right.$$
$$\left. - \frac{571}{2488320n^4} + \frac{163879}{209018880n^5} + \cdots\right)$$

오차항이 문제가 되는 경우는 다음과 같다. 어떤 고정된 값 n에 대해 항을 많이 모을수록 오차가 줄어들지만 어느 경계를 넘으면 반대로 증가한다. 다행히 m을 고정했을 경우 n이 증가할수록 오차는 0에 가까워지고 $n!$의 어림값은 점점 더 나아진다.

앞으로 스털링어림법이 몇 차례 쓰이게 되므로 이야기한 김에 여기에서 유래하며 역시 앞으로 다시 보게 될 또 하나의 상수에 대해 언급해 두는 편이 좋겠다. 위의 식에서 제1차까지의 어림만 추려 쓰면 다음과 같다.

$$\frac{n!}{n^{n+1/2}e^{-n}} \approx \sqrt{2\pi}$$

그리고 이는 아래와 같은 뜻을 나타낸다.

$$\lim_{n\to\infty} \frac{n!}{n^{n+1/2}e^{-n}} = \sqrt{2\pi}$$

$n!$을 점근적인 다른 큰 양으로 바꾸고 적절한 식으로 나누면 $\sqrt{2\pi}$ 이외의 상수가 나온다. 특히 독특한 모습의 $0^0 1^1 2^2 3^3 \cdots n^n$과 $f(n) = n^{n^2/2 + n/2 + 1/12} e^{-n^2/4}$을 결합하면

$$\lim_{n\to\infty} \frac{0^0 1^1 2^2 3^3 \cdots n^n}{f(n)} = A$$

라는 글레이셔-킹클린상수(Glaisher-Kinkelin constant)가 나오며, 그 값은 약 $1.28242713 \cdots$ 이다.

이것은 기이하게 보일 수도 있지만 앞으로 알게 되듯 유용하기도 하다!

10.4 감마의 실마리

오일러-매클로린공식을 $f(x) = 1/x$에 적용하면

$$f'(x) = -\frac{1}{x^2}, \quad f''(x) = \frac{2}{x^3}$$

$$f'''(x) = -\frac{3 \times 2}{x^4}, \cdots, f^{(r)}(x) = (-1)^r \frac{r!}{x^{r+1}}$$

가 나오고 이는

$$\sum_{k=1}^{n} \frac{1}{k} = \ln n + \frac{1}{2}\left(\frac{1}{1} + \frac{1}{n}\right)$$
$$+ \sum_{k=1}^{n} \frac{B_{2k}}{(2k)!}\left((-1)^{2k-1}\frac{(2k-1)!}{n^{2k}} - (-1)^{2k-1}(2k-1)!\right)$$
$$+ R_n(f, m)$$
$$= \frac{1}{2}\left(\frac{1}{1} + \frac{1}{n}\right) + \sum_{k=1}^{n} \frac{B_{2k}}{2k}\left(1 - \frac{1}{n^{2k}}\right) + R_n(f, m)$$

라는 뜻으로, 위 식에서 계승은 상쇄되었고 -1의 홀수 거듭제곱은 -1로 썼다.

그러나

$$\gamma = \lim_{n \to \infty}\left(\sum_{k=1}^{n} \frac{1}{k} - \ln n\right)$$
$$= \frac{1}{2} + \sum_{k=1}^{m} \frac{B_{2k}}{2k} + R_\infty(f, m)$$

이므로

$$\sum_{k=1}^{n} \frac{1}{k} = \ln n + \gamma + \frac{1}{2n} - \sum_{k=1}^{m} \frac{B_{2k}}{2k} \frac{1}{n^{2k}} + (R_n(f, m) - R_\infty(f, m))$$

이며, 오차항은 무시하고 첫 몇 개의 항에 주목하면

$$\sum_{k=1}^{n} \frac{1}{k} = \ln n + \gamma + \frac{1}{2n} - \frac{1}{12n^2} + \frac{1}{120n^4} - \frac{1}{252n^6} + \cdots$$

이므로 다음을 얻는다.

$$\gamma = \sum_{k=1}^{n} \frac{1}{k} - \ln n - \frac{1}{2n} + \frac{1}{12n^2} - \frac{1}{120n^4} + \frac{1}{252n^6} + \cdots$$

이 식은 134쪽에서 제시했던 γ에 대한 급수의 일반형이다. 오일러는 $n = 10$인 경우에 대해 $H_{10} = 2.9289682539682539$와 $\ln 10 = 2.302585092994045684$의 값을 사용하고 $1/12n^{14}$항까지의 급수를 더해 γ의 값을 소수 16째 자리까지 구했으며 그 값은 $0.5772156649015325\cdots$였다.

물론 이 어림값의 정확도를 높이려는 욕구는 강했으며 이탈리아의 기하학자인 로렌초 마스케로니(Lorenzo Mascheroni, 1750~1800)는 1790년에 펴낸 《오일러 적분법 주해(*Adnotationes ad calculum integrale Euleri*)》에서 비슷한 방법을 사용하여 소수 32째 자리까지 계산했다. 그 값은 $0.57721566490153286\underline{0}6181\cdots$이었고, 1809년에 요한 폰 졸트너(Johann von Soldner, 1766~1833)가 아래와 같은 자신의 식을 이용하여 얻은 값과 도중에 차이가 난다는 점을 보였다.

$$Li(x) = \int_2^x \frac{1}{\ln x}\, dx$$

나중에 살펴보게 될 이 식에 의하면 새로운 값은

$$0.57721566490153286\underline{0}6065\cdots$$

로서, 소수 20째 자리 이하부터 달라진다. 이 문제는 1812년 불세출의 가우스가 19세의 계산 신동 니콜라이(F. G. B. Nicolai, 1793~1846)를 시켜 두 결과를 점검하게 함으로써 해결되었다(다만 그럼에도 혼란은 남았다). 니콜라이는 $n = 50$에 대한 오일러-매클로린합공식을 계산한 다음 $n = 100$에 대해 다시 계산하여 γ의 값을 소수 40째 자리까지 얻었고, 그 값은 졸트너의 편을 들어 주었다. 이 결과에도 불구하고 마스케로니와 졸트너의 값 모두 후일의 계산에 쓰였으며(심지어 한 출판물에 함께 나타나기도 했다),

지칠 줄 모르는 계산가들은 (역시 오일러-매클로린합공식을 사용하여) 각자 졸트너의 값이 옳다는 결과들을 제시했다. (잇단 실수 때문에 적어도 계산을 여덟 번 되풀이한 것을 제외하면) γ의 이야기에 대한 마스케로니의 영구적인 기여는 이 상수의 이름을 'γ'로 정립했다는 것이라 하겠다(이미 보았듯 오일러는 본래 C로 썼고, 나중에는 O나 A로도 썼다). 이와 같은 우연찮은 과정을 거쳐 γ의 정식 이름은 '오일러-마스케로니상수(Euler-Mascheroni constant)'로 불리게 되었다. 사실 마스케로니의 더욱 탁월한 유업은 곧은 자와 컴퍼스로 할 수 있는 기하학적 작도는 모두 컴퍼스 하나만으로도 할 수 있다는 점을 밝힌 것이다.

필연적으로 이후 상황은 더욱 진전되었다. 1962년 도널드 크누스(Donald Knuth)는 $n = 10,000$에 대해 오일러-매클로린급수를 250항까지 취하여 γ를 소수 1271자리까지 계산했고, 1997년에는 토머스 파파니콜라우(Thomas Papanikolaou)가 소수 백만 자리까지 계산했으며(백만째 자리의 수는 9이다), 1999년 드미첼(P. Demichel)과 고든(X. Gourdon)은 1억 8백만 자리까지 계산했다! 물론 이런 정확도는 '유용성'과는 거리가 멀다. 하지만 요점은 그게 아니다. 1915년 제임스 글레이셔(James Glaisher, 1848~1928)가 남긴 말을 보자.

이런 양들의 값을 수많은 자릿수까지 구하려는 욕망은 부분적으로 그것들 자체가 대개 흥미롭다는 사실에서 유래한다는 점에는 의문의 여지가 없다. e, π, γ, $\ln 2$와 다른 많은 수들은 수학에서 호기심을 불러일으키는 자리, 나아가 그중 어떤 것들은 거의 신비롭다고까지 할 자리를 차지하고 있다. 이에 따라 가능한 한 최고의 정확한 값을 얻으려는 경향이 자연스럽게 형성된다.

분수로서의 감마

> 인간은 분수와 같다. 분자는 객관적 모습이고
> 분모는 주관적 모습인데, 분모가 클수록 분수는 작다.

레프 니콜라예비치 톨스토이 백작(Count Lev Nikolaevich Tolstoy, 1828~1910)

11.1 신비

어떤 수의 소수 어림값을 분수 어림값으로 고치는 것은 간단한 산술 문제에 지나지 않는다. 예를 들어

$$\gamma = 0.5772156649015328606065\cdots$$

에 대한 분수 어림값들은 다음과 같다.

$$\frac{5}{10}, \frac{57}{100}, \frac{577}{1000}, \frac{5772}{10000}, \frac{57721}{100000}\cdots$$

$$= \frac{1}{2}, \frac{57}{100}, \frac{577}{1000}, \frac{2881}{5000}, \frac{57721}{100000}, \cdots$$

그런데 이 어림값들의 정확도를 아래의 신비로운 수열과 비교해 보라.

$$\frac{3}{5}, \frac{4}{7}, \frac{11}{19}, \frac{15}{26}, \frac{71}{123}, \frac{228}{395}, \frac{3035}{5258}\cdots$$

또한 323007/559595과 비교하면 어떤가? 이 당혹스런 수들은 위의 상응하는 어떤 분수 어림값들보다 점점 더 정확한 어림값들을 내놓는다. 따라서 γ를 분수로 어림하고자 한다면 이 수들을 더 조사해 봐야 한다. 문제는 이

것들이 어디서 왔는가 하는 점이다.

11.2 도전

페르마는 수론의 여러 문제들을 즐겨 제기했다. 그중 가장 유명한 것은 '마지막 정리'이며, 이 이름은 맨 나중에야 증명되었다고 해서 붙여졌다. 오일러는 다른 문제들 가운데 상당수를 해결했다. 그런데 특히 한 문제는 1759년 오일러가 부분적으로만 해결했으며 1768년에 조제프 루이 라그랑주(Joseph Louis Lagrange, 1736~1813)가 완전히 해결했다. 이 문제는 페르마가 1657년 1월에 유럽 수학계에 던진 도전 과제의 절반으로 "자신과 모든 약수를 더하면 제곱수가 되는 세제곱수를 구하라"는 것이었고(한 예는 $7^3 + 1 + 7 + 7^2 = 20^2$이다. - 옮긴이), 다른 절반은 이 문제에서 '제곱'과 '세제곱'을 바꾼 것이었다. 프랑스 조폐국의 관리였던 베르나르 프레니클 드 베시(Bernard Frenicle de Bessy, 1605~1675)는 훌륭한 아마추어 수학자이자 계산가로, 당시의 저명한 몇몇 수학자들(특히 페르마)과 편지를 주고받으며 지냈는데, 첫째 문제를 받은 날 바로 네 가지 답을 찾아냈고 다음날에는 여섯 가지를 더 제시했다. 도전은 영국해협을 건너 애초 지목 대상으로 널리 알려진 월리스에게도 전해졌다. 하지만 그는 다음과 같은 말로 이를 무시했다. "문제의 세부 내용이 어떻든 나는 여러 가지 일들에 너무 파묻혀 있기 때문에 당장 여기에 눈길을 돌릴 여유가 없다 …." 그러나 이에 상관없이 다음 달에 두 번째 도전이 전해 왔으며, 그중 일부는 어떤 자연수 d에 대해서든 $dy^2 + 1$이 완전제곱수가 되도록 하는 정수 y를 찾는 것이었고, 만일 이에 실패한다면 d가 61과 109일 때라는 특수한 두 경우에 대해 풀라는 것이었다. 이번에도 프레니클 드 베시가 실력을 발휘하여 $d < 150$인 경우에 대한 모든 해답을 찾아냈다. 나아가 그는 다른 사람들에게 d가 150과

313일 경우에 대해 풀어 보라고 제시했으며, 특히 후자의 경우는 아무도 풀 수 없으리라는 암시까지 남겼다! 페르마도 "우리는 해답을 기다린다. 영국이나 벨기에 혹은 켈트(Celt)의 갈리아(Gaul)에서 풀지 못한다면 나르봉(Narbonne)의 갈리아에서 해결할 것이다"라는 말로 이 지적 게임이 더욱 불타오르게 했다(나르봉의 갈리아는 페르마가 살았던 툴루즈(Toulouse) 지역이었다). 마침내 월리스도 꼬임에 넘어가 이 두 경우에 대한 해답을 재빨리 얻어 냈으며, 이 과정에서 곧 이어 보듯 처음에는 무시했던 본래의 과제에도 다가서게 되었다. 이런 문제들은 페르마의 시대보다 500년이나 앞선 한 문제에 대한 흥미를 불러일으켰고, 이후 이 문제는 많은 사람들의 연구와 논문 주제로 떠올랐는데, 그 가운데는 왕립학회의 초대 회장이었던 윌리엄 브로운커(William Brouncker, 1620?~1684)도 있었다.

첫 도전 과제에서 페르마가 소수의 세제곱수를 염두에 두었다고 가정한다면 식으로는 $1 + p + p^2 + p^3 = q^2$으로 나타나고 이는 $(1+p)(1+p^2) = q^2$으로 고쳐 쓸 수 있다. 그러면 두 괄호의 공통인수는 오직 2뿐이므로 (독자들이 증명해 보기 바람) 이 식은 아래처럼 바뀌며

$$ab = \left(\frac{1}{2}q\right)^2$$

여기서 a와 b는 서로소이다.

a와 b에는 공통인수가 없으므로 어떤 정수 m과 n에 대해 $a = m^2$과 $b = n^2$이라 결론지을 수 있다. 따라서

$$1 + p = 2a = 2m^2 \quad \text{그리고} \quad 1 + p^2 = 2b = 2n^2$$

이므로 이런 p들은 모두 $p = 2m^2 - 1$과 $p^2 = 2n^2 - 1$을 만족해야 한다. 우리는 형태가 $2m^2 - 1$인 소수로서 그 제곱이 $2n^2 - 1$의 형태가 되는 소수를 구하고 있으며, 언뜻 매우 어려운 문제처럼 보인다.

이렇게 분석해 놓고 보니 두 과제는 본질적으로 같은 것임이 드러난다. 둘째 문제가 더 힘든 것이며, 이 문제의 특수한 경우이다. 이는 제곱수가 아닌 정수 d에 대해 $x^2 = dy^2 \pm 1$인 모든 x와 y를 구하라는 것으로, 왕립학회의 창립 멤버들 가운데 한 사람인 존 펠(John Pell, 1611~1685)의 이름을 따 펠방정식(Pell's equation)이라 불리게 되었다. 펠은 1659년에 펴낸 요한 란(Johann Rahn)의 《독일 대수(*Teutsche Algebra*)》번역본을 통해 나누기 기호 '÷'를 영어권에 소개했는데, 어쩌면 이 기호를 나누기로 처음 사용한 사람은 펠 자신일지도 모른다(오벨루스(obelus), 곧 '÷'는 훨씬 오래 전부터 '빼기' 기호로 사용되어 왔다). 한편 이 식을 '펠방정식'이라고 부른 사람은 오일러인데, 일반적으로 이는 사뭇 관대하게(또는 잘못) 주어진 영예로 여긴다. 위 식에 $d = 4729494$를 넣고 +기호를 택하면 소 떼의 크기에 관한 놀랄 정도로 어려운 문제의 해답과 관련 있는 식이 된다. 이 문제는 아르키메데스가 아폴로니우스(Apollonius)에게 (어쩌면 복수의 의미로) 내놓은 지적 도전 과제로 30쪽에서 이야기한 《모래 세는 사람》에 실려 있다. 나중에 '아르키메데스의 복수(Archimedes' Revenge)'란 이름이 붙은 이 문제의 소 떼 크기를 나타내는 수는 무려 206,545자리에 이른다.

11.3 답

γ(와 다른 수들)의 값을 그토록 잘 어림하는 신비로운 분수들은 도대체 무엇과 관련되어 있을까? 이것들은 '연분수(連分數, continued fraction)'(오래된 말로는 'anthyphairetic ratio'라고 부른다)라고 알려진 것의 수렴값(convergent)들이다. 월리스는 자신이 쓴 《무한산술(*Arithmatica Infinitorum*)》의 1653년판에서 이 이름을 지었지만 예전부터 수많은 수학자들이 연구해 왔다. 6세기 인도 수학자 아리아바타(Aryabhata)의 책에 처음으로

등장하며, 요한 람베르트(Johann Lambert)에 이어 조제프 루이 라그랑주가 이론적으로 상당한 진전을 이룩했다. 또한 크리스티안 호이겐스(Christian Huygens)는 태양계의 기계적 모델을 제시하면서 이를 사용했고, 오일러는 이에 관한 많은 현대적 이론을 수립하고 이를 이용하여 e와 e^2이 모두 무리수임을 증명했으며, 가우스도 수많은 심오한 특성들을 탐구했다. 연분수의 전성기는 아마 19세기라 하겠지만 최근에 관심이 되살아나고 있는데, 부분적으로 이는 카오스이론(chaos theory)과 컴퓨터 알고리듬(algorithm)에 관련하여 그러하며, 여기 우리의 이야기에서도 중요한 역할을 한다. 이 수학 분야는 상대적으로 간과되어 온 셈으로 우리는 그 응용의 극히 일부를 살펴볼 것이다. 하지만 이것만으로도 언뜻 생각하기보다 훨씬 중요하며 첫 인상에서 느끼기보다 그다지 어렵지 않다는 사실을 충분히 깨달을 수 있다. 먼저 그 정의를 본다.

연분수는 다음의 형태로 쓰인 분수를 말하며

$$a_0 + \cfrac{1}{a_1 + \cfrac{1}{a_2 + \cfrac{1}{a_3 + \cfrac{1}{a_4 + \cdots}}}}$$

a_0는 정수로 0이나 음수일 수도 있고, $a_1, a_2, \cdots$은 자연수이다. 이 식은 유한할 수도 있고 무한히 계속될 수도 있다. 이와 같은 표준적 표기법은 번잡하므로 $[a_0\,;\,a_1, a_2, \cdots]$로 표현하기도 한다. 여기서 세미콜론은 정수 부분과 분수 부분을 분리하며, 콤마는 '부분몫(partial quotient)'들을 분리한다. 예를 들어

$$3 + \cfrac{1}{2 + \cfrac{1}{5 + \cfrac{1}{4}}} = 3 + \cfrac{1}{2 + \cfrac{1}{\left(\cfrac{21}{4}\right)}}$$

$$= 3 + \cfrac{1}{2 + \cfrac{4}{21}} = 3 + \cfrac{1}{\left(\cfrac{46}{21}\right)}$$

$$= 3 + \frac{21}{46} = \frac{159}{46}$$

와 같이 쓰고, 간편한 표기법으로는 [3; 2, 5, 4] = 159/46로 쓰면 된다. 만일 한 번에 한 항씩 더해 가면

$$3 + \frac{1}{2} = \frac{7}{2} \quad \text{그리고} \quad 3 + \cfrac{1}{2 + \cfrac{1}{5}} = \frac{38}{11}$$

과 같이 되므로 부분분수(partial fraction)의 수렴값들을 생성해 내는 셈이다. 달리 말하면 159/46는 7/2 또는 38/11로 어림잡을 수 있는데, 후자가 더 나은 값이다. 분명 어떤 유한연분수는 이렇게 보통의 분수로 고칠 수 있고 항을 늘려 감에 따라 더욱 좋은 어림값이 만들어진다. 반대로 보통의 분수를 연분수로 나타내려면 먼저 단순히 정수 부분을 떼어 내고, 남은 부분을 뒤집은 다음 같은 과정을 되풀이하면 된다. 예를 들어

$$\frac{18}{13} = 1 + \frac{5}{13} = 1 + \cfrac{1}{\left(\cfrac{13}{5}\right)}$$

$$= 1 + \cfrac{1}{2 + \cfrac{3}{5}} = 1 + \cfrac{1}{2 + \cfrac{1}{\left(\cfrac{5}{3}\right)}}$$

$$= 1 + \cfrac{1}{2 + \cfrac{1}{1 + \cfrac{2}{3}}} = 1 + \cfrac{1}{2 + \cfrac{1}{1 + \cfrac{1}{\left(\cfrac{3}{2}\right)}}}$$

$$= 1 + \cfrac{1}{2 + \cfrac{1}{1 + \cfrac{1}{\left(1 + \cfrac{1}{2}\right)}}}$$

과 같이 쓰거나 [1 ; 2, 1, 1, 2]로 쓰면 된다. 이 과정을 계속하면 3/2, 5/3, 7/5, …로 점점 더 정확한 어림값이 나온다. 이 예는 한 가지 혼란의 원천을 보여 주는데, 마지막 1/2을 뒤집으면 2가 되고 이것은 두 개의 1로 분리해서 쓸 수 있다는 게 그것이다. 하지만 분수는 일반적으로 1로 끝나지 않게 한다고 합의함으로써 이를 해결한다.

11.4 세 가지 결과

연분수에는 많은 성질들이 있고 그 자체로 매력적인 주제이다. 하지만 당장은 이런 유혹을 물리치고 우리에게 필요한 세 가지의 성질만 이야기하는데, 이마저도 증명은 하지 않는다.

1. 각 수렴값들은 자동적으로 기약분수가 된다.
2. p_n/q_n이 무리수 x의 어림 수렴값이고 $q \leq q_n$이고 $p/q \neq p_n/q_n$이라면 $|p_n/q_n - x| < |p/q - x|$이고, 좀 더 엄밀하게는 $|p_n - q_n x| < |p - qx|$이다.

   이는 연분수의 각 수렴값은 분모의 크기가 x 이하인 경우 x에 대한 최선의 어림 분수라는 뜻이다.
3. x가 무리수이고 a와 b가 다음 관계에 있는 서로소인 정수라면

   $$\left| x - \frac{a}{b} \right| < \frac{1}{2b^2}$$

   a/b는 x의 연분수적 표현의 한 수렴값이다.

11.5 무리수

무리수를 연분수로 고치는 과정은 유리수에 대한 과정과 거의 비슷한 십진 전개법을 사용하면 된다. 예를 들어

$$\pi = 3 + 0.14159\cdots = 3 + \cfrac{1}{7.062513\cdots} = 3 + \cfrac{1}{7 + \cfrac{1}{15.996594\cdots}}$$

$$= 3 + \cfrac{1}{7 + \cfrac{1}{15 + \cfrac{1}{1.003417\cdots}}}$$

$$= 3 + \cfrac{1}{7 + \cfrac{1}{15 + \cfrac{1}{1 + \cfrac{1}{292 + 0.654\cdots}}}}$$

이며, 이는 다음과 같이 쓸 수 있고

$\pi = [3;\ 7, 15, 1, 292, 1, 1, 1, 2, 1, 3, 1, 14, 2, 1, 1, 2, 2, 2, 2, 1, 84, \cdots]$

이에 따라 22/7, 333/106, 355/113, 103993/33102 등의 수렴값들을 얻는다.

물론 22/7가 우리에게 가장 친숙한 π의 어림값이며 최초의 기록된 어림값으로 보이는 값도 이 범위에 들어간다. 곧 아르키메데스는 《원의 측정(*Measurement of a Circle*)》이라는 저술에서 원을 정 96각형에 내접 및 외접시켜서 얻은 223/71< π <22/7라는 범위를 제시했다(이 범위의 아래 값은 수렴값의 하나가 아님을 주목). 우리는 22/7가 일반적으로 받아들여지는 가장 편리한 어림값임을 알고 있는데, 이는 위에서 본 성질에 따라 분모가 이보다 작은 분수로는 이것보다 더 나은 어림값을 얻을 수 없기 때문이다. 같은 이유로 333/106은 분모가 106 이하인 분수로 얻을 수 있는 최고의 유리수 어림값이다. 이런 점에서 이 값을 사용한 것으로 알려진 16세기 유럽 수학자들은 좋은 평가를 받을 만하며, π의 값으로 22/7은 부정확하지만 355/113은 정확하다고 말한 중국 수학자 조충지(祖沖之, 430~501)는 더욱 그렇다고 하겠다.

(아래의 훌륭한 결과를 언급하지 않고 지나치기는 어렵다.

$$\int_0^1 \frac{x^4(1-x)^4}{1+x^2} dx = \frac{22}{7} - \pi$$

이 식은 다항식 나누기와 항별적분을 통해 $\frac{1}{7}x^7 - \frac{2}{3}x^6 + x^5 - \frac{4}{3}x^3 + 4x - 4\tan^{-1}x$ 라는 부정적분을 얻음으로써 증명된다.)

다른 수들의 연분수도 같은 방식으로 얻을 수 있다. 예를 들어 $\sqrt{2}$ = [1; 2, 2, 2, 2, ⋯]이고 수렴값들은 3/2, 7/5, 10/7, ⋯이다.

이른바 황금비(黃金比, Golden Ratio)

$$\varphi = \frac{1}{2}(1+\sqrt{5}) = [1; 1, 1, 1, 1, \cdots]$$

의 수렴값들은 피보나치수(Fibonacci number)로 주어지며

$$\frac{2}{1}, \frac{3}{2}, \frac{5}{3}, \cdots$$

$$e = [2; 1, 2, 1, 1, 4, 1, 1, 6, 1, 1, 8, 1, 1, 10, 1, 1, 12, \cdots]$$

의 수렴값들은 5/2, 8/3, 11/4, 19/7, 73/32, ⋯이다.

이 수들을 연분수로 표현하면 다른 방법으로 썼을 때 숨겨져 있던 패턴이 잘 드러난다는 점에 주목하자. 그중 예외적으로 중요하고도 기이한 것은 나중에 14장에서 다시 다룬다.

한편 $\pi^4 = [97; 2, 2, 2, 2, 16539, 1, \cdots]$이며, 다섯째 수렴값 35444733/363875은 π^4에 대한 매우 정확한 유리수 어림값이 된다(따라서 이것의 네제곱근은 π의 매우 정확한 소수 어림값으로 소수 13째 자리에서 비로소 오차가 나온다).

앞에서 얻은 γ의 분수 어림값들도 물론 아래와 같은 그 연분수에서 나온 것이며

$$\gamma = [0\,;\ 1,\ 1,\ 2,\ 1,\ 2,\ 1,\ 4,\ 3,\ 13,\ 5,\ 1,\ 1,\ 8,\ 1,\ 2,\ 4,\ 1,\ 1,$$
$$40,\ 1,\ 11,\ 3,\ 7,\ 1,\ 7,\ 1,\ 1,\ 5,\ 1,\ 49,\ 4,\ 1,\ 65,\ \cdots]$$

수렴값들은 다음과 같다.

$$1,\ \frac{1}{2},\ \frac{3}{5},\ \frac{4}{7},\ \frac{11}{19},\ \frac{15}{26},\ \frac{71}{123},\ \frac{228}{395},\ \frac{3035}{5258},\ \cdots,\ \frac{323007}{559595},\ \cdots$$

참고로 정확도를 보면 다음과 같다.

$$\left| \frac{323007}{559595} - \gamma \right| = 1.025 \times 10^{-12}$$

앞서 언급했던 토머스 파파니콜라우도 γ의 연분수를 470,006번째 부분 몫까지 계산했으며, 이로부터 만일 γ가 유리수라면 분수로 나타낼 경우 분모가 10^{242080}보다 커야 한다고 결론지었다. 물론 그와 같은 정도이거나 더 큰 분모들을 가진 분수는 무한히 많이 존재한다. 그러나 우리의 직관은 이를 미더워하지 않으며, γ처럼 '자연스럽게 나타나는' 수라면 그토록 극단적인 행동을 보이진 않으리라 생각한다. 이 혼란을 해소하려면 누군가 그런 분모를 가진 '자연스러운' 분수를 만들어 내야 한다! γ의 이런 측면은 독일의 위대한 수학자 다비드 힐베르트(David Hilbert, 1862~1943)가 1900년에 행한 독창적인 강연에서도 아래와 같이 언급되었다. 나중에 이 강연을 더 자세히 살펴보면서 더 많이 인용할 것이다.

예를 들어 오일러-마스케로니상수가 무리수인지의 여부나 $2^n + 1$ 형태의 소수가 무한히 존재하는지의 여부와 같은 명확하되 미해결 상태인 문제들을 생각해 봅시다. 비록 이것들이 접근 불능의 난제처럼 보이고 그 앞에 우리가 아무리 무력하게 서있다 하더라도 우리는 분명 그 해답들이 유한한 수의 순수한 논리적 단계를 따르리라는 굳은 신념을 갖고 있습니다.

오늘날에도 수학계는 그 특별한 '유한한 수의 순수한 논리적 단계'가 발견되기를 고대하고 있는데, 이것과 펠방정식 사이에는 심오한 관계가 있다.

11.6 펠방정식이 풀리다

펠방정식의 해들은 예측하기가 거의 불가능하다. $a^2 - db^2 = 1$을 예로 들어 보면, $d = 60$일 때 최소의 해는 $a = 31$과 $b = 4$이며, $d = 62$일 때는 $a = 63$과 $b = 8$이다. 그러나 $d = 61$일 때는 $a = 1{,}766{,}319{,}049$와 $b = 226{,}153{,}980$이다!

만일 a와 b가 $a^2 - db^2 = 1$을 만족한다면 둘 사이에 공통인수는 있을 수 없다. 여기에 숨은 패턴은 아래와 같은 논의로 이해할 수 있다.

$$a^2 - db^2 = 1 \Leftrightarrow (a - b\sqrt{d})(a + b\sqrt{d}) = 1 \Leftrightarrow \frac{a}{b} - \sqrt{d} = \frac{1}{b(a + b\sqrt{d})}$$

위 인수분해로부터 $a > b\sqrt{d}$임이 분명하며, 따라서 다음과 같은 부등식을 구성할 수 있다.

$$0 < \frac{a}{b} - \sqrt{d} < \frac{\sqrt{d}}{b(b\sqrt{d} + b\sqrt{d})} = \frac{\sqrt{d}}{2b^2\sqrt{d}} = \frac{1}{2b^2}$$

연분수의 셋째 성질을 되새기면 a/b는 $\sqrt{d}$의 수렴값임을 알 수 있다. 따라서 페르마가 제시한 문제들의 해는 그것들을 규정하는 수에 대한 연분수 전개에서 찾아야 한다. 예를 들어 첫째 문제의 가장 작은 첫째 해는 $p = 7$과 $n = 5$일 때 나오는 $p = 7$과 $q = 20$이다(앞서 예로 들었던 $7^3 + 1 + 7 + 7^2 = 20^2$을 가리킨다. - 옮긴이).

11.7 틈새 메우기

연분수는 유리수 어림값을 얻는 여러 가능성들 가운데 첫째로 꼽힌다. 하지만 이렇게 얻은 최선의 어림값들을 나열해 놓고 보면 수많은 틈들이 널려 있다. γ의 경우 연분수의 잇단 수렴값들을 나열하면 다음과 같다.

$$1, \frac{1}{2}, \frac{3}{5}, \frac{4}{7}, \frac{11}{19}, \frac{15}{26}, \frac{71}{123}, \frac{228}{395}, \frac{3035}{5258}, \ldots$$

그러나 컴퓨터에게 어떤 주어진 분모에 대한 최선의 유리수 어림값을 구하도록 하면 다음과 같은 값들을 내놓는다.

$$1, \frac{1}{2}, \frac{3}{5}, \frac{4}{7}, \frac{11}{19}, \frac{15}{26}, \frac{41}{71}, \frac{56}{97}, \frac{71}{123}, \frac{157}{272}, \frac{228}{395}, \ldots$$

또한 다음 구간의 값들은 아래와 같다.

$$\ldots, \frac{228}{395}, \frac{1667}{2888}, \frac{1895}{3283}, \frac{2123}{3678}, \frac{2351}{4073}, \frac{2579}{4468}, \frac{2807}{4863}, \frac{3035}{5258}, \ldots$$

물론 틈새들은 점점 더 커지며 따라서 그 틈새들을 채우는 분수의 목록도 늘어난다.

요컨대 연분수는 유리수 어림값을 제공하는 훌륭하고도 체계적인 방법이고 일반적인 이론에서는 극히 유용하다. 그러나 이게 이야기의 전부는 아니며 오히려 대부분이 빠져 있다.

11.8 조화급수 표현

이제 (너무 멀리 나아가지 않으면서) 연분수의 한 가지 대안을 소개하고자 한다. 그 주된 이유는 이것이 십진법에 대해 깊이 생각해 보도록 이끌며, 조화급수의 항들이 유용하다는 점을 보여 주는 첫 사례가 되기 때문이다. 이게 최선의 분수를 찾는 방법은 아니지만 그럼에도 새롭고 탐구할 만한 가치가 있다.

우리가 정말로 관심을 두는 곳은 어떤 수의 소수 부분이므로 정수 부분은 하나의 수처럼 떼어 내고 소수 부분은 각각의 성분별로 분리해서 살펴보기로 한다. 예를 들어 62.37258이란 표기법은 아래의 표기법을 줄여서 쓴 것이다.

$$62 + \frac{1}{10} \times 3 + \frac{1}{10^2} \times 7 + \frac{1}{10^3} \times 2 + \frac{1}{10^4} \times 5 + \frac{1}{10^5} \times 8$$

위 식은 다시 좀 더 복잡한 아래 형태로 나타낼 수 있다.

$$62 + \frac{1}{10}\left(3 + \frac{1}{10}\left(7 + \frac{1}{10}\left(2 + \frac{1}{10}\left(5 + \frac{1}{10}(8)\right)\right)\right)\right)$$

물론 이런 표현은 나타내야 할 수에 따라 무한히 연장될 수 있다. 여기서 3, 7, 2, 5, 8은 단순히 각각 10보다 작은 자연수들을 모은 특별한 경우의 수열에 지나지 않는다. 따라서 연분수에서 썼던 것과 비슷한 표기법을 채택하여 위의 수를 [62; 3, 7, 2, 5, 8]로 쓸 수 있으며, 일반식은 다음과 같다.

$$[n; a, b, c, \cdots] = n + \frac{1}{10}\left(a + \frac{1}{10}\left(b + \frac{1}{10}\left(c + \cdots\right)\right)\right)$$

여기서 n은 정수이고 $a, b, c, \cdots$는 0 또는 9 이하의 자연수들로 소수 부분을 나타낸다.

지금까지는 명확하게 보이는 것을 표기법만 바꾸어 달리 보이게 한 것에 지나지 않는다. 하지만 1/10을 되풀이해 써서 전개한 이 표현으로부터 우리는 10이라는 밑(base)을 다른 밑으로 바꾼 표현도 만들어 낼 수 있음을 알게 된다($a, b, c, \cdots$는 당연히 이 새로운 밑보다 작은 수들로 제한해야 한다). 물론 이것도 전혀 새로운 내용은 아니다. 1/10을 1/2로 바꾸면 0과 1로 구성된 이진법이 되며, 1/3로 바꾸면 삼진법이 될 뿐이기 때문이다. 그런데 이제 흥미로운 생각이 떠오른다. 만일 이 한 가지 표현 속에 여러 가지 밑을 써서, 다시 말해 조화급수의 항들을 이용한 '혼합진법(mixed base system)'을 써서 나타낸다면 어떨까? 그러면 어떤 수는 다음과 같은 형태를 띠게 될 것이며

$$n + \frac{1}{2}\left(a + \frac{1}{3}\left(b + \frac{1}{4}\left(c + \cdots\right)\right)\right)$$

이에 대한 유리수 어림값은 이 표현의 처음 어디까지로 주어질 것이다(여기

서 $a<2, b<3, c<4, \cdots$이다).

이 표현을 더 자세히 들여다보면 우리가 어떤 수를

$$n + \frac{1}{10}a + \frac{1}{10^2}b + \cdots \quad a, b, \cdots < 9$$

와 같이 쓰기보다 아래와 같이 쓰고 있음을 알게 된다.

$$n + \frac{1}{2!}a + \frac{1}{3!}b + \frac{1}{4!}c + \cdots \quad a<2, b<3, c<4, \cdots$$

π의 경우에는

$$\pi = 3 + \frac{1}{2}\left(0 + \frac{1}{3}\left(0 + \frac{1}{4}\left(3 + \frac{1}{5}\left(1 + \frac{1}{6}\left(5 + \frac{1}{7}\left(6 + \frac{1}{8}\left(5 + \cdots\right)\right)\right)\right)\right)\right)\right)$$

을 얻고, 간결한 표기법으로 쓰면 다음과 같으며

$$\pi = [3\,;\,0, 0, 3, 1, 5, 6, 5, \cdots]$$

이에 따라 아래와 같은 분수 어림값들이 나온다.

$$3,\ 3,\ 3,\ \frac{25}{8},\ \frac{47}{15},\ \frac{2261}{720},\ \frac{15833}{5040},\ \frac{42223}{13440},\ \frac{11400211}{3628800},\ \cdots$$

그런데 e^x의 테일러전개는 아래와 같으므로

$$1 + x + \frac{x^2}{2!} + \frac{x^3}{3!} + \frac{x^4}{4!} + \cdots$$

여기에 $x=1$을 넣으면

$$1 + 1 + \frac{1}{2}\left(1 + \frac{1}{3}\left(1 + \frac{1}{4}\left(1 + \frac{1}{5}\left(1 + \frac{1}{6}\left(1 + \frac{1}{7}\left(1 + \frac{1}{8}\left(1 + \cdots\right)\right)\right)\right)\right)\right)\right)$$

가 되어, $e=[2\,;\,1, 1, 1, 1, 1, 1, 1, \cdots]$라는 멋진 표현과 함께 아래의 분수 어림값들을 얻는다.

$$\frac{5}{2},\ \frac{8}{3},\ \frac{65}{24},\ \frac{163}{60},\ \frac{1957}{720},\ \frac{6855}{2520},\ \frac{109601}{40320},\ \cdots$$

끝으로 γ의 경우

$$\gamma = 0 + \frac{1}{2}\left(1 + \frac{1}{3}\left(0 + \frac{1}{4}\left(1 + \frac{1}{5}\left(4 + \frac{1}{6}\left(1\right.\right.\right.\right.\right.$$
$$\left.\left.\left.\left.\left. + \frac{1}{7}\left(4 + \frac{1}{8}\left(1 + \frac{1}{9}\left(3 + \frac{1}{10}0\right)\cdots\right)\right)\right)\right)\right)\right)\right)$$

이므로 간결한 표기법으로는 [0 ; 0, 1, 0, 1, 4, 1, 4, 1, 3, 0, …]으로 나타나며, 유리수 어림값들은 다음과 같다.

$$\frac{1}{2},\ \frac{1}{2},\ \frac{13}{24},\ \frac{23}{40},\ \frac{83}{144},\ \frac{2909}{5040},\ \frac{23273}{40320},\ \frac{3491}{6048},\ \frac{3491}{6048},\ \cdots$$

독자들이 점검해 보면 알 수 있듯이, 이 다양한 어림값들은 결코 나쁘지 않다. 중간에 0이 나올 수 있으므로 잇단 어림값들이 서로 같을 수 있음에 유의하라. 나중에 조화급수가 등장하는 여러 가지 다른 방법들도 더 둘러보기로 한다.

제12장
감마는 어디에?

> 우리는 수학 공식들이 독립된 존재성과 나름의 지성을 지니며, 우리보다 현명하고 심지어 그 발견자들보다 현명하며, 애초 거기에 투입했던 것보다 더 많은 것을 뽑아낼 수 있을 것이라는 느낌으로부터 헤어날 수 없다.
>
> 하인리히 헤르츠(Heinrich Hertz, 1857~1894)

γ의 정의 $\gamma = \lim_{n \to \infty}(H_n - \ln n)$을 점근적 어림식 $H_n \approx \ln n + \gamma$로 쓰면 조화급수의 부분합을 어림하는 단순하면서도 정확한 방법을 얻는다. H_n은 명확한 식도 없고 빙하처럼 느리게 발산하므로 이 어림식은 더욱 중요하며, 이 어림식으로부터 이미 여러 곳에서 사용했던 γ의 필수적인 어림값을 얻었다. γ는 감마함수와 관련되므로 해석학에서 일정한 역할을 보장받으며, 감마함수가 제타함수와 관련되므로 γ는 수론에서도 일정한 역할을 보장받는다. γ는 필연적, 본질적으로(그리고 흔히, 복잡하게) 수학과 관련되어 있으며, 과묵한 편임에도 수학의 여러 근본적인 영역에서 그 모습을 드러낸다. 이 장을 γ를 포함하는 적분, 합, 곱 그리고 극한을 길게 나열해서 채우면 편할 것이다. 하지만 그렇게 하기보다 대표적인 몇 가지를 제시하겠으며, 나머지는 관심 있는 독자들이 더 찾아 나서기를 바란다(그럴 만한 가치가 있는 것들에 대해서는 '진지한 고려'를 하라는 식의 입에 발린 말 정도로만 언급할 것이다). 이제 조화급수를 로그로 대체할 수 있도록 하는 γ의 또 다른 예를 살펴보는 것으로 시작하겠는데, 이번에는 어림셈이 아니라 정확한 극한값을 제시한다.

12.1 교대조화급수의 재조명

'리만'이란 이름은 '가설'이란 말과 어울려 이미 몇 번 등장했다. 아직 그와 그 문제에 대해 살펴볼 때는 아니지만, 그가 얻어 낸 γ(와 다른 모든 수)와 관련된 독특한 급수의 수렴성과 신기한 암시를 알아보기로 한다.

기하급수 $1 - 1/2 + 1/4 - 1/8 \cdots$은 2/3에 수렴하며 양수 항들만 모은 $1 + 1/2 + 1/4 + 1/8 \cdots$은 2에 수렴한다. 그런데 음수 항들을 생략하여 상쇄되는 것을 막음으로써 이런 결과를 얻는 게 항상 가능하진 않다. 이 점에서 조화급수는 적절하면서도 특별한 경우로, 알다시피 교대조화급수는 $\ln 2$에 수렴하지만 조화급수 자체는 발산한다. 이런 현상은 '조건부수렴(conditional convergence)'이란 개념으로 감쌀 수 있는데, 이에 따르면 교대조화급수는 조건부로 수렴하지만 위의 교대기하급수는 '절대적으로 수렴(absolutely convergent)'한다. 조건부수렴급수는 아래에서 보듯 미묘한 구석이 있다.

$$1 - \frac{1}{2} - \frac{1}{4} + \frac{1}{3} - \frac{1}{6} - \frac{1}{8} + \frac{1}{5} - \frac{1}{10} - \frac{1}{12} + \frac{1}{7} - \frac{1}{14} - \frac{1}{16} + \cdots$$

$$= \left(1 - \frac{1}{2}\right) - \frac{1}{4} + \left(\frac{1}{3} - \frac{1}{6}\right) - \frac{1}{8} + \left(\frac{1}{5} - \frac{1}{10}\right)$$

$$- \frac{1}{12} + \left(\frac{1}{7} - \frac{1}{14}\right) - \frac{1}{16} + \cdots$$

$$= \frac{1}{2} - \frac{1}{4} + \frac{1}{6} - \frac{1}{8} + \frac{1}{10} - \frac{1}{12} + \frac{1}{14} - \frac{1}{16} + \cdots$$

$$= \frac{1}{2}\left(1 - \frac{1}{2} + \frac{1}{3} - \frac{1}{4} + \frac{1}{5} - \frac{1}{6} + \frac{1}{7} - \frac{1}{8} + \cdots\right)$$

$$= \frac{1}{2} \ln 2$$

급수를 재배열했더니 위에 제시한 극한값의 절반에 수렴한다!

리만의 독특한 결과에 따르면 모든 조건부수렴급수는 어느 값에든 수렴하도록 만들 수 있다! 예를 들어 원한다면 우리는 황금비 $\varphi = \frac{1}{2}(1+\sqrt{5})$에 수렴하는 교대조화급수의 배열을 만들 수 있는데, 이는 아래와 같이 시작한다.

$$\varphi = 1 + \frac{1}{3} + \frac{1}{5} + \frac{1}{7} - \frac{1}{2} + \frac{1}{9} + \frac{1}{11} + \frac{1}{13} + \frac{1}{15} + \frac{1}{17} + \frac{1}{19} - \frac{1}{4} + \cdots$$
$$+ \frac{1}{21} + \frac{1}{23} + \frac{1}{25} + \frac{1}{27} + \frac{1}{29} + \frac{1}{31} - \frac{1}{6} + \cdots$$

이처럼 우리는 배열을 바꿔 합이 어떤 주어진 수 k에 접근하도록 만들 수 있다. 위의 경우 먼저 양의 값을 가진 홀수 분모의 항들을 필요한 만큼 더해서 k를 넘도록 한 다음, 음의 값을 가진 짝수 분모의 항들을 원하는 만큼 더해서 합이 k를 넘지 않도록 한다. 이와 같은 시소(see-saw) 조작은 원하는 만큼 얼마든지 계속할 수 있는데, 발산하는 두 개의 부분수열이 이런 조작을 뒷받침해 주기 때문이다.

이 현상과 관련된 일반적 결과들이 있으며, 그중 하나에 대한 증명은 자연스럽게 γ를 이끌어 낸다. 이를 살펴보려면 교대조화급수의 '단순배열(simple arrangement)'이란 개념을 알아야 하는데, 이는 양과 음의 두 부분수열들이 각각 크기가 작아지는 순서로 배열된 것을 가리킨다. 예를 들어 극한값으로 $\frac{1}{2}\ln 2$와 φ가 나오도록 한 것들은 단순배열이지만 $1 + 1/2 - 1/3 + 1/6 - 1/5 + 1/4 - \cdots$은 단순배열이 아니다.

이런 정의 아래 단순배열된 교대조화급수에서 첫 n항 가운데 양인 항들의 개수를 p_n이라 하고 음인 항들의 개수를 q_n이라 하자. 그러면 우리가 관심을 갖는 결과는 오직 다음의 극한이 존재할 때만 이 배열이 수렴한다는 사실이다.

$$\alpha = \lim_{n \to \infty} \frac{p_n}{q_n}$$

그 합은 $\ln 2 + \frac{1}{2} \ln \alpha$이고, 앞서의 경우 $\alpha = 1/2$이므로 합은 $\ln 2 + \frac{1}{2} \ln \frac{1}{2} = \frac{1}{2} \ln 2$가 된다.

이 결과를 확립하기 위하여 첫 n항까지의 합을 $\sum_{k=1}^{n} a_k$라고 하면

$$\sum_{k=1}^{n} a_k = \sum_{k=1}^{p_n} \frac{1}{2k-1} - \sum_{k=1}^{q_n} \frac{1}{2k}$$

이다. 그러나

$$\sum_{k=1}^{p_n} \frac{1}{2k-1} = \sum_{k=1}^{2p_n} \frac{1}{k} - \sum_{k=1}^{p_n} \frac{1}{2k}$$

이므로

$$\sum_{k=1}^{n} a_k = \sum_{k=1}^{2p_n} \frac{1}{k} - \sum_{k=1}^{p_n} \frac{1}{2k} - \sum_{k=1}^{q_n} \frac{1}{2k}$$

$$= H_{2p_n} - \frac{1}{2} H_{p_n} - \frac{1}{2} H_{q_n}$$

$$= (\ln 2p_n - \gamma_{2p_n}) - \frac{1}{2}(\ln p_n - \gamma_{p_n}) - \frac{1}{2}(\ln q_n - \gamma_{q_n})$$

$$= \ln 2 + \frac{1}{2} \ln \left(\frac{p_n}{q_n}\right) - \gamma_{2p_n} + \frac{1}{2} \gamma_{p_n} + \frac{1}{2} \gamma_{q_n}$$

이고, 여기서 γ_n은 n항까지를 이용한 γ의 어림값이다.

따라서

$$\lim_{n \to \infty} \sum_{k=1}^{n} a_k = \ln 2 + \frac{1}{2} \ln \left(\lim_{n \to \infty} \frac{p_n}{q_n}\right) - \gamma + \frac{1}{2} \gamma + \frac{1}{2} \gamma$$

$$= \ln 2 + \frac{1}{2} \ln \alpha$$

라는 결론이 나와 증명이 완결된다.

예를 들어 교대조화급수로 $\ln 3$을 나타내고 싶다면

$$\ln 3 = \ln 2 + \frac{1}{2}\ln a$$

이므로 $a = 9/4$여야 하고 그 표현은 아래와 같다.

$$\ln 3 = 1\left(+\frac{1}{3} - \frac{1}{2} + \frac{1}{5} + \frac{1}{7} - \frac{1}{4} + \frac{1}{9} + \frac{1}{11}\right.$$
$$\left. - \frac{1}{6} + \frac{1}{13} + \frac{1}{15} - \frac{1}{8} + \frac{1}{17} + \frac{1}{19}\right)$$
$$\left(+\frac{1}{21} - \frac{1}{10} + \frac{1}{23} + \frac{1}{25} - \frac{1}{12} + \frac{1}{27}\right.$$
$$\left. + \frac{1}{29} - \frac{1}{14} + \frac{1}{31} + \frac{1}{33} - \frac{1}{16} + \frac{1}{35} + \frac{1}{37}\right)$$
$$\left(+\frac{1}{39} - \frac{1}{18} + \cdots\right)\cdots$$

여기에서 괄호는 부호 패턴을 맞춰 같은 수의 항들을 묶는 데 사용되었다. 각 괄호 속에는 +부호 9개와 −부호 4개가 있으며, 이 패턴을 되풀이하면 원하는 대로 $a = 9/4$를 얻는다.

물론 a는 p_n/q_n의 극한값이므로 일반적으로 단순히 반복한다고 해서 극한값이 드러나리라고 예상할 수는 없다. 오일러가 γ가 어떤 중요한 수의 로그값이기를 바랐다는 사실을 되새겨 보자. 만일 실제로 그렇다면

$$\gamma = \ln 2 + \frac{1}{2}\ln a$$

와 같이 쓸 수 있을 것이며, a는 +와 −부호를 가진 항들 사이의 비율이 궁극적으로 보여 주는 중요한 극한값이다. 이것을 교대조화급수로 나타내면 아래와 같이 시작한다.

$$\gamma = 1 - \frac{1}{2}$$
$$+ \frac{1}{3}\left\{\left(-\frac{1}{4} - \frac{1}{6} + \frac{1}{5} - \frac{1}{8} + \frac{1}{7} - \frac{1}{10} + \frac{1}{9} - \frac{1}{12} + \frac{1}{11}\right)\right.$$

$$\left(-\frac{1}{14}-\frac{1}{16}+\frac{1}{13}-\frac{1}{18}+\frac{1}{15}-\frac{1}{20}+\frac{1}{17}-\frac{1}{22}+\frac{1}{19}\right)$$

$$\left(-\frac{1}{24}-\frac{1}{26}+\frac{1}{21}-\frac{1}{28}+\frac{1}{23}-\frac{1}{30}+\frac{1}{25}-\frac{1}{32}+\frac{1}{27}\right)$$

$$\left(-\frac{1}{34}-\frac{1}{36}+\frac{1}{29}-\frac{1}{38}+\frac{1}{31}-\frac{1}{40}+\frac{1}{33}-\frac{1}{42}+\frac{1}{35}\right)$$

$$\left(-\frac{1}{44}-\frac{1}{46}+\frac{1}{37}-\frac{1}{48}+\frac{1}{39}-\frac{1}{50}+\frac{1}{41}-\frac{1}{52}+\frac{1}{43}\right)$$

$$\left(-\frac{1}{54}-\frac{1}{56}+\frac{1}{45}-\frac{1}{58}+\frac{1}{47}-\frac{1}{60}+\frac{1}{49}\right)\}$$

$$\left\{\left(-\frac{1}{62}-\frac{1}{64}-\cdots\right)\cdots\right\}$$

중괄호들 안에는 소괄호가 5개 있고, 소괄호들은 부호 패턴이 같은 9개의 항으로 구성되어 있으며, 끝에는 7개의 항으로 이루어진 소괄호 하나 있다. 다시 말해서 23개의 +부호와 29개의 −부호를 가진 52개의 항이 계속 되풀이된다. 그렇다면 $a = 23/29$이고 $\gamma = \ln 2 + \frac{1}{2}\ln\frac{23}{29}$이란 뜻이므로 우리가 위대한 오일러를 앞지른 셈이다! 그의 상수는 다음과 같다.

$$\gamma = \ln 2\sqrt{\frac{23}{29}}$$

하지만 안타깝게도 그렇게 되지 않는다. 이 값을 계산해 보면 $0.577246\cdots$ 이기 때문이다. 따라서 이 순환은 지나친 희망이며, 이 패턴은 550번째 항에서 깨진다. 더 긴 반복 마디를 가진 패턴은 없을까? 아무도 모른다! 만일 $\gamma = \ln 2 + \frac{1}{2}\ln a$라면 $a = \frac{1}{4}e^{2\gamma}$이며, 이 수를 연분수로 나타냈을 때의 수렴값들은

$$\frac{3}{4}, \frac{4}{5}, \frac{19}{24}, \frac{23}{29}, \frac{548}{691}, \frac{571}{720}, \frac{1119}{1411}, \frac{2809}{3542}, \frac{6737}{8495}, \frac{63442}{79997}, \frac{450831}{568474}, \cdots$$

인데, 여기에 23/29도 포함되어 있으므로 적어도 하나는 제대로 맞춘 셈이다.

12.2 해석학에

적분과 관련된 (많은) 문제들 가운데 하나는 함수들의 적분을 '닫힌 형식(closed form)'으로 항상 얻어 낼 수는 없다는 점이다. 다시 말해서 어떤 함수의 역도함수(antiderivative)를 수학에서 일반적으로 등장하는 함수들의 조합으로 나타낼 수 없는 경우가 있다는 뜻이다. 때로 형태를 아주 조금만 바꿔도 가능이 불가능으로 변하며 그 역인 경우도 있다. 예를 들어 $\ln u$, $u \ln u$, $(\ln u)/u$, $1/(u \ln u)$는 모두 간단히 적분할 수 있지만 $1/\ln u$, $u/\ln u$의 적분은 아예 불가능하다. 짜증나는 것은 이와 같은 '어려운' 적분들이 여러 중요한 응용 분야들에서 매우 자주 등장한다는 점이며, 실제로 너무 자주 등장하기 때문에 이름까지 붙은 것들도 있다. 예를 들어

$$\int \frac{\sin u}{u} \, du, \quad \int \frac{\cos u}{u} \, du, \quad \int e^{-u^2} \, du, \quad \int \frac{e^{-u}}{u} \, du, \quad \int \frac{1}{\ln u} \, du$$

는 닫힌 형식으로 표현되지 않으며 다음과 같은 함수들로 불리는데

$$\text{erf}(x) = \frac{2}{\sqrt{\pi}} \int_0^x e^{-u^2} \, du \qquad \text{(오차함수)}$$

$$Li(x) = \int_2^x \frac{1}{\ln u} \, du \qquad \text{(로그적분)}$$

$$Ci(x) = \int_x^\infty \frac{\cos u}{u} \, du \qquad \text{(코사인적분)}$$

$$Si(x) = \int_0^x \frac{\sin u}{u} \, du \qquad \text{(사인적분)}$$

$$Ei(x) = \int_x^\infty \frac{e^{-u}}{u} \, du \qquad \text{(지수함수적분)}$$

수학의 여러 분야에서 여러 가지 방식으로 모습을 드러낸다.

$\text{erf}(x)$는 라플라스의 오차함수(Laplace's error function)라고 부르며, 본질적으로 정규분포의 확률밀도함수라고 보면 쉽게 이해할 수 있다(덧붙여

진 상수는 전체 넓이를 1로 만드는 데에 필요하다).

  $Li(x)$는 수론에서 점근적인 값들을 어림잡을 때 자주 등장한다. 여기에는 단 몇 줄로 언급된 골드바흐추측(Goldbach Conjecture)과 관련된 리틀우드(Littlewood)와 하디의 추측도 포함된다(골드바흐추측은 "2보다 큰 모든 짝수는 두 소수의 합으로 표현된다"는 것으로 수학의 가장 유명한 미해결 문제 가운데 하나이다. 존 에덴서 리틀우드(John Edensor Littlewood, 1885~1977)는 영국의 수학자로 하디와 오랫동안 공동연구한 사실로도 유명하다. - 옮긴이). 이는 나중에 소수세기함수(prime counting function) $\pi(x)$에 대한 가우스의 어림을 이야기할 때 우리의 집중적인 주목을 받을 것이다. 물론 오일러도 1768년에 이미 이 함수에 대해 생각해 보았고, 이어서 마스케로니가 1790년, 칼루소(Caluso)가 1805년에 발표한 연구에도 등장한다. 하지만 뚜렷이 부각된 것은 졸트너가 1809년에 발표한 《새로운 초월함수 이론(Theory of a New Transcendental Function)》을 통해서였고 이름도 이때 지어졌다(단 적분구간의 하단은 2가 아니라 0이었다). 졸트너의 이 업적은 149쪽에서도 언급했다. 졸트너는 이 논문에서 수정된 γ값과 다음과 같은 $Li(x)$의 급수 전개식을 제시했다.

$$Li(x) = \gamma + \ln \ln x + \sum_{r=1}^{\infty} \frac{\ln^r x}{rr!}$$

$Ci(x)$도 이와 비슷한 형태이다.

$$Ci(x) = -\gamma - \ln x - \sum_{r=1}^{\infty} \frac{(-x^2)^r}{2r(2r)!}$$

하지만 $Si(x)$의 전개식에는 ln도 γ도 나오지 않는다.

$$Si(x) = \sum_{r=1}^{\infty} (-1)^{r-1} \frac{x^{2r-1}}{(2r-1)(2r-1)!}$$

  위 마지막 세 가지는 한데 어울려 여러 응용 분야는 물론 수학의 광범위한 영역에서 널리 쓰이는데, 여기에는 양자장론(量子場論, quantum field theory), 전자기론(electromagnetic theory), 반도체물리학, 그리고 푸리에 해석(Fourier analysis)에서 나타나는 깁스현상(Gibbs phenomena, 전환점에서 잘못 행동하는 비트(bit)들)에 대한 분석 등이 포함된다.

$Ei(x)$가 중요한 이유 가운데 일부는 어떤 유리 함수를 $R(x)$로 쓸 때 $R(x)e^x$ 형태를 가진 함수의 적분이 $Ei(x)$와 기본적인 적분으로 분해된다는 점을 보일 수 있다는 것이다.

γ는 이른바 '제2종변형베셀함수(modified Bessel functions of the second kind)'에서도 등장한다. 이 함수는 그 전에 다니엘 베르누이(Daniel Bernoulli, 1700~1782)는 물론 당연히 오일러도 연구했지만 독일의 천문학자 베셀(F. W. Bessel, 1784~1846)에게서 따와 이런 이름이 붙여졌으며, 베셀방정식(Bessel Equation)이라 알려진 것의 해들 중에서 나타난다.

$$x^2 \frac{d^2y}{dx^2} + x\frac{dy}{dx} + (x^2 - \alpha^2)y = 0$$

여기서 α은 0 이상의 상수이다. 이 방정식은 막(膜)의 진동, 원통에서 열의 전도, 원통형 도체에서 전류의 이동에 관련된 문제들 및 해석적 정수론의 문제들 등에서 볼 수 있다.

이밖에 γ와 관련된 이름 없는 적분이나 극한들도 쉽게 눈에 띈다. $\gamma = -\Gamma'(1)$이란 관계를 상기하고 감마함수의 정의들 가운데 하나를 이용하여 적분 기호가 있는 상태에서 미분을 하면

$$\Gamma(x) = \int_0^\infty u^{x-1} e^{-u} du = \int_0^\infty e^{(x-1)\ln u} e^{-u} du$$

이므로

$$\Gamma'(x) = \int_0^\infty u^{x-1} e^{-u} \ln u \, du \quad \text{그리고} \quad \Gamma'(1) = \int_0^\infty e^{-u} \ln u \, du$$

가 되고, 이로부터 다음 식을 얻는다.

$$\gamma = -\int_0^\infty e^{-u} \ln u \, du$$

독창성의 수준을 높이면 아래처럼 좀 더 신기한 결과를 얻는다.

$$-\gamma = \int_0^\infty e^{-u} \ln u \, du = \int_0^1 e^{-u} \ln u \, du + \int_1^\infty e^{-u} \ln u \, du$$

다음으로 각 항을 부분적분한다. 둘째 적분은 곧바로 e^{-u}를 $-e^{-u}$로 적분하지만 첫째 적분은 약간의 기교를 부려 e^{-u}를 $-e^{-u}+1$로 적분하면 아래와 같이 된다.

$$-\gamma = [(-e^{-u}+1) \ln u]_0^1$$
$$-\int_0^1 \frac{(-e^{-u}+1)}{u} du + [-e^{-u} \ln u]_1^\infty - \int_1^\infty \frac{-e^{-u}}{u} du$$

값을 계산할 두 부분은 모두 0이 되므로

$$-\gamma = -\int_0^1 \frac{(-e^{-u}+1)}{u} du + \int_1^\infty \frac{e^{-u}}{u} du$$

이고, 따라서 다음과 같이 쓸 수 있다.

$$\gamma = \int_0^1 \frac{(1-e^{-u})}{u} du - \int_1^\infty \frac{e^{-u}}{u} du$$

끝으로 둘째 적분에서 $u=1/t$로 치환한 다음 변수를 다시 u로 바꾸면 아래 결과를 얻는다.

$$\gamma = \int_0^1 \frac{(1-e^{-u})}{u} du - \int_0^1 \frac{e^{-1/u}}{u} du = \int_0^1 \frac{1-e^{-u}-e^{-1/u}}{u} du$$

이것은 이미 정복된 온순한 적분일 뿐 아니라 유한한 구간에 걸친 γ의 적분적 정의이기도 하다. 연속이란 문제 때문에 $u=0$에서 피적분함수의 값을 1이라 정의하기로 합의한다면 γ의 값을 계산하는 데에 이 적분을 사용할 수 있다(함수의 그래프를 그리는 것은 그래프 플로터(plotter)를 시험하는 좋은 방법이며 넓이를 수치계산으로 어림하는 것은 더 좋은 방법이다).

위의 결과와 함께 $Li(x)$에 대한 졸트너의 방법과 아주 비슷한 방법을 쓰면 $Ei(x)$ 함수의 급수 전개식을 이끌어 낼 수 있다.

(이 아이디어는 $x<1$일 때도 성립하지만) $x \geq 1$이라 가정하면 아래와 같다.

$$Ei(x) = \int_x^\infty \frac{e^{-u}}{u}\,du = \int_1^\infty \frac{e^{-u}}{u}\,du - \int_1^x \frac{e^{-u}}{u}\,du$$

$$= \int_1^\infty \frac{e^{-u}}{u}\,du - \int_1^x \frac{e^{-u}-1}{u} + \frac{1}{u}\,du$$

$$= \int_1^\infty \frac{e^{-u}}{u}\,du - \int_1^x \frac{e^{-u}-1}{u}\,du - \int_1^x \frac{1}{u}\,du$$

$$= \int_1^\infty \frac{e^{-u}}{u}\,du - \left(\int_0^x \frac{e^{-u}-1}{u}\,du - \int_0^1 \frac{e^{-u}-1}{u}\,du\right) - \int_1^x \frac{1}{u}\,du$$

$$= \int_1^\infty \frac{e^{-u}}{u}\,du - \int_0^x \frac{e^{-u}-1}{u}\,du + \int_0^1 \frac{e^{-u}-1}{u}\,du - \int_1^x \frac{1}{u}\,du$$

$$= \int_1^\infty \frac{e^{-u}}{u}\,du + \int_0^1 \frac{e^{-u}-1}{u}\,du - \int_0^x \frac{e^{-u}-1}{u}\,du - \int_1^x \frac{1}{u}\,du$$

$$= -\gamma - \int_0^x \sum_{r=1}^\infty (-1)^r \frac{u^{r-1}}{r!}\,du - \ln x$$

$$= -\gamma - \sum_{r=1}^\infty (-1)^r \frac{1}{r!} \int_0^x u^{r-1}\,du - \ln x$$

$$= -\gamma - \sum_{r=1}^\infty (-1)^r \frac{1}{r!} \left[\frac{u^r}{r}\right]_0^x - \ln x$$

$$= -\gamma - \sum_{r=1}^\infty (-1)^r \frac{x^r}{rr!} - \ln x = -\gamma - \ln x - \sum_{r=1}^\infty \frac{(-x)^r}{rr!}$$

위에서 셋째 적분은 e^{-u}에 대한 표준적인 테일러전개를 이용하여 해결했다.

이밖에도 γ가 관련된 적분과 합과 곱은 매우 많은데, 아래에는 그 가운데 특별한 이름이 붙지 않은 몇 가지 예를 열거했다.

$$\int_0^1 \ln\ln\frac{1}{x}\,dx = -\gamma, \qquad \int_0^\infty e^{-x^2} \ln x\,dx = -\frac{\sqrt{\pi}}{4}(\gamma + 2\ln 2)$$

$$\int_0^1 \frac{1}{\ln x} + \frac{1}{1-x}\,dx = \gamma, \quad \int_0^\infty e^{-x}\ln^2 x\,dx = \frac{\pi^2}{6} + \gamma^2$$

$$\lim_{n\to\infty}\left(n - \Gamma\left(\frac{1}{n}\right)\right) = \gamma, \quad \lim_{n\to\infty}\frac{1}{\ln n}\prod_{p\le n}\left(1-\frac{1}{p}\right)^{-1} = e^\gamma$$

$$\lim_{x\to 1^+}\sum_{n=1}^\infty \frac{1}{n^x} - \frac{1}{x^n} = \gamma, \quad \lim_{n\to\infty}\frac{1}{\ln n}\prod_{p\le n}\left(1+\frac{1}{p}\right) = \frac{6e^\gamma}{\pi^2}$$

$$\sum_{r=2}^\infty \frac{\Lambda(r)-1}{r} = -2\gamma, \quad \int_0^\infty e^{-x}\left(\frac{1}{1-e^{-x}} - \frac{1}{x}\right)dx = \gamma$$

$$\sum_{i=2}^\infty \frac{1}{i}(\zeta(i)-1) = 1-\gamma, \quad \int_1^\infty \frac{\{x\}}{x^2}dx = \int_1^\infty \frac{x-\lfloor x\rfloor}{x^2}dx = 1-\gamma$$

π가 들어간 표현으로 귀결되는 두 적분은 π와 e와 γ 사이의 멋진 관계를 보여 준다. 이 두 가지 곱셈 형태는 모두 1874년에 프란츠 메르텐스(Franz Mertens, 1840~1927)가 발견했는데, 이 가운데 하나를 15장에서 사용할 것이다. 여기서 p는 소수(素數)를 뜻하며 첫째 식은 아주 멋들어지게도 다음과 같이 바뀔 수 있다.

$$\gamma = \lim_{n\to\infty}\left\{-\ln\ln n - \sum_{p\le n}\ln\left(1-\frac{1}{p}\right)\right\}$$
$$= \lim_{n\to\infty}\left\{\sum_{p\le n}\left(\frac{1}{p} + O\left(\frac{1}{p^2}\right)\right) - \ln\ln n\right\}$$

이는 감마의 정의를 떠올리게 하지만 오직 소수들만 사용했다.

두 번째 합공식은 아래와 같은 망골트함수(Mangoldt function)와 관련되며, 나중에 16장에서 더 자세히 살펴본다(망골트함수는 '폰 망골트함수(Von Mangoldt function)'라고도 부른다. - 옮긴이).

$$\Lambda(r) = \begin{cases} \ln p, & r = p^m, \quad p\text{는 소수} \\ 0, & \text{기타의 경우} \end{cases}$$

목록의 식들은 각기 독립적으로 확립되었지만 우리는 그중 두 가지만 증명하는 것에 만족하기로 한다. 하나는 바닥함수, 다른 하나는 제타함수와 관련되며, 이로써 97쪽의 약속을 지키고자 한다.

먼저 다음 식부터 다루어야 하는데

$$\int_1^\infty \frac{\{x\}}{x^2} dx$$

여기에서 $\{x\}$는 x의 소수 부분을 나타낸다. 따라서 이것과 바닥함수 사이에는 $\{x\} = x - \lfloor x \rfloor$ 라는 관계가 성립한다. 언뜻 생각하면 이런 이상한 적분으로부터 정확한 값이 나오기란 불가능할 것 같다. 그러나 도중에 γ가 자연스럽게 등장하면서 문제가 해결된다.

바닥함수의 정의에서 시작하면 우선 다음 결과를 얻는다.

$$\int_1^n \frac{\lfloor x \rfloor}{x^2} dx = \int_1^n \frac{1}{x^2} \left(\sum_{1 \leq r \leq x} 1 \right) dx$$

이 표현을 고쳐 써야 하는데, 그러기 위하여 구간을 단위구간들로 나누며 이 때 각 단위구간들의 오른쪽 끝점은 뺀다.

$$\int_1^n \frac{1}{x^2} \left(\sum_{1 \leq r \leq x} 1 \right) dx$$
$$= \int_1^2 \frac{1}{x^2} \left(\sum_{1 \leq r \leq x} 1 \right) dx + \int_2^3 \frac{1}{x^2} \left(\sum_{1 \leq r \leq x} 1 \right) dx$$
$$+ \int_3^4 \frac{1}{x^2} \left(\sum_{1 \leq r \leq x} 1 \right) dx + \cdots + \int_{n-1}^n \frac{1}{x^2} \left(\sum_{1 \leq r \leq x} 1 \right) dx$$
$$= \int_1^2 \frac{1}{x^2} (1) \, dx + \int_2^3 \frac{1}{x^2} (2) \, dx$$
$$+ \int_3^4 \frac{1}{x^2} (3) \, dx + \cdots + \int_{n-1}^n \frac{1}{x^2} (n-1) \, dx \qquad (12.1)$$

이제 다음 표현을 살펴보자.

$$\sum_{1 \leq r \leq n} \int_r^n \frac{1}{x^2} dx = \int_1^n \frac{1}{x^2} dx + \int_2^n \frac{1}{x^2} dx + \int_3^n \frac{1}{x^2} dx$$
$$+ \int_4^n \frac{1}{x^2} dx + \cdots + \int_{n-1}^n \frac{1}{x^2} dx$$

이 합에서 구간 [1, 2)는 한 번 쓰이고 [2, 3)은 두 번, [3, 4)는 세 번 쓰이며, 이로부터 구간 [n−1, n)은 n−1번 쓰임을 알 수 있다. 그런데 이는 바로 식 (12.1)이 말하는 것과 같으므로 이 두 가지는 서로 같다. 따라서

$$\int_1^n \frac{\lfloor x \rfloor}{x^2} dx = \sum_{1 \le r \le n} \int_r^n \frac{1}{x^2} dx$$

$$= \sum_{r=1}^n \left(\frac{1}{r} - \frac{1}{n} \right) = H_n - n \times \frac{1}{n} = H_n - 1$$

이며

$$H_n = 1 + \int_1^n \frac{\lfloor x \rfloor}{x^2} dx = 1 + \int_1^n \frac{x - \{x\}}{x^2} dx$$

$$= 1 + \int_1^n \frac{x}{x^2} - \frac{\{x\}}{x^2} dx = 1 + \int_1^n \frac{1}{x} - \frac{\{x\}}{x^2} dx$$

$$= 1 + \ln n - \int_1^n \frac{\{x\}}{x^2} dx$$

이다. 그리고 이는 다음을 뜻하므로

$$\gamma = \lim_{n \to \infty} (H_n - \ln n) = 1 - \int_1^\infty \frac{\{x\}}{x^2} dx \quad \text{그리고} \quad \int_1^\infty \frac{\{x\}}{x^2} dx = 1 - \gamma$$

우리가 원하는 결과를 얻었다.

오일러(와 우리)는 γ를 어떤 중요한 수의 로그로 나타내는 데에 실패했다. 이에 따라 오일러는 97쪽에서 말했듯, 그 값을 어림잡기 위해 많은 식을 제시했으며, 그중 하나는 아래와 같다.

$$\sum_{i=2}^\infty \frac{1}{i} (\zeta(i) - 1) = 1 - \gamma$$

오일러는 이 식을 이용하여 γ의 값을 소수 다섯째 자리까지 구했다. 이제 이 식을 유도해 본다.

$$\gamma = \lim_{n \to \infty} \left(\sum_{r=1}^n \frac{1}{r} - \ln n \right) = \lim_{n \to \infty} \left(\sum_{r=1}^n \frac{1}{r} - \sum_{r=2}^n \ln \left(\frac{r}{r-1} \right) \right)$$

$$= 1 + \lim_{n\to\infty}\Big(\sum_{r=2}^{n}\Big(\frac{1}{r} - \ln\Big(\frac{r}{r-1}\Big)\Big)\Big) = 1 + \sum_{r=2}^{\infty}\Big(\frac{1}{r} + \ln\Big(\frac{r-1}{r}\Big)\Big)$$

$$= 1 + \sum_{r=2}^{\infty}\Big(\frac{1}{r} + \ln\Big(1 - \frac{1}{r}\Big)\Big) = 1 + \sum_{r=2}^{\infty}\Big(\frac{1}{r} - \sum_{i=1}^{\infty}\frac{1}{ir^i}\Big)$$

$$= 1 - \sum_{r=2}^{\infty}\Big(\sum_{i=2}^{\infty}\frac{1}{ir^i}\Big) = 1 - \sum_{i=2}^{\infty}\Big(\sum_{r=2}^{\infty}\frac{1}{ir^i}\Big)$$

$$= 1 - \sum_{i=2}^{\infty}\Big(\frac{1}{i}\sum_{r=2}^{\infty}\frac{1}{r^i}\Big) = 1 - \sum_{i=2}^{\infty}\frac{1}{i}(\zeta(i) - 1)$$

도중에 로그를 없애기 위해 $\ln(1-x)$의 전개식을 이용했으며, 마지막 식으로부터 원하는 결과가 바로 나온다. 오일러가 했던 대로 더 따라가 소수 다섯째 자리까지 정확하게 구하려면 아래와 같이 15개의 항이 필요하다.

$$\gamma \approx 1 - \frac{1}{2}(\zeta(2) - 1) - \frac{1}{3}(\zeta(3) - 1) - \frac{1}{4}(\zeta(4) - 1)$$

$$- \frac{1}{5}(\zeta(5) - 1) - \cdots - \frac{1}{15}(\zeta(15) - 1)$$

$$= 1 - (0.322467 + 0.0673523 + 0.0205808 + \cdots + 0.00000203922)$$

$$= 0.577217\cdots$$

첨단 소프트웨어로 돌아가는 현대의 컴퓨터를 사용하면 이 계산은 아무것도 아니다 ….

12.3 수론에

수론에서 γ가 나타난다는 사실 자체는 놀랄 일이 아니라 하겠지만, 그 나타나는 방식은 당혹스러울 수 있다. 아래에 그중 몇 가지를 소개한다.

- 1838년 레조이네 디리클레(Lejeune Dirichlet, 1805~1859)는 아래 사실을 증명했다.

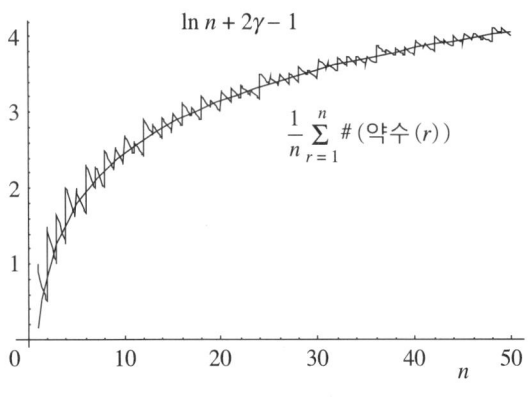

그림 12.1. 디리클레의 결과

$$\frac{1}{n}\sum_{r=1}^{n}\#(약수(r))$$

곧 1부터 n까지의 정수들이 갖는 약수들의 평균 개수는 n이 증가함에 따라 $\ln n + 2\gamma - 1$에 접근한다(그림 12.1 참조).

이에 따라 다음 값을 구해 보면

$$\frac{1}{1000}\sum_{r=1}^{1000}\#(약수(r))$$

7.069이고, $\ln 1000 + 2\gamma - 1$의 값은 $7.06219\cdots$이다.

- 마찬가지로 당혹스러운 게 또 있다. 나중에 더 살펴보게 될 샤를 드 라 발레 푸생(Charles de la Vallèe-Poussin, 1866~1962)은 1898년에 어떤 정수 n을 그보다 작은 모든 정수들로 나누고 정수값이 되지 않는 몫과 바로 그 위 정수와의 차이들을 평균하면 $n \to \infty$일 때 γ에 수렴한다는 것을 증명했다. 이를 식으로 나타내면

$$\frac{1}{n}\sum_{r=1}^{n-1}\left(\left\lceil\frac{n}{r}\right\rceil - \frac{n}{r}\right)$$

이며 그래프는 그림 12.2에 보였다.

여기서도 실제 예를 하나 구해 보면

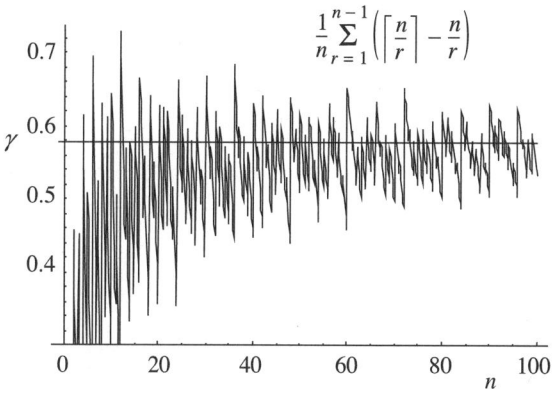

그림 12.2. 발레 푸생의 결과

$$\frac{1}{10000} \sum_{r=1}^{9999} \left(\left\lceil \frac{10000}{r} \right\rceil - \frac{10000}{r} \right)$$

의 경우 0.577216⋯이 나온다.

놀랍게도 이 결과는 나누는 수가 어떤 등차수열이든 또는 소수들로만 나누는 경우든 마찬가지로 성립한다.

- γ는 또한 유클리드호제법(Euclidean Algorithm)의 효율성에 대한 세 가지 표준적인 점근적 측정법에서도 (다소 혼란스럽게) 나타난다. 각 경우에 γ가 나타나는 이유는 147쪽에서 언급한 글레이셔-킹클린 상수가 암시적으로, 그리고 아래와 같이 인상적인 포터상수(Porter's constant)가 명시적으로 드러나기 때문이다.

$$\frac{6\ln 2}{\pi^2} \left(3\ln 2 + 4\gamma - \frac{24}{\pi^2} \zeta'(2) - 2 \right) = 1.46707\cdots$$

- 76쪽에서 우리는 어떤 정수를 두 제곱수의 합으로 표현할 수 있는 가능성에 대한 오일러의 결과를 언급했다. 만일 그렇게 할 수 있다면 가능한 방법의 수에 대한 점근적 어림값은 시에르핀스키상수(Sierpinski constant, 2.5849817⋯)와 관련되고, 이 상수는 다시 γ와 관련된다. 다만 이를 정의하기는 사뭇 까다롭다!

- 마지막 예를 이해하려면 발산수열에서 추출한 수렴성을 알아볼 필요가 있다. 어떤 무한수열 $\{a_n\}$이 극한값 1에 수렴하면 이것으로 만든 임의의 무한부분수열도 같은 극한값에 수렴한다. 이것은 분명 이치에 맞다. 이제 수열 자체는 수렴하지 않지만, 이것으로 만든 수렴하는 모든 무한부분수열의 극한들로 구성한 집합을 L이라고 하자(볼차노-바이어슈트라스정리(Bolzano-Weierstrass Theorem)라고 알려진 결과에 따르면 이런 무한부분수열이 적어도 하나는 존재한다). 그러면 L에는 최댓값과 최솟값이 있을 것이며, 이것을 각각 l^-와 l_-로 나타내고 상극한(superior limit)과 하극한(inferior limit)이라 부르면 다음과 같이 쓸 수 있다.

$$l^- = \limsup_{n \to \infty} a_n \quad \text{그리고} \quad l_- = \liminf_{n \to \infty} a_n$$

예를 들어 진동수열(oscillating sequence) $-1, 1, -1, 1, -1, 1, \cdots$은 분명 수렴하지 않지만 여기에는, $1, 1, 1, 1, 1, 1, \cdots$과 $-1, -1, -1, -1, \cdots$이라는 두 가지 수렴하는 부분수열이 있다. 물론 극한값은 각각 1과 -1이며, 이는 곧 아래 사실을 뜻한다.

$$\limsup_{n \to \infty} a_n = 1 \quad \text{그리고} \quad \liminf_{n \to \infty} a_n = -1$$

좀 더 미묘한 것으로는

$$\frac{1}{2}, \frac{1}{3}, \frac{2}{3}, \frac{1}{4}, \frac{2}{4}, \frac{3}{4}, \frac{1}{5}, \frac{2}{5}, \frac{3}{5}, \frac{4}{5}, \frac{1}{6}, \cdots$$

이 있다. 이것은 수렴하지 않지만 부분수열 $1/2, 1/3, 1/4, 1/5, \cdots$과 $1/2, 2/3, 3/4, 4/5, \cdots$는 각각 0과 1에 수렴하므로 아래와 같이 쓸 수 있다.

$$\lim_{n\to\infty} \sup a_n = 1 \quad \text{그리고} \quad \lim_{n\to\infty} \inf a_n = 0$$

이와 같은 배경 아래, 다음으로 우리는 소수 연구에서 나온 한 가지 중요한 아이디어를 이야기하고, 참으로 인상적인 식도 소개하며, 에어디시를 다시 언급하면서 γ가 나타나는 또 다른 예를 들고, (대개 썰렁하지만) 수학적 농담도 하나 제시한다. 이어지는 소수들 사이의 간격, 곧 $p_{n+1} - p_n$은 분명 매우 중요한 것으로, (우리가 묵묵히 끌려가듯 다가가고 있는) 소수정리의 한 귀결에 따르면 평균적으로 이는 $\ln p_n$ 정도라고 한다. 곧 이 평균으로는 이 수열의 전형적 행동을 전혀 가늠할 수 없으며, $p_{n+1} - p_n$이 거칠게 진동하므로 $\lim_{n\to\infty}\sup$과 $\lim_{n\to\infty}\inf$의 연구에서 매우 힘겨운 상대라는 뜻이다. 이 가운데 둘째가 더 골치 아픈데, 에어디시와 다른 사람들의 연구에서 약간의 진전이 있긴 했지만 아직 아래의 식이 옳은지조차 모르기 때문이다.

$$\lim_{n\to\infty}\inf(p_{n+1} - p_n) < \infty$$

우리에게 엄청난 식을 안겨 주는 것은 $\lim_{n\to\infty}\sup$이며, 이는 1990년 마이어(Maier)와 포머런스(Pommerance)가 1935년에 에어디시가 얻은 결과와 그 후 많은 사람들이 얻은 결과를 종합하여 구하였다.

$$\lim_{n\to\infty}\sup \frac{(p_{n+1} - p_n)(\log\log\log p_n)^2}{(\log p_n)(\log\log p_n)(\log\log\log\log p_n)} \geq \frac{4e\gamma}{c}$$

여기서 $c = 3 + e^{-c}$이다. 이 식에 대해서는 더 이상 어떤 언급도 불필요할 것이다. 이 식에 쓰인 로그는 모두 자연로그이지만, 이것을 'ln'으로 쓴다면 다음 농담을 전할 수 없게 된다: 해석적 정수론자들이 물에 빠지면 어떤 소리를 낼까? 로그…로그…로그…로그….
마침내 오일러가 만들어 낸 미친 듯이 발산하는 수열을 살펴볼 때가

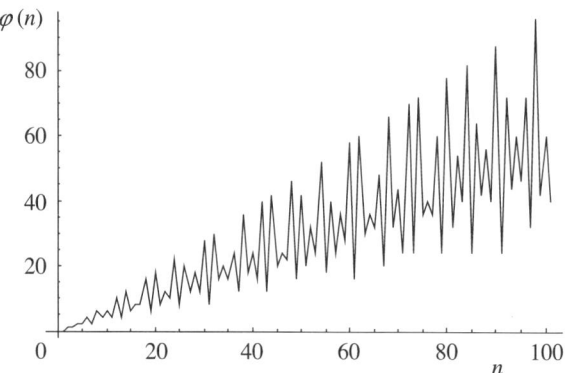

그림 12.3. 오일러의 토티엔트함수(Totient function)

되었다. 토티엔트함수(Totient function)라는 이름은 호기심을 자아내는데, 아마도 이는 '아주 많은'이란 뜻의 라틴어 'tot'에서 따온 것으로 보인다. 이 함수는 $\varphi(n)$으로 나타내며, n보다 크지 않으면서 n과 서로소인 자연수들의 개수로 정의된다. 이것은 수많은 수론 연구에서 매우 널리 쓰인다. 에드문트 란다우(Edmund Landau, 1877~1938)는

$$\lim_{n \to \infty} \sup \frac{\varphi(n)}{n} = 1$$

이지만

$$\lim_{n \to \infty} \inf \frac{\varphi(n) \ln \ln n}{n} = e^{-\gamma}$$

임을 증명했다. 또한 그는 N이 클 경우

$$\sum_{n=1}^{N} \frac{1}{\varphi(n)} \approx A \ln N + B$$

라는 점도 증명했는데, 여기서 A는 아래의 우아한 값이다.

$$\frac{\zeta(2)\zeta(3)}{\zeta(6)}$$

B는 분명히 우아하지는 않지만 식에는 π와 $\zeta(3)$와 γ가 들어 있다.

토티엔트함수의 우아함과 유용함을 보여 주는 한 예로 독자들을 수학적 불멸에 이르는 길로 이끌어 줄 수도 있는 것은 다음과 같다: 만일 2보다 큰 모든 짝수는 두 소수의 합으로 표현된다는 골드바흐추측이 옳다면 모든 정수 n에 대해 $\varphi(p) + \varphi(q) = 2n$이 되는 소수 p와 q가 존재한다.

12.4 추측에

- 결함 없는 동전을 계속 던지면서 앞면과 뒷면의 수열을 기록한다고 하자. 어떤 정수 n을 택하고 가능한 2^n가지의 앞면과 뒷면의 수열들을 모두 썼다고 하자. 이 각각의 수열을 모두 얻으려면 동전을 몇 번이나 던져야 할까? 알려진 결과에 따르면 적어도 $2^n + n - 1$번 던져야 하며, 큰 n에 대해 그 평균값은 $2^n(\gamma + n \ln 2)$에 접근할 것으로 추측된다.

- 둘째 추측은 메르센소수(Mersenne prime)와 관련되는데, 이는 $2^p - 1$의 형태로 쓸 수 있는 소수를 말한다. 여기서 p도 소수이며, 메르센소수는 큰 소수를 찾는 자연스러운 사냥터로 여겨져 왔다. 이 추측은 $2^p - 1$이 소수일 때 $p \leq x$인 소수 p의 개수를 $M(x)$라고 하면 $M(x) \sim k \ln x$이리라는 것이며, $k = e^\gamma/\sqrt{2}$이다. 현재까지 알려진 메르센소수는 모두 39개에 지나지 않으므로 이에 대한 증거는 아주 빈약하다고 하겠다.

12.5 일반화에

카를 구스타프 야코비(Carl Gustav Jacobi, 1804~1851)는 "우리는 언제나 일반화해야 한다"라는 말을 했다고 인용되곤 하며, 이런 견해는 분명 수

리철학의 주요 관점이기도 하다. 그러나 흔히 일반화에는 여러 길이 있으며, γ의 경우도 그 한 예이다.

- 우리는 2차원으로 나아갈 수 있을 것이다. 하지만 어떻게? 먼저 매서-그라망상수(Masser-Gramain constant)에 이르는 길을 살펴보고 이어서 조화급수에 이르는 다른 길도 알아본다. 먼저 실수축과 그 위에 있는 자연수를 택하고 원점을 고정된 기준점으로 삼는다. 그러면 [0, 1]은 길이가 1인 구간으로 정수 1을 포함하는 가장 작은 구간이며, [0, 2]는 길이가 2인 구간으로 정수 2를 포함하는 가장 작은 구간이다. 이런 식의 반복으로부터 우리는 다음 표현을

$$\lim_{n\to\infty}\left(\sum_{r=1}^{n}\frac{1}{r} - \ln n\right)$$

아래와 같이 풀이할 수 있다.

$$\lim_{n\to\infty}\left(\sum_{r=1}^{n}\frac{1}{\text{구간의 길이 }[0,\ r]} - \ln n\right)$$

'구간'을 일반화했으므로 이제 '정수'를 일반화할 차례이다. 300년 동안 페르마의 마지막 정리는 수학의 엄청나게 중요한 분야들이 발전해 나온 '원시수프(primordial soup)'였으며, 베르누이수와의 관계에 대해서는 이미 이야기했다. 그리고 앤드루 와일즈(Andrew Wiles, 1953~)가 마침내 이를 증명함으로써 그 마지막 '출산'이 이뤄졌다고 말할 수 있다. 하지만 19세기의 수학적 격동 속에서 페르마의 마지막 정리는 또한 $a + b\sqrt{-1}$ 형태의 수를 발전시켰다. 여기서 a와 b는 유리수이고, 모두 정수일 경우에는 가우스정수(Gaussian integer)라고 부른다. 이렇게 하여 우리는 1차원 $\mathbb{R}$로부터 2차원 $\mathbb{C}$로 옮겨와 다음과 같은 색다른 상수를 정의할 수 있게 되었다.

$$\delta = \lim_{n \to \infty} \left(\sum_{r=2}^{n} \frac{1}{\pi(\rho_r)^2} - \ln n \right)$$

이것이 바로 매서-그라망상수이며, 이 정의가 의미를 지니려면 지표는 2부터 시작해야 한다. 이 식의 분모는 1차원인 구간 길이에 대한 2차원적 대응 개념으로 원의 넓이를 나타내며 ρ_r은 다음과 같이 정의된다.

$\rho_r = $ 적어도 r개의 서로 다른 가우스정수를 품은 닫힌 원들의
반지름 ρ 가운데 최소의 것.

어쩌면 이 상수의 정확한 값이 알려지지 않았다는 점도 놀랄 일은 아닐 것이다! 오일러도 (자연스레) 다음과 같이 일반화에 대한 아이디어를 펼쳤다. 그는

$$\lim_{n \to \infty} \left(\sum_{r=1}^{n} \frac{1}{r} - \ln n \right)$$

을

$$\lim_{n \to \infty} \left(\sum_{r=1}^{n} f(r) - \int_{1}^{n} f(x)\,dx \right)$$

로 생각했는데, $f(x) = 1/x$은 단지 하나의 특별한 양(陽)의 감소함수이다. 그는 이것을 일반화하여 다음과 같은 식을 만들었다.

$$f(x) = \frac{1}{x^a}, \quad 0 < a < 1$$

이는 한데 결합하면 유한한 값으로 수렴하는 두 가지 발산 성분을 만들기 위함이었으며, 이 수렴값들을 일반오일러상수(Euler's generalized constant)라고 부른다.

$f(x) = \ln^m x / x$ (m은 자연수)라는 함수를 사용하면 일반화의 마지막 부류를 얻는다. 이것들은 스틸체스상수(Stieltjes constant)라 부르고 γ_m으로 쓰는데, 이에 대해 알려진 내용은 별로 없다. 그 정의는

아래와 같으며

$$\gamma_m = \lim_{n\to\infty}\left(\sum_{r=1}^{n}\frac{\ln^m r}{r} - \int_1^n \frac{\ln^m x}{x}\,dx\right)$$

$$= \lim_{n\to\infty}\left(\sum_{r=1}^{n}\frac{\ln^m r}{r} - \left[\frac{\ln^{m+1} x}{m+1}\right]_1^n\right)$$

$$= \lim_{n\to\infty}\left(\sum_{r=1}^{n}\frac{\ln^m r}{r} - \frac{\ln^{m+1} n}{m+1}\right)$$

물론 이로부터 아래의 관계가 나온다.

$$\gamma_0 = \lim_{n\to\infty}\left(\sum_{r=1}^{n}\frac{1}{r} - \frac{\ln n}{1}\right) = \gamma$$

이것들이 특히 중요한 이유는 제타함수의 복소 형태를 급수로 전개할 때 등장하기 때문이다. 로랑전개(Laurent expansion)라고 부르는 이 방법은 부록 D에서 다루며, 정확한 모습은 다음과 같다.

$$\zeta(z) = \frac{1}{z-1} + \sum_{r=0}^{\infty}\frac{(-1)^r}{r!}\gamma_r(z-1)^r$$

이밖에도 (엄청나게 복잡한 격자합(lattice sum) 형태를 포함하여) 다른 일반화들이 있다. 하지만 이 정도만으로도 오일러의 단순하고도 자연스러운 본래의 정의로부터 흥미롭고 때로는 중요한 확장이 이뤄질 수 있다는 논지가 분명해졌기를 바라며 앤드루 와일즈의 말을 빌려 마무리한다: "우리 이제 여기서 멈추기로 한다."

조화가 넘치는 세상

> 수학의 연구에 몰입한다면 거기서 육신의 욕망을 물리칠 최고의 약을 찾을 것이다.
> 토마스 만(Thomas Mann, 1875~1955)

이 장에서는 H_n이 나타나는 몇 가지 방식과 1, 1/2, 1/3, …이라는 수의 패턴이 상당히 다양하게 드러나는 모습을 간단히 둘러본다. 단 여기서 다루는 내용이 이 모두를 망라하는 것은 전혀 아니며, 일단 시작한 내용도 우리가 멈춘 곳에서 (때로는 훨씬) 더 깊이 나아갈 수 있다. 그러나 이처럼 깊고 넓게 포괄하려면 이 책이 감당할 수 있는 범위를 넘어서고 만다. 어쨌든 먼저 '조화'라는 이름에 담긴 의문부터 생각해 봐야 할 것이다.

13.1 여러 가지 평균

a와 b라는 두 수가 있을 때 이것들의 평균 세 가지를 써보라고 한다면 대부분 차례대로 아래와 같이 정의되는 것을 쓸 것이다.

$$A = \frac{1}{2}(a+b), \quad G = \sqrt{ab}, \quad H = \frac{2}{1/a+1/b}$$

이것들은 차례대로 산술평균(arithmetic mean), 기하평균(geometric mean), 조화평균(harmonic (or subcontrary) mean)이라고 부르며, 그 사

이에는 일정한 순서와 관계가 있다.

28쪽에서 언급했던 바빌로니아의 항등식 $ab = \frac{1}{4}((a+b)^2 - (a-b)^2)$은 다음과 같이 고쳐 쓸 수 있으며

$$\left(\frac{a+b}{2}\right)^2 = ab + \left(\frac{a-b}{2}\right)^2$$

이는 곧 아래의 사실을 뜻하므로

$$\left(\frac{a+b}{2}\right)^2 \geq ab$$

$A \geq G$의 관계가 성립한다. 또한 A와 G 모두 분명 a와 b 사이에 있으므로

$$H = \frac{ab}{\frac{1}{2}(a+b)} = \frac{G^2}{A}$$

이며, 이로부터 $G = \sqrt{AH}$라는 산뜻한 관계 및 $H \leq G \leq A$라는 순서를 얻는다. 부등식을 더 파고들면 H가 a와 b 가운데 작은 것보다 더 크다는 것을 쉽게 알 수 있으며 따라서 세 가지 평균이 이 구간 안에서 멋들어지게 정렬하고, 이런 내용은 모두 합리적이다. 이 밖에도 다른 종류의 평균들이 있다. 우리의 진짜 관심은 H에 있지만 최소한 이것과 다른 두 가지 정의가 더 큰 구도 속에서 어떻게 맞아 들어가는지를 살펴보지 않는다면 안타까운 일이 될 것이다.

피타고라스정리에 사모스(Samos) 출신 피타고라스(Pythagoras, BC580?~490?)의 이름이 붙었다는 것만으로는 그가 이 세상에 정말로 무엇을 내놓았는지 알기 어렵다. 이 점에서 다음과 같은 버트런드 러셀(Bertrand Russell, 1872~1970)의 감상에 공감이 간다.

순수수학은 바로 이 신사에게서 유래한다. 이상을 더듬는 명상은, 순수수학으로 이어진 이래로, 유용한 활동의 원천이었다. 이는 갈수록 명성을 더하여 신학과 윤리학과 철학에서 많은 성공을 거두었다.

피타고라스가 이끈 폐쇄적인 학파는 매우 은밀하게 지냈으므로 피타고라스 자신이 발견한 것과 이 학파가 발견한 것을 구별하기란 불가능하다. 하지만 그가 위에서 말한 세 평균을 알고 있었음은 확실하며, 이 학파가 아래와 같은 일반적인 구도의 한 부분으로서 적어도 일곱 가지 평균을 더 정의했다는 것도 그렇다.

a와 c라는 두 수가 주어졌을 때 b를 이 두 수의 평균이라 하면 $a \leq b \leq c$이다. 이 관계가 성립한다면 $b - a$와 $c - b$와 $c - a$는 모두 0보다 크거나 같다. 피타고라스학파는 이 차들의 비를 본래 수들의 비와 비교해 보았는데, 이 비교에 쓰이는 비들이 반드시 서로 다를 필요는 없다. 예를 들어 아래의 비를 생각하면

$$\frac{b-a}{c-b} = \frac{a}{a} = \frac{b}{b} = \frac{c}{c}$$

$b = \frac{1}{2}(a+c)$가 나오고 이는 곧 산술평균 A이다. 다른 방식으로 아래의 비를 생각하면

$$\frac{c-b}{b-a} = \frac{b}{a} = \frac{c}{b}$$

$b = \sqrt{ac}$가 나오고 이는 곧 기하평균 G이다. 그리고 조화평균 H는 아래의 비에서 나온다.

$$\frac{c-b}{b-a} = \frac{c}{a}$$

피타고라스학파가 했던 것처럼 이런 가능성들을 더 추적하면 몇 가지 새로운 평균에 대한 정의를 얻는다. 예를 들어

$$\frac{c-b}{b-a} = \frac{a}{c}$$

는 아래와 같은 우아한 대칭평균(symmetric mean)을 낳는 반면에

$$S = \frac{a^2 + c^2}{a+c}$$

아래의 식

$$\frac{c-b}{b-a} = \frac{a}{b}$$

는 분명 우아하지도 않고 비대칭적인 결과를 내놓는다.

$$b = \frac{c - a + \sqrt{a^2 - 2ac + 5c^2}}{2}$$

그러나 마지막 정의는 1과 2에 적용하면 황금비 $\varphi = 1.6180339\cdots$가 나와 나름의 위엄을 되찾는다. 독자들은 다른 가능성도 탐구해 볼 수 있는데, 그중 어떤 것들은 중복되겠지만 위와 같은 기이한 것들이 나올 수도 있다. 이후 천 년 세월이 흐르는 동안 처음 세 가지를 제외한 나머지는 사라져 갔다. 그런데 오늘날까지도 중요한 한 가지 평균, 곧 제곱평균(root mean square)은 여기서 빠져 있다.

$$\sqrt{\frac{a^2 + c^2}{2}}$$

그러나 점검해 보면 독자들은 이것이 $\sqrt{2A^2 - G^2}$ 또는 $\sqrt{AS}$로 표현됨을 알 수 있을 것이다.

산술, 기하, 조화평균을 n개의 수에 대해 확장하는 것은 아주 쉬우며 이후의 장들에서도 쓰인다.

사실 평균의 정의를 일반화하는 일은 현대에도 찾아볼 수 있으며, 주목할 만한 것들은 아래와 같다.

- 횔더평균(Hölder's mean) : $H_p(a, c) = \left[\dfrac{a^p + c^p}{2}\right]^{1/p}, \quad p \neq 0$

- 레머평균(Lehmer's mean) : $L_p(a, c) = \dfrac{a^p + c^p}{a^{p-1} + c^{p-1}}$

- 스톨라스키평균(Stolarsky's mean) : $S_p(a, c) = \left[\dfrac{a^p - c^p}{pa - pc}\right]^{1/(p-1)}$,
$p \neq 0, 1$

이로부터 $A = H_1 = L_1 = S_2$, $G = \lim\limits_{p \to 0} H_p = L_{1/2} = S_{-1}$, $H = H_{-1} = L_0$
의 관계를 쉽게 파악할 수 있다.

13.2 기하적 조화

피타고라스학파는 "만물은 수로 이루어져 있다"고 생각했는데, 여기서 수는 자연수 혹은 자연수의 비율을 말하며 특히 작은 수들을 선호했다. 이들은 수에 성(性)과 같은 성질들을 부여했으므로 오늘날의 관점에서 보면 수학자라기보다 수비학자(數秘學者, numerologist)에 가까웠다. 하지만 몇 가지 개념은 천 년 세월을 넘어 오늘날까지 전해지며 제곱수, 삼각수, 세제곱수, 피라미드수 등에서 보듯 형상에 착안해서 붙여진 것들이 그 예이다(영어로는 각각 square, triangular, cubic, pyramidal number로 부른다. - 옮긴이). 피타고라스는 자신의 신비주의에 따라 정사면체, 정육면체, 정팔면체, 정십이면체, 정이십면체라는 다섯 가지 '피타고라스입체(Pythagorean solid)'를 불, 흙, 공기, 에테르(aether 또는 ether), 물과 결부시켰다(표 13.1 참조). 피타고라스학파의 필로라오스(Philolaos)는 정육면체를 '기하적 조화(geometric harmony)'라 불렀다고 하며, 그 이유는 6, 8, 12가 조화수열(harmonic progression)을 이루고 8이 6과 12의 조화평균이기 때문이다(만일 순서를 중요시하지 않는다면 표 13.1에서 보듯 정팔면체도 마찬가지이다). 존 웹(John Webb)은 이를 토대로 어떤 다면체들이 필로라오스적 의미에서 조화를 이루는지에 대한 의문을 제시하고 스스로 답을 내놓았다.

표 13.1 피타고라스입체

	면(f)	꼭짓점(v)	모서리(e)
정사면체	4	4	6
정육면체	6	8	12
정팔면체	8	6	12
정십이면체	12	20	30
정이십면체	20	12	30

그런데 오일러의 또 다른 연구 성과가 이 문제의 답을 얻는 데에 도움이 된다. 어떤 볼록다면체의 꼭짓점(vertex)과 면(face)과 모서리(edge)의 수 사이에 $v+f=2+e$의 관계가 있다는 게 그것으로, 이는 위상수학에서 근본적으로 중요한 사실이다. 이 성과에 '기하적 조화'의 조건을 덧붙이면

$$v = \frac{2}{1/e + 1/f}$$

가 되고, 여기에 웹의 탁월한 계산을 가미하면

$$(e-f-1)^2 - 2(f-1)^2 = -1$$

이 되는데, 이것은 펠방정식의 한 예이다. 여기에 $\sqrt{2}$의 연분수에서 얻은 어

표 13.2 조화다면체

f	e	v
6	12	8
30	70	42
170	408	240

림값을 적용하면 무한개의 가능한 '조화다면체(harmonic polyhedra)'의 목록을 얻으며 표 13.2와 같이 시작한다. 첫 번째 것은 정육면체라고 부른다 ….

13.3 음악적 조화

6, 8, 12라는 수열은 피타고라스의 세계에서 다시 나타난다. 길이가 12단위인 어떤 줄을 퉁겼을 때 '도'음이 나온다면, 8단위로 줄여서 퉁기면 완전 5도 높은 '솔'음이 나오며, 6단위로 줄여서 퉁기면 한 옥타브 높은 '도'음이 나온다. 피타고라스는 젊은 시절에 대장장이가 두드리는 여러 가지 망치 소리가 화음이 되기도 하고 불협화음이 되기도 하는 것을 듣고서 이런 현상을 알아차린 것으로 보인다. 그는 줄을 이용해서 연구를 계속했으며, 이 때문에 화음을 이루는 음악적 간격을 작은 정수들의 비로 나타낼 수 있다는 사실은 대개 그가 처음으로 발견했다고 본다. 좀 더 일반적으로 말하면, 길이를 반으로 줄이면 진동수는 2배가 되어 한 옥타브 높은 음이 나오고, 2/3로 줄이면 3/2배가 되어 5도 높은 음, 3/4으로 줄이면 4/3배가 되어 4도 높은 음, 4/5로 줄이면 5/4배가 되어 장 3도 높은 음이 나온다. 여기에 1, 2, 3, 4, 5라는 등차수열이 관련되어 있다는 사실은 수의 성스러운 성질에 대한 그의 신념을 더욱 굳혀 주었다. 그런데 등차수열을 이루는 수들의 역수들이 조화수열을 이룬다는 사실을 깨닫기란 쉬운 일이다. 피타고라스학파도 이를 알고 있었고, 조화수열의 현대적 정의도 이를 이용한다. 아래는 피타고라스학파의 후예 이암블리코스(Iamblichos, 250?~330?)의 말이다.

당시 조화평균은 부역평균(副逆平均, subcontrary)이라고 불렸지만 아르키타스(Archytas)나 히파소스(Hippasos)의 사람들에 의하여 조화평균으로 고쳐 불리게 되었는데, 그 이유는 이로부터 조화롭고 듣기 좋은 비율이 나오는 것 같았기 때문이다.

음악이론에 대한 피타고라스의 기여에 대해 이야기하는 이상 그의 이름이 붙은 음계도 살펴봐야 할 것이다. 이 음계는 5도 차이의 비율이 특히 듣기 좋은 화음이 된다는 데에서 착안하여 이것과 한 옥타브의 차이를 근간으로 구성되었다. 따라서 '5도의 5도'를 취하고 최종 결과가 옥타브 안에 들어올 수 있도록 필요한 만큼 2로 나누면 표 13.3을 얻고 이것이 피타고라스학파의 그리스음계이다. 하지만 이 과정으로는 옥타브를 채우지 못하며(곤혹스러운 무리수 $\sqrt{2}$는 물론 다른 많은 수들이 빠진다), 3/2의 어떤 거듭제곱도 2의 거듭제곱과 일치하지 않으므로 정확한 옥타브를 결코 이루지 못한다. 옥타브를 이루려면 $(3/2)^n = 2^m$, 곧 $3^n = 2^{m+n}$이 되어야 하는데, 로그로 고쳐 쓰면 다음과 같다.

$$\frac{m+n}{n} = \frac{\ln 3}{\ln 2} = 0.405465 \cdots$$

여기에 연분수 $0.405465\cdots = [1, 1, 1, 2, 2, 3, 1, 5, \cdots]$를 적용하면 최선의 어림값들은 다음과 같다.

$$\frac{m+n}{n} = \frac{1}{1}, \frac{2}{1}, \frac{3}{2}, \frac{8}{5}, \frac{19}{12}, \frac{65}{41} \cdots$$

그러므로 이 값들 가운데 1, 2, 5, 12, 41, …을 써서 옥타브까지 올라간다면, 5도에 바탕을 둔 음계를 구성하는 것이 산술적으로 가장 바람직하다. 다만 이런 음들이 어떻게 들릴지는 별개의 문제이며 이런 뜻에서 피타고라스 음계(Pythagorean scale)는 최적이 아니다. 이 음계의 부정확성은 다른 관점에서도 파악할 수 있는데, 이웃한 음들 사이의 비율이 $9:8$의 '온음(tone)'이거나 $256:243$의 '소반음(小半音, minor semitone)'이란 사실이

표 13.3 피타고라스음계

음	도	레	미	파	솔	라	시	도
비율	1 : 1	9 : 8	81 : 64	4 : 3	3 : 2	27 : 16	243 : 128	2 : 1

그것이다. 불행히도 이 반음은 정확한 반음이 아닌데, 그 이유는 진동수의 비율 관계가 $(256 : 243)^2 \neq 9 : 8$이기 때문이다. 소인수분해를 통해 살펴보면 오차는 $2^{19} \approx 3^{12}$ 또는 $(3/2)^{12} \approx 2^7$이다. 따라서 5도씩 12번 올라갔다가 7옥타브를 내려오면 출발점으로 돌아오지만 '거의' 그럴 뿐이다. 이 차이는 '피타고라스콤마(Pythagorean comma)'라고 부르며, 이 음계에 대한 우리 이야기도 여기서 멈춘다!

오일러도 화음을 깊이 연구했다. 중세 동안 이른바 '사과(四科, quadrivium)'는 네 가지 수학적 기예들로 산술, 기하, 천문, 음악을 가리키며 고급 지식으로 여겨졌던 반면 문법, 수사학, 논리학으로 구성된 '삼학(三學, trivium)'은 기본 지식으로 여겨졌다. 오일러는 이후 시대에 살았지만 그와 같은 인물이 음악에 흥미를 가졌으리라는 점은 충분히 예상할 수 있는 일이며, 특히 그의 생애가 바흐, 헨델, 하이든, 모차르트의 생애와 겹치기 때문에 더욱 그렇다. 1731년 24세에 오일러는 〈새 음악 이론의 한 시도: 가장 잘 확립된 화음 원리에 따른 명확한 서술(*An attempt at a new theory of music, exposed in all clearness according to the most well-founded principles of harmony*)〉을 썼고(1739년에야 출판되었다), 그 뒤로도 자주 음악 이론으로 돌아와 자신의 생각을 더욱 정밀하게 가다듬었다. 이 연구만 하더라도 263쪽에 이르므로 여기서 그의 이론을 자세히 논의할 수는 없다. 따라서 단순히 오일러가 음률의 달콤한 정도, 곧 그가 '그라두스 수아비타티스(gradus suavitatis)'라고 불렀던 '감미도(甘味度, degree of sweetness)'

를 수량화하는 데에 소수를 사용했다는 사실만 언급하고자 한다. 그는 어떤 한 음의 감미도를 1로 삼고 그 이상에 대해서는 어떤 두 음의 진동수 비율이 $m:n$이고 m과 n의 최소공배수가 L이면

$$G(m,\ n) = 1 + \prod_{\substack{L\text{의 약수인}\\ \text{소수 } p}} (p-1)$$

라고 정의했고, 다중도도 고려했다. 예를 들어 $G(4, 3) = 1 + (2-1) + (2-1) + (3-1) = 5$이고, 더 자세한 값들은 표 13.4에 실었다.

지금껏 급수의 이름에 대해 비교적 충분히 알아보았으므로 이제 어디에서 출현하는지 살펴본다.

표 13.4 감미도(甘味度)

비율	감미도
옥타브	2
5도	4
4도	5
장 3도, 장 6도	7
단 3도, 장온음, 단 6도	8
단온음, 단 7도, 장 7도	10
온음계반음	11
피타고라스 장 3도, 3온음	14

13.4 기록 세우기

기록은 지금까지의 것들 중 최고를 가리킨다. 그런데 어느 단계에서 '개선'

이 이루어지고, 그 뒤 또 다른 개선이 자연스럽게 이루어지는 수열은 아주 많으며, 이런 경우들을 분석할 때 조화급수가 자연스럽게 등장한다. 예를 들어 강우량 수치가 있는데 어느 한 해의 강우량은 다음 해의 강우량에 아무 영향을 주지 않는다고 가정하자. 그러면 첫 해의 강우량은 정의에 따라 그때까지의 기록이다. 이듬해의 강우량이 첫 해보다 많거나 적을 확률은 반반이다. 따라서 첫 두 해 동안 새로운 기록을 볼 해의 예상 수는 1+1/2이다. 이런 추론을 계속하면 셋째 해에는 지난 세 해에 대해 가능한 여섯 가지의 강우량 순서 중 두 가지가 새로운 기록에 해당한다. 따라서 세 해 동안 새로운 기록을 볼 해의 예상 수는 1+1/2+1/3이다. 이런 추론을 n해에 대해 계속하면 새로운 기록을 볼 해의 예상 수는 아래와 같다.

$$1 + \frac{1}{2} + \frac{1}{3} + \cdots + \frac{1}{n} = H_n$$

임의로 택한 두 가지 예를 보면 실감나게 이해할 수 있다. 옥스퍼드에 있는 래드클리프기상대(Radcliffe Meteorological Station)의 자료를 보면 1767년부터 2000년까지 옥스퍼드의 강우량은 다섯 차례 기록을 세웠다. 기간은 234년이고 H_{234}의 값은 6.03이다. 뉴욕 센트럴파크의 경우 1835년부터 1994년까지 160년 동안 여섯 차례 기록이 세워졌고 H_{160}의 값은 5.65이다. 이 비교는 영국의 날씨가 좀 더 예측하기 어렵다는 데 대한 좋은 증거라고 말할 수 있다! H_n의 값이 놀랄 정도로 작다는 데에서 흥미로운 암시를 읽을 수 있다. 예를 들어 H_{1000}과 $H_{1000000}$의 값이 각각 7.49와 14.39이므로 특별한 기후 변화가 없다면 이 오랜 세월 동안 기록이 세워지는 해는 아주 드물게 나타날 것이다.

각 측정치가 통계적으로 서로 독립이라는 가정 아래 이루어진 예측의 정확도는 그 자체가 통계적 독립성의 척도로 사용될 수 있다. 특히 이에 대해서는 네드 글리크(Ned Glick)의 말이 적절하다.

영국왕립통계학회(Royal Statistical Society)의 1954년 회의에서 포스터(F. G. Foster)와 스튜어트(A. Stuart)는 옥스퍼드에서 새로운 연간 최저 강우량과 최고 강우량 기록이 세워지는 경우가, 영국아마추어선수협회(British Amateur Athletic Association)가 매년 주최하는 육상경기에서 새로운 기록이 세워지는 경우보다 훨씬 드물다고 지적했다. 이 대조적 현상은 놀랄 일이 아니다. 지난 세기 동안 선수들의 선발과 훈련은 계속 강화되었던 반면 날씨에 대해서는 아무도 별다른 노력을 기울이지 않았기 때문이다. 물론 선수들의 기량도 들쑥날쑥하지만 몇십 년의 기간을 두고 전국의 경쟁자들(곧 우승자들)의 기록을 보면 평균적으로 더 빨리 달리고 더 높이 뛰고 더 멀리 던지는 경향이 형성되어 왔음을 알 수 있다. 그러나 지난 한 세기 동안의 기상조건은 직관적으로 보아도 좀 더 임의적이며 극적이고 일관된 변화는 없었다. 물론 임의로 100번을 측정했을 때 새로운 기록이 10번, 50번, 100번 나타날 수는 있다. 하지만 자세히 계산해 보면 100번의 임의적 측정에서 기록이 10번 이상 나타날 확률은 5%를 넘지 못한다. 따라서 강우량이나 경주보다 익숙하지 않은 자료에서 최고나 최저 기록이 너무 많이 관찰된다면 그 자료는 단순히 임의적인 게 아니라는 뜻으로 받아들여야 한다. 다시 말해서 대안이 될 만한 가설을 세우고 자료가 이에 부응하는지 점검해야 한다. 포스터와 스튜어트는 최고와 최저 기록의 합과 차를 이용한 공식절차를 마련하여 임의성 가설을 조사할 수 있도록 했으며, 다른 통계학자들도 그러한 추론절차를 연구하고 있다.

13.5 파괴검사

어떤 건물의 수평 구조를 떠받치는 데 쓰이는 n개의 통나무가 있다고 하자. 그러면 버틸 수 있는 최소 강도가 핵심적인 사항이므로 자연히 우리는 통나무가 얼마나 강한지 알고 싶을 것이다. 이를 측정하려면 통나무의 양 끝을 받침대에 올려놓은 뒤 한가운데에 힘을 점점 세게 가하여 언제 부러지는지 보고 그 값을 기록하면 된다. 이런 식으로 통나무마다 측정하면 분명 우리가 원하는 정보를 얻을 수 있지만 그 대가로 모든 통나무를 부러뜨려야 한다. 다시 말해서 우리는 현재의 사실이 아니라 과거의 사실을 얻는 것이다. 그러나 이보다 저렴하면서도 더 유용한 방법이 있다. 예를 들어 n개의 통나무 가운데 $1 \leq r \leq n$인 r번째 통나무가 버틸 수 있는 힘의 세기를 B_r이라 하고 다음 절차를 따른다.

- 첫째 통나무가 부러질 때까지 시험한다. 그러면 우리는 B_1을 얻는다.
- 둘째 통나무에 힘을 B_1이 될 때까지 점점 세게 가하지만 이를 넘지는 않도록 한다. 이때까지 버티면 $B_2 > B_1$임을 알게 되고 버티지 못하면 새로운 최저 기록 B_2를 얻는다.
- 셋째 통나무에 힘을 점점 세게 가하되 B_1과 B_2 중 작은 값을 넘지 않도록 한다. 만일 그 전에 부러지면 새로운 최저 기록 B_3을 기록하고 다음 통나무로 넘어간다.

앞서 강우량 기록을 다룰 때와 같은 추론을 적용하면, 통나무의 강도가 서로 독립적이라고 할 때 부러질 것으로 예상되는 통나무의 수는 다음과 같다.

$$H_n = 1 + \frac{1}{2} + \frac{1}{3} + \cdots + \frac{1}{n}$$

그러므로 통나무가 1000개 있다고 할 때 $H_{1000} \approx 7.5$이므로 그 모두가 아니라 7~8개 정도만 부러뜨리면 최소 강도를 알 수 있으며, 이 사실에 건축 회사는 크게 기뻐할 것이다. 나아가 부러진 통나무 개수의 분산(variance)은 $H_n - \pi^2/6$이라는 점도 보일 수 있는데, 이것도 $\pi^2/6$의 예기치 못한 출현 사례 중 하나라고 하겠다.

13.6 사막 건너기

여기서 살펴볼 문제는 1947년에 파인(N. J. Fine)이 푼 것으로 제 2차 세계대전을 배경으로 한 퍼즐의 형식을 띠고 있는데, 실제 기원은 더 거슬러 올라간다.

어떤 사막을 지프(Jeep)로 건너야 한다. 사막에는 연료를 넣을 곳이 없으며, 한 번에 사막을 건너기에 충분한 연료를 지프에 실을 수도 없고, 연료보급소를 세울 시간도 없다. 그러나 지프와 운전사는 아주 많으며, 차도 사람도 희생하고 싶지는 않다. 이런 상황에서 어떻게 최소한의 연료로 사막을 건널 수 있을까?

이 문제에서 지프가 달릴 수 있는 거리는 가득 찬 연료통을 한 단위로 삼아 이야기한다. 그러면 지프 한 대가 홀로 간다면 한 통의 거리만큼 갈 수 있다. 지프 두 대가 같이 출발한다면 일단 1/3통의 거리까지 함께 간 뒤, 지프 2는 1/3통의 연료를 지프 1에게 덜어 준 다음 기지로 돌아간다. 그러면 지프 1은 총 $1 + 1/3$통의 거리만큼 갈 수 있다.

지프 세 대가 같이 출발한다면 일단 1/5통의 거리까지 함께 간 뒤, 지프 3이 1/5통씩의 연료를 지프 1과 2에게 덜어 주면, 지프 3은 2/5통의 연료를 갖고 있는 반면 지프 1과 2의 연료통은 가득 찬다. 지프 1과 2는 그 지점에서 앞서와 같은 여행을 시작해서 1/3통만큼 같이 간 뒤 지프 2가 1/3의 연료를 지프 1에게 주고 지프 3이 있는 곳으로 돌아온다. 지프 3은 지프 2에게 1/5통의 연료를 덜어 주고 함께 기지로 돌아오며, 그 사이에 지프 1은 모두 $1 + 1/3 + 1/5$통의 거리만큼 나아간다.

같은 식으로 진행하면 네 대가 함께 출발할 경우 지프 한 대는 $1 + 1/3 + 1/5 + 1/7$통의 거리만큼 갈 수 있으며, 만일 n대가 함께 출발하면 지프 한 대는

$$\frac{1}{3} + \frac{1}{5} + \frac{1}{7} + \cdots + \frac{1}{2n-1}$$

통의 거리만큼 가게 된다. 이 급수가 발산한다는 것은 지프와 운전사만 뒷받침된다면 연료를 나눠 주는 방식을 통해 아무리 큰 사막이라도 얼마든지 건널 수 있음을 뜻한다.

13.7 카드 섞기

'윗장임의섞기(top in at random shuffle)'는 n장 카드 묶음의 맨 위에 있는 카드를 중간의 아무 곳에나 넣는 섞기를 말한다. 이런 섞기를 얼마나 되풀이해야 이 카드 묶음이 '임의적인' 상태가 되었다고 할 수 있을까?

이 과정을 애초 맨 밑에 있던 카드를 추적하면서 살펴본다. 이 카드를 B라고 하면 다른 카드가 그 밑으로 들어가기 전까지 이 카드는 맨 밑에 그대로 머문다. 맨 윗장을 임의로 다른 곳에 넣을 때 넣을 수 있는 곳의 수는 n이다. 따라서 이것이 B의 밑으로 들어갈 확률은 $1/n$이며, 바꿔 말하면 B의 밑으로 한 장의 카드가 들어갈 때까지 평균적으로 n번의 '윗장임의섞기'를 해야 한다. 이렇게 해서 B의 밑으로 한 장의 카드가 들어갔다고 하자. 그러면 그 다음 맨 위의 카드가 B의 밑으로 들어갈 확률은 $2/n$인데, 왜냐하면 이제 B의 밑에 다른 카드를 받아들일 자리가 두 곳이 되었기 때문이다. 이는 곧 B의 밑으로 두 번째 카드가 들어갈 때까지 평균적으로 $n/2$번을 더 섞어야 한다는 뜻이며, 따라서 B의 밑으로 두 장의 카드가 들어갈 때까지 섞으려면 맨 처음부터는 모두 $n + n/2$번의 섞기가 필요하다고 예상할 수 있다. 주목할 것은 이때 B의 밑에 있는 카드 두 장의 순서는 '임의적'이라는 점이다. 이런 식으로 계속할 경우 B가 이 묶음의 맨 위로 올 때까지 행해야 할 평균적인 '윗장임의섞기'의 횟수는 다음 식으로 주어진다.

$$n + \frac{n}{2} + \frac{n}{3} + \frac{n}{4} + \cdots + \frac{n}{n-1} = n\left(1 + \frac{1}{2} + \frac{1}{3} + \frac{1}{4} + \cdots + \frac{1}{n-1}\right)$$

이 단계에서 B의 밑에 있는 모든 카드의 순서는 임의적이다. 그리고 이제 한 번만 더 섞으면 맨 위의 B도 이 묶음의 아무 곳에나 들어가게 되어 전체적으로 임의적인 상태가 된다. 그러므로 섞어야 할 총 횟수는 다음과 같다.

$$n + \frac{n}{2} + \frac{n}{3} + \frac{n}{4} + \cdots + \frac{n}{n-1} + 1$$
$$= n\left(1 + \frac{1}{2} + \frac{1}{3} + \frac{1}{4} + \cdots + \frac{1}{n-1} + \frac{1}{n}\right)$$
$$= nH_n$$

52장의 카드로 구성된 일반적인 카드 묶음의 경우 이 횟수는 약 230번이다.

13.8 퀵소트

어떤 자료의 배열(array)을 정렬하기 위해 고안된 수많은 알고리듬(algorithm) 가운데 호어(C. A. R. Hoare)가 만든 퀵소트(Quicksort)가 유독 가장 선호되는데, 무엇보다도 이는 정렬하는 데 필요한 시간이 비교적 짧기 때문이다.

퀵소트의 전반적 아이디어는 다음과 같다. 먼저 배열된 자료 가운데 '기점(基點, pivot point)'으로 삼을 자료를 하나 선택한다. 다음으로 다른 자료들을 기점을 중심으로 둘로 나누는데, 기점보다 값이 작은 자료들은 기점보다 오른쪽에 있으면 왼쪽으로 옮기고 본래부터 왼쪽에 있으면 그대로 두며, 기점보다 값이 큰 자료들은 반대로 처리한다. 그 다음으로 같은 조작을 두 개의 부배열(副配列, subarray)에 대해 행하고, 이런 과정을 각 부배열의 길이가 1이 될 때까지 계속 반복한다. 여기에 관련된 수학을 살펴보기 위해 두 자료를 비교하는 데 걸리는 시간을 1단위의 비교시간으로 삼고, 이 알고리들이 알 수 없는 순서로 배열된 n개의 자료들을 정렬하는 데 걸리는 평균 시간을 T_n이라고 하자. 그리고 이 자료들 가운데 r번째 것을 기점으로 택한다. 그러면 기점을 중심으로 n개의 자료를 두 부분으로 재배치하려면 맨 처음에 기점을 택하는 시간 1과 $n-1$개의 자료를 비교하고 재배치하는 시간 $n-1$을 더하면 되므로, 총 정렬 시간 T_n은 다음과 같이 쓸 수 있다.

$$T_n = n + T_{r-1} + T_{n-r}, \quad r = 1, 2 \cdots, n \quad T_0 = 0$$

r을 소거하기 위하여 위의 식을 r에 대해서 모두 더한다.

$$\sum_{r=1}^{n} T_n = \sum_{r=1}^{n} n + \sum_{r=1}^{n} (T_{r-1} + T_{n-r})$$

$$nT_n = n^2 + \sum_{r=1}^{n} T_{r-1} + \sum_{r=1}^{n} T_{n-r} = n^2 + 2\sum_{r=0}^{n-1} T_r$$

$$\therefore T_n = n + \frac{2}{n} \sum_{r=0}^{n-1} T_r$$

그러면

$$nT_n - (n-1)T_{n-1} = n\left\{n + \frac{2}{n}\sum_{r=0}^{n-1} T_r\right\} - (n-1)\left\{n-1 + \frac{2}{n-1}\sum_{r=0}^{n-2} T_r\right\}$$

$$= n^2 - (n-1)^2 + 2\sum_{r=0}^{n-1} T_r - 2\sum_{r=0}^{n-2} T_r = 2n - 1 + 2T_{n-1}$$

이 되고 따라서 아래 식을 얻으며

$$nT_n = 2n - 1 + 2T_{n-1} + (n-1)T_{n-1} = (n+1)T_{n-1} + 2n - 1,$$
$$n = 1, 2, \cdots \quad T_0 = 0$$

여기서 한 차례 마술적인 도약을 하면 점화관계식의 세계를 벗어날 수 있으며, 아래 식은 그 해이다.

$$T_n = 2(n+1)\sum_{r=1}^{n+1} \frac{1}{r} - 3n - 2, \quad n \geq 1$$

이것이 옳은지 여부는 점검할 수 있는데, 그 과정은 다음과 같다.

$$(n+1)T_{n-1} + 2n - 1$$
$$= (n+1) \times \left(2n\sum_{r=1}^{n}\frac{1}{r} - 3(n-1) - 2\right) + 2n - 1$$
$$= 2n(n+1)\sum_{r=1}^{n}\frac{1}{r} + (n+1)(-3n+1) + 2n - 1$$
$$= 2n(n+1)\sum_{r=1}^{n}\frac{1}{r} - 3n^2 - 2n + 1 + 2n - 1$$
$$= 2n(n+1)\sum_{r=1}^{n+1}\frac{1}{r} - 2n - 3n^2 = nT_n$$

덧붙여 확인할 것은 다음과 같다.

$$T_0 = 2(0+1)\sum_{r=1}^{1}\frac{1}{r} - 3 \times 0 - 2 = 0$$

이 결과를 이용하여 큰 값의 n에 대해 n을 $n+1$로 치환하고 자연로그를 사용하여 T_n을 어림잡으면 퀵소트의 효율성에 대한 척도를 얻을 수 있다.

$$T_n = 2(n+1)\sum_{r=1}^{n+1}\frac{1}{r} - 3n - 2$$
$$\approx 2(n+1)\left(\ln(n+1) + \gamma - \frac{3n+2}{2(n+1)}\right)$$
$$= O(n \ln n)$$

이렇게 척도를 얻었으므로 그 효율성을 다른 방법들과 어렵잖게 비교할 수 있다. 한 예로는 간단한 '거품정렬(Bubble sort)'을 들 수 있으며(이웃한 자료가 순서에 어긋나면 바꿔 주는 조작을 이용한 것으로, 가장 단순한 정렬법이다. - 옮긴이), 이 방법의 효율성은 $O(n^2)$ 정도이다(여기의 'O'는 'order'에서 따온 것으로 "대략 ~ 정도이다"라는 뜻을 나타낸다. 부록 B 참조. - 옮긴이). 물론 최악의 경우 $n \ln n$을 n^2에 접근하도록 하는 시나리오도 실현될 수 있다.

13.9 완전세트 모으기

판매 전략의 하나로 한 세트의 물건들을 여러 제품에 나누어 제공하는 방법이 있으며, 특히 어린이들을 대상으로 한 제품에 많이 사용된다. 여기서는 한 세트가 n개의 서로 다른 장난감으로 구성된 판촉 물품을 수많은 아침식사용 시리얼(cereal) 박스에 임의적으로(이것은 대담한 가정이다) 하나씩 넣었다고 생각해 보자. 그러면 문제는 "어떤 어린이가 이 한 세트의 장난감을 모두 모으려면 시리얼을 몇 박스나 사야 할까?"라는 것이다.

먼저 예비단계로 무한등비급수의 한 결과가 필요하다.

$$1 + x + x^2 + x^3 + \cdots = \frac{1}{1-x}, \quad |x| < 1$$

이 식은 이미 여러 번 사용한 적이 있는데, x에 대해 미분하면

$$1 + 2x + 3x^2 + 4x^3 + \cdots = \frac{1}{(1-x)^2}$$

이 되고 수렴영역도 같다. 이제 문제로 들어간다.

r번째 새 장난감을 얻기 위해 열어야 할 것으로 예상되는 박스의 수를 E_r이라고 하자(그림 13.1 참조). 우선 첫 박스를 열면 당연히 새 장난감을 얻으므로 $E_1 = 1$이다. 그러면

$$E_2 = 1\frac{n-1}{n} + 2\frac{1}{n}\frac{n-1}{n} + 3\left(\frac{1}{n}\right)^2\frac{n-1}{n} + 4\left(\frac{1}{n}\right)^3\frac{n-1}{n} + \cdots$$

$$= \frac{n-1}{n}\left(1 + 2\left(\frac{1}{n}\right) + 3\left(\frac{1}{n}\right)^2 + 4\left(\frac{1}{n}\right)^3 + \cdots\right)$$

위 결과에 $x = 1/n$을 넣으면

$$E_2 = \frac{n-1}{n}\frac{1}{(1-1/n)^2} = \frac{n}{n-1}$$

이 되며, 이 논리를 계속 적용하면 다음과 같다.

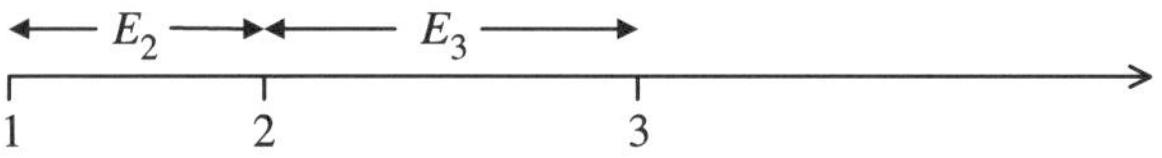

```
←― E₂ ―→←― E₃ ―→
1      2      3
```

그림 13.1.

$$E_3 = 1\frac{n-2}{n} + 2\frac{2}{n}\frac{n-2}{n} + 3\left(\frac{2}{n}\right)^2\frac{n-2}{n} + 4\left(\frac{2}{n}\right)^3\frac{n-2}{n} + \cdots$$

$$= \frac{n-2}{n}\left(1 + 2\left(\frac{2}{n}\right) + 3\left(\frac{2}{n}\right)^2 + 4\left(\frac{2}{n}\right)^3 + \cdots\right)$$

$$= \frac{n-2}{n}\frac{1}{(1-2/n)^2}$$

$$= \frac{n}{n-2}$$

따라서 한 세트의 장난감을 모두 모으기 위해 사야 할 것으로 예상되는 시리얼 박스의 수는 다음과 같다.

$$T_n = E_1 + E_2 + E_3 + \cdots + E_n$$

$$= \sum_{r=1}^{n}\frac{n}{n-r+1} = n\sum_{r=1}^{n}\frac{1}{r} = nH_n$$

물론 장난감의 분포가 고르지 않으면 이 수는 증가한다. 독자들은 이 문제를 주사위에 적용하여 모든 면이 나올 때까지 던져야 할 횟수를 구해 볼 수 있다. 이 경우 $n=6$이므로 $T_6 = 14.7$이다. 다른 예로 52장의 카드 묶음에서 임의로 한 장씩 골라내는 경우 모든 카드를 구경하려면 좀 더 많은 인내가 필요하다. 이 경우 $n=52$이므로 $T_{52} \approx 205$이기 때문이다.

13.10 퍼트넘상 문제

윌리엄 로웰 퍼트넘 수학경시대회(William Lowell Putnam Mathematical Competition)는 수학자 퍼트넘을 기려 1938년에 창설된 이래 미국 대학생들을 대상으로 매년 열리고 있으며 상금은 개인이나 팀에게 수여된다. 1992년의 문제 B5는 행렬정수(行列定數, determinant)에 관한 것으로 행렬정수 Δ_n이 다음과 같을 때 $\Delta_n/n!$이 무한한지의 여부를 물었다.

$$\Delta_n = \begin{vmatrix} 3 & 1 & 1 & 1 & \cdots & 1 \\ 1 & 4 & 1 & 1 & \cdots & 1 \\ 1 & 1 & 5 & 1 & \cdots & 1 \\ 1 & 1 & 1 & 6 & \cdots & 1 \\ \cdot & \cdot & \cdot & \cdot & & \cdot \\ 1 & 1 & 1 & 1 & \cdots & n+1 \end{vmatrix}$$

아래에는 이 문제의 우아한 답에 이르는 핵심 단계를 보였다. 관심 있는 독자들은 행렬정수의 성질을 이용하여 자세한 과정을 완성해 보기 바란다.

$$\Delta_n = \begin{vmatrix} 3 & 1 & 1 & 1 & \cdots & 1 & 1 \\ 1 & 4 & 1 & 1 & \cdots & 1 & 1 \\ 1 & 1 & 5 & 1 & \cdots & 1 & 1 \\ 1 & 1 & 1 & 6 & \cdots & 1 & 1 \\ \cdot & \cdot & \cdot & \cdot & & 1 & 1 \\ 1 & 1 & 1 & 1 & \cdots & n+1 & 1 \\ 0 & 0 & 0 & 0 & \cdots & 0 & 1 \end{vmatrix}$$

$$= \begin{vmatrix} 2 & 0 & 0 & 0 & \cdots & 0 & 1 \\ 0 & 3 & 0 & 0 & \cdots & 0 & 1 \\ 0 & 0 & 4 & 0 & \cdots & 0 & 1 \\ 0 & 0 & 0 & 5 & \cdots & 0 & 1 \\ \cdot & \cdot & \cdot & \cdot & & 0 & 1 \\ 0 & 0 & 0 & 0 & \cdots & n & 1 \\ -1 & -1 & -1 & -1 & \cdots & -1 & 1 \end{vmatrix}$$

$$= \begin{vmatrix} 2 & 0 & 0 & 0 & \cdots & 0 & 1 \\ 0 & 3 & 0 & 0 & \cdots & 0 & 1 \\ 0 & 0 & 4 & 0 & \cdots & 0 & 1 \\ 0 & 0 & 0 & 5 & \cdots & 0 & 1 \\ \cdot & \cdot & \cdot & \cdot & \cdot & 0 & 1 \\ 0 & 0 & 0 & 0 & \cdots & n & 1 \\ 0 & 0 & 0 & 0 & \cdots & 0 & H_n \end{vmatrix} = n!\,H_n$$

따라서 $\Delta_n/n! = H_n$인데, H_n이 발산하므로 결국 답은 이 행렬정수의 값이 무한이라는 것이다.

13.11 최대 돌출

한 장의 카드를 책상 모서리에 맞춰서 얹어 놓고 그 위에 차례로 다른 카드를 쌓아서 떨어지지 않는 한 모서리 밖으로 가장 멀리 내밀게 하려고 한다 (그림 13.2 참조). 과연 최대 얼마까지 내밀게 할 수 있을까? 먼저 카드 한 장의 폭을 2라고 하자. 그러면 두 장의 카드를 쌓을 경우 위 카드의 무게중심이 아래 카드의 모서리 바로 위에 있을 때 가장 멀리 내밀어진다. 이제 d_r을 맨 위 카드의 오른쪽 모서리에서 그 밑 r번째 카드 오른쪽 모서리까지의 거리라고 하자. 그러면 $d_1 = 0$이고 d_{r+1}을 첫 r장 카드의 무게중심이라고 하면

$$d_{r+1} = \frac{(d_1+1)+(d_2+1)+(d_3+1)+\cdots+(d_r+1)}{r}, \quad 1 \le r \le n$$

이므로

$$rd_{r+1} = r + d_1 + d_2 + \cdots + d_{r-1} + d_r, \quad r \ge 0$$

이며,

$$(r-1)d_r = r - 1 + d_1 + d_2 + \cdots + d_{r-1}, \quad r \ge 1$$

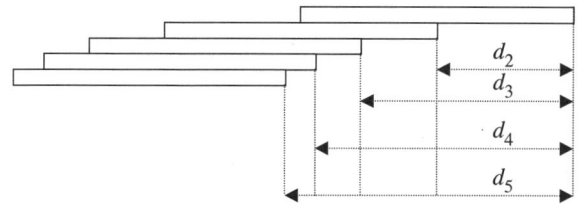

그림 13.2. 돌출된 카드

이다. 둘째 식에서 셋째 식을 빼면

$$rd_{r+1} - (r-1)d_r = 1 + d_r, \quad r \geq 1$$

이고 따라서 아래 식이 나온다.

$$d_{r+1} = d_r + 1/r, \quad r \geq 1$$

이 식은 조화급수를 정의하는 두 번째 식에 해당하므로 $d_{r+1} = H_r$이다. r을 n으로 바꾸면 총 돌출 길이로 낯익은 H_n을 얻는데, H_n이 발산하므로 카드만 무한하다면 이론적으로는 얼마든지 카드를 내밀게 할 수 있다.

13.12 끈 위의 벌레

이 흥미진진한 문제는 1972년에 데니스 윌킨(Denys Wilquin)이 고안한 것으로 보인다. 어떤 (수학적) 벌레가 길이가 1m인 (수학적) 고무줄의 한 끝에서 기어가기 시작한다. 벌레는 꾸준히 분당 1cm의 속도로 기어가고 1분이 지날 때마다 고무줄은 순간적으로 1m씩 늘어난다. 따라서 첫 1분이 지나기 직전 벌레는 시작점에서 1cm 끝점에서 99cm 떨어져 있는데, 1분이 지나는 순간 고무줄이 1m 늘어나므로 이때는 시작점에서 2cm, 끝점에서 198cm 떨어져 있게 된다. 다음으로 거의 2분이 다 되는 때에 벌레는 시작점에서 3cm, 끝점에서 197cm인 곳에 있는데, 바꿔 말하면 시작점에서 $(1 + 1/2)\% = 1.5\%$ 끝점에서 98.5%인 곳에 있다. 다음 순간 고무줄이 또

1m 늘어나므로 벌레는 시작점에서 4.5cm, 끝점에서 295.5cm인 곳에 있게 된다. 그리고 3분이 다 되는 때에 벌레의 위치는 시작점에서 5.5cm, 끝점에서 294.5cm인 곳, 바꿔 말하면 시작점에서 $\left(1 + \frac{1}{2} + \frac{1}{3}\right)\% = 1\frac{5}{6}\%$, 끝점에서 $98\frac{1}{6}\%$ 인 곳이다. 이런 과정은 이후 계속 되풀이되며, 여기서 문제는 다음과 같다: 과연 벌레는 이 고무줄의 끝에 이를 수 있을까? 그 답을 구하는 데는 고무줄이 늘어나는 순간 벌레가 일정한 속도로 기어간 거리를 %로 환산한 값은 변하지 않고 일정하게 유지된다는 사실이 핵심적으로 작용한다. 이런 관점에서 살펴보면 벌레가 첫 1분 동안에는 고무줄 총 길이의 1/100, 다음 1분 동안에는 1/200, 그 다음 1분 동안에는 1/300만큼 기어감을 알 수 있다. 따라서 n분이 지난 뒤 고무줄 총 길이에 대해 벌레가 기어간 거리의 비율은 다음과 같다.

$$\frac{1}{100}\left(\frac{1}{1} + \frac{1}{2} + \frac{1}{3} + \cdots + \frac{1}{n}\right) = \frac{H_n}{100}$$

H_n을 다시 로그로 어림잡아서 계산해 보면 $\ln n + \gamma \approx 100$일 때 $H_n = 100$이 되며, $n \approx e^{100-\gamma}$분 정도이다. 그러므로 지칠 줄 모르는 우리의 벌레가 이 여정을 마치는 데에는 우주의 일생으로 추정되는 시간보다 더 오랜 시간이 필요하다.

13.13 최적의 선택

마지막으로 이야기할 조화급수의 놀라운 출현 사례는 특히 우리의 직관에 반한다는 점에서 두드러지고 자동차, 식당, 비서, 배우자 등을 고를 때와 같이 여러 곳에서 등장한다. 이런 경우들의 공통점은 임의적으로 배열된 대상들의 목록 중에서 하나만 택해야 하고, 그중 최고의 대상이 하나 존재하며, 우리가 그것을 얻길 원한다는 것이다. 극단적으로 말하면, 한편으로 모든 후보를 일일이 검토하여 완전한 성공을 거둘 수도 있고, 다른 한편으로 게으름을 피워 아무런 생각 없이 그냥 하나를 택할 수도 있다. 만일 대상의 수가 n이라면 이 두 극단적 방법의 성공률은 각각 1과 $1/n$이다. 과연 이 양 극단 사이에, 노력은 하겠지만 너무 많은 노력을 들이지 않고 최적의 선택을 할 길이 있을까? 이에 대한 답은 "그렇다"이며 그것도 아주 우아한 "그렇다"이다. 답부터 말하자면 이 전략은 처음 r후보를 물리친 뒤, 나머지 중에서 물리쳤던 후보들 중 가장 좋았던 후보보다 더 좋은 첫 번째 후보를 택하는 것이다.

왜 이 전략이 그럴듯하며 언제 최적일까? 그리고 r의 값은 얼마일까? 최고의 후보를 B라 할 때, 이것이 첫 r까지의 후보 가운데 있으면 우리는 실패한다. 또한 그 뒤의 모든 후보는 B와 비교했을 때 그보다 못하므로 결국 마지막 n번째 후보가 선택되는 행운을 누린다. 하지만 B가 r까지의 후보 중에 있지 않다면 성공을 거둘 확률이 생긴다. 이 확률은 얼마일까? 그 답은 B가 남은 후보 중 어느 위치에 있느냐에 따라 달라지며, 우리는 각 가능성을 모두 살펴봐야 한다.

B가 우연히 $r+1$째 자리에 있다면 우리는 당연히 B를 택하여 성공하게 되며, 그럴 확률은 $1/n$이다. B가 우연히 $r+2$째 자리에 있을 경우에는 $r+1$째 자리의 후보가 그때까지의 최선이라면 그것을 택하게 되어 실패하지만, 그렇지 않다면 B를 택하여 성공을 거둔다. 이는 곧 $r+1$까지의 대상들 중 최고의 것이 처음 r까지 사이에 있다면 우리가 B를 택할 수 있다는 뜻이며 그럴 확률은 $r/(r+1)$이다. 이때 B는 $r+2$째 자리에 있어야 하고, 그 확률은 $1/n$이다. 따라서 이 경우 성공할 확률은 아래와 같이 주어진다.

$$\frac{1}{n} \times \frac{r}{r+1}$$

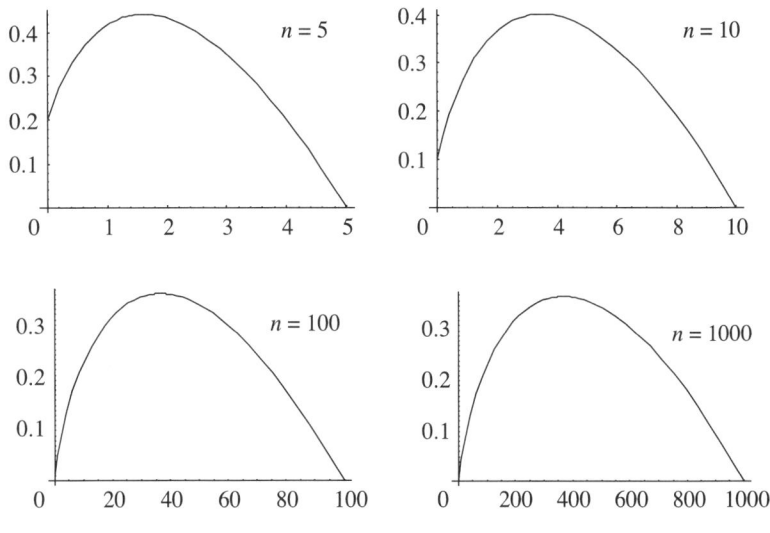

그림 13.3. 연속적으로 그린 $P(n, r)$의 모습

이런 분석을 B가 $r+3, r+4, \cdots, n$번째에 있을 경우에 대해 적용하면 성공할 확률은 각각

$$\frac{1}{n} \times \frac{r}{r+2}, \ \frac{1}{n} \times \frac{r}{r+3}, \ \cdots, \ \frac{1}{n} \times \frac{r}{n-1}$$

이므로, 이 전략을 사용하여 B를 뽑아 성공할 총 확률은 다음과 같다.

$$P(n, r) = \frac{1}{n}\left(1 + \frac{r}{r+1} + \frac{r}{r+2} + \frac{r}{r+3} + \cdots + \frac{r}{n-1}\right)$$

대상의 수가 n이라고 할 때 우리가 알고 싶은 것은 r이 0부터 $n-1$까지 변하는 동안 위의 확률이 어디서 최대인가 하는 점이다. 여기에서 조화급수가 등장하며, 이를 이용하면 위의 식은

$$P(n, r) = \frac{1}{n}\{1 + r(H_{n-1} - H_r)\}$$

과 같이 고쳐 쓸 수 있다. $n = 5, 10, 100, 1000$과 같은 작은 값일 경우에는 이를 쉽게 계산할 수 있으며 그림 13.3에 그 결과를 도시했다.

그림에서는 상황을 더 잘 나타내기 위하여 점들을 선으로 연결했다. 여기서 우리는 어떤 경향이 나타남을 뚜렷이 알 수 있는데, $P(n, r)$의 값은 0.4를 갓 넘거나 그보다 작은 곳에서 최대가 되었다가 다시 줄어들며, 이때 r의 값은 $n/3$보다 조금 크다. 표 13.5에는 $P(n, r)$의 최대값과 그때의 r값을 처음 얼마간의 작은 n과 몇몇 큰 n에 대해 정리해서 보였다.

표 13.5 최적 선택의 좌표값

n	최적 r값	$P(n, r)$의 최대값
1	0	1.000
2	0/1	0.500
3	1	0.500
4	1	0.458
5	2	0.433
6	2	0.428
7	2	0.414
8	3	0.410
9	3	0.406
10	3	0.399
20	7	0.384
50	18	0.374
100	37	0.371043
200	73	0.369461
300	110	0.369352
400	147	0.368671
500	184	0.368512
1000	368	0.368195
5000	1839	0.367942
10000	3678	0.367911

이 결과로부터 우리는 n이 아무리 크더라도 이 전략을 따르면 최소한 37% 이상의 확률로 B를 고르는 데 성공할 수 있음을 알게 된다. 물론 확실한 성공보다야 못하지만, 아무 대책 없이 $1/n$의 확률에 의지하는 것보다는 훨씬 좋은 전략임이 분명하다.

이 문제를 세밀하게 분석하려면 큰 n에 대한 조화급수의 값을 다시 로그로 어림잡아야 한다.

$$P(n,r) \approx \frac{1}{n}\{1 + r([\ln(n-1) + \gamma] - [\ln r + \gamma])\}$$
$$= \frac{1}{n}\left\{1 + r\ln\frac{n-1}{r}\right\}$$

n이 충분히 크면 r을 연속변수처럼 취급할 수 있으며, 이런 경우 아래처럼 미분을 통해 그림 13.3과 비슷하게 최대값의 좌표를 어림잡을 수 있다.

$$\frac{dP(n,r)}{dr} = \frac{1}{n}\left\{\ln\frac{n-1}{r} - r \times \frac{1}{r}\right\} = \frac{1}{n}\left\{\ln\frac{n-1}{r} - 1\right\}$$

이 결과에 따라 미분을 0으로 놓으면 $\ln(n-1)/r = 1$이므로 $(n-1)/r = e$이며, n이 큰 값일 경우 이것은 그냥 $n/r = e$로 놓아도 좋다. 따라서 최적의 r값은 약 n/e이고 그때 $P(n,r)$의 최대값은

$$\frac{1}{n}\left\{1 + r\ln\frac{(n-1)}{r}\right\} \approx \frac{r}{n}\ln\frac{n}{r} \approx \frac{1}{e} \approx 0.37$$

로서 네이피어 로그의 밑과 같다.

아직 몇 가지 흥미로운 점이 남아 있다. $1/e$의 연분수 표현은 아래에서 보듯 e의 연분수 표현을 한 자리씩 오른쪽으로 옮겨놓은 것과 같다.

$1/e = [0; 2, 1, 2, 1, 1, 4, 1, 1, 6, 1, 1, 8, 1, 1, 10, 1, 1, 12, \cdots]$

이는 처음 몇몇 수렴값들이 $\frac{1}{2}, \frac{1}{3}, \frac{3}{8}, \frac{4}{11}, \frac{7}{19}, \frac{32}{87}, \frac{39}{106}, \frac{71}{193}, \frac{465}{1264},$

$\frac{536}{1457}, \cdots$이라는 뜻이다.

표 13.6 또 다른 최적 선택의 좌표값

n	최적 r값	$P(n, r)$의 최대값
2	1	0.500
3	1	0.500
8	3	0.4098
11	4	0.3984
19	7	0.3850
87	32	0.3715
106	39	0.3709
193	71	0.3695
1264	465	0.36813
1457	536	0.36810

표 13.5에는 몇 가지 n값과 이에 상응하는 최적의 r값 및 $P(n, r)$의 최대값을 실었다. 그리고 표 13.6에는 또 다른 몇 가지 n과 그에 상응하는 값들을 모아 실었다.

표 13.6에 실은 n값은 임의로 뽑은 것이 아니다. 이것들은 $1/e$의 수렴값들의 분모들이며, 최적 r값들이 그에 상응하는 분자들이다. 더 큰 값을 점검하기 위해 $1/e$의 20번째 수렴값의 분모인 $n = 14{,}665{,}106$의 경우를 보면 그 분자는 $5{,}394{,}991$인데, 이때 최적 r값은 얼마일까? 옳다. 그리고 합리적이기도 한데, 왜 이렇게 될까?

이 과정의 기이한 특징 하나는 모든 후보가, 만일 인터뷰를 할 수만 있다면, 인터뷰의 결과를 끝난 즉시 들을 수 있다는 점이다. 그런데 이 특징을 희생한다면 이 문제를 약간 다르게 볼 수 있다. 이제 본래 문제의 "물리친다"라는 동사를 "유보한다"로 바꿨다고 생각해 보자. 그러면 최고의 후보가 첫

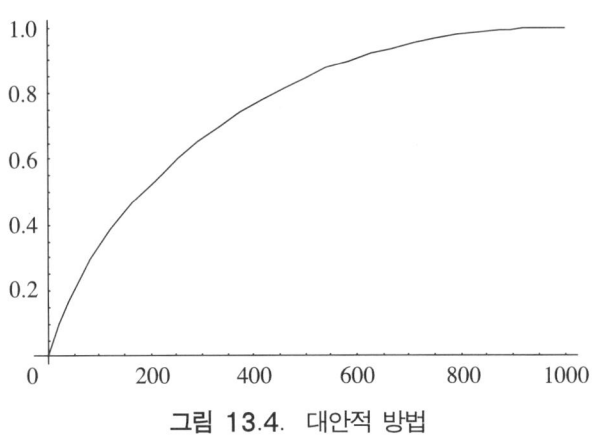

그림 13.4. 대안적 방법

r명 중에 들어 있을 경우 우리는 마지막 후보까지 인터뷰를 해야 하지만, 다 마치고 난 뒤 최고의 후보를 '유보한' 후보들 중에서 택하면 된다. 물론 우리의 노력이 전혀 절약되지 않았다는 의미에서 보면 이 과정은 실패라고 할 수 있다. 하지만 어쨌든 다음과 같은 의문을 생각해 볼 수는 있다: r값이 어느 정도일 때 최고 후보를 고를 확률이 절반을 넘을까? 이 경우 확률의 식은 다음과 같으며

$$P(n, r) = \frac{1}{n}\{1 + r(H_{n-1} - H_r)\} + \frac{r}{n}$$

덧붙여진 항은 최고의 후보가 r명 안에 있을 '유보된 확률'을 나타낸다. 여기서 로그 어림법을 쓰더라도 $P(n, r) = 1/2$에서의 r값을 알아낼 수는 없다. 하지만 예를 들어 $n = 1,000$으로 놓고 살펴보면 상황을 파악할 수 있다.

이 함수는 당연하게도 $r = 1,000$에서 최댓값 1이 된다. 그러나 우리의 관심은 언제 이 함수가 $1/2$에 이르는가 하는 것으로, 약간 계산해 보면 $r = 186$임을 알 수 있다. 나아가 n을 증가시키면서 계산하면 r/n은 점근적으로 (구체적으로 무슨 값이든) $0.1866822\cdots$에 접근한다. 요컨대 이런 과정에서는 20%에 조금 못 미치는 수의 후보들만 인터뷰하면 최고의 후보를 고를 확률이 절반을 넘는다!

로그가 넘치는 세상

> 수학은 경험과 무관한 인간 사고의 산물임에도 어찌하여
> 현실의 대상에 그토록 경탄스럽게 적용될 수 있을까?
> 알베르트 아인슈타인(Albert Einstein, 1879~1955)

'들어서면서'에서 이미 이야기했지만 이 책의 독자들은 로그가 수학 및 그 응용 분야에서 매우 자주 등장한다는 점에 대해 거의 아무런 의문도 품지 않을 텐데, 특히 수많은 미분방정식이 로그와 관련되며 그 해는 지수함수와 관련된다. 어느 과학책이든 잠깐만 훑어보면 금세 알게 되듯 케플러의 제3법칙, 중력의 일반 법칙, 보일의 법칙 등 자연계에는 거듭제곱의 법칙이 아주 많다. 그리고 케플러가 이미 경험했을 것으로 보이듯, 거듭제곱의 법칙이 있는 곳에는 이를 선형화하는 로그가 뒤따른다. 지진의 세기는 로그를 이용한 리히터규모(Richter scale)로 나타내고, 프랙탈(fractal)의 차원도 로그로 정의되며, 쌍곡기하(hyperbolic geometry)에 대한 푸앵카레모델(Poincare model)에서의 거리도 로그로 표시되는 등 목록은 계속 이어진다. 이 책의 마지막 두 장은 한 가지 특별하고 중요한 용도로 어떤 수보다 작은 소수의 개수에 대한 척도로 로그를 사용하는 것에 할애하였다. 이 장에서는 문제의 해에 로그가 등장해야만 하는 세 가지 예를 살펴본다. 이 예들이 대표적이라고 말하기는 어렵지만 각각 신선한 호소력을 지니고 있으며 모두 중요한 아이디어로 발전해 갔다.

14.1 불확실성의 척도

'엔트로피(entropy)'의 사전적 정의는 "어떤 계의 무질서 척도"이다. 이 용어는 열역학 제2법칙과 관련하여 유명한데, 1948년 미국의 과학 천재 클로드 섀넌(Claude Shannon, 1916~2001)의 손길 아래 새로운 용도를 찾았다. 섀넌은 '정보시대의 아버지(father of the information age)'라고 불리며, 현대의 디지털 통신은 그의 이론에 바탕을 두고 있다. 이 매력적인 괴짜의 집에는 피아노 5대와 30여 가지 악기, 체스기계(이 기계 중 하나는 세 손가락이 달린 팔로 말을 움직였고 '삐' 소리를 내며 얄궂은 농담을 내뱉기도 했다), 로켓으로 날아가는 원반, 엔진이 달린 포고스틱(Pogo stick), 독심술 기계, 미로를 헤쳐 나가는 기계 쥐, 루빅스큐브(Rubik's Cube)를 푸는 기계 등이 있다. 그는 또한 저글링(juggling)을 좋아해서 부드러운 손으로 강철 구슬을 던지고 받는 기계를 만들었으며, 더 나아가 세 광대가 고리 11개와 공 7개와 곤봉 5개를 던지고 받는 작은 무대 장치도 만들었는데, 이것들은 모두 보이지 않게 가려진 태엽과 연결막대로 움직이도록 설계되었다. 외바퀴자전거를 좋아한 그는 오랫동안 일했던 벨연구소(Bell Laboratories)의 복도를 돌아다니는 교통수단으로 이를 사용했다. 또한 두 취미를 함께 즐기기 위해 자전거를 타면서 저글링을 보다 쉽게 할 수 있도록 비대칭기어를 장착한 외바퀴자전거를 설계하기도 했다.

벨전화회사(Bell Telephone Company)에서 일했던 섀넌은 자연스럽게 통신과 관련하여 일어나는 모든 형태의 문제에 관심을 갖게 되었다. 이 관심은 영향력 있는 1948년의 논문으로 이어졌고, 훗날 수학자 워렌 위버(Warren Weaver)와 함께 쓴 《통신의 수학 이론(The Mathematical Theory of Communication)》이란 책으로 출판되었다. 알렉산드르 킨친(Alexandre Khinchin)은 이 아이디어를 받아들여 더욱 가다듬고 확장해서

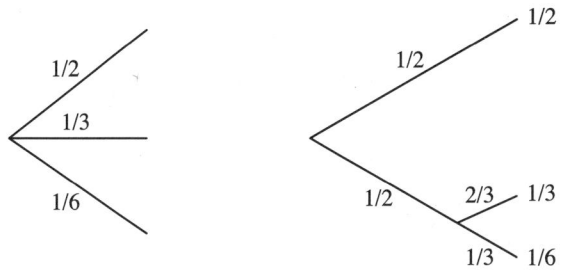

그림 14.1 클로드 섀넌의 그림 6

두 편의 논문을 썼는데, 영어로는 1959년에 《정보이론의 수학적 기초(*Mathematical Foundations of Information Theory*)》란 책으로 발행되었다(연분수에 대한 킨친의 연구는 이 장에서 다시 살펴본다). 이로부터 이 주제는 현대 응용수학에서 핵심적인 주요 분야의 하나로 피어났다. 여기서 살펴볼 예는 섀넌과 위버의 책에서 발췌한 것으로, 그들은 통신체계의 무질서라는 개념을 수치화했으며 이 개념을 확률로 풀이했다. 섀넌은 자신의 이론을 더 발전시켜 현대 통신체계의 핵심을 이루는 일련의 놀라운 결과들을 이끌어 냈다. 우리는 거기까지 살펴보지는 않겠지만 독자들은 지금도 구할 수 있는 위의 책들을 통해 더 깊이 공부할 수 있다. 과연 불확실성(uncertainty)을 어떻게 측정할 것이며, 그 척도로서의 로그는 어떻게 자연스럽게 나타날까? 클로드 섀넌의 말을 직접 들어 보자(그림 14.1 참조).

6. 선택, 불확실성, 엔트로피

우리는 단속적인 정보원(情報源, information source)을 마르코프과정(Markov process)으로 나타냈다. 이런 과정에서 어떤 의미로든 얼마나 많은 정보가 생성되는지를 측정할 척도, 또는 좀 더 정확하게 정보의 생성 속도에 대한 척도를 정의할 수 있을까?

발생할 확률이 각각 $p_1, p_2, \cdots, p_n$인 사건들의 집합이 있다고 하자. 이 확률들은 알려져 있지만 어떤 사건의 발생에 대해 우리가 아는 것은 이게 전부이다. 이때 어떤 사건을 골라내는 데에 얼마나 많은 '선택'이 관련되어 있는지, 곧 나올 결과의 불확실성이 얼마인지를 나타낼 척도를 찾을 수 있을까?

만일 이에 대한 척도가 있고 이것을 $H(p_1, p_2, \cdots, p_n)$이라 부른다면, 이것이 다음과 같은 성질을 가져야 한다고 가정하는 것은 합리적이다.

1. H는 p_i에 대해 연속이어야 한다.

2. p_i들이 모두 같다면 $p_i = 1/n$이며, H는 n에 대한 단조증가함수(monotonically increasing function)여야 한다. 다시 말해서 사건들의 확률이 모두 같다면 사건들의 수가 많아질수록 선택 또는 불확실성도 증가한다는 뜻이다.

3. 한 선택이 잇단 두 선택으로 나뉜다면 본래의 H는 각 H의 가중합(weighted sum)이 되어야 한다. 이 말의 뜻은 그림 6으로 설명할 수 있다. 왼쪽 그림에는 확률이 $p_1 = 1/2$, $p_2 = 1/3$, $p_3 = 1/6$인 세 가지 가능성이 그려져 있다. 오른쪽 그림에서 우리는 먼저 확률이 $1/2$인 두 가능성 가운데 하나를 택할 수 있으며, 둘째 사건이 일어난다면 다시 확률이 $2/3$와 $1/3$인 가능성 가운데 하나를 택할 수 있다. 그런데 최종 결과의 확률은 왼쪽 그림과 같다. 이 특별한 경우에 대해 다음 식이 성립해야 한다.

$$H\left(\frac{1}{2}, \frac{1}{3}, \frac{1}{6}\right) = H\left(\frac{1}{2}, \frac{1}{2}\right) + \frac{1}{2} H\left(\frac{2}{3}, \frac{1}{3}\right)$$

계수 $1/2$을 붙인 이유는 둘째 선택이 절반의 시간 동안에만 일어나기 때문이다.

정리 2. 위의 세 가정을 만족하는 유일한 H는 다음과 같은 형태이다.

$$H = -K \sum_{i=1}^{n} p_i \log p_i$$

여기서 K는 양의 상수이다.

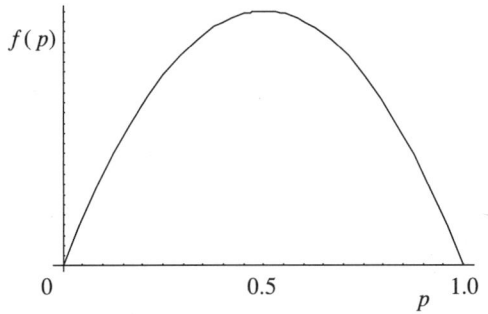

그림 14.2 두 상태에 대한 합리적인 엔트로피 그래프

우리는 체비셰프의 제자였던 안드레이 마르코프(Andrei Markov, 1856~1922)가 남긴 가장 유명한 유산의 의미에 굳이 관심을 기울일 필요는 없다. 그래서 자세한 내용은 지나치지만, 첫 두 조건은 직관적으로 합리적인 데 반해 셋째 조건은 약간 유의할 필요가 있다. 먼저 이게 무엇을 뜻하는지 알기 위하여 오직 하나의 사건만 일어날 수 있다고 생각해 보자. 그러면 불확실성은 전혀 없으므로 $H(p_1) = H(1) = 0$이 되어야 한다. 다음으로 두 가지 가능성이 있다고 가정하면 $H(p_1, p_2) = H(p, 1-p)$로 쓸 수 있다. 이 때 만일 p가 0 또는 1에 가깝다면 불확실성은 거의 없으므로 우리는 이런 경우 직관적으로 H가 0에 가까워져야 한다고 여길 것이고, $p = 1/2$일 때 불확실성은 최대가 된다. 그렇다면 $f(p) = H(p, 1-p)$의 그래프는 그림 14.2와 비슷할 것이라고 합리적으로 예상할 수 있다. 셋째 조건은 이것과 함께 수형도(樹型圖, tree diagram)의 일반적 의미를 포함하는데, 두 단계로 나누어 보면 가장 좋다. 만일 n가지의 선택이 모두 동등하다면 섀넌이 그랬듯 아래와 같이 쓸 수 있다.

$$A(n) = H\left(\frac{1}{n}, \frac{1}{n}, \frac{1}{n}, \cdots, \frac{1}{n}\right)$$

만일 어떤 자연수 s와 m에 대해 $n = s^m$이라면 선택은 그림 14.3처럼 두

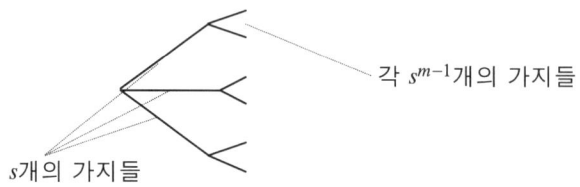

그림 14.3 선택할 확률이 같은 사건들에 대한 수형도

단계로 나뉜다.

그러면 식은 아래와 같이 되는데

$$A(s^m) = A(s) + \frac{1}{s}A(s^{m-1}) \times s = A(s) + A(s^{m-1})$$

여기서 우리는 s가지 선택 가운데 나머지 s^{m-1}가지 선택을 모두 동등하도록 하여 각 확률을 $1/s$로 만들 수 있다는 사실을 이용했다. 이런 과정을 되풀이하면 $A(s^m) = mA(s) + A(1)$이라는 결과가 나오며, $A(1) = H(1) = 0$이므로 $A(s^m) = mA(s)$가 되어 결국 로그의 성질이 등장함을 알 수 있다.

섀넌은 동등한 확률의 불확실성이 로그의 성질을 띤다는 사실을 완전히 밝히고 이를 토대로 가장 일반적인 형태를 정립했는데 우리도 이 과정을 따라가 보기로 한다.

임의로 크게 잡은 자연수 n에 대해 $s^m \leq t^n \leq s^{m+1}$이 되도록 하는 자연수 m과 s와 t를 선택하면 어떤 밑에 대해서든 다음 관계가 성립한다.

$$\log s^m \leq \log t^n \leq \log s^{m+1}$$

$$m\log s \leq n\log t \leq (m+1)\log s$$

$$\frac{m\log s}{n\log s} \leq \frac{n\log t}{n\log s} \leq \frac{(m+1)\log s}{n\log s}$$

$$\frac{m}{n} \leq \frac{\log t}{\log s} \leq \frac{m}{n} + \frac{1}{n}$$

$$0 \leq \frac{\log t}{\log s} - \frac{m}{n} \leq \frac{1}{n}$$

이 관계는 다음과 같이 고쳐 쓸 수 있다.

$$\left| \frac{\log t}{\log s} - \frac{m}{n} \right| \leq \frac{1}{n}$$

이후 섀넌은 함수 A에 대해서도 비슷한 부등식을 정립했다.

$A(s^m) \leq A(t^n) \leq A(s^{m+1})$이고 $A(s^m) = mA(s)$이며 $A(t^m) = mA(t)$이므로 다음 식이 성립한다.

$$mA(s) \leq nA(t) \leq (m+1)A(s)$$

$$\frac{mA(s)}{nA(s)} \leq \frac{nA(t)}{nA(s)} \leq \frac{(m+1)A(s)}{nA(s)}$$

$$\frac{m}{n} \leq \frac{A(t)}{A(s)} \leq \frac{m}{n} + \frac{1}{n}$$

그러면 앞서와 같이 아래처럼 쓸 수 있다.

$$\left| \frac{A(t)}{A(s)} - \frac{m}{n} \right| \leq \frac{1}{n}$$

이것들을 결합하면

$$\left| \frac{A(t)}{A(s)} - \frac{\log t}{\log s} \right| \leq \frac{2}{n}$$

가 되는데, n은 임의로 얼마든지 크게 잡을 수 있으므로 모든 s와 t에 대해

$$\frac{A(t)}{A(s)} = \frac{\log t}{\log s} \quad \text{그리고} \quad \frac{A(t)}{\log t} = \frac{A(s)}{\log s}$$

가 성립하고, 이는 어떤 상수 K_1에 대해 $A(t) = K_1 \log t$임을 뜻한다.

H에 대한 일반적인 표현은 다음의 방법으로 얻을 수 있다.

n가지 서로 다른 선택 c_r이 있는데 각 선택은 $1 \leq r \leq n$의 범위에서 n_r번 일어난다고 하자. 그러면 이는 다음을 뜻한다.

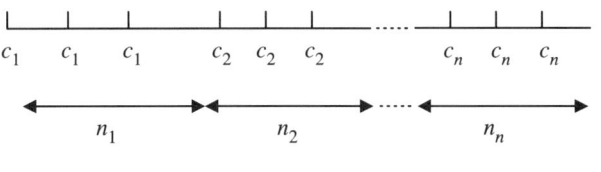

그림 14.4

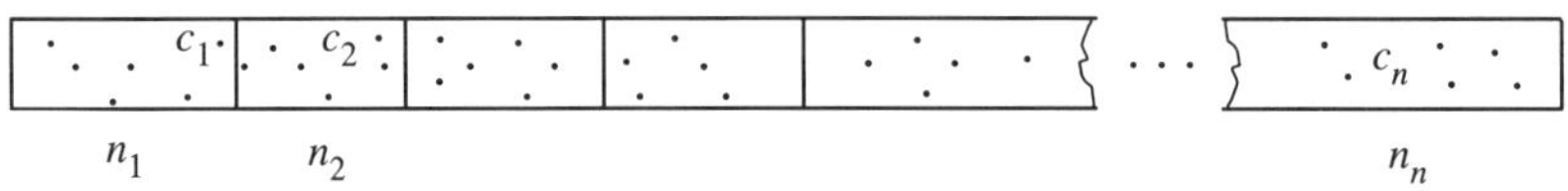

그림 14.5

$$n = \sum_{r=1}^{n} n_r \quad \text{그리고} \quad p_r = \frac{n_r}{n}$$

우리가 취할 수 있는 선택은 두 가지로 나누어 생각할 수 있다.

가능성들은 그림 14.4처럼 열거할 수 있으며, 이 가능성들이 각자 똑같이 $A(n)$을 내놓을 것으로 보고 이 가운데서 선택할 수 있다. 또는 동등한 것들끼리 묶어 그룹을 짓고, 어떤 그룹이 선택되고 그 그룹의 어떤 대상이 선택되는지 살펴볼 수도 있으며, 이는 그림 14.5에 나타냈다. 그러면 선택의 척도는 $H(p_1, p_2, \cdots, p_n) + \sum_{r=1}^{n} p_r A(n_r)$ 로 쓸 수 있는데, 앞부분은 어떤 박스가 선택되는지의 불확실성에 관련되고, 뒷부분은 박스 안에서 동등한 확률을 가진 것들 중 어느 것이 선택되는지의 불확실성에 관련된다.

이 두 형태를 같다고 놓으면

$$A(n) = H(p_1, p_2, \cdots, p_n) + \sum_{r=1}^{n} p_r A(n_r)$$

이 되고, 이로부터 다음 식이 나온다.

$$K_1 \log n = H(p_1, p_2, \cdots, p_n) + K_1 \sum_{r=1}^{n} p_r \log n_r$$

그리고 다시 다음 식을 얻는다.

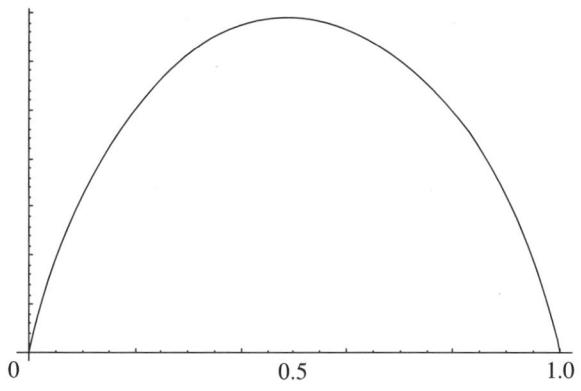

그림 14.6 두 상태의 경우에 대한 H의 모습

$$H(p_1, p_2, \cdots, p_n) = K_1 \log n - K_1 \sum_{r=1}^{n} p_r \log n_r$$

$$= K_1 \log n \sum_{r=1}^{n} p_r - K_1 \sum_{r=1}^{n} p_r \log n_r$$

$$= K_1 \sum_{r=1}^{n} p_r \log n - K_1 \sum_{r=1}^{n} p_r \log n_r$$

$$= K_1 \sum_{r=1}^{n} p_r \log \frac{n}{n_r}$$

$$= K_1 \sum_{r=1}^{n} p_r \log p_r$$

여기서 로그는 모두 음이고 H는 n에 대해 증가하는 함수여야 하므로 K_1은 음수여야 한다. 따라서 $K > 0$일 때 $K = -K_1$으로 쓰면 다음 식을 얻는다.

$$H(p_1, p_2, \cdots, p_n) = -K \sum_{r=1}^{n} p_r \log p_r$$

K는 로그의 밑과 마찬가지로 어떤 값이든 상관없다. 섀넌은 자신의 엔트로피 개념에 대해 "⋯ 통계역학의 특정한 공식에 따라 정의된 엔트로피와 같은 것으로 여겨질 것이다 ⋯"라고 썼다.

간단히 점검해 보기 위하여 $n=2$인 경우에 대해 $K=1$로 하고 자연로그를 택하면 $f(p) = H(p, 1-p) = -p\ln p - (1-p)\ln(1-p)$가 나오고 그 그래프는 그림 14.6과 같으므로 우리가 바라는 결과를 얻는다. 요컨대 불확실성은 로그적이란 뜻으로, 이는 매우 중요한 결론이다.

14.2 벤포드법칙

로그표는 네이피어가 처음 만든 이래 수많은 문제를 푸는 데에 도움을 주었다. 그런데 로그표는 얼핏 보기에는 터무니없지만 로그표 자체에서 설명을 찾을 수 있는 매우 기이한 현상을 낳기도 했다. 예를 들어 프랑스어를 공부하는 영어권 학생이, 영-프사전과 프-영사전이 절반 정도씩의 두께로 합본된 사전을 가졌다고 가정하자. 그러면 영-프사전이 프-영사전보다 더 많이 쓰일 것으로 예상되고, 따라서 시간이 지남에 따라 닳는 정도도 다를 것이며, 여기까지는 아무런 놀랄 일이 없다(프-영사전이 더 많이 쓰일 것으로 보이는데 지은이는 거꾸로 이야기한다. - 옮긴이). 로그책은 이와 다르다. 시간이 흘러 수많은 계산에 적용되면서 우리는 로그책의 모든 부분이 골고루 쓰일 것으로 예상한다. 하지만 그렇지 않다.

미국의 저명한 수학자이자 천문학자인 사이먼 뉴컴(Simon Newcomb, 1835~1909)은 1877년 12월 13일 영국 왕립학회의 외국인회원이 되었고 체비셰프도 같은 날 같은 영예를 안았다. 우리는 이미 체비셰프를 언급했고 나중에 15장에서도 다시 그의 업적을 둘러볼 것이지만, 여기서는 뉴컴의 특이한 발견을 먼저 이야기한다. 그는 다른 과학자들과 로그책을 함께 사용했는데, 가만히 살펴보니 책의 뒷부분보다 앞부분이 훨씬 더 많이 사용된 흔적이 눈에 띄었다. 로그표는 수가 커지는 순서로 배열되어 있으므로 이는 실제 계산에서 맨 앞의 유효숫자가 작은 수가 큰 수보다 더 많이 쓰인다는 사실을 뜻한다. 통상의 계산에는 모든 크기의 모든 수가 사용될 것으로 생각되는데, 왜 이 수들의 최대유효숫자(most significant digit)의 분포는 고르게 나타나지 않는 것일까? 뉴컴은 이 발견을 조사하여 한 가지 경험법칙(empirical law)을 얻었다. 이에 따르면 첫 숫자가 d로 시작하는 수의 비율은 직관적으로 타당하게 여겨지는 1/9이 아니라 놀랍게도 $\log_{10}(1+1/d)$이라는 관계를 따른다. 1881년 그는 이 사실을 간략한 논문으로 써서 미국수학회지(American Journal of Mathematics)에 실었다. 하지만 수학적 분석은 덧붙이지 않았으므로 단순한 흥밋거리에 지나지 않았고 결국 수학계의 지평에서 사라지고 말았다. 그런데 1938년 미국 제너럴일렉트릭사의 물리학자 프랭크 벤포드(Frank Benford)가 정확히 같은 현상, 곧 첫 유효숫자의 분포는 1/9로 고르지 않고 놀랍게도 $\log_{10}(1+1/d)$의 관계를 따른다는 사실을 재발견했다. 표 14.1과 그림 14.7에는 이 상황을 요약하여, 첫 유효숫자의 직관적 분포와 경험법칙에 따른 분포를 비교해 실었다.

표 14.1. 첫 유효숫자의 분포

d	직관적 확률	경험적 확률
1	0.111⋯	0.30103
2	0.111⋯	0.17609
3	0.111⋯	0.12494
4	0.111⋯	0.09691
5	0.111⋯	0.07918
6	0.111⋯	0.06695
7	0.111⋯	0.05799
8	0.111⋯	0.05115
9	0.111⋯	0.04578

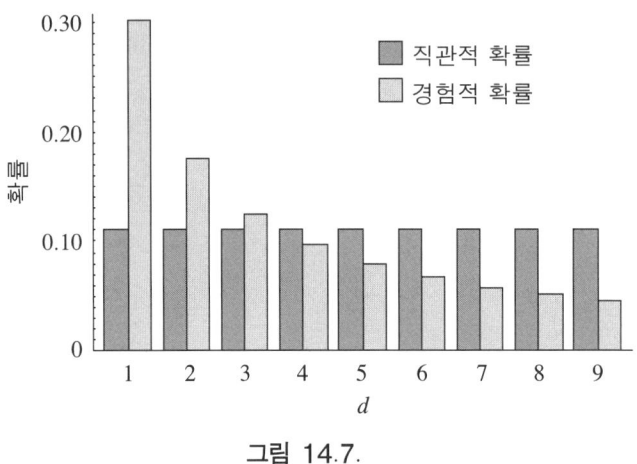

그림 14.7.

이 경험법칙에 따른 확률이 자연적으로 나타나는 수들의 진짜 분포와 일치한다면 로그표의 앞부분이 뒷부분보다 약 여섯 배쯤 더 더러워진다는 현상을 발견한다 해도 그다지 놀랄 일은 아닐 것이다.

이 가설에 신빙성을 더하기 위해 벤포드는 20,229개의 숫자들에 대한 표를 만들었다. 여기에는 서로 전혀 무관한 분야의 숫자들이 포함되어 있다. 예컨대 강의 넓이, 사망률, 야구통계, 잡지에 실린 기사의 수, 《미국 과학자(*American Men of Science*)》란 책의 앞에서부터 고른 342명의 주소 번지수 등이다. 표 14.2는 그의 표를 재현한 것으로, 이를 보면 서로 무관하게 보이는 수들의 첫 유효숫자가 로그표의 닳은 페이지에서 얻은 경험법칙과 동일한 확률 패턴을 따른다는 점이 잘 드러난다.

이후 첫 유효숫자의 분포가 $\log_{10}(1 + 1/d)$의 관계를 따른다는 사실은 벤포드법칙(Benford's Law)으로 불리게 되었다. 그런데 이를 뒷받침하는 수학은 어디에 있을까? 이처럼 우리의 직관에 반하는 법칙은 확률론의 다른 곳에서도 눈에 띈다. 아마도 가장 유명한 예는 '생일역설(birthday paradox)'일 텐데, 그 내용은 어떤 두 사람의 생일이 우연히 같을 확률이

표 14.2. 벤포드의 자료

항목	1	2	3	4	첫 숫자 5	6	7	8	9	자료의 개수
강의 넓이	31.0	16.4	10.7	11.3	7.2	8.6	5.5	4.2	5.1	335
인구	33.9	20.4	14.2	8.1	7.2	6.2	4.1	3.7	2.2	3259
물리상수	41.3	14.4	4.8	8.6	10.6	5.8	1.0	2.9	10.6	104
신문 기사의 수	30.0	18.0	12.0	10.0	8.0	6.0	6.0	5.0	5.0	100
비열(比熱)	24.0	18.4	16.2	14.6	10.6	4.1	3.2	4.8	4.1	1389
압력	29.6	18.3	12.8	9.8	8.3	6.4	5.7	4.4	4.7	703
분실된 휴렛패커드 컴퓨터	30.0	18.4	11.9	10.8	8.1	7.0	5.1	5.1	3.6	690
분자량	26.7	25.2	15.4	10.8	6.7	5.1	4.1	2.8	3.2	1800
배수량(排水量)	27.1	23.9	13.8	12.6	8.2	5.0	5.0	2.5	1.9	159
원자량	47.2	18.7	5.5	4.4	6.6	4.4	3.3	4.4	5.5	91
$1/n$과 $\sqrt{n}$	25.7	20.3	9.7	6.8	6.6	6.8	7.2	8.0	8.9	5000
디자인	26.8	14.8	14.3	7.5	8.3	8.4	7.0	7.3	5.6	560
〈리더스다이제스트(Reader's Digest)〉 자료	33.4	18.5	12.4	7.5	7.1	6.5	5.5	4.9	4.2	308
물가 자료	32.4	18.8	10.1	10.1	9.8	5.5	4.7	5.5	3.1	741
엑스레이 전압	27.9	17.5	14.4	9.0	8.1	7.4	5.1	5.8	4.8	707
아메리칸리그	32.7	17.6	12.6	9.8	7.4	6.4	4.9	5.6	3.0	1458
축제	31.0	17.3	14.1	8.7	6.6	7.0	5.2	4.7	5.4	1165
주소	28.9	19.2	12.6	8.8	8.5	6.4	5.6	5.0	5.0	342
수학상수	25.3	16.0	12.0	10.0	8.5	8.8	6.8	7.1	5.5	900
사망률	27.0	18.6	15.7	9.4	6.7	6.5	7.2	4.8	4.1	418
평균	30.6	18.5	12.4	9.4	8.0	6.4	5.1	4.9	4.7	1011
확률오차 (+ve/-ve)	0.8	0.4	0.4	0.4	0.3	0.2	0.2	0.2	0.2	0.3

50%가 되려면 단지 23명 정도의 사람들만 있으면 된다는 것이다. 다른 예로는 조지아공과대학교(Georgia Institute of Technology)의 시어도어 힐(Theodore Hill)이 소개한 수업시간 경험을 들 수 있다. 그는 학생들에게 결함 없는 동전을 실제로 200차례 던지거나 아니면 조작한 결과를 써서 내도록 했다. 물론 조작한 결과를 쓸 때는 앞면과 뒷면이 나오는 정도를 얼마든지 마음대로 고를 수 있다. 그런데 힐이 지적했듯이 "조작한 결과의 경우 200을 던지는 동안 어느 시점에 이르면 앞면 또는 뒷면 중 어느 한 면이 잇달아 여섯 번 또는 그 이상 나올 확률이 매우 높다."

물론 많은 수집합들이 벤포드법칙을 따르지 않는다. 예를 들어 극단적으로 임의적인 수들이나, 정규분포(normal distribution)나 균일분포(uniform distribution) 등 다른 통계분포를 따르는 많은 수들이 그렇다. 어떤 자료가 벤포드법칙을 따르려면 딱 맞는 구조를 갖춰야 할 것으로 보인다. 표 14.2의 맨 아래에 있는 평균 행을 보면 이 법칙에 아주 잘 들어맞는데, 여기서 신비로운 실마리가 드러나며 이를 꿰뚫어 본 사람이 바로 힐이었다. 1996년에 그는 어떤 분포들을 임의로 고르고 이 분포들에서 임의로 자료들을 모으면, 각 분포들 자체는 그렇지 않더라도 이렇게 결합된 자료들은 벤포드법칙을 따른다는 사실을 보였다. 힐은 이를 가리켜 '임의적 분포로부터의 임의적 자료'라고 불렀다. 어떤 의미에서 벤포드법칙은 '분포의 분포'이다!

이 현상에 대해서는 다른 접근법들도 있다. 만일 이 법칙이 보편적인 것이라면 북아메리카의 아라와크(Arawak)족이 사용하는 5진법은 물론, 오리노코 강(Orinoco River) 유역의 타마나(Tamana)족이 사용하는 20진법, 바빌로니아인들이 사용했던 60진법에서도 성립해야 할 것이다. 나아가 19까지는 10진법을 사용하고 20부터 99까지는 20진법을 사용하다가 다시 10진법으로 돌아오는 특이한 바스크셈법(Basque system)에서도 마찬가지

여야 할 것이다. 곧 이 법칙은 진법에 무관해야 한다. 조사해 보면 정말로 그러하며, 자료가 진법에 무관하다는 사실이 벤포드법칙을 함축하는 것으로 밝혀졌다.

또한 측정의 단위에도 무관해야 할 것이다. 예를 들어 빠르게 사라져 가는 영국단위계(British Imperial system)에서 길이와 무게는 다음과 같다.

12 inches = 1 foot,   16 ounces = 1 pound,
3 feet = 1 yard,   14 pounds = 1 stone,
$5\frac{1}{2}$ yards = 1 pole (or rod, or perch),   2 stones = 1 quarter,
4 poles = 1 chain,   4 quarters = 1 hundredweight,
10 chains = 1 furlong,   20 hundredweights = 1 ton,
8 furlongs = 1 mile.

우연이지만 이것들은 163쪽에서 이야기했던 유한한 혼합진법체계의 한 예에 지나지 않는다. 예를 들어 영국단위계로 '7 miles, 5 furlongs, 3 chains, 1 pole, 2 yards, 1 foot, 11 inches'로 주어진 길이를 '마일'로 고치면 다음과 같다.

$$7 + 5 \times \frac{1}{8} + 3 \times \frac{1}{8} \times \frac{1}{10} + 1 \times \frac{1}{8} \times \frac{1}{10} \times \frac{1}{4}$$
$$+ 2 \times \frac{1}{8} \times \frac{1}{10} \times \frac{1}{4} \times \frac{1}{5\frac{1}{2}} + 1 \times \frac{1}{8} \times \frac{1}{10} \times \frac{1}{4} \times \frac{1}{5\frac{1}{2}} \times \frac{1}{3}$$
$$+ 11 \times \frac{1}{8} \times \frac{1}{10} \times \frac{1}{4} \times \frac{1}{5\frac{1}{2}} \times \frac{1}{3} \times \frac{1}{12}$$
$$= 7 + \frac{1}{8}\left(5 + \frac{1}{10}\left(3 + \frac{1}{4}\left(1 + \frac{1}{5\frac{1}{2}}\left(2 + \frac{1}{3}\left(1 + \frac{1}{12}(11)\right)\right)\right)\right)\right)$$
$$= [7; 5, 3, 1, 2, 1, 11] = 7.6672 \, \text{miles}$$

오일러의 원고 〈최근의 대포 발사 실험에 대한 검토(*Meditations upon experiments made recently on the firing of a cannon*)〉는 1727년에 수행된 7번의 실험에 대한 것이다. 그는 이때 대포알의 지름을 '소(小) 라인피트 (scruples of Rhenish feet)' 단위로 측정했으며, 자연로그의 밑으로 e를 사용하는 것을 확고히 정립했다. 만일 같은 대포알들을 영국단위계로 측정한다면 벤포드법칙을 따르든지 그렇지 않든지 둘 중 하나일 것임은 분명하다. 나아가 이 사실은 오일러의 단위든 현대의 미터법이든 또는 그 어떤 단위계이든 마찬가지일 것이며, 대포알의 무게를 측정한다 해도 그러할 것이다. 1961년 당시 뉴브런즈윅(New Brunswick)의 러트거즈대학교(Rutgers University)에 재직하던 수학자 로저 핑컴(Roger Pinkham)은 바로 이 점, 곧 단위불변성(scale invariance)은 벤포드법칙을 가리킨다는 사실을 증명했다. 아래에서는 여기에 초점을 맞춰 어떻게 이 결과가 도출되는지 살펴본다.

단위를 바꾸는 일은 어떤 환산값(scaling number)을 곱함으로써 이루어지는데, 수학적 배경을 파헤치기 전에 한 가지 특수한 경우를 살펴보면서 이에 대한 감을 잡도록 한다. 예를 들어 소라인피트 단위로 지름이 각각 1부터 100에 이르는 100개의 대포알이 있다고 가정하고, 대포알들을 크기가 줄어드는 순서로 정렬하면 그림 14.8(a)와 같이 된다고 하자. 다음으로 0과 1 사이에서 임의의 값을 택해 곱함으로써 다른 단위로 이 지름을 나타낸 뒤, 다시 크기가 줄어드는 순서로 배열하면 그림 14.8의 (b)~(d)를 얻는다.

환산값을 어떻게 바꾸더라도 그래프의 형태는 같으며, 곡선이 오목하기 때문에 크기가 큰 수들은 더욱 드물게 나타난다. 그리고 이 그래프를 보고 있노라면 전체적으로 어떤 극한의 곡선에 접근한다는 생각이 떠오른다. 과연 어떤 곡선일까? 그림 14.9는 환산해서 나타낸 $\log_{10}(1 + 1/\text{지름})$의 그래

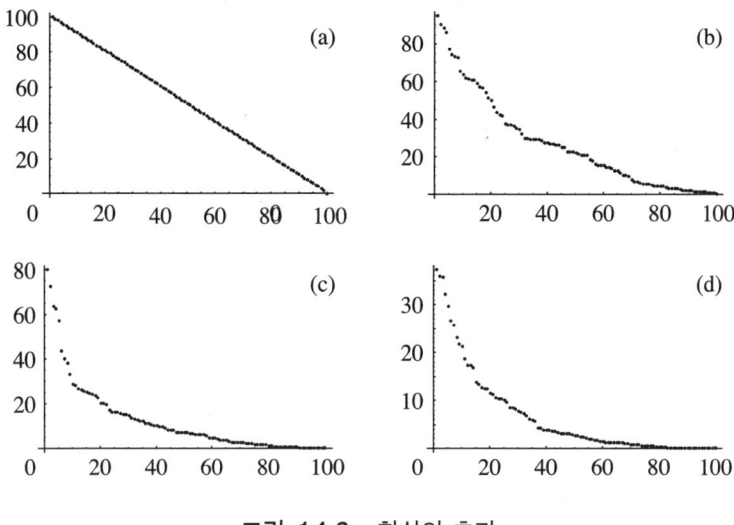

그림 14.8. 환산의 효과

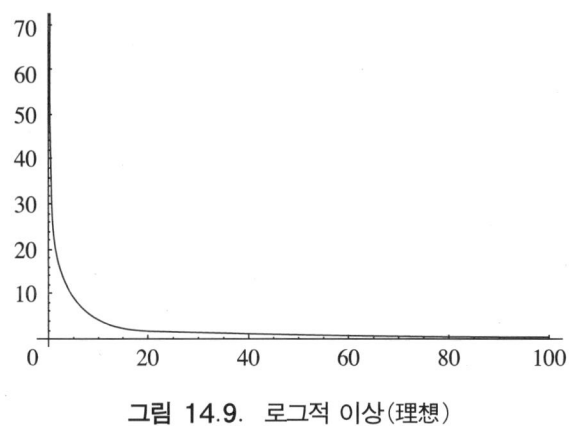

그림 14.9. 로그적 이상(理想)

프로 이런 생각을 뒷받침한다.

좀 더 구체적으로, 고르게 분포된 첫 유효숫자에 2를 곱해서 단위를 바꾸었다고 생각해 보자. 표 14.3에는 이렇게 환산한 첫 유효숫자들의 자료를 실었고, 그림 14.10은 이에 대한 막대그래프이다. 여기서 보듯 같은 확률의 숫자들은 단위불변성을 갖지 않는다.

표 14.3.

	2를 곱한 효과				
구간	[1, 1.5)	[1.5, 2)	[2, 2.5)	[2.5, 3)	[3, 3.5)
2를 곱한 뒤의 첫 유효숫자	2	3	4	5	6
구간	[3.5, 4)	[4, 4.5)	[4.5, 5)	[5, 10)	
2를 곱한 뒤의 첫 유효숫자	7	8	9	1	

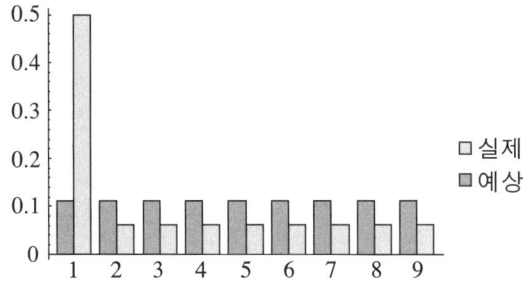

그림 14.10. 첫 유효숫자들에 대한 예상 분포와 실제 분포

이제 수학적 분석으로 들어간다. 먼저 단위불변성의 통계학적 정의를 제시한 다음 이것을 이용하여 단위불변성이 실제로 벤포드법칙을 함축한다는 점을 보이기로 한다.

이를 위하여 연속확률변수(continuous random variable)에 대한 확률밀도함수(probability density function) $\varphi(x)$와 누적밀도함수(cumulative density function) $\Phi(x)$가 필요하며 일반적 정의는 다음과 같다.

$$P(a \leq X \leq b) = \int_a^b \varphi(x)\,dx$$

위에서 $\Phi(x) = P(X \leq x) = \int^x \varphi(x)\,dx$이며, 따라서 $d\Phi(x)/dx = \varphi(x)$이다.

우리는 확률변수 X에 (예를 들어 $1/a$과 같은) 어떤 환산값을 곱해서 단위를 바꾸더라도 어느 구간에 있을 확률이 변하지 않는다면 단위불변성을 갖는다고 말하기로 하며, 이때 정의역(domain of definition)의 구체적인 내용은 문제 삼지 않는다. 만일 적분구간의 하단은 고정하고 상단은 변화하도록 허용한다면 다음과 같이 쓸 수 있으며

$$P(\alpha < X < x) = P\left(\alpha < \frac{1}{a}X < x\right) = P(a\alpha < X < ax)$$

이는 다음을 뜻한다.

모든 a에 대해

$$\Phi(ax) - \Phi(a\alpha) = \Phi(x) - \Phi(\alpha) \quad \text{또는} \quad \Phi(ax) = \Phi(x) + K_a$$

위 등식의 양변을 x에 대해 미분하면 $a\varphi(ax) = \varphi(x)$이므로 $\varphi(ax) = (1/a)\varphi(x)$이다.

이제 Y를 $Y = \log_b X$인 확률변수라 하고 $\psi(y)$와 $\Psi(y)$를 위와 마찬가지로 정의한다. 그러면

$$\Psi(y) = P(Y \leq y) = P(\log_b X \leq y) = P(X \leq b^y)$$
$$= \Phi(b^y) = \Phi(x)$$

이고, 이는 다음과

$$\psi(y) = \frac{d}{dy}\Psi(y) = \frac{d}{dy}\Phi(x)$$
$$= \frac{d}{dx}\Phi(x) \times \frac{dx}{dy}$$

다음을 뜻하며

$$\psi(y) = \varphi(x) \times \frac{dx}{dy} = x\varphi(x)\ln b$$

따라서

$$\psi(\log_b x) = \varphi(x) \times \frac{dx}{dy} = x\varphi(x)\ln b$$

인데, 이는 결국 아래와 같다.

$$\psi(\log_b ax) = ax\varphi(ax)\ln b$$

여기에 단위불변성을 적용하면 다음을 얻는다.

$$\psi(\log_b ax) = ax\varphi(ax)\ln b$$
$$= ax\frac{1}{a}\varphi(x)\ln b$$
$$= x\varphi(x)\ln b$$
$$= \psi(\log_b x)$$

그러므로

$$\psi(\log_b x + \log_b a) = \psi(\log_b x)$$

이고

$$\psi(y + \log_b a) = \psi(y)$$

이다.

여기서 a는 임의로 택할 수 있으므로 $\psi(y)$는 임의의 구간에서 되풀이 되는데, 이런 현상은 이것이 상수일 때만 가능하다. 곧 단위불변성을 가진 변수의 로그는 상수의 확률밀도함수를 가진다.

이 결과는 $1 \leq x < 10$ 범위의 수를 사용하는 유효숫자표기법(scientific notation) $x \times 10^n$으로 표현하면 첫 유효숫자 현상과 연결시킬 수 있다. 여기서 x의 맨 왼쪽 수가 바로 첫 유효숫자 d이기 때문이다. 환산값을 곱하면 x의 값이 모듈로(modulo) 10으로 변한다('모듈로 10'이라 함은 어떤 수의 10의 자리 이상의 수를 떼어내고 1의 자리 수만 쓴 것을 말한다. - 옮긴이). 이렇게 보면 환산을 하든 하지 않든 x는 언제나 $1 \leq x < 10$이며, 로그의 밑을 10으로 삼으면 $y = \log_{10} x$는 $[0, 1]$에서 정의된 상수 1의 확률밀도함수를 가질 것이다. 그러므로 앞에서의 단위불변성을 가정하면 $n \in \{1, \cdots, 9\}$에 대해

$$P(d = n) = P(n \leq x < n+1)$$
$$= P(\log_{10} n \leq \log_{10} x < \log_{10}(n+1))$$
$$= P(\log_{10} n \leq y < \log_{10}(n+1))$$
$$= (\log_{10}(n+1) - \log_{10} n) \times 1$$
$$= \log_{10}\left(\frac{n+1}{n}\right) = \log_{10}\left(1 + \frac{1}{n}\right)$$

이 성립하며 이는 바로 벤포드법칙이다.

이 분석은 다음 자료의 숫자들이 나타내는 빈도를 확인하는 데 확대해 적용할 수 있다. 예를 들어 $10 \leq x_1 x_2 \leq 99$일 때 자료의 숫자를 $x_1 x_2 \times 10^n$으로 나타내고 확률변수 X를 이에 따라 정의하면 다음을 얻는다.

첫째와 둘째 유효숫자가 각각 x_1과 x_2일 확률
$$= P(x_1 x_2 \leq X < x_1 x_2 + 1)$$
$$= \log_{10}\left(1 + \frac{1}{x_1 x_2}\right)$$

위의 논의를 확대 적용하면

둘째 유효숫자가 x_2일 확률 $P = \sum_{r=1}^{9} \log_{10}\left(1 + \frac{1}{x_1 x_2}\right)$

등이 된다. 표 14.4에는 각각의 둘째 유효숫자가 나타날 확률을 모두 모았으며 0도 가능하다.

조건부확률(conditional probability)에 대한 아래의 표준적 결과를 이용하면
$$P(A \mid B) = P(A \text{ 그리고 } B)/P(B)$$
다음 식을 얻는다.

P(둘째 유효숫자가 x_2 | 첫째 유효숫자가 x_1)
$$= \log_{10}\left(1 + \frac{1}{x_1 x_2}\right) / \log_{10}\left(1 + \frac{1}{x_1}\right)$$

표 14.4. 두 번째 유효숫자의 분포

d	이론적 확률	실제 확률
0	0.1	0.11968
1	0.1	0.11389
2	0.1	0.10882
3	0.1	0.10433
4	0.1	0.10031
5	0.1	0.09667
6	0.1	0.09337
7	0.1	0.09035
8	0.1	0.08757
9	0.1	0.08499

따라서 예를 들어 어떤 수의 첫째 유효숫자가 6일 때 둘째 유효숫자가 5일 확률은

$$\frac{\log_{10}\left(1+\frac{1}{65}\right)}{\log_{10}\left(1+\frac{1}{6}\right)} = 0.0990$$

임에 비하여 어떤 수의 첫째 유효숫자가 9일 때 둘째 유효숫자가 5일 확률은

$$\frac{\log_{10}\left(1+\frac{1}{95}\right)}{\log_{10}\left(1+\frac{1}{9}\right)} = 0.0994$$

이다. 그리고 가장 확률이 높은 순서는 10으로, 그 값은 다음과 같다.

$$\frac{\log_{10}\left(1+\frac{1}{10}\right)}{\log_{10}\left(1+\frac{1}{1}\right)} = 0.1375$$

여기에서 보듯 0은 둘째 유효숫자 가운데 가장 많이 나타난다. 하지만 이

표 14.5.

첫 1000개 피보나치수들의 첫 유효숫자									
숫자	1	2	3	4	5	6	7	8	9
빈도	301	177	125	96	80	67	56	53	45
퍼센트	30	18	13	10	8	7	6	5	5

보다 큰 수로 올라가면 확률은 차츰 균일해지고 1/10에 가까워져서 우리의 직관과 들어맞는다. 곧 큰 수로 갈수록 분포는 균일해지므로 직관이 결국 옳은 셈이다.

이미 보았듯 매우 다양한 자료들이 벤포드법칙을 따르며, 표 14.5에 의하면 피보나치수들도 그런 것 같다.

옥스퍼드대학교의 벅(B. Buck)과 머천트(A. C. Merchant) 그리고 케이프타운대학교의 페레즈(S. M. Perez)는 알파붕괴의 반감기(원자핵이 알파선을 방출하여 본래 방사능이 절반으로 되는 데에 걸리는 시간)가 벤포드법칙을 따른다는 사실을 이론과 관찰 모두에서 확인하였다. 그들은 또한 솔로몬제도(Solomon Islands)의 전기요금, 저명한 미국 과학자들의 주소, 상대적으로 중요한 20가지 물리상수의 첫 유효숫자 등도 같은 행동을 보인다고 덧붙였다. 훨씬 더 실용적인 사례는 회계자료들도 벤포드법칙을 따르는 것처럼 보인다는 것이다. 사실 벤포드법칙은 소득신고와 그밖에 다른 회계보고들에 적용하여 허위 여부를 가리는 데 사용될 수 있다. 마크 니그리니(Mark Nigrini)는 디지털분석법(digital analysis)이라 불리는 법률적 회계감사의 전문가이다. 그는 이렇게 썼다.

회계감사원들은 벤포드법칙을 이용하여 제출된 자료들의 각 자릿수에 나타나는 수들의 빈도를 예측할 수 있다. 그들이 이 숫자들과 그 빈도를 점검하면 전통적인 분석법과 자료추출법으로는 얻을 수 없는 통찰력을 얻을 수 있다. 숫자들의 패턴은 숫자 조작, 조직적 사기, 자료 오류, 자료에 내재된 편견 등을 드러낸다. 자료들의 일부분에 나타나는 비정상적 요소도 가려낼 수 있는 고급조사법에 대한 연구도 진행 중이다.

그와 관련된 한 사례가 그의 요지를 잘 설명해 준다. 한 기업의 회계관이 디지털분석법을 사용하여 의료부서의 책임자가 제출한 청구서를 점검한 결과 뭔가 이상한 점을 발견했다. 의료 관련 지출서의 첫 두 유효숫자가 벤포드법칙을 따르는지 조사했더니 65로 시작되는 숫자들이 특별히 높은 값을 보였다. 그래서 6500달러에서 6599달러 사이의 수표들에 대한 회계감사를 실시한 결과, 책임자가 처리한 심장수술 청구서가 허위였으며 그 돈은 책임자가 착복한 것으로 밝혀졌다. 이 분석법은 이밖에도 모두 합해 약 백만 달러에 이르는 허위 청구서들도 찾아냈다.

이 새롭고도 중요한 회계기법은 벤포드법칙을 따르는 자료들을 전문으로 다루는 웹사이트를 통해 널리 퍼졌는데, 물론 불법적이거나 비도덕적인 용도를 위한 것은 아니다!

14.3 연분수의 행동

11장의 연분수를 되돌아보면 독자들은 어떤 수의 연분수 형태에서 1이 매우 자주 등장하고, 전체적으로 볼 때 부분몫들은 작은 수인 경우가 많다는 점을 의아하게 생각할 수도 있다(물론 부분몫이 항상 작은 수인 것은 아니다. π의 431번째 것은 20776이고, γ의 5040번째 것은 11626이며, π^4의 겨우 5번째 것은 16539이다). 가우스도 이 점에 주목했으며, 1812년 1월 30일에 라플라스에게 쓴 편지에서 12년 동안 그를 사로잡았던 이 '흥미로운 문제'를

그림 14.11.

깊이 파고들었지만 끝내 만족스런 정도로는 해결하지 못했다. 이 절에서는 가우스가 추론했던 것과 분명 동등하리라 여겨지는 과정으로 독자들을 안내하는데, 이를 통해 연분수에 관해 상상할 수 있는 가장 놀라운 결과들 가운데 하나에 이르게 된다.

X를 $\mathbb{R}^+$(양의 실수 집합 - 옮긴이)에서 정의된 확률변수라 하고, 그 소수 부분을 $\{X\}$라고 쓰자. 만일 X의 정수 부분이 균일하게 분포되어 있다면 $0 \leq x < 1$에 대해 $P(\{X\} < x) = x$일 것이다. 하지만 그렇지 않다면 이 확률은 X의 값에 따라 변할 것이고, 따라서 실수축을 그림 14.11에 보인 것처럼 나누어 생각해야 하며, 이로부터 다음 식을 얻는다.

$$P(\{X\} < x) = \sum_{k=1}^{\infty} (P(X < k + x) - P(X < k))$$

여기까지는 아무 문제 없이 진행되었다. 하지만 이제 이 아이디어를 연분수에 적용한다.

ξ_n을 아래와 같이 정의한다.

$$\xi_n = a_n + \cfrac{1}{a_{n+1} + \cfrac{1}{a_{n+2} + \cdots}} = a_n + \frac{1}{\xi_{n+1}}$$

여기에서 $1/\xi_{n+1}$은 ξ_n의 소수 부분이다. 그리고 다음으로부터

$$\omega_n(x) = P(\{\xi_n\} < x)$$
$$= \sum_{k=1}^{\infty} (P(\xi_n < k + x) - P(\xi_n < k))$$
$$= \sum_{k=1}^{\infty} \left(P\left(\frac{1}{\xi_n} > \frac{1}{k+x}\right) - P\left(\frac{1}{\xi_n} > \frac{1}{k}\right) \right)$$

$$= \sum_{k=1}^{\infty} \left(\left[1 - P\left(\frac{1}{\xi_n} < \frac{1}{k+x}\right) \right] - \left[1 - P\left(\frac{1}{\xi_n} < \frac{1}{k}\right) \right] \right)$$

$$= \sum_{k=1}^{\infty} \left(P\left(\frac{1}{\xi_n} < \frac{1}{k}\right) - P\left(\frac{1}{\xi_n} < \frac{1}{k+x}\right) \right)$$

$$= \sum_{k=1}^{\infty} \left(P\left(\{\xi_{n-1}\} < \frac{1}{k}\right) - P\left(\{\xi_{n-1}\} < \frac{1}{k+x}\right) \right)$$

$$= \sum_{k=1}^{\infty} \left(\omega_{n-1}\left(\frac{1}{k}\right) - \omega_{n-1}\left(\frac{1}{k+x}\right) \right)$$

와 같이 $\omega_n(x)$에 대한 점화관계를 얻는다. 그러면 문제는 "$\omega_n(x)$의 명시적인 식을 얻을 수 있는가?"이다. 한 가지 직관적인 논증은 다음과 같다: 이 관계가 모든 n에 대해 성립하므로 $n \to \infty$에 대한 $\omega(x)$의 극한이 존재한다면 이것이 다음 식을 만족할 것이라 기대할 수 있고

$$\omega(x) = \sum_{k=1}^{\infty} \left(\omega\left(\frac{1}{k}\right) - \omega\left(\frac{1}{k+x}\right) \right)$$

$\omega(x)$는 x보다 작은 소수가 갖는 확률의 극한임을 생각하면 $\omega(0) = 0$이고 $\omega(1) = 1$이어야 하며, 이로써 문제는 해결될 것이다.

가우스는 라플라스에게 보낸 편지에서 "아주 간단한 논증으로 $\omega(x) = \log_2(1+x)$임을 증명할 수 있었습니다"라고 썼으며, 이것이 바로 약속했던 로그의 놀라운 출현이다. 물론 이것은 위의 두 조건을 만족하며, 의심할 바 없이 가우스도 증명했겠지만, 점화관계도 만족함을 증명하기로 한다. 하지만 가우스가 어떤 과정을 통해 이 답을 찾아냈는지는 상상하기 어려운 미스터리로 남아 있다.

어쨌든 $\omega(x) = \log_2(1+x)$라 하면 다음 결과를 얻는다.

$$\sum_{k=1}^{N} \log_2\left(\frac{k+1}{k} \times \frac{k+x}{k+x+1}\right)$$

$$= \log_2 \prod_{k=1}^{N} \frac{k+1}{k} \times \frac{k+x}{k+x+1}$$

$$=\log_2\left(\frac{\cancel{2}}{1}\times\frac{1+x}{\cancel{2+x}}\right)\left(\frac{\cancel{3}}{\cancel{2}}\times\frac{\cancel{2+x}}{\cancel{3+x}}\right)\left(\frac{\cancel{4}}{\cancel{3}}\times\frac{\cancel{3+x}}{\cancel{4+x}}\right)\cdots$$

$$\cdots\left(\frac{N+1}{\cancel{N}}\times\frac{\cancel{N+x}}{N+x+1}\right)$$

$$=\log_2\frac{(1+x)(N+1)}{N+x+1}\xrightarrow[N\to\infty]{}\log_2(1+x)$$

가우스가 해내지 못했던 것은 이 아이디어를 다음 귀결로 이끄는 일이었는데

$$P([0;\ a_1,\ a_2,\ a_3,\cdots,\ a_n]<x)=\omega_n(x)=\log_2(1+x)+\varepsilon_n$$

만일 엄밀하게 해냈더라면 이는 '제2 가우스분포'로 불릴 수도 있었을 것이다(도처에서 등장하는 첫 번째 것은 '가우스분포(Gaussian distribution)', '정규분포(normal distribution)', '오차분포(error distribution)' 등으로 불리며 1809년 가우스가 천문 자료를 분석하는 데에 쓰였다. 또한 라플라스가 1783년에 측정오차를 탐구할 때도 쓰였고, 이보다 앞서 1733년 드무아브르의 연구에서 이항분포의 어림식으로 처음 모습을 드러냈다).

결국 이 문제는 두 수학자의 독립적인 연구로 해결되었다. 1928년 쿠즈민(R. O. Kuzmin)은 거의 모든 연분수에 대해 $\varepsilon_n=O(q^{\sqrt{n}}),\ (0<q<1)$ 임을 보였으며, 1929년 폴 레비(Paul Lévy, 1886~1971)는 전혀 다른 방식으로 $q=0.7$일 때 $\varepsilon_n=O(q^n)$ 임을 보였다. 따라서 이 오차항들은 비교적 작을 뿐 아니라 점근적으로 0에 다가선다.

이 믿을 수 없는 결과로부터 부분몫들의 확률밀도함수를 아래와 같이 얻을 수 있으며

$$P(a_n=k)=P(k<\xi_n<k+1)=P(\xi_n<k+1)-P(\xi_n<k)$$

$$=\omega_n\left(\frac{1}{k}\right)-\omega_n\left(\frac{1}{k+1}\right)$$

$$\xrightarrow[n\to\infty]{}\log_2\left(1+\frac{1}{k}\right)-\log_2\left(1+\frac{1}{k+1}\right)$$

표 14.6. 거의 모든 연분수의 부분몫 분포

큰 값의 n에 대한 부분몫의 확률									
k	1	2	3	4	5	6	7	8	9+
$P(a_n = k)$	41	17	9	6	4	3	2	2	16

$$= \log_2\left(\frac{(k+1)^2}{k(k+2)}\right) = \log_2\left(\frac{k(k+2)+1}{k(k+2)}\right)$$

$$= \log_2\left(1 + \frac{1}{k(k+2)}\right)$$

표 14.6은 이를 바탕으로 꾸몄다. 위 식이 정말로 확률밀도함수인지는 아래와 같이 점검할 수 있다.

$$\sum_{k=1}^{N} \log_2\left(1 + \frac{1}{k(k+2)}\right)$$

$$= \sum_{k=1}^{N} \log_2\left(\frac{(k+1)^2}{k(k+2)}\right)$$

$$= \sum_{k=1}^{N} \{2\log_2(k+1) - \log_2 k - \log_2(k+2)\}$$

$$= \sum_{k=1}^{N} \{\log_2(k+1) - \log_2 k\}$$

$$+ \sum_{k=1}^{N} \{\log_2(k+1) - \log_2(k+2)\}$$

$$= \log_2(N+1) + \log_2 2 - \log_2(N+2)$$

$$= \log_2 2 + \ln\left(\frac{N+1}{N+2}\right) \xrightarrow{N \to \infty} \log_2 2 = 1$$

끝의 결과는 두 급수가 서로 상쇄되어 나온다.

예를 들어 γ의 어림값에 적용하면 다음과 같다.

$$P(a_n = 11626) = \log_2\left(1 + \frac{1}{11626 \times 11628}\right) \approx 10^{-8}$$

표 14.7.

	γ의 1000개 부분몫에 나오는 숫자들의 빈도								
k	1	2	3	4	5	6	7	8	9+
a_n	417	168	75	57	41	33	22	19	168
실제(%)	42	17	8	6	4	3	2	2	17

표 14.7은 γ가 '거의 모든 수'처럼 행동한다는 점에 대한 풍부한 증거를 제시한다. 하지만 e는 분명 예외적인데, 그 연분수에 등장하는 홀수는 오직 1뿐이고 짝수들은 오직 한 차례씩만 등장하기 때문이다. 나아가 황금비 φ도 예외적이다.

확률분포를 얻었으므로 자연스럽게 a_n의 평균이 얼마인지 묻게 된다. 그런데 여기서 또 다른 놀라움이 나타난다. 바로 아래의 논증에서 보듯 이런 평균이 존재하지 않는다는 사실이다. 정의에 따르면 그 평균값은

$$\sum_{k=1}^{\infty} kP(a_n = k) \xrightarrow{n \to \infty} \sum_{k=1}^{\infty} k\log_2\left(1 + \frac{1}{k(k+2)}\right)$$

이며 여기까지는 괜찮아 보인다. 하지만 k가 커지면 $k(k+2) \approx k^2$이 되므로

$$\log_2\left(1 + \frac{1}{k(k+2)}\right) \approx \log_2\left(1 + \frac{1}{k^2}\right) = \frac{1}{\ln 2}\ln\left(1 + \frac{1}{k^2}\right) \approx \frac{1}{\ln 2}\frac{1}{k^2}$$

로 쓸 수 있고, 이는 다시

$$\sum_{k,\, n \text{은 큰 수}}^{\infty} kP(a_n = k) \approx \frac{1}{\ln 2}\sum_{k,\, n \text{은 큰 수}}^{\infty} k \times \frac{1}{k^2} = \frac{1}{\ln 2}\sum_{k,\, n \text{은 큰 수}}^{\infty} \frac{1}{k}$$

가 되어 놀랍게도(그러나 달갑지 않게도) 발산조화급수가 다시 그 모습을 드러낸다. 물론 이 분석은 φ에 대한 수렴값들의 평균이 분명 1임에도 불구하고 φ에 대해서는 적용되지 않는다. 또한 e의 경우 평균 자체가 정의되지 못하므로 역시 마찬가지이며 그 이유는 다음과 같다. e의 수렴값들을 더한다

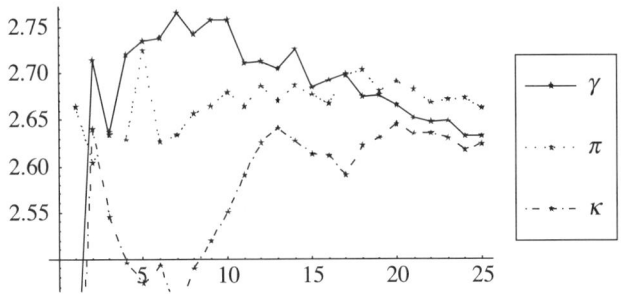

그림 14.12. 킨친상수에 접근하는 경향

는 것은 '1의 쌍'들을 더한다는 뜻이므로 n에 대한 1차식이 된다. 하지만 등차급수 $2+4+6+\cdots$의 합은 n에 대한 2차식이며, 따라서 평균을 구하기 위해 n으로 나누면 n과 같은 차수의 식이 되고 이는 발산한다.

이처럼 a_n의 산술평균은 적절히 정의할 수 없지만 (222쪽에서 언급한 적이 있는) 알렉산드르 킨친은 그 기하평균이 수렴함을 증명했다. 나아가 거의 모든 수에서 $(a_1 a_2 a_3 \cdots a_n)^{1/n} \to k = 2.68545\cdots$임을 보였으며, 이는 적절하게도 킨친상수(Khinchin's constant)라고 불리게 되었다. 그림 14.12에는 γ와 π는 물론 k 자체도 킨친법칙(Khinchin's law)을 따른다는 점이 잘 나타나 있다.

φ의 기하평균은 1이 분명하지만 e의 기하평균은 정의되어 있지 않은데, 그 이유는 10장에서 다루었던 스털링어림법으로 살펴볼 수 있다. 먼저 첫 항까지 취할 경우 $n! \approx \sqrt{2\pi n}\, n^n e^{-n}$임을 되새기자.

e의 연분수 형태에 담긴 패턴을 조사하면 다음을 알 수 있다.

$$\prod_{k=1}^{3n-1} a_k = \prod_{k=1}^{3n} a_k = \prod_{k=1}^{3n+1} a_k = 2^n n!$$

따라서 $N=3n$이라면

$$\left(\prod_{k=1}^{N} a_k\right)^{1/N} = \left(2^{N/3}\left(\frac{1}{3}N\right)!\right)^{1/N} \approx \left(2^{N/3}\sqrt{2\pi \frac{1}{3}N}\left(\frac{1}{3}N\right)^{N/3} e^{-N/3}\right)^{1/N}$$

$$= (\sqrt{2\pi})^{1/N} \left(\frac{1}{3}N\right)^{1/(2N)} \left(\frac{1}{3}N\right)^{1/3} 2^{1/3} e^{-1/3}$$

$$\xrightarrow[N \to \infty]{} 1 \times 1 \times \left(\frac{2}{3e}\right)^{1/3} N^{1/3} = 0.6259 \cdots N^{1/3}$$

이 되는데 이는 무한대로 발산한다.

201쪽에서 논했던 것처럼 기록들의 독립성을 측정하는 데 쓰이는 조화급수의 용도를 돌이켜 본다면 킨친의 결과를 좀 더 밀고 나아갈 수 있다. 거의 모든 연분수에서 a_n의 기하평균은 k를 중심으로 요동치면서 결국 k에 접근한다. 따라서 어떤 수에 대한 a_n의 기하평균이 k의 '신기록 어림값'이 될 때의 n을 적어 보는 것도 흥미로울 것이다. 예를 들어 k 자체에 대해 이런 n을 써보면 아래와 같다.

1, 2, 3, 15, 23, 26, 81, 104, 109, 111, 120, 127, 135, 136, 141, 142, 144, 145, 146, 147, 148, 5920, 5943, 8381, 8401, 89953, 91368, ⋯

이처럼 첫 91368개의 수렴값 가운데 신기록 어림값은 27개이고 $H_{91368} = 12$이다. π에 대해 같은 계산을 해보면 27개의 신기록 어림값을 얻는 데에 4497058개의 수렴값이 필요하며 $H_{4497058} = 16$이다. 이 결과는 이 두 예의 경우 수렴값들 사이에 그다지 놀랍지 않은 의존성이 있음을 암시한다.

$P(A$ 그리고 $B) = P(A) \times P(B)$라는 식이 두 사건 A와 B의 통계적 독립성에 대한 정의로 쓰인다는 점을 되새기면 위에서 이야기한 분포를 이용하여 이 암시를 수치화할 수 있는데, 그 이유는 아래처럼 부분몫들이 "약하게 의존한다"는 사실을 보일 수 있기 때문이다 $(0 < q < 1)$.

$$P(a_n = r \text{ 그리고 } a_{n+k} = s)$$
$$= P(a_n = r) \times P(a_{n+k} = s) \times (1 + O(q^k))$$

기이하게 보이는 2.68545⋯, 곧 킨친상수는 사실

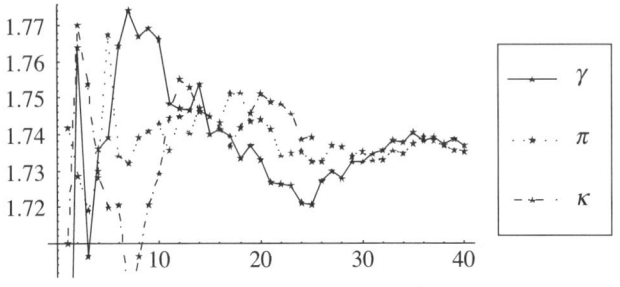

그림 14.13. 또 다른 킨친상수

$$\prod_{r=1}^{\infty}\left(1+\frac{1}{r(r+2)}\right)^{\ln r/\ln 2}$$

이며, 킨친은 $f(r)$이 자연수에 대해 정의된 곧바른함수(sufficiently well-behaved function)라면 다음과 같은 일반적 결과가 성립함을 증명함으로써 이 사실을 밝혔다.

$$\frac{1}{n}\sum_{r=1}^{n}f(a_r) \xrightarrow{n\to\infty} \frac{1}{\ln 2}\sum_{r=1}^{\infty}f(r)\ln\left(1=\frac{1}{r(r+2)}\right)$$

킨친상수는 $f(r)=\ln r$로 놓으면 얻어진다. 물론 $f(r)$을 어떤 함수로 삼든 상관없으며, 따라서 $f(r)=1/r$로 하고, 193쪽의 조화평균을 일반화하여 다시 쓰면 다음 결과를 얻는다.

$$H_n = \frac{n}{\sum_{r=1}^{n}\left(\frac{1}{a_r}\right)} \xrightarrow{N\to\infty} \frac{\ln 2}{\sum_{r=1}^{\infty}\left(\frac{1}{r}\right)\ln\left(1+\frac{1}{r(r+2)}\right)}$$

$$= 1.74540568\cdots$$

이는 거의 모든 연분수의 조화평균도 연분수 자체와 무관한 극한에 수렴한다는 뜻이며 그림 14.13에 이를 도시했다. 이 상수에는 아직 특별한 이름이 붙지 않은 듯한데, 제2킨친상수(Khinchin's second constant)라고 부르는 편이 좋을 것 같다.

소수의 문제

> 지금껏 수학자들은 소수들의 수열에서 어떤 규칙을 찾으려고 헛되이 노력해 왔다. 하지만 우리는 이것이 인간의 지성이 결코 뚫지 못할 신비라고 믿을 만한 논거를 갖고 있다.
>
> 레온하르트 오일러(Leonhard Euler)

15.1 소수를 둘러싼 어려운 문제들

이 책에서 이미 여러 번 언급된 소수에 대한 연구는 수론 분야에서 오래도록 중앙 무대를 차지해 왔다. 소수의 행동은 때로는 전혀 길들여지지 않은 듯 보이기도 하고, 때로는 그 설계를 드러내길 원치 않는 미지의 강력한 권위에 의해 결정된 것처럼 보이기도 한다. 우선 인용할 구절은 위대한 오일러의 좌절을 생생히 보여 준다. 에어디시는 아인슈타인의 말을 바꾸어 "신은 우주를 가지고 주사위 놀이를 하지 않을지도 모른다. 하지만 소수의 경우 분명 이상한 일이 벌어지고 있다!"라고 말했다. 또한 "소수가 무작위로 분포되어 있다는 것은 확실하다. 다만 불행히도 우리는 '무작위'가 무엇을 뜻하는지 모른다"라는 본(R. C. Vaughan)의 말에는 많은 뜻이 담겨 있다. 이 밖에도 오랜 세월에 걸쳐 많은 말들이 있었지만 그중 이 세 명의 말은 소수의 행동에 관련된 경이로움을 잘 담아내고 있다.

제기될 수 있는 모든 의문 가운데 가장 근본적인 세 가지는 다음과 같을 것이다.

(1) 주어진 수가 소수인가?
(2) 어떤 수 x 이하의 소수는 몇 개인가?
(3) x번째 소수 p_x는 무엇인가?

작은 수들의 경우 이에 대한 답은 쉽게 나온다. 101은 소수이며, 50번째 소수는 229이고, 10,000보다 작은 소수는 1,229개이다. 하지만 수가 커질수록 이 문제들은 아주 어려워진다. 252,097,800,623은 소수일까? 100,000,000,000,000,000,000보다 작은 소수는 몇 개일까? 1,000,000,000,000,000,000번째 소수는 무엇일까? 이런 질문들은 바로 답할 수 없는데, 잘 알다시피 소수의 개수는 무한이므로 이런 것들도 '작은' 수에 지나지 않는다.

첫째 의문에 대해서는 깊이 파고들지 않을 것이다. 하지만 독자들은 어떤 큰 수가 소수인지의 여부를 검사하는 게 단순히 그 제곱근보다 작은 모든 소수로 나누어 보는 것보다 훨씬 미묘하다는 점을 어렵잖게 깨달을 수 있을 것이다. 이 의문은 가장 큰 소수를 찾는 일과 관련이 있으며, 187쪽에서 이야기했던 메르센소수에 초점을 맞추기 마련이다. 이는 16세기의 수도사 마랭 메르센(Marin Mersenne)을 기려 이름 붙인 2^p-1 형태의 소수로(p도 소수), 루카스-레머법(Lucas-Lehmer test)을 사용하여 소수 여부를 확인할 수 있기 때문이다. 대규모인터넷메르센소수탐사(GIMPS, Great Internet Mersenne Prime Search)를 이끄는 사람들은 2001년 12월 5일 가장 새로운 괴물을 찾아냈는데, 이는 $2^{13466917}-1$로 4,053,946자리에 이르는 큰 수이다.

둘째 의문에 다가서기 위해 어떤 수 x 이하 소수의 개수를 $\pi(x)$로 나타내는 표준적 표기법을 쓰기로 하며, 나중에 보듯 이는 셋째 의문의 경우에도 마찬가지이다. 이것은 '소수세기함수(prime counting function)'로 알려져 있다. 2는 소수이지만 1은 아니므로 $\pi(3)=2$이고, $\pi(17)=7$,

$\pi(22) = 8$, … 등이다. 분명 $\pi(x)$는 증가하는 계단함수(step-function)이며, 소수의 개수가 무한이기 때문에 $x \to \infty$이면 $\pi(x) \to \infty$인데, 문제는 "얼마나 빨리 증가하는가?"이다. $\pi(x)$의 정확한 본질에 대한 결론은 소수정리(Prime Number Theorem)라고 불리게 되었으며, 이를 통해 우리는 소수가 로그와 긴밀히 얽혀 있음은 물론 이 사실이 얼마나 경이로운 것인지도 알게 된다. 골드스타인(L. J. Goldstein)의 말을 들어 보자.

소수정리의 역사는 여러 위대한 아이디어들이 발전하면서 얽히는 광경을 보여 주는 아름다운 사례이다. 이 아이디어들은 서로 도우면서 관찰된 현상들을 거의 완전히 설명하는 하나의 일관된 이론을 이루어 간다.

15.2 수수한 출발

소수의 무한성에 대한 유클리드의 논증을 좀 더 자세히 들여다보면 $\pi(x)$의 크기에 대한 첫째이되 아주 초라한 하계를 어림할 수 있다. 66쪽의 본래 증명에서는 $P_n = 1 + p_1 p_2 \cdots p_n$을 만드는 데 첫 n개의 소수를 썼지만 사실 여기에 쓸 소수의 집합에는 아무런 제한이 없다. 물론 P_n은 소수가 될 수도 되지 않을 수도 있는데, 어느 경우이든 P_n을 나눌 수 있는 가장 작은 소수를 p_{n+1}이라고 하면 $p_{n+1} \leq P_n = 1 + p_1 p_2 \cdots p_n \leq 2 p_1 p_2 \cdots p_n$은 거대하고도 사치스런 과대어림이다. $p_1 = 2$로 삼는다면 $p_2 \leq 2p_1 = 2 \times 2 = 2^2$, $p_3 \leq 2 p_1 p_2 = 2 \times 2 \times 2^2 = 2^4$, $p_4 \leq 2 p_1 p_2 p_3 = 2 \times 2 \times 2^2 \times 2^4 = 2^8$이고, 일반적으로는 $p_{n+1} \leq 2^{2^n}$이며, 이것이 n째 소수에 대한 어림값이다. 그런데 $k = 1, 2, \cdots n$인 모든 k에 대해 $p_k < p_{n+1}$이므로 $p_1, p_2, p_3, \cdots, p_n$, $p_{n+1} \leq 2^{2^n}$임이 분명하며, 이는 곧 $\pi(2^{2^n}) \geq n + 1$임을 뜻한다. 이제 $x = 2^{2^n}$으로 쓰면 $n = \log_2 \log_2 x$이므로 $\pi(x) \geq \log_2 \log_2 x + 1 > \log_2 \log_2 x$이다. 이 부등식은 $x \geq 2^{2^n}$인 모든 x에 대해서도 당연히 성립할 것이므로

$\pi(x) > \log_2 \log_2 x$라는 하계를 얻으며, 로그는 처음으로 일찍이 여기서부터 등장한다.

약간의 노력을 더하면 좀 더 개선할 수 있다.

계승과 바닥함수는 $n!$에 대한 각 소인수들의 기여도를 가늠하는 데에 쓰일 수 있는데, 나중에 보듯 여기에는 깊은 암시가 숨어 있다. 먼저 상황을 파악하기 위해 $10! = 3{,}628{,}800 = 2^8 \times 3^4 \times 5^2 \times 7$이라는 예를 보면 2가 8번, 3이 4번 등으로 나옴을 알 수 있다. 물론 이론적으로는 더 큰 자연수를 지정하여 계승을 구하고 같은 식으로 분석해 볼 수 있다. 하지만 더 깔끔할 뿐 아니라 훨씬 더 실용적인 것은 일반적인 경우를 생각해 보는 일이다. 8장에서 서로소에 대한 증명의 준비 과정을 설명할 때 N 이하의 자연수 가운데 r로 나누어떨어지는 자연수의 개수 x는 $\lfloor N/r \rfloor$ 임을 보았다. 따라서 n 이하의 자연수 가운데 $p < n$인 소수 p로 나누어떨어지는 자연수의 개수는 $\lfloor n/p \rfloor$이므로, $n!$의 소인수분해에서 p는 정확히 $\lfloor n/p \rfloor$ 번 나타난다. 이와 마찬가지로 $n!$의 소인수분해에서 p^2은 $\lfloor n/p^2 \rfloor$ 번, p^3은 $\lfloor n/p^3 \rfloor$ 번 나오며, 이 과정은 $p^{k+1} > n$인 p^k가 $\lfloor n/p^k \rfloor$ 번 나온다는 데까지 계속된다. 이를 종합하면 $n!$에 나타나는 p의 총 지수는 아래처럼 간편히 나타낼 수 있다.

$$e_p(n!) = \sum_{r=1}^{\infty} \left\lfloor \frac{n}{p^r} \right\rfloor$$

이것은 무한급수처럼 보이지만 $r \geq k+1$인 항들은 모두 0이다.

다시 말해서 이는 다음을 뜻한다.

$$n! = \prod_{p \leq n} p^{e_p(n!)} = \prod_{p \leq n} p^{\sum_{r=1}^{\infty} \lfloor n/p^r \rfloor}$$

이 결과는 르장드르가 얻어 냈는데 감마함수의 이론을 다룰 때 그의 기여를 살펴본 적이 있고, 이 장에서도 다시 만나게 된다.

$\pi(x)$의 크기를 어림잡는 데에 쓸 식이 바로 이것이다. 이에 들어가기에 앞서, 아무런 수고도 더하지 않아도 되므로, 잘 알려진 한 가지 문제를 해결하는 데 이것이 어떻게 쓰이는지 잠깐 살펴보기로 한다: "어떤 계승은 몇 개의 0으로 끝나는가?" 예를 들어 위에서 본 10!은 2개의 0으로 끝난다. 이 문제에 체계적으로 대답하려면 위의 결과를 이용하여 10!에 2와 5가 몇 번 나오는지 점검한 뒤, 이 가운데 작은 수를 택하면 된다. 왜냐하면 $2 \times 5 = 10$이며, 이런 곱셈의 수가 바로 몇 개의 0으로 끝나는지를 보여 주기 때문이다.

2에 대해 살펴보면

$$\left\lfloor \frac{10}{2} \right\rfloor + \left\lfloor \frac{10}{2^2} \right\rfloor + \left\lfloor \frac{10}{2^3} \right\rfloor = 5 + 2 + 1 = 8$$

번 나오고, 5는

$$\left\lfloor \frac{10}{5} \right\rfloor = 2$$

번 나온다. 그러므로 10은 2번 나오며, 결국 10!은 위의 직접적인 계산값에서 보듯 2개의 0으로 끝난다. 더 큰 값, 예를 들어 1000!에서는 2가

$$\left\lfloor \frac{1000}{2} \right\rfloor + \left\lfloor \frac{1000}{2^2} \right\rfloor + \left\lfloor \frac{1000}{2^3} \right\rfloor + \cdots \left\lfloor \frac{1000}{2^9} \right\rfloor$$

$$= 500 + 250 + 125 + 62 + 31 + 15 + 7 + 3 + 1 = 994$$

번 나오고, 5가

$$\left\lfloor \frac{1000}{5} \right\rfloor + \left\lfloor \frac{1000}{5^2} \right\rfloor + \left\lfloor \frac{1000}{5^3} \right\rfloor + \left\lfloor \frac{1000}{5^4} \right\rfloor = 200 + 40 + 8 + 1 = 249$$

번 나오므로 1000!은 249개의 0으로 끝난다. 이 경우 물론 5가 나타나는 횟수에 따라 0의 개수가 결정된다.

르장드르의 결과를 $\pi(x)$의 어림셈에 적용하려면 언젠가는 끝나는 다음

급수를 계산해야 한다.

$$e_p(n!) = \left\lfloor \frac{n}{p} \right\rfloor + \left\lfloor \frac{n}{p^2} \right\rfloor + \left\lfloor \frac{n}{p^3} \right\rfloor + \cdots$$

$e_p(n!)$의 상계는 바닥함수 기호를 벗길 때 나오는 기하급수를 무한대까지 확장해서 얻을 수 있으며

$$e_p(n!) < \frac{n}{p} + \frac{n}{p^2} + \frac{n}{p^3} + \cdots = \frac{n}{p}\left(1 + \frac{1}{p} + \frac{1}{p^2} + \cdots\right)$$

$$= \frac{n}{p}\frac{1}{1-1/p} = \frac{n}{p-1}$$

그 결과는 $p^{e_p(n!)} < p^{n/(p-1)}$이다. $n \geq 2$인 모든 n에 대해 $n \leq 2^{n-1}$이므로 $p^{e_p(n!)} < p^{n/(p-1)} < (2^{p-1})^{n/(p-1)} = 2^n$이고 $n! < (2^n)^{\pi(n)} = 2^{n\pi(n)}$이다. 여기에 밑이 2인 로그를 취하면 $n\pi(n) > \log_2 n!$, 곧 $\pi(n) > (1/n)\log_2 n!$이라는 새로운 어림값을 얻는다. 큰 n에 대한 계산은 좀 힘들겠지만 스털링 어림법을 첫 항까지만 이용하면 우리의 목적에 충분한 값을 얻을 수 있다. 양변에 밑이 2인 로그를 취하면

$$\log_2 n! \approx n\log_2 n - n\log_2 e + \frac{1}{2}\log_2 2\pi n$$

$$= n\log_2 \frac{n}{e} + \frac{1}{2}\log_2 2\pi n \approx n\log_2 \frac{n}{e}$$

이 되며, 큰 n에 대해서는

$$\pi(n) > \frac{1}{n}\log_2 n! \approx \log_2 \frac{n}{e}$$

이라는 어림값이 나온다.

이제 이 어림값이 실제로 얼마나 부정확한지 표 15.1에서 확인할 수 있다. 좋은 면만 보자면 다음과 같다: 적어도 이 값들은 유효한 범위를 나타내며, 우리는 이 아이디어를 통해 소수의 분포를 어느 정도나마 가늠할 척도를 얻게 되었다.

표 15.1 어림값들의 비교

x	$\pi(x)$	$\log_2\log_2 x$	$\dfrac{1}{n}\log_2 n!$
10^6	78,498	4.32	18.49
10^7	664,579	4.54	21.8
10^8	5,761,455	4.73	25.1
10^9	50,847,534	4.90	28.5
10^{10}	455,052,511	5.05	31.8
10^{11}	4,118,054,813	5.20	35.1
10^{12}	37,607,912,018	5.32	38.4
10^{13}	346,065,536,839	5.43	41.7

지금까지 우리는 $\pi(x)$의 두 가지 하계를 얻었다. 255쪽의 논증으로 n째 소수의 크기에 대한 상계는 얻었는데, 이것은 62쪽에서 이야기했던 베르트랑추측을 이용하여 상당히 가다듬을 수 있다. 이에 따르면 소수를 커지는 순서로 $p_1, p_2, \cdots, p_n$으로 쓸 경우 $p_n < 2^n$임을 뜻하기 때문이다(물론 $p_1 = 2 = 2^1$이지만 이것 외에는 등호가 필요 없다). 이를 파악하는 가장 쉬운 방법은 그림 15.1을 참조하면서 수학적 귀납법을 사용하는 것이다. 어떤 k에 대해 $p_k < 2^k$라고 하자. 그러면 p_{k+1}은 구간 $(p_k, 2^k)$에 있거나 2^k의 오른쪽에 있게 된다. 전자의 경우 $p_{k+1} < 2^k < 2^{k+1}$이며, 후자의 경우 $(2^k, 2^{k+1})$ 구간에 존재하는 첫 소수임이 분명하다. 다시 말해서 $p_{k+1} < 2^{k+1}$라는 뜻이며 이로써 증명은 완결된다.

그림 15.1.

15.3 그럴싸한 답들

물론 우리가 찾으려는 것은 x에 관한 $\pi(x)$의 명확한 식이며, 너무 까다롭게 굴지만 않는다면 쉽게 구할 수 있다. 사실 그런 식은 얼마든지 만들어 낼 수 있고, 그중 다수는 윌슨정리(Wilson's Theorem)라고 부르는 수론의 결론에 근거를 두고 있다. 1770년 케임브리지의 수학자 에드워드 워링(Edward Waring, 1734~1798)은 《대수학 고찰(*Meditationes Algebraicae*)》이란 책을 펴내면서 수론의 여러 가지 새로운 결론들을 제시했으며, 그중 가장 중요한 것은 p가 소수라면 $(p-1)! + 1$이 p로 나누어떨어진다는 사실이었다. 워링은 이것을 자신의 제자이자 케임브리지대학교 수학학위시험의 수석 합격자였던 존 윌슨(John Wilson, 1741~1793)이 발견했다고 썼는데, 윌슨은 관찰을 통해 이를 발견했을 뿐 증명은 내놓지 않았다. 워링도 자신의 책에서 증명을 내놓는 데에 실패했으며, "소수에 대한 표현이 없으므로 이런 종류의 정리는 증명하기가 매우 어렵다"라고 덧붙였다. 가우스는 이 구절을 읽으면서 어딘가 못마땅했던지 "표현 대 개념(notation versus notion)"이라 중얼거렸다고 하는데, 이는 정말로 문제되는 것은 표현이 아니라 개념이란 점을 암시한다. 실제로 이 명제와 그 역은 1773년에야 라그랑주에 의해 증명되었지만 어찌된 일인지 수학계에서는 윌슨정리로 이름을 붙여 수학적 우연의 한 예가 되었다. 어쩌면 여기에는 또 다른 수학 거인인 라이프니츠의 이름을 붙였어야 했는지도 모르는데, 사후에 출판된 논문에 이것과 긴밀히 관련된 아이디어가 들어 있었기 때문이다.

윌슨정리에서 출발하면 나중 두 가지의 의문에 대해 그럴싸한 답을 내놓을 수 있다. 여기서는 미국수학협회(Mathematical Association of America)에서 발행하는 잡지 〈수학협회지(Mathematical Gazette)〉 1964년 12월호에 실린 윌런(C. P. Willan)의 글을 토대로 한다. 이 글은 이후

3년 동안 전개된 격렬한 논쟁을 촉발했으며 이 사실만으로도 충분히 살펴볼 만하다.

윌슨정리의 직접적 귀결의 하나로 다음 함수가 나오며

$$F(n) = \left\{\cos\pi\left(\frac{(n-1)!+1}{n}\right)\right\}^2 = \begin{cases} 1, & n=1 \text{ 또는 소수인 경우} \\ 0, & \text{그 밖의 경우} \end{cases}$$

그 결과 $\pi(x)$는 아래와 같이 쓸 수 있다.

$$\pi(x) = -1 + \sum_{n=1}^{x}\left\{\cos\pi\left(\frac{(n-1)!+1}{n}\right)\right\}^2$$

셋째 의문에 답하기 위해 한 가지 함수를 다음과 같이 정의한다.

$$A_n(a) = \left\lfloor \sqrt[n]{\frac{n}{1+a}} \right\rfloor, \quad n=1, 2, \cdots, \quad a=0, 1, 2, \cdots$$

$a < n$에 대해 $1 \leq n/(1+a) \leq n$이므로 $1 \leq \sqrt[n]{n/(1+a)} \leq \sqrt[n]{n} < 2$이다. 따라서 $1 \leq A_n(a) \leq 1$이며, 결국 $A_n(a) = 1$이다. 이와 비슷하게 $a \geq n$에 대해서는 $0 < n/(1+a) < 1$이고 $0 \leq A_n(a) \leq 0$이므로 $A_n(a) = 0$이다. 요약하면

$$A_n(a) = \begin{cases} 1, & a < n \\ 0, & a \geq n \end{cases}$$

이라는 뜻이므로 어떤 충분히 큰 자연수 N에 대해 다음 식을 만들 수 있다.

$$p_x = 1 + \sum_{r=1}^{N} A_x(\pi(r))$$

그런데 모든 x에 대해 $p_x \leq 2^x$이므로 $N = 2^x$로 삼을 수 있다. 그러면 최종적인 정확한 식은 식자공의 악몽이라 할 다음 모습이 되는데

$$p_x = 1 + \sum_{r=1}^{2^x}\left\lfloor \sqrt[x]{x} - \sqrt[n]{\sum_{s=1}^{r}\left(\cos\pi\frac{(s-1)!+1}{s}\right)^2} \right\rfloor$$

실제로 쓰이는 과정을 보면 꽤 신비롭기도 하다. 예를 들어 윌런은 다음 계산을 했다.

$$p_5 = 1 + A_5(\pi(1)) + A_5(\pi(2)) + A_5(\pi(3)) + \cdots + A_5(\pi(32))$$
$$= 1 + A_5(0) + A_5(1) + A_5(2) + \cdots + A_5(11)$$
$$= 1 + 1 + 1 + \cdots + 0 = 11$$

같은 글에서 윌런은 ⌊ ⌋ 기호를 쓰지 않은 식도 내놓았다. 그 결과는 독창적이지만 우리의 의문에 정말로 적합한 답을 내놓은 것은 아니라는 느낌을 지우기 어렵다. 또한 비슷한 아이디어로부터 유도된 다른 모든 식들도 애초의 취지에 비춰 보면 사실상 아무런 쓸모가 없다.

15.4 그림으로 본 문제

본래의 둘째 문제는 좀 더 현실적으로 $\pi(x)$를 $\pi(x) = f(x) + \varepsilon_x$의 형태로 어림할 수 있는지 여부를 묻고 있다. 여기서 $f(x)$는 비교적 쉽게 계산할 수 있는 어떤 함수이고, ε_x는 절대오차(absolute error)를 나타내는데, 이것이 너무 크지 않고 또 점근적으로 사라지는 게 바람직하다. 상대오차(relative error)의 표현으로 좀 더 정확히 쓰면 아래와 같다.

$$\lim_{x \to \infty} \frac{\pi(x) - f(x)}{\pi(x)} = \lim_{x \to \infty} \frac{\varepsilon_x}{\pi(x)} = 0$$

과연 이 $f(x)$는 무엇일까? 작은 x에 대한 $\pi(x)$의 그래프를 보면 불규칙적인 계단함수임을 알 수 있으며(그림 15.2 참조), 이런 모습은 $f(x)$를 찾으려는 우리의 자신감을 떨어뜨린다. 범위를 $0 \leq x \leq 100$으로 넓히면 계단효과는 여전히 뚜렷하지만 어떤 경향이 있다는 점도 뚜렷해진다(그림 15.3 참조). 그리고 $0 \leq x \leq 1000$으로 넓히면 이 경향은 더 뚜렷해진다(그림 15.4 참조). 끝으로 $0 \leq x \leq 5000$의 범위에서 보면 거의 직선으로 보인다. 물론 깨끗한 직선은 아니다(그림 15.5 참조).

실제로 이 직선 같은 그래프는 밑으로 조금씩 수그러드는데, 그 이유는 비

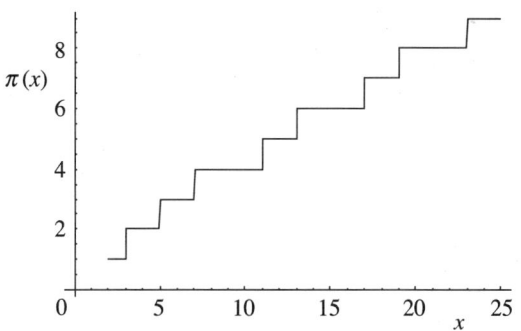

그림 15.2. 작은 x에서의 $\pi(x)$

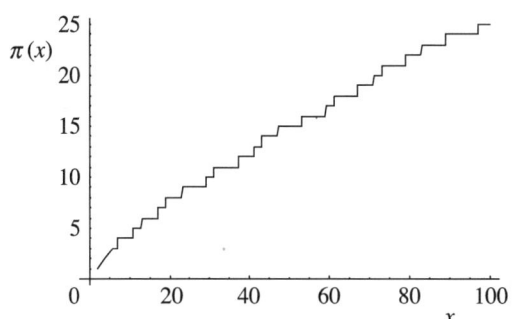

그림 15.3. x의 범위를 조금 넓혔을 때

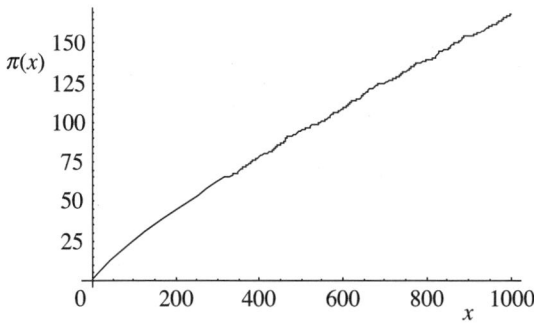

그림 15.4. x의 범위를 더 넓혔을 때

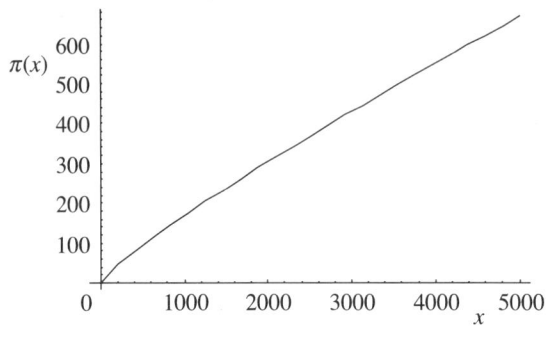

그림 15.5. x의 범위를 또 더 넓혔을 때

록 소수의 개수가 무한이기는 하나 x값이 커질수록 점점 드물게 나타나기 때문이다. 어쨌든 계단효과는 단지 드러나지 않을 뿐 언제까지나 나타나며, 계단 사이의 간격이 불규칙적이어서 한 계단 올라서는 데에 아주 먼 길을 가야 할 수도 있다. 이 상황은 n이 어떤 자연수이든 $n! + 2, n! + 3, n! + 4,$ $\cdots, n! + n$ 수열에 소수가 전혀 없다는 사실을 곱씹어 보면 가장 쉽게 이해할 수 있다.

돈 자기에르(Don Zagier)는 1975년 본대학교(University of Bonn)의 취임 강연에서 다음과 같이 말했다.

소수의 분포에는 두 가지 사실이 있으며 나는 이것들이 여러분의 가슴에 영원히 새겨지도록 한껏 강조하고자 합니다. 첫째는 그 단순한 정의와 자연수에 대한 건축 소재로서의 역할에도 불구하고, 소수들은 자연수들 사이에서 잡초처럼 자라나 우연의 법칙 외에는 아무것도 따르지 않는 듯하며, 다음 것이 언제 싹을 틔울지 아무도 모른다는 점입니다. 그런데 둘째는 이와 정반대라서 더욱 놀랍습니다. 소수는 경이로운 규칙성을 보이며, 이는 소수를 지배하는 법칙들이 있다는 뜻으로, 실제로 소수는 거의 군대처럼 정확히 이 법칙들을 따릅니다.

소수의 행동을 지배하는 이 법칙들은 무엇일까? 특히 저 $f(x)$는 무엇일까?

15.5 에라토스테네스의 체

고대 그리스의 학자 에라토스테네스(Eratosthenes, BC 276~194)는 연대기 편자로 널리 알려져 있다. 그는 또한 위대한 알렉산드리아 도서관의 수석 사서였으며, 알렉산드리아와 아스완(Aswan)을 잇는 자오선을 따라 두 도시 사이의 거리를 측정함으로써 지구의 크기를 놀라울 만큼 정확히 계산해 냈다. 수학자로서 그는 소수를 골라내는 방법을 통해 기억되고 있다. 이는 그의 이름을 따 '에라토스테네스의 체(Sieve of Eratosthenes)'라고 부르며, 나눗셈할 필요 없이 $\sqrt{x}$까지의 소수를 알면 x까지의 소수 목록을 작성할 수 있도록 해준다.

이 방법을 쓰려면 먼저 x까지의 모든 자연수를 쓰고 첫 자연수부터 시작하여 2의 배수, 3의 배수, 5의 배수 … 등을 처음 보는 것들만 남기고 모두 지우면서 $\leq \sqrt{x}$까지 계속한다. 그러면 지워지지 않고 남은 것들이 그 목록이다. 물론 이 새로운 집합을 이용해 x와 x^2 사이, x^2과 x^4 사이 등에 있는 소수를 찾는 데 계속 반복 적용할 수 있다. 예를 들어 $x = 50$에 대해 네 소수 2, 3, 5, 7로 실행한 결과를 그림 15.6에 실었다.

이 방법이 소수를 골라내므로 $\pi(x)$를 계산하는 데에 쓰일 수 있다는 것은 그다지 놀랄 일이 아니며, 다니엘 마이셀(Daniel Meissel, 1826~1895)이 바로 이렇게 사용한(실제로는 에라토스테네스의 체를 가다듬은 것을 사용한) 인물이다. 그의 이름은 113쪽에서 언급한 적이 있는데, 1870년 그는 $\pi(10^8) = 5,761,455$임을 보임으로써 그때까지 알려진 범위를 엄청나게 확장했다. 1893년 베르텔센(Bertelsen)은 다시 $\pi(10^9) = 50,847,478$까지 넓혔지만 안타깝게도 정확한 값보다 56이 모자란다.

이 과정을 어떻게 정식화하여 큰 수를 다루는 데 쓸 수 있을지에 관심이 모이는데, 이를 위하여 다시 바닥함수와 넣기빼기원리를 이용할 필요가

```
 1   2   3   4̸   5   6̸   7   8̸   9̸  1̸0̸
11  1̸2̸  13  1̸4̸  1̸5̸  1̸6̸  17  1̸8̸  19  2̸0̸
2̸1̸  2̸2̸  23  2̸4̸  2̸5̸  2̸6̸  2̸7̸  2̸8̸  29  3̸0̸
31  3̸2̸  3̸3̸  3̸4̸  3̸5̸  3̸6̸  37  3̸8̸  3̸9̸  4̸0̸
41  4̸2̸  43  4̸4̸  4̸5̸  4̸6̸  47  4̸8̸  49  5̸0̸
```

그림 15.6. 에라토스테네스의 체

있다.

어떤 자연수 x를 정하고 $\sqrt{x}$까지의 소수를 $2, 3, 5, \cdots, p_x$라고 하자. 그런 다음 위의 과정을 약간 바꿔 소수의 배수들은 물론 소수 자체도 제거한다. 맨 처음의 체로 2를 쓰면 $\lfloor x/2 \rfloor$ 개의 수가 제거되고 $x - \lfloor x/2 \rfloor$ 개가 남는다. 다음 체로 3을 쓰면 3의 배수뿐만 아니라 이미 제거된 6의 배수도 제거된다. 따라서 남는 것은 $x - \lfloor x/2 \rfloor - \lfloor x/3 \rfloor + \lfloor x/(2 \times 3) \rfloor$ 개가 된다.

마찬가지 논리를 5에 적용하면 $2 \times 3 \times 5$의 배수가 중복해서 제거되므로 이것들을 보상해야 한다. 다시 말해서 이 과정에 넣기빼기원리가 적용되며, 결국

$$x - \left\lfloor \frac{1}{2}x \right\rfloor - \left\lfloor \frac{1}{3}x \right\rfloor - \left\lfloor \frac{1}{5}x \right\rfloor + \left\lfloor \frac{x}{2 \times 3} \right\rfloor + \left\lfloor \frac{x}{2 \times 5} \right\rfloor + \left\lfloor \frac{x}{3 \times 5} \right\rfloor - \left\lfloor \frac{x}{2 \times 3 \times 5} \right\rfloor$$

개의 수가 남게 된다.

이런 과정은 소수 p_x까지 계속된다. 그러면 1과, $\sqrt{x}$에서 x 사이의 소수들만 남는다. 다시 말해서 아래와 같이 $\pi(x) - \pi(\sqrt{x}) + 1$개의 수가 남으며

$$\pi(x) - \pi(\sqrt{x}) + 1$$
$$= x - \left\lfloor \frac{1}{2}x \right\rfloor - \left\lfloor \frac{1}{3}x \right\rfloor - \left\lfloor \frac{1}{5}x \right\rfloor - \cdots$$
$$+ \left\lfloor \frac{x}{2 \times 3} \right\rfloor + \left\lfloor \frac{x}{2 \times 5} \right\rfloor + \left\lfloor \frac{x}{3 \times 5} \right\rfloor \cdots - \left\lfloor \frac{x}{2 \times 3 \times 5} \right\rfloor \cdots$$

생략점들은 위에서 계속된다고 말한 부분을 가리킨다.

교육적 관점에서 보면 이 과정을 실제로 해보는 편이 좋은데, 예를 들어 $x = 100$인 경우 $\pi(100) = 25$이다.

15.6 견출법(見出法)

엄밀하게 논증하지 않는다면 더 나아갈 수 있다. 바닥함수나 중복 등에 얽매이지 말고 2로 나뉘는 수들을 없애면 $(1 - 1/2)\,x$ 정도가 남는다고 하자. 또 3으로 나뉘는 수들을 없애면 $(1 - 1/3)(1 - 1/2)\,x$ 정도가 남고, 5로 나뉘는 수들을 없애면 $(1 - 1/5)(1 - 1/3)(1 - 1/2)\,x$가 남는다고 하자. 이 과정을 $\sqrt{x}$ 이하인 모든 소수에 대해 되풀이하면 대략

$$\prod_{p \leq \sqrt{x}} \left(1 - \frac{1}{p}\right) x$$

개 정도의 자연수가 남으므로 $\pi(x)$의 모습도 대략 다음과 같다고 말할 수 있다.

$$\pi(x) \approx \prod_{p \leq \sqrt{x}} \left(1 - \frac{1}{p}\right) x \cdots$$

물론 오차는 자꾸 쌓이며 그 크기도 추적할 수 있다. 하지만 이런 방향으로 가면 본래 우리가 바라던 여정에서 점점 더 멀어질 뿐이다.

178쪽에서 보았던 메르텐스의 두 가지 곱셈 형태 가운데 하나를 되새기면서 다른 길을 따라가 보자.

$$\lim_{n \to \infty} \frac{1}{\ln n} \prod_{p \leq n} \left(1 - \frac{1}{p}\right)^{-1} = e^{\gamma}$$

극한 기호를 쓰지 않는다면 큰 n에 대해 다음과 같이 정리할 수 있다.

$$\prod_{p \leq n} \left(1 - \frac{1}{p}\right) \approx \frac{e^{-\gamma}}{\ln n}$$

$n = \sqrt{x}$에 대한 어림값은 다음과 같으며

$$\pi(x) \approx \frac{e^{-\gamma}x}{\ln\sqrt{x}} = 2e^{-\gamma}\frac{x}{\ln x}$$

참으로 중요한 표현인 $x/\ln x$가 처음으로 모습을 드러낸다.

다음으로 더 험한 길을 따라가 보자. 매우 큰 x에 대해 $\pi(x)$가 미분가능하거나 그림 15.5에 암시된 부드러운 곡선으로 정확하게 어림할 수 있다고 보고, 이 곡선도 같은 이름 $\pi(x)$로 쓰자. 그러면 위의 식으로부터 그 미분은 다음과 같이 주어진다.

$$\pi'(x) \approx \prod_{p \leq \sqrt{x}}\left(1 - \frac{1}{p}\right)$$

다음으로 h를 $\sqrt{x}$ 부근에 있는 소수들의 평균 간격이라고 하면 탄젠트의 정의에 따라 $\pi'(\sqrt{x}) \approx 1/h$이다. 그리고 $(\sqrt{x} + h)^2$은 x와 거의 같으므로 다음 어림식을 쓸 수 있다.

$$\pi'((\sqrt{x}+h)^2) \approx \prod_{p \leq \sqrt{x}}\left(1 - \frac{1}{p}\right)\left(1 - \frac{1}{\sqrt{x}}\right) = \left(1 - \frac{1}{\sqrt{x}}\right)\pi'(x)$$

위에서 $(\sqrt{x} + h)$보다 작은 가장 큰 소수를 $\sqrt{x}$로 어림했는데, 큰 x의 경우 그다지 나쁜 어림은 아니다.

여기에 테일러전개를 적용하면

$$\pi'((\sqrt{x}+h)^2) \approx \pi'(x + 2h\sqrt{x} + h^2) \approx \pi'(x) + 2h\sqrt{x}\,\pi''(x)$$

가 되며, 이 둘을 같다고 놓고 정리하면 아래와 같은 끔찍한 미분방정식이 나온다.

$$2x\frac{\pi''(x)}{\pi'(x)} + \pi'(\sqrt{x}) = 0$$

하지만 다행히 우리는 한 가지의 힌트를 갖고 있다. 곧 $\pi(x) = x/\ln x$라고 하면 첫 항은

$$\frac{2(2-\ln x)}{\ln x(\ln x - 1)}$$

이 되고, 둘째 항은

$$-\frac{2(2-\ln x)}{(\ln x)^2}$$

가 되어 그 차는 $\ln x$와 $(\ln x - 1)$의 차와 같다.

이상의 논증은 비판을 면하기 어렵지만 견출법(見出法, heuristics)으로는 무방하다. 이는 필요한 결론을 내놓았고, 나아갈 방향도 옳게 제시했다. 곧 $x/\ln x$란 함수는 $\pi(x)$와 정말로 긴밀히 연결된 것으로 보인다.

15.7 편지

1849년 크리스마스 이브에 72세의 가우스는 '각별한 친구'이자 예전에 제자였던 천문학자 요한 엔케(Johann Encke, 1791~1865)에게 답장 편지를 썼다. 그는 다음과 같이 시작하는 이 편지에서 소수의 출현 빈도에 흥미를 보였고 $\pi(x)$에 대한 어림을 제시했다.

> 소수의 출현 빈도에 대한 자네의 이야기는 여러 면에서 나의 흥미를 끌었네. 이것을 보고 나는 아주 오래 전, 그러니까 1792년 또는 1793년에 람베르트(Lambert)의 로그표 부록을 얻고 나서 시작했던 내 자신의 시도를 떠올려 보았네.

1792년에 가우스는 15살이었다. 우연히 얻은 로그표와 부록에 백만까지의 소수가 실려 있는 것을 본 어린 소년은 $\pi(x)$의 본질에 대한 공격을 감행했다(이 표는 독일계 스위스 수학자인 요한 람베르트(Johann Lambert, 1728~1777)가 작성했다. 그의 이름은 연분수와 관련하여 155쪽에서 나온 적이 있다). 나중에 가우스는 3백만까지의 소수를 열거한 표도 얻었다. 표 15.2는

표 15.2

x	$\pi(x)$	소수의 밀도
$10 = 10^1$	4	$1 : 2.5 = 1 : (2.5 \times 1)$
$100 = 10^2$	25	$1 : 4 = 1 : (2 \times 2)$
$1{,}000 = 10^3$	168	$1 : 5.96 = 1 : (1.99 \times 3)$
$10{,}000 = 10^4$	1,229	$1 : 8.14 = 1 : (2.04 \times 4)$
$100{,}000 = 10^5$	9,592	$1 : 10.43 = 1 : (2.09 \times 5)$
$1{,}000{,}000 = 10^6$	78,498	$1 : 12.74 = 1 : (2.12 \times 6)$

15살의 가우스가 처음 사용해야 했던 정보를 보여 준다. 그는 이 매우 제한된 증거에 근거하여 $x = 10^n$에 대해 다음과 같은 패턴이 떠오름을 간파했다.

$$\pi(x) \approx \frac{1}{a \times n} \times x = \frac{1}{a \times \log_{10} x} \times x$$

여기서 a는 2를 조금 넘는 수인데, 물론 그는 $\ln 10 = 2.30 \cdots$임을 알고 있었다. 로그의 표준적 법칙을 이용하면 $\pi(x) \approx x/\ln x$라는 식이 나오며, 이미 보았던 견출법의 암시와 부합한다. 이에 따라 $f(x) = G(x) = x/\ln x$로 놓으면 아래 식을 얻는다.

$$\pi(x) = \frac{x}{\ln x} + \varepsilon_x = G(x) + \varepsilon_x$$

그림 15.7에는 $\pi(x)$와 $G(x)$의 초기 행동을 비교하는 두 그래프를 실었다. 아직도 남아 있는 가우스의 로그책 뒤표지에는 어린 손으로 쓴 "Primzahlen unter $a(= \infty) \, a/l \, a$"라는 구절이 보인다 ("무한대 이하의 소수는 $\infty/\ln\infty$"라는 뜻. - 옮긴이).

그 편지에서 가우스는 자신이 좀 더 가다듬은 어림값에 대해서만 언급했

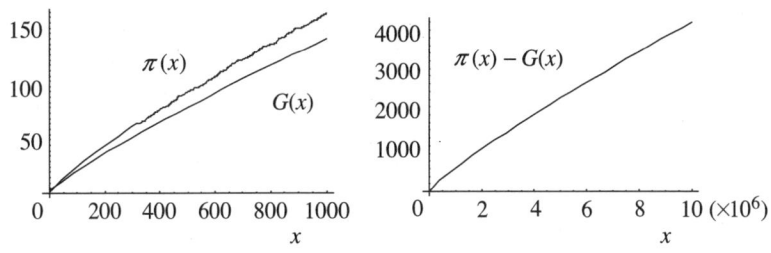

그림 15.7. 가우스의 본래 어림

는데, 그는 이것을 1000개의 연속하는 자연수들에 들어 있는 소수의 개수를 헤아려서 얻었다. 여기서 그는 눈을 즐겁게 하는 고어들을 사용했다. 곧 100은 hecatontades, 1000은 chiliad로, 10000은 myriad로 나타냈는데, myriad의 경우 그 정확한 본래 뜻은 바로 이것이었다. 가우스는 "틈틈이 15분 정도를 들여 여기저기서 1000개씩의 자연수를 골라 소수의 개수를 헤아렸다"고 썼다. 다시 말해서 그는 어떤 구간 전체를 조사하지 않고 군데군데 작은 구간을 택하여 평균들을 구했고, 나중에는 다음과 같이 극한을 취하여 적분으로 더했으며

$$f(x) = Li(x) = \int_2^x \frac{1}{\ln u} du$$

이로부터 아래의 어림식을 얻었다.

$$\pi(x) = \int_2^x \frac{1}{\ln u} du + \varepsilon_x = Li(x) + \varepsilon_x$$

174쪽에서 언급했던 로그적분함수 $Li(x)$가 처음 모습을 드러낸 곳이 바로 여기이며, 이후 이는 소수의 분포에 대한 연구에서 핵심적 역할을 했다. 표 15.3이 이 편지에 나오기는 하지만, 짐작할 수 있듯 가우스는 이 아이디어를 바로 공표하지 않았으며 1863년에야 비로소 그의 사후에 출판된 〈저작 (*Werke*)〉 제 1부 10권 11쪽에 실렸다. 어느 경우에나 소수 헤아리기는 조금씩 틀리고, 네 가지 가장 큰 값들의 경우 $Li(x)$의 어림값들이 항상 더 크다.

표 15.3

x	$\pi(x)$	$Li(x)$	차이
500,000	41556	41606.4	50.4
1,000,000	78501	78627.5	126.5
1,500,000	114112	114263.1	151.1
2,000,000	148883	149054.8	171.8
2,500,000	183016	183245.0	229.0
3,000,000	216745	216970.6	225.6

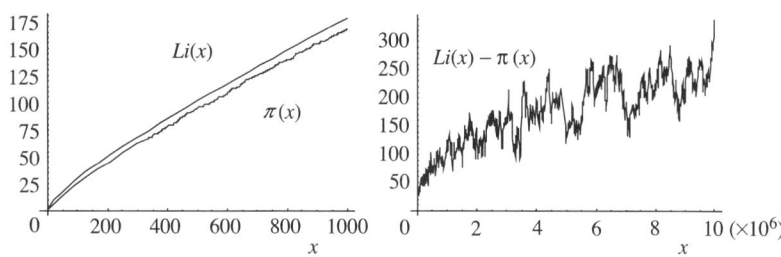

그림 15.8. 가우스의 개선된 어림

$Li(x)$를 두 번 부분적분하면

$$Li(x) = \int_2^x \frac{1}{\ln u} du = \left[\frac{u}{\ln u}\right]_2^x + \int_2^x \frac{1}{(\ln u)^2} du$$
$$= \frac{x}{\ln x} + \frac{x}{(\ln x)^2} + \int_2^x \frac{2}{(\ln u)^3} du$$

가 되며, 이로써 두 로그 어림값들을 우리가 원하는 대로 얼마든지 비교할 수 있다.

그림 15.8에는 $\pi(x)$의 새로운 어림값들이 비교되어 있다. 가우스는 이 어림값들을 도입함으로써 소수의 행동을 파악하려는 분투의 노정에 교두보를 확보했다. 이때까지 그는 홀로 연구해 왔지만 실제로 혼자였던 것은 아니었다. 편지의 중간 부분에서 그는 이렇게 썼다.

나는 이 주제를 르장드르도 연구해 왔다는 점을 알지 못했지만, 자네의 편지 덕분에 그의 《수론(*Theorie des Nombres*)》을 보게 되었네. 그 결과 제2판의 몇 페이지에서 이에 대한 내용을 찾을 수 있었는데, 아마 전에는 지나쳤던 모양이고 어쩌면 잊어버렸던 것 같기도 하네.

그가 가리킨 것은 르장드르의 《수론에 대한 소론(*Essai sur la Theorie des Nombres*)》으로, 제1판은 1798년, 개선된 제2판은 1808년에 나왔다. 제1판에는 어떤 상수 A와 B에 대한 다음 식이 실려 있는데

$$\pi(x) \approx \frac{x}{A \ln x + B}$$

제2판에서는 400,000까지의 표를 이용하여 어딘지 불가사의한 다음 식으로 더욱 가다듬었다.

$$f(x) = L(x) = \frac{x}{\ln x - A(x)}$$

이에 따라 아래 식이 얻어지며

$$\pi(x) = \frac{x}{\ln x - A(x)} + \varepsilon_x = L(x) + \varepsilon_x$$

$A(x) \approx 1.08366$이다. 노르웨이의 천재 수학자 닐스 아벨(Neils Abel, 1802~1829)은 1823년의 한 편지에서 이에 대해 "수학 전체를 통틀어 가장 경이로운 식"이라고 썼다. 그림 15.9는 이 함수와의 비교를 보여 준다.

그림 15.10에서 보듯 3,000,000까지 비교할 때 르장드르의 $L(x)$가 자신의 $Li(x)$보다 더 정확하다는 사실 때문에 신비로운 수 $1.08366\cdots$은 자연스럽게 가우스의 흥미를 끌었다.

가우스는 길이가 500,000인 구간들에서 $L(x)$와 $\pi(x)$가 가장 일치할 때의 $A(x)$의 값을 조사하여 그 편지에 기록했는데, 그 값들은 1.09040, 1.07682, 1.07582, 1.07529, 1.07179, 1.07297 등이었고, 이에 다음과 같이

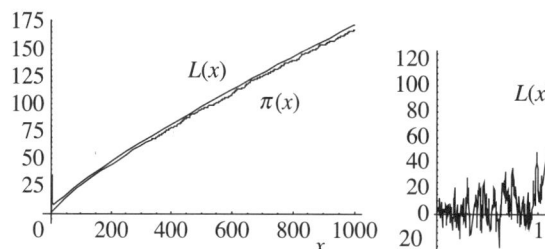
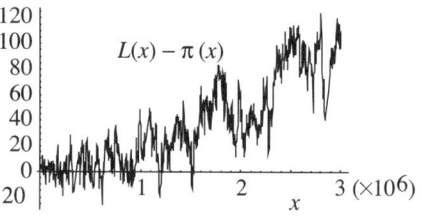

그림 15.9. 르장드르의 어림

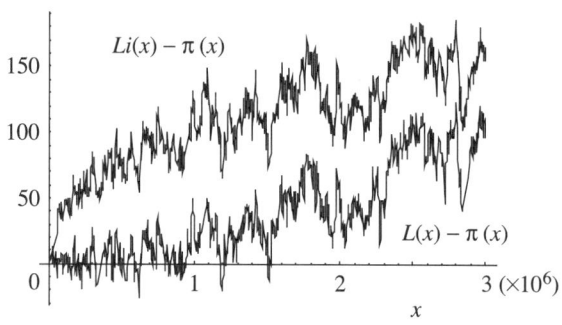

그림 15.10. 두 어림의 비교

덧붙였다.

x가 커짐에 따라 $A(x)$의 (평균)값은 작아지는 것으로 보이네. 하지만 나는 x가 무한대로 갈 때 이 극한이 1이라거나 1과 다를 거라는 추측은 감히 못하겠네. 또한 아주 간단한 극한값이 나오리라는 어떤 근거도 제시할 수 없네.

$A(x) = 1$일 경우의 $\pi(x)$에 대한 비교를 살펴보면 우리는 왜 르장드르가 기이한 1.08366을 선호했는지 이해할 수 있는데, 그는 수많은 계산을 되풀이한 끝에 이 값을 얻어 냈음이 틀림없다. 하지만 이에 대해 르장드르는 잘못 나아갔고 가우스는 너무 몸을 사렸다. 르장드르가 세상을 뜨고 70년이 지난 뒤에야 증명되었다시피 결국 1이 그 최선의 값이다.

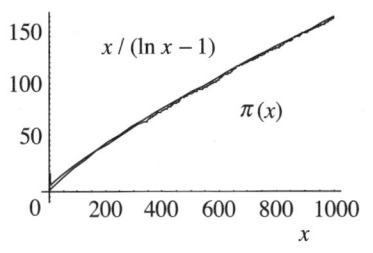 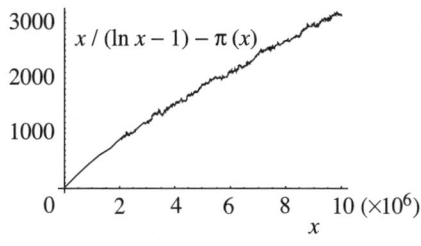

그림 15.11. $A(x)=1$인 경우

$L(x)$가 $Li(x)$보다 우월한 데 대해 가우스는 다음과 같이 말했다. "$L(x)$와 $\pi(x)$의 차는 $Li(x)$와 $\pi(x)$의 차보다 작지만 x가 커짐에 따라 더 빠르게 증가하는 듯하며, 어쩌면 결국에는 역전될 수도 있을 것 같네." 이 점에서 가우스는 옳았으며, 이 또한 같은 수학자에 의해 증명되었는데, 자세한 내용은 나중에 살펴본다.

가우스의 편지에 엔케의 어림은 나오지 않는다. 하지만 그 점근적인 형태에 대한 가우스의 언급은 우리의 흥미를 끈다.

그런데 큰 x에 대해 자네의 식은 아래와 같을 것으로 보이네.

$$\frac{x}{\ln x - (1/2k)}$$

k는 브리그스 로그의 환산값이며, 따라서 르장드르의 식과 비교하면 $A(x)=1/2k = 1.1513$이네.

이로부터 미루어볼 때 $k = \log_{10} e$를 뜻하는 듯하다.

이상의 내용은 표 15.4와 15.5에 요약했다.

표 15.4 비교표

x	$\pi(x)$	$G(x)$	$L(x)$	$Li(x)$
1,000	168	145	172	178
10,000	1,229	1,086	1,231	1,246
100,000	9,592	8,686	9,588	9,630
1,000,000	78,498	72,382	78,543	78,628
10,000,000	664,579	620,421	665,140	664,918
100,000,000	5,761,455	5,428,681	5,768,004	5,762,209
1,000,000,000	50,847,534	48,254,942	50,917,519	50,849,235
10,000,000,000	455,052,511	434,294,482	455,743,004	455,055,614

표 15.5 $\pi(x)$와의 백분율 차

x	% $G(x)$	% $L(x)$	% $Li(x)$
1,000	-13.8305	2.2027	5.9524
10,000	-11.6569	0.1232	1.3832
100,000	-9.4465	-0.0375	0.3962
1,000,000	-7.7908	0.0576	0.1656
10,000,000	-6.6446	0.0844	0.0510
100,000,000	-5.7759	0.1137	0.0131
1,000,000,000	-5.0988	0.1376	0.0033
10,000,000,000	-4.5617	0.1517	0.0007

15.8 조화평균 어림

마지막 대안 한 가지는 첫 x개의 자연수에 대한 조화평균의 정의에서 얻을

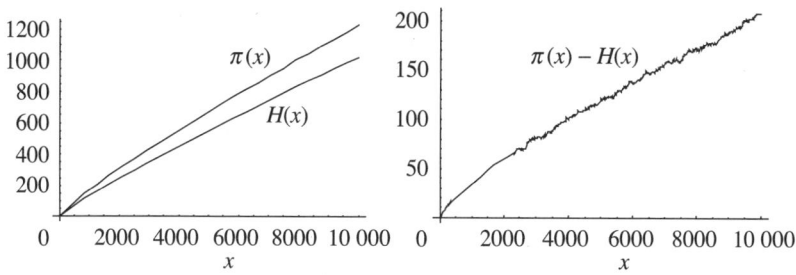

그림 15.12. 조화평균 어림

수 있다. 이는 다음 형태인데

$$H = \frac{x}{\sum_{r=1}^{x} 1/r}$$

이것과 자연로그 및 γ의 관계를 되새기면 큰 x에 대해 $H \approx x/(\ln x - \gamma)$ 이므로 $\pi(x)$에 대한 또 다른 르장드르 형태의 어림식을 얻는다. 이는 x까지에 들어 있는 소수들의 개수를 같은 범위에 있는 자연수들의 조화평균으로 어림할 수 있다는 뜻이며, 그림 15.12에 이를 비교했다.

192쪽에 보인 어떤 두 수에 대한 조화평균과 기하평균 사이의 부등식은 어떤 수 집합에 대해서도 쉽게 확장할 수 있고, 이로부터 $H < G$라는 결론이 나온다. 이 집합으로 첫 x까지의 자연수를 택하면 이는

$$\frac{x}{\sum_{r=1}^{x} 1/r} < (1 \times 2 \times 3 \times \cdots \times x)^{1/x} = (x!)^{1/x}$$

임을 뜻하며, 다시금 조화급수에 대한 로그 어림과 계승에 대한 146쪽의 스털링어림법을 사용하면 아래 식이 나온다.

$$\frac{x}{\ln x - \gamma} < (\sqrt{2\pi x}\, x^x e^{-x})^{1/x} = \frac{(2\pi)^{1/x} x^{1+1/2x}}{e}$$

끝으로 $\pi(x)$를 어림하기 위해 (상당히) 사치스런 감마어림(Gamma estimate)을 사용하면 다음과 같이 큰 x에 대해 그 상계를 얻을 수 있다.

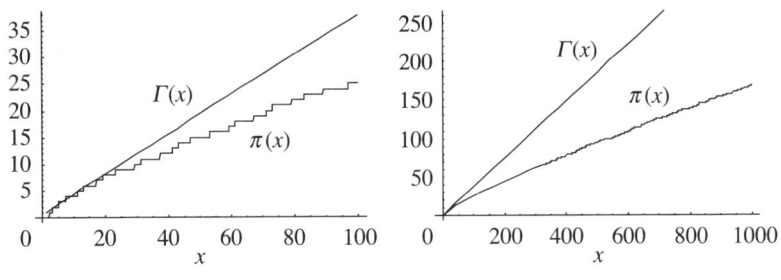

그림 15.13. $\pi(x)$의 상한

$$\pi(x) < \frac{(2\pi)^{1/x} x^{1+1/2x}}{e}$$

그림 15.13의 그래프는 처음 및 이보다 조금 뒤 단계의 비교를 보여 주는데, 이 또한 그다지 정확하지는 못하다.

15.9 다르지만 같은

$\pi(x) = f(x) + \varepsilon_x$라는 식을 아래처럼 고쳐 쓰면

$$\frac{\pi(x)}{f(x)} = 1 + \frac{\varepsilon_x}{f(x)}$$

$\pi(x)$와 그 어림식들을 점근적으로 비교해 볼 수 있다. 물론 상대오차는 아래와 같이 0으로 줄어들기를 바라며

$$\lim_{x \to \infty} \frac{\pi(x)}{f(x)} = 1$$

이런 양상은 흔히 $\pi(x) \sim f(x)$라는 표기로 나타낸다.

그런 극한이 존재한다면 어떤 상수 a에 대해 다음과 같이 될 것은 분명하며

$$\lim_{x \to \infty} \frac{\pi(x)}{x/\ln x} = \lim_{x \to \infty} \frac{\pi(x)}{x/(\ln x - a)}$$

이는 다시 다음 표현들이

$$\pi(x) \sim \frac{x}{\ln x}, \qquad \pi(x) \sim \frac{x}{\ln x - 1.08366},$$

$$\pi(x) \sim \frac{x}{\ln x - 1}, \quad \pi(x) \sim \frac{x}{\ln x - \gamma}$$

서로 동등함을 뜻한다.

한편 다음 식들도

$$\pi(x) \sim \frac{x}{\ln x}, \quad \text{그리고} \quad \pi(x) \sim \int_2^x \frac{1}{\ln u} du$$

서로 동등하다는 점을 보이려면 로피탈규칙(L'Hôpital's Rule)의 도움을 받아 약간의 과정을 거쳐야 한다.

한 가지 방법으로 다음을 가정하면

$$\lim_{x \to \infty} \frac{\pi(x)}{x/\ln x} = 1$$

아래 식이 나온다.

$$\lim_{x \to \infty} \frac{\pi(x)}{\int_2^x (1/\ln u) \, du} = \lim_{x \to \infty} \frac{\pi(x)}{x/\ln x} \cdot \frac{x/\ln x}{\int_2^x (1/\ln u) \, du}$$

$$= 1 \cdot \lim_{x \to \infty} \frac{x/\ln x}{\int_2^x (1/\ln u) \, du}$$

여기에 로피탈규칙을 적용하면 다음과 같이 된다.

$$\lim_{x \to \infty} \frac{(\ln x - x \cdot (1/x))/(\ln x)^2}{1/\ln x} = \lim_{x \to \infty} \left(\frac{\ln x - 1}{(\ln x)^2} \cdot \ln x \right)$$

$$= \lim_{x \to \infty} \frac{\ln x - 1}{\ln x} = 1 \quad (15.1)$$

이 역에 대한 논증도 같다. 이리하여 마침내 우리는 이름 높은 소수정리를 마주한다.

소수정리(Prime Number Theorem)

$\pi(x) \sim G(x)$ 또는 $\pi(x) \sim L(x)$ 또는 $\pi(x) \sim Li(x)$

물론 원한다면 $\pi(x) \sim x/(\ln x - a)$도 덧붙일 수 있으며, 이때 a는 1이나 다른 값들이 될 수 있다.

15.10 진짜 문제는 셋이 아니라 둘

약간의 과정을 통해 소수정리는 x번째 소수의 크기를 어림하는 것과 동등하다는 점을 보일 수 있다.

 소수정리가 참이라면 그리고 x번째 소수를 p_x라 하면, 당연히 $\pi(p_x) = x$이므로 x의 증가와 $\pi(x)$의 증가 사이에는 긴밀한 관계가 있고, x와 p_x 사이의 관계도 마찬가지여서 아래 결론이 나온다.

$$\lim_{x \to \infty} \frac{\pi(x)}{x/\ln x} = 1 \Rightarrow \ln \lim_{x \to \infty} \frac{\pi(x)}{x/\ln x} = \ln 1 = 0$$

$$\Rightarrow \lim_{x \to \infty} \ln \frac{\pi(x)}{x/\ln x} = 0$$

$$\Rightarrow \lim_{x \to \infty} (\ln \pi(x) - \ln x + \ln \ln x) = 0$$

$$\Rightarrow \lim_{x \to \infty} \left(\ln x \left(\frac{\ln \pi(x)}{\ln x} + \frac{\ln \ln x}{\ln x} - 1 \right) \right) = 0$$

그런데 $\ln x$는 무한히 증가하므로

$$\lim_{x \to \infty} \left(\frac{\ln \pi(x)}{\ln x} + \frac{\ln \ln x}{\ln x} - 1 \right) = 0$$

이고, 또한

$$\lim_{x \to \infty} \frac{\ln \ln x}{\ln x} = 0$$

이므로, 아래에 이어

$$\lim_{x \to \infty} \frac{\ln \pi(x)}{\ln x} = 1$$

다음을 얻는다.

$$\lim_{x\to\infty}\frac{\pi(x)}{x/\ln x} \times \lim_{x\to\infty}\frac{\ln \pi(x)}{\ln x} = \lim_{x\to\infty}\frac{\pi(x)\ln \pi(x)}{x} = 1$$

이제 x를 x번째 소수 p_x로 치환하면 이미 말했듯 $\pi(p_x) = x$이므로 위의 식은 다음과 같이 되고

$$\lim_{x\to\infty}\frac{x\ln x}{p_x} = 1$$

따라서 $p_x \sim x\ln x$이다.

동등성을 보이기 위하여 $p_n \sim n \ln n$이라 가정하고 n은 $p_n \leq x < p_{n+1}$로 정의하자. 그러면 $p_n \sim n\ln n$이고 큰 n에 대해 $p_{n+1} \sim (n+1)\ln(n+1)$ $\sim n\ln n$이므로 결국 $x \sim n\ln n$이라는 뜻이다. 또한 $\pi(x) = n$이므로 $x \sim \pi(x) \ln \pi(x)$이다. 따라서

$$\lim_{x\to\infty}\frac{\pi(x)}{x/\ln x} = \lim_{x\to\infty}\frac{\pi(x)\ln x}{x}$$
$$= \lim_{x\to\infty}\frac{\pi(x)\ln x}{x} \frac{x}{\pi(x)\ln \pi(x)}$$
$$= \lim_{x\to\infty}\frac{\ln x}{\ln \pi(x)} = 1$$

이 되고, 보다 정교한 논증에 의하면 $p_x \sim x(\ln x + \ln \ln x - 1)$이며, 이보다 더 개선된 것도 있다. 예를 들어 이 식들은 백만 번째의 소수가 각각 13,800,000과 15,400,000 정도일 것으로 예측하는데, 실제 값은 15,485,863이다. 1967년에 로저(Rosser)와 쇤펠트(Schoenfeld)는 $x \geq 20$에 대해 아래 관계가 성립함을 보였다.

$$x(\ln x + \ln\ln x - 1.5) < p_x < x(\ln x + \ln\ln x - 0.5)$$

15.11 체비셰프의 멋진 아이디어들

이제까지 보았듯 우리에게는 $\pi(x)$를 어림하는, 본질적으로 동등하지만 오

차가 달리 나타나는 몇 가지 경험적 관계식들과 증명은 없는 한 가지 정리가 있다. 그 증명에 대한 첫 번째 큰 발걸음은 체비셰프가 떼었는데, 그는 256쪽에서 언급한 르장드르의 결과와 오일러식을 이용했으며, 자신의 수학적 도구함에 두 가지 함수도 추가했다.

우리는 소수세기함수를 다음과 같이 정의된 것으로 생각할 수 있다.

$$\pi(x) = \sum_{\substack{p<x \\ p\text{는 소수}}} 1$$

다시 말해서 이는 새로운 소수가 나올 때마다 1씩 증가하는 계단함수이다. 체비셰프는 이를 일반화하여 다음과 같은 가중소수세기함수(weighted prime counting function)를 만들었다.

$$\psi(x) = \sum_{\substack{p \leq x \\ p\text{는 소수}}} \ln p$$

이 함수는 소수의 거듭제곱이 나올 때마다 $\ln p$씩 증가하며, 여기서의 합은 어떤 소수의 양의 거듭제곱이 x 이하가 될 때마다 그 소수에 대한 자연로그의 값을 더한 것으로 풀이된다. 예를 들어

$$\psi(20) = (\ln 2 + \ln 3 + \ln 5 + \ln 7 + \ln 11 + \ln 13 + \ln 17 + \ln 19)$$
$$+ (\ln 2 + \ln 3) + (\ln 2) + (\ln 2) = 19.2656 \cdots$$

이며

$\psi(30)$
$= (\ln 2 + \ln 3 + \ln 5 + \ln 7 + \ln 11 + \ln 13 + \ln 17 + \ln 19 + \ln 23 + \ln 29)$
$+ (\ln 2 + \ln 3 + \ln 5) + (\ln 2 + \ln 3) + (\ln 2) = 28.4765 \cdots$

이다. 여기서의 괄호는 $r = 1, 2, 3, \cdots$에 대해 $p < x^{1/r}$인 항들끼리 모으기 위해 썼다(조금 생각해 보면 $\psi(x) = \ln(LCM\{1, 2, 3, \cdots \lfloor x \rfloor\})$임을 알 수 있다)($LCM$은 최소공배수(least common multiple)를 말한다. - 옮긴이). 체비셰프는 또한 $\theta(x) = \sum_{p \leq x} \ln p$라는 함수도 정의했으며, 이것과 위의 괄호

표 15.6. $\psi(x)$의 몇 가지 값들

x	100	200	300	400	500	600	700	800	900	1000
$\psi(x)$	94.04	206.1	299.2	397.8	501.7	593.9	699.0	792.7	897.2	996.7

묶기를 사용하면 $\psi(x)$는 아래처럼 쓸 수 있다는 점을 쉽게 알 수 있다($y<2$에 대해 $\theta(y)$는 0이어야 한다).

$$\psi(x) = \theta(x) + \theta(x^{1/2}) + \theta(x^{1/3}) + \theta(x^{1/4}) + \cdots$$

우리는 또한 위의 두 예와 표 15.6에서 보듯, $\psi(x)$는 x와 거의 같다는 점도 알 수 있다. 과연 이것은 우연의 일치일까? 소수정리가 참이라면 이는 우연이 아니다. 왜냐하면 소수정리와 $\psi(x) \sim x$라는 기술은 동등하기 때문이다. 실제로 아래 관계가 성립하며

> 결정적 동등성
>
> $$\frac{\pi(x)}{x/\ln x},\ \frac{\theta(x)}{x},\ \frac{\psi(x)}{x}$$
>
> 의 점근적 극한들은 같다.

이것을 증명하기 위해 체비셰프는 다음과 같은 논증을 펼쳤다. 단 우리는 잉검(A. E. Ingham)의 논문 〈소수의 분포(*The Distribution of Prime Numbers*)〉에 따라 진행할 것이며, 288쪽에서 이를 다시 언급한다.

먼저 $p^r < x$라면 r은 $r < \ln x/\ln p$ 가운데 최댓값, 곧 $r = \lfloor \ln x/\ln p \rfloor$이다. 이는 다음을 뜻한다.

$$\psi(x) = \sum_{p \le x} \left\lfloor \frac{\ln x}{\ln p} \right\rfloor \ln p$$

이제 (무한일 수도 있는) 세 가지 극한을 각각 L_1, L_2, L_3로 쓰자. 그러면 우리는 아래와 같은 이중 부등식을 얻으며

$$\theta(x) \leq \psi(x) = \sum_{p \leq x} \left\lfloor \frac{\ln x}{\ln p} \right\rfloor \ln p \leq \sum_{p \leq x} \frac{\ln x}{\ln p} \ln p$$
$$= \ln x \sum_{p \leq x} 1 = \ln x \, \pi(x)$$

이는 다음을 뜻한다.

$$\frac{\theta(x)}{x} \leq \frac{\psi(x)}{x} \leq \frac{\pi(x)}{x/\ln x}$$

그리고 이는 또한 $x \to \infty$에서의 극한을 취하면 $L_2 \leq L_3 \leq L_1$이라는 뜻이다.

다음으로 $0 < \alpha < 1$이고 $x > 1$이라고 하면

$$\theta(x) \geq \sum_{x^\alpha < p \leq x} \ln p$$
$$\geq \ln x^\alpha \sum_{x^\alpha < p \leq x} 1 = \ln x^\alpha (\pi(x) - \pi(x^\alpha))$$

가 된다. 그리고 $\pi(x^\alpha) < x^\alpha$이므로 $\theta(x) \geq \ln x^\alpha (\pi(x) - x^\alpha)$이며

$$\frac{\theta(x)}{x} \geq \frac{\alpha(\pi(x) \ln x - x^\alpha \ln x)}{x}$$
$$= \alpha \left(\frac{\pi(x)}{x/\ln x} - \frac{\ln x}{x^{1-\alpha}} \right)$$

이다. 한편 $x \to \infty$이면 $\ln x / x^{1-\alpha} \to 0$이어서 $L_2 \geq \alpha L_1$인데, 이는 α가 1에 아무리 가까워도 참이므로 $L_2 \geq L_1$이다. 이것과 처음의 부등식을 결합하면 바라는 결과가 나온다.

이 방법을 이용하면 $\pi(x) \sim x$를 증명하는 일은 $\psi(x) \sim x$를 증명하는 일로 바뀔 수 있다. 1852년 체비셰프는 이런 아이디어를 바탕으로 두 개의 중요한 논문 가운데 첫 논문에서 임의적으로 큰 x에 대해 다음 식이 성립함을 보였다.

$$\int_2^x \frac{du}{\ln u} - \frac{\alpha x}{\ln^n x} < \pi(x) < \int_2^x \frac{du}{\ln u} + \frac{\alpha x}{\ln^n x}$$

여기서 n은 임의의 자연수이고, α는 $\alpha > 0$이기만 하면 얼마든지 작게 잡을 수 있다. 체비셰프는 $n = 1$로 놓고 이를 다음과 같이 고쳐 썼다.

$$\frac{\int_2^x (1/\ln u)\,du}{x/\ln x} - \alpha < \frac{\pi(x)}{x/\ln x} < \frac{\int_2^x (1/\ln u)\,du}{x/\ln x} + \alpha$$

따라서 이는

$$\lim_{x\to\infty} \frac{\int_2^x (1/\ln u)\,du}{x/\ln x} - \alpha \leq \lim_{x\to\infty} \frac{\pi(x)}{x/\ln x}$$

$$\leq \frac{\int_2^x (1/\ln u)\,du}{x/\ln x} + \alpha$$

가 되며, 279쪽의 (15.1)을 사용하면 다음과 같이 된다.

$$1 - \alpha \leq \lim_{x\to\infty} \frac{\pi(x)}{x/\ln x} \leq 1 + \alpha$$

이 결과는 만일

$$\lim_{x\to\infty} \frac{\pi(x)}{x/\ln x}$$

가 존재하면 그 값은 1이어야 한다는 뜻이다. 같은 논문에서 그는 $\pi(x)$를 $Li(x)$로 어림할 때의 상대오차가 11% 보다 작다는 점을 보였지만, 이것이 점근적으로 0이 됨을 보이려는 시도는 성공하지 못했다.

1854년에 펴낸 같은 주제의 둘째 논문에서 체비셰프는 큰 n에 대해 보였던 결과를 아래처럼 포위하면서 다가서기 시작했으며

$$A_1 < \frac{\pi(x)}{x/\ln x} < A_2$$

그 결과는 $0.922\cdots < A_1 < 1$과 $1 < A_2 < 1.105\cdots$이었다. 이것은 중요한 발걸음이었고 문제를 공략할 튼튼한 기초가 되었다. 하지만 궁극의 목표에 이르는 길은 막혀 버린 듯했다.

다른 사람들도 나섰으나 아무도 성공하지 못했다. 그리하여 '실수(實數)'에 바탕을 둔 방법으로는 다시 100년이 흐르더라도 증명할 수 없을 것처럼 보였다.

181쪽에서 언급했던 디리클레가 새로운 길을 헤쳐 나갔다. 본질적으로 그

는 제타함수의 정의를 일반화함으로써 수학의 세계에 L-함수(L-function)를 도입했으며, 이는 현대의 수론에서 중추적 역할을 하게 되었다. 하지만 우리는 이 우아하고도 중요한 깃발을 그냥 지나칠 텐데 다만 그러기 전에 한 가지 언급할 게 있다. 1837년 디리클레는 이것을 이용하여 르장드르의 추측, 곧 "첫 항이 공차와 서로소인 모든 자연수 등차수열은 무한히 많은 소수를 가진다"는 추측을 증명하여 이에 대한 논란을 잠재움으로써 19세기 수학의 가장 위대한 성과 가운데 하나를 이룩했다.

오일러는 자신의 식을 이용하여 수론에 해석학을 불러들였다. 체비셰프는 디리클레가 앞장서 나아가도록 이끌었다. 그런 다음 리만이 등장하여 하나의 논문을 통해 하나의 아이디어를 공표했다.

15.12 리만의 등장과 뒤이은 증명

엔케 이외에 가우스의 특출한 제자 가운데 또 한 사람으로 베른하르트 리만 (Bernhard Riemann, 1826~1866)이 꼽힌다. 그의 이름은 이미 여러 차례 나왔지만 우리의 이야기에서 그의 가장 중요한 역할은 이곳에서 펼쳐진다. 수줍음 많고 내성적인 리만은 평생 건강하지 못했고, 이탈리아의 마조레 호수(Lake Maggiore) 연안에서 결핵으로 세상을 뜰 때 겨우 40세였다. 이처럼 젊은 나이였기에 죽는 날까지 수학적으로 왕성하게 활동했으며, 바로 이 해에 왕립학회의 외국인회원으로 선출되었다. 그는 '기하의 기초에 자리 잡은 가설들에 대하여(On the hypotheses that lie at the foundations of geometry)'라는 제목으로 1854년 6월 10일 (괴팅겐대학교의 강사가 되기 위한 최종 요건인) 하빌리타치온 강연(Habilitation lecture)을 치렀다. 연로한 가우스는 리만이 내놓은 세 가지 제목 중 셋째인 이것을 지목했는데, 이는 가장 놀라울 뿐 아니라 운도 좋은 것이었다. 가우스의 아이디어를 바탕으로 한 이 연구는 공간의 본질적 형상에 대한 선명한 관념을 수학계에 소개했으며, 나중에 아인슈타인이 일반상대성이론을 구축하는 데 필요한 길을 닦아 수학의 고전이 되었다. 하지만 당시에는 가우스를 제외하면 그 심오함을 제대로 간파한 사람이 거의 없었다. 리만은 수론에 대해서는 단 하나의 논문밖에 펴내지 않았는데, 우리의 관심은 바로 이것에 쏠린다. 위의 기하에 대한 논문은 당시의 견해를 혁신하여 유클리드식의 제한으로부터 공간을 자유롭게 해방시켰다. 1859년 베를린과학아카데미(Berlin Academy of Sciences)에 최근의 연구에 대한 증거로 제출한 〈주어진 수보다 작은 소수의 개수에 관하여(*On the number of prime numbers less than a given quantity*)〉라는 제목의 이 논문은 기하에 대한 논문과 마찬가지로 예측불가능한 소수 연구에 혁명을 일으켜 완전히 새롭고 믿을 수 없을 정도로 풍요로운 방향을 제시했다. 이 논문의 본래 목표는 소수정리의 공략이 아니었다. 하지만 소수를 헤아리는 아주 새로운 방법을 내놓았고 이는 곧 $\pi(x)$의 새로운 어림법이 되었는데, 여기서 리만은 실수가 아닌 복소수를 사용했으며 특히 복소함수론이라는 새 분야의 특별한 기법을 활용했다. 그의 접근법은 엄밀하지는 않았으나 여덟 페이지에 걸쳐 분주하게 가장 비옥한 아이디어들을 쏟아 냈다. 그리하여 훗날 두 수학자는 이 선구적 업적을 더욱 가다듬어 궁극적인 해결책을 찾아냈으며, 마침내 그토록 오랫동안 그토록 많은 사람들을 홀렸던 대망의 증명을 완성했다.

르장드르와 가우스 모두 소수세기함수의 본질에 대한 의문을 제기했는데, 이에 대한 가우스의 개입은 데자뷰(déjà vu)(처음 보는 광경이나 대상이 마치 예전에 봤던 것처럼 여겨지는 현상. - 옮긴이)라는 느낌을 지울 수 없다. 거의 모든 연분수의 점근적인 통계적 행동을 통찰하면서, 갈수록 줄어드는 오차항을 포함하는 로그함수적 해답을 제시한 사람도 바로 그였기 때문이다. 소수에 대한 문제는 그로부터 한 세기가 지난 다음에야 두 수학자가 독립적으로 거의 동시에 해결하여 언뜻 혼돈스럽게 보이는 세계에 숨은 기이한 질서를 드러냈다. 이제 소수정리는 진실이 되었다. 리만의 아이디어를 토대로 1896년에 프랑스의 자크 아다마르(Jacques Hadamard, 1865~1963)와 182쪽에서 만났던 벨기에의 발레 푸생은 $\pi(x)$를 $Li(x)$로 어림할 때 나오는 오차항이 점근적으로 0이 됨을 증명함으로써 '정리'라는 단어를 붙이는 것이 정당함을 보였다. 그런데 이 정리의 증명을 둘러싼 심원한 수학적 논증들이 부분적으로 삼각함수의 기초적인 공식 $3 + 4\cos\theta + \cos 2\theta = 2(1+\cos\theta)^2 \geq 0$에 의존한다는 점은 매우 흥미롭다!

리만의 선구적 역할에 대해서는 마지막 장에서 자세히 살펴본다. 하지만 구체적 내용과 성공의 환희야 어떻든, 소수에 대한 결론을 증명하는 데에 복소수가 쓰인다는 점은 어딘지 부자연스럽게 느껴진다. 과연 실수를 사용하는 증명이 있을까? 있다면 이를 찾는 수많은 수학자들의 눈을 어떻게 피해 갔을까? 1932년까지만 해도 그런 증명은 없을 것처럼 보였다. 그해에 저명한 수론가 잉검은 높이 평가받는 〈소수의 분포〉라는 논문을 발표했는데 여기서 비관적인 견해를 밝혔기 때문이다. 283쪽의 '결정적 동등성'에 대한 초기 증명을 이끌어 낼 때 이야기했던 이 논문의 서론 부분에 그는 다음과 같이 썼다.

방금 요약했던 (발레 푸생과 아다마르가 제시한 소수정리의) 해는 본래 문제와 아주 동떨어진 아이디어를 사용한다는 점에서 불만족스럽다고 하겠으며, 따라서 자연스럽게 복소함수론에 의존하지 않는 증명이 없는지 묻게 된다. 이에 대해 아직까지는 그런 증명이 알려져 있지 않다고 답할 수밖에 없다. 여기서 더 나아가, 이 이론이 오일러식에 근거를 두고 있는 한, 순수하게 실변수만을 사용한 증명이 발견될 것 같지는 않다고 말할 수 있다. 왜냐하면 알려진 모든 증명이 $\zeta(s)$

의 복소영점(complex zero)들이 가진 성질에 근거하고 있으며, 거꾸로 이는 소수정리의 단순한 귀결들 가운데 하나이기 때문이다. 따라서 $\zeta(s)$에 근거한 어떤 증명이든 (명시적으로나 암시적으로나) 이 성질을 이용할 수밖에 없다는 점은 확실해 보이며, s의 실수값들만 사용할 경우 어떻게 증명해야 하는지를 내다보기가 쉽지 않다.

분명 이는 작은 문제가 아니다. 그런데 1949년 아틀레 셀베르그(Atle Selberg, 1917~)가 바로 이런 증명을 내놓았다. 나아가 이 결과는 그에게 수학의 노벨상이라 일컫는 필즈상(Fields Medal)의 영예를 안겨 주었다. 이후 실수를 이용한 다른 증명들도 나왔는데, 이것들에는 모두 (복소함수론을 쓰지 않는다는 뜻에서 - 옮긴이) '기본적(elementary)'이란 수식어가 붙지만 실제로는 엄청나게 어렵다!

발레 푸생은 $\pi(x)$의 어림식에 붙는 오차항의 크기에 특히 관심을 가졌으며, 결국 1899년에 펴낸 논문에서 그 안에 내포된 지고성(至高性)(!)에 대한 온갖 의문을 단숨에 잠재웠다. 그는 르장드르를 혼란에 빠뜨렸을 뿐 아니라, 수많은 수치적 증거가 있음에도 점근적으로 볼 때 아래 식의 'a'에 대한 값으로는 '1'이야말로 최적의 선택임을 증명했던 것이다.

$$\pi(x) = \frac{x}{\ln x - a} + \varepsilon_x$$

(1962년 로저와 쇤펠트는 $x \geq 67$에 대하여 $x/(\ln x - 0.5) < \pi(x) < x/(\ln x - 1.5)$임을 보였다.) 또한 같은 논문에서 발레 푸생은 큰 x값에 대해서는 다른 어느 것보다 $Li(x)$가 더 낫다는 사실을 증명함으로써 $\pi(x)$의 어림식들에 대한 논란에도 조종을 울렸다.

복소함수론은 소수와 무슨 관계가 있을까? $Li(x)$는 $\pi(x)$에 대해 얼마나 정확한 어림식일까? 언뜻 단순한 질문처럼 들리지만 이에 대한 답은 매우, 매우 복잡하다.

앞장선 리만

> 제타함수는 놀랍도록 단순하지만 현대 수학의 가장 신비롭고도 어려운 과제일 것이다 …. 이에 대한 주된 관심은 소수정리의 개선, 곧 소수의 분포에 대한 더 나은 어림식을 얻으려는 시도에서 나왔다. 성공의 비밀은 1859년 리만이 내놓은 추측을 증명하는 데에 자리 잡고 있을 것으로 짐작된다. 특별한 환호도 없는 가운데 제기된 이 추측에 대한 증명은 이후 모든 수학자가 이루기를 열망하는 유일무이한 위업으로 여겨지고 있다.
>
> 구츠빌러(M. C. Gutzwiller)

16.1 리만처럼 소수 세기

리만은 그의 논문에서 또 다른 가중소수세기함수를 제시했다. 그는 $\Pi(x)$ 라고 표기할 이 함수를 조화급수와 관련시켜 다음과 같이 정의했으며

$$\Pi(x) = \sum_{\substack{p^r < x \\ p \text{ 는 소수}}} \frac{1}{r}$$

이를 파악하기 위해 몇 가지 예를 들면 다음과 같다.

$$\Pi(20) = \sum_{\substack{p^r < 20 \\ p \text{ 는 소수}}} \frac{1}{r}$$

$$= \left(\frac{1}{1} + \frac{1}{2} + \frac{1}{3} + \frac{1}{4}\right)$$

$$+ \left(\frac{1}{1} + \frac{1}{2}\right) + \left(\frac{1}{1}\right) + \left(\frac{1}{1}\right) + \left(\frac{1}{1}\right) + \left(\frac{1}{1}\right) + \left(\frac{1}{1}\right) + \left(\frac{1}{1}\right)$$

위 괄호들은 소수 2, 3, 5, …, 19에 의한 것들이며

$$\Pi(30) = \sum_{\substack{p^r < 30 \\ p \text{ 는 소수}}} \frac{1}{r}$$

$$= \left(\frac{1}{1}+\frac{1}{2}+\frac{1}{3}+\frac{1}{4}\right)+\left(\frac{1}{1}+\frac{1}{2}+\frac{1}{3}\right)+\left(\frac{1}{1}+\frac{1}{2}\right)$$
$$+\left(\frac{1}{1}\right)+\left(\frac{1}{1}\right)+\left(\frac{1}{1}\right)+\left(\frac{1}{1}\right)+\left(\frac{1}{1}\right)+\left(\frac{1}{1}\right)$$

위 괄호들은 소수 2, 3, 5, …, 29에 의한 것들이다.

이것들은

$$\Pi(20) = \left(\frac{1}{1}+\frac{1}{1}+\frac{1}{1}+\frac{1}{1}+\frac{1}{1}+\frac{1}{1}+\frac{1}{1}+\frac{1}{1}\right)$$
$$+\frac{1}{2}\left(\frac{1}{1}+\frac{1}{1}\right)+\frac{1}{3}\left(\frac{1}{1}\right)+\frac{1}{4}\left(\frac{1}{1}\right)$$

과

$$\Pi(30) = \left(\frac{1}{1}+\frac{1}{1}+\frac{1}{1}+\frac{1}{1}+\frac{1}{1}+\frac{1}{1}+\frac{1}{1}+\frac{1}{1}+\frac{1}{1}+\frac{1}{1}\right)$$
$$+\frac{1}{2}\left(\frac{1}{1}+\frac{1}{1}+\frac{1}{1}\right)+\frac{1}{3}\left(\frac{1}{1}+\frac{1}{1}\right)+\frac{1}{4}\left(\frac{1}{1}\right)$$

로 고쳐 쓸 수 있다. 첫째 괄호는 택한 수보다 작은 소수들을 세며, 둘째 괄호는 택한 수의 제곱근보다 작은 소수들, … 등이다. 따라서 일반적으로는

$$\Pi(x) = \sum_{r=1}^{\infty} \frac{1}{r} \pi(x^{1/r})$$

과 같이 쓸 수 있고, 항의 개수는 물론 유한이다.

다음 단계는 가우스의 또 다른 제자로 한쪽 면만 있는 띠로 유명한 아우구스트 뫼비우스(August Möbius, 1790~1868)와 관련된다. 그는 또한 '뫼비우스반전(Möbius Inversion)'이라 알려진 복잡한 '수식의 주어 바꾸기' 기법을 개발했으며, 리만은 이를 이용하여 다음 식을 얻었다.

$$\pi(x) = \sum_{r=1}^{\infty} \frac{\mu(r)}{r} \Pi(x^{1/r})$$

여기서 $\mu(r)$은 뫼비우스함수(Möbius function)로, 이는 다소 신비롭게

$\mu(1) = 1$과 아래 식으로 정의된다.

$$\mu(r) = \begin{cases} 0, & r \text{이 반복되는 인수를 가질 때} \\ 1, & r \text{이 (반복되지 않는 - 옮긴이) 짝수 개의 소인수를 가질 때} \\ -1, & r \text{이 (반복되지 않는 - 옮긴이) 홀수 개의 소인수를 가질 때} \end{cases}$$

잠시 문맥을 떠나서 보면 어딘지 묘하게 느껴지지만, 어디까지나 표준적인 수론적 과정으로, 첫 인상과 달리 그다지 괴이한 것은 아니다.

어쨌든 여기까지는 모두 좋다. 그러나 $\Pi(x)$를 다른 방법으로 구하지 못한다면 이 모두는 아무런 쓸모가 없다. 이 다른 방법은 리만은 물론 당시 갈수록 많은 사람들이 선호했던 것으로 복소수, 특히 복소함수론의 기법을 사용하는 것이었다.

16.2 새로운 수학적 도구

파리의 독특한 우편체계에서 7구(Arrondissement)와 15구는 인접할 뿐 아니라 다른 인연으로도 엮여 있다. 7구는 무엇보다 1889년 만국박람회를 기념하면서 세운 에펠탑이 있는 곳으로 유명하며, 15구에는 코시로(路) (Rue Cauchy)가 있다. 이 두 구는 나름대로 오귀스탱 루이 코시(Augustin Louis Cauchy, 1789~1857)를 기리는데, 그의 이름은 프랑스의 특출한 학자 71명과 함께 에펠탑 1층 명판에 새겨져 있다. 코시에 대해서는 "진정으로 훌륭한 가톨릭 석학"이라거나 "독선적이고 완고하고 호전적인 외곬 신앙인"이란 식으로 평가가 엇갈리지만, 어쨌든 그는 위대한 수학자였고 수학적 업적의 양은 오일러와 견줄 정도였다. 그의 연구는 다양하면서도 심오하며, 오일러가 수학적으로 자유분방했음에 비하여 코시는 엄격주의자로서 수학의 확고한 기반을 추구했던 19세기의 경향에 둘째가라면 서러워할 만큼 많은 기여를 했다. 그의 업적 가운데 지금 이야기와 관련하여 우리의 관심은 복소함수론에 대한 것에 쏠린다. 이 중요한 수학 분야를 진전시킨 이들로는 오일러, 가우스, 달랑베르(d'Alembert), 라플라스, 푸아송 등을 꼽을 수 있으나 코시는 이들 모두 위에 우뚝 선다. 나중에 방대한 주제를 망라하게 된 이 분야에서 우리는 일부 내용만 필요하지만 그 중요성은 크다. 실제로 복소함수론이 소수 연구에 미친 영향을 살펴보려면 세 가지 기본적인 개념, 곧 복소함수들의 미분과 적분 그리고 해석적 접속(解析的 接續, analytic continuation) 개념이 필요하다. 먼저 미분은 실함수(real function)의 미분을 적절히 확장한 것으로 '해석적'이란 말은 '미분가능'이란 말과 동등하다. 다음으로 적분은 이보다 어려우며(사실 언제나 그렇다) "곡선(curve) 또는 경로(contour)를 따라 적분한다"는 개념이 요구된다. 끝으로 해석적 접속은 처음 대할 때는 믿기 어렵다. 복소함수의 미적분에 대한 상세한 내용은 부록 D에 있으며 여기 본문에서는 구체적 논의 없이 그 내용을 그대로 가져다 쓴다. 다만 예비 단계로 해석적 접속을 정의하고 이해할 필요가 있다.

16.3 해석적 접속

'미분가능'을 '해석적'으로 대체한 것은 단순한 언어유희가 아니다. 실함수의 미분은 본질적으로 극한과정이며 실수축의 양쪽 어디에서 접근하든 같은 결과를 내놓아야 한다(이 때문에 $f(x) = |x|$는 원점에서 미분불능이라고 말한다). 복소함수의 경우에는 접근할 수 있는 방향이 무한인데 그럼에도 그 결과는 언제나 같아야 한다. 이 사실은 함수에 매우 까다로운 조건으로 작용하며, 이런 엄격한 제약에서 나온 결과들 가운데 하나가 바로 해석적 접속이다. 이를 이해하려면 실함수를 예로 삼아 접근하는 편이 가장 좋을 것이다. 예를 들어 다음 함수들을 보자.

$$f_1(x) = 1 + x + x^2 + x^3 + \cdots \quad \text{그리고} \quad f_2(x) = \frac{1}{1-x}, \quad |x| < 1$$

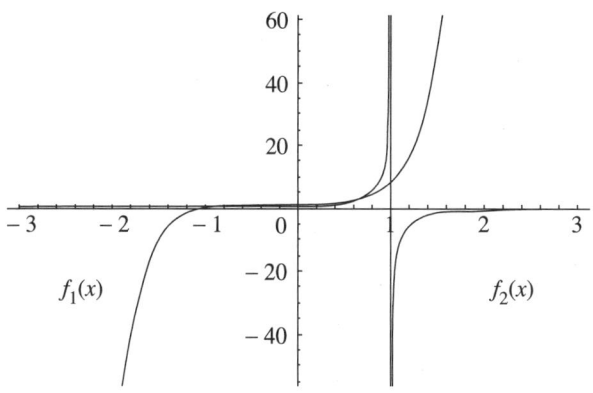

그림 16.1. 실함수접속의 문제점

기하급수 이론에 따르면 첫째 함수는 $|x|<1$인 영역에서만 수렴하며, 이 안에서는 두 함수가 같다. 적당한 개수의 항까지 $f_1(x)$와 $f_2(x)$의 모습을 함께 그려 보면 이 점을 잘 알 수 있다(그림 16.1 참조). 그러나 이 구간을 벗어나면 두 함수의 차이가 드러난다. 따라서 $|x|>1$인 영역에서 두 함수가 같다고 말하는 것은 별 의미가 없으며, 이 영역에서는 무수히 많은 $f_1(x)$의 어림 가운데 어느 것도 $f_2(x)$에 접근하지 않는다. 실함수의 경우 이런 내용들은 거의 자명하다고 하겠다. 하지만 영역을 $x \in \mathbb{R}$에서 $z \in \mathbb{C}$로 바꾸면 아래의 유일성정리(uniqueness theorem)에 따라 모든 게 달라진다.

어떤 복소영역(complex domain) $\varDelta$에서 정의된 두 해석함수(analytic function)가 그 영역 안에 놓인 곡선 C의 모든 점에서 같다면 영역 전체를 통해서도 같다.

여기서 잠시 이 선언에 담긴 엄청난 뜻을 음미하고 넘어가자. 예를 들어 두 해석함수가 $\mathbb{C}$ 전체에서 정의되어 있고 실수축의 $[0, 1]$ 구간에서 일치한다고 하자. 그러면 이 둘은 다른 모든 곳에서도 일치해야 한다. 다시 처음의

예를 참조하면 $f_1(z)$는

$$f_1(z) = 1 + z + z^2 + z^3 + \cdots = f_2(z) = \frac{1}{1-z}, \qquad |z|<1$$에 대해서만

이며, 주어진 원형(圓形) 영역에서만 정의되어 있다. 그러나 $f_2(z)$는 $z=1$을 제외한 $\mathbb{C}$ 전체에서 정의되어 있으므로 유일성정리에 따르면 $f_2(z)$는 $f_1(z)$의 확장(extension)이다. 마치 하나의 마술을 보는 듯하다.

16.4 리만의 제타함수 확장

리만은 제타함수를 접속하는 데에 경로적분(contour integration)을 이용했다. 자세한 내용은 부록 E에 있으며 그 결과는

$$\zeta(z) = \frac{\Gamma(1-z)}{2\pi i} \oint_{u^-} \frac{u^{z-1}}{e^{-u}-1} du$$

이고, $z \ne 1$인 모든 영역의 경로 u^-에 적용된다. 이것은 108쪽에서 정립했던 아름다운 식의 두드러진 용례라 하겠는데, 실구간 적분이 특정한 경로적분으로 바뀌었다.

16.5 제타의 함수방정식

1749년에 이미 읽혔지만 1761년에야 출판되었던 한 논문에서 오일러는 실제타함수가 아래의 기이한 함수관계를 충족한다고 주장했다.

$$\zeta(1-x) = \chi(x)\zeta(x)$$

여기서 $\chi(x)$는 다음과 같다.

$$\chi(x) = 2(2\pi)^{-x}\cos(\pi x/2)\Gamma(x)$$

오일러는 이 관계를 증명하지 않았으나 그가 보기에 의문의 여지가 없을 정도까지 점검했다. 결국 증명은 리만의 복소 일반화에 의하여 이루어졌다. 리만은 극한으로 가면 제타함수를 확장하는 데 쓰였던 것과 같아지는 가변의

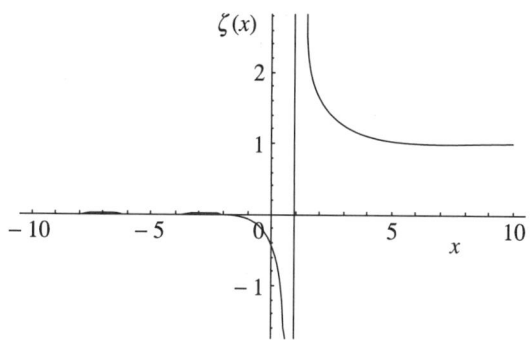

그림 16.2. 확장된 실제타함수

경로에서 적분을 했는데, 이 과정에서 두 방정식의 경로적분은 상쇄되고 실수 x는 복소수 z로 확장되어, 일반화된 제타함수의 중요한 성질들을 알기 쉽게 드러내는 형태인 위의 결과만 남는다. 독자들은 일단 이를 받아들이기 바라고 좀 더 관심이 있다면 부록 E의 증명을 참조하면 된다.

16.6 제타의 영점

확장된 실제타함수를 그려 보면 $x<1$에서의 행동을 조사할 수 있다(그림 16.2). 그런데 $x=1$에서의 수직 점근선은 뚜렷이 보이지만 실수축 음의 방향에서의 모습은 분명하지 않으므로 이 부분을 좀 확대해서 볼 필요가 있으며(그림 16.3), 그렇게 하고 보면 이 함수는 모든 음의 짝수에서 0이란 사실이 드러난다.

85쪽에서 우리는 오일러가 양의 짝수에서 제타함수가 다음과 같다는 사실을 밝혔음을 살펴보았다.

$$\zeta(2x) = \sum_{r=1}^{\infty}\frac{1}{r^{2x}} = (-1)^{x-1}\frac{(2\pi)^{2x}}{2(2x)!}B_{2x}, \quad x=1, 2, 3, \cdots$$

여기서 B_{2x}는 베르누이수인데, (1보다 큰) 홀수들에 대한 제타함수의 일반

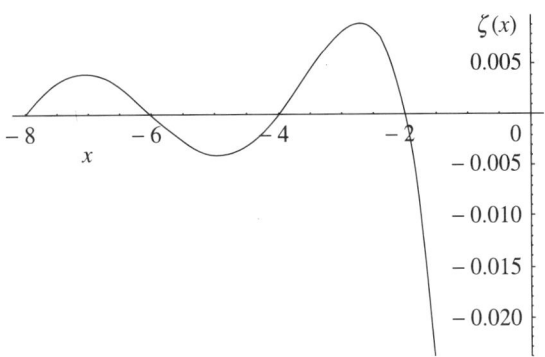

그림 16.3. $x < 0$에서의 행동

식은 아직까지 알려져 있지 않다. 그러나 음의 정수에 대한 확장된 제타함수의 식은 이보다 좀 유순하여 아래처럼 알려져 있고

$$\zeta(-x) = (-1)^x \frac{1}{x+1} B_{x+1}, \quad x = 0, 1, 2, \cdots$$

이는 곧 $\zeta(0) = -1/2$이란 뜻이다. 그런데 다른 홀수인 베르누이수는 모두 0이므로 음의 짝수들에서 확장된 제타함수도 모두 0이어야 한다. 이와 같은 음의 정수들은 (쉽게 찾아지고 특별한 의미가 없기 때문에 - 옮긴이) 무기영점(無機零點, trivial zero)이라 부른다. 하지만 이렇게 거의 무의미하지 않은 다른 영점들도 있다.

함수방정식은 이 사실을 반영하며 제타함수의 이른바 유기영점(有機零點, non-trivial zero)들에 관해 훨씬 많은 사실들을 알려 준다. $z \in \{-2, -4, -6, \cdots\}$이면 $\cos(\pi z/2) \neq 0$이지만 $\Gamma(z)$는 무한대이고 따라서 $\chi(z)$도 무한대인 반면 $\zeta(1-z)$는 유한하다. 유일한 타협점은 $\zeta(z) = 0$이며 여기서도 무기영점들이 다시 나타난다. $\mathrm{Re}(z) > 1$에서만 성립하는 오일러공식 형태의 $\zeta(z)$는 분명 0이 될 수 없다. 왜냐하면 만일 다른 영점들이 있다면 함수방정식은 $\zeta(z) = 0$이고 $\chi(z)$가 유한일 경우 $\zeta(1-z) = 0$임을 뜻하기 때문이다. 따라서 $\mathrm{Re}(z) < 0$인 영역에서 다른 영점들이 나타

날 수 없다. 만일 그런 게 있다면 이는 실수부(實數部, real part)가 1보다 큰 곳에서 필히 다른 영점들을 만들어 낼 것이기 때문이다. 하지만 리만은 $0 < \text{Re}(z) < 1$인 영역에는 강한 대칭성을 가진 이러한 유기영점들이 무한히 많다고 주장했다. 이 영역에서 $\zeta(z)$는 단가의 해석함수이고 z가 실수이면 함수값도 실수이다. 이상의 내용은 $(\zeta(z))^* = \zeta(z^*)$를 뜻하기에 충분하고 ($z^*$는 z의 켤레복소수) 이 관계는 슈바르츠반사원리(Schwartz Reflection Principle)라고 부른다. 이는 곧 $\zeta(z) = 0 \Leftrightarrow (\zeta(z))^* = 0 \Leftrightarrow \zeta(z^*) = 0$ 이라는 뜻이므로 만일 있다면 이 영점들 사이에는 네 겹의 대칭성이 성립한다. 한편 $\text{Re}(z) = 1$이라는 직선 위에는 영점이 없고, 함수방정식에 따라 $\text{Re}(z) = 0$에도 영점이 없는데, 이는 결코 자명하다고 볼 수 없는 결론이다. 언뜻 사소하게 보이는 이 사실은 발레 푸생과 아다마르가 소수정리를 증명할 때 거쳐야 했던 필수적 단계였다. 1932년 미국의 매력적인 괴짜 노버트 위너(Norbert Wiener, 1894~1964)는 이 사실과 소수정리가 완전히 동등하다는 절충적 결론을 증명했다.

그렇다면 리만제타함수의 모든 유기영점은 $0 < \text{Re}(z) < 1$인 영역에 대칭적으로 존재한다. 이곳을 '특이대(特異帶, critical strip)'라 부르며 그림 16.4에 음영으로 나타냈다. 여기에서 $\zeta(z) = 0$이다.

유기영점들 가운데 처음 몇 개를 열거해 보는 것도 흥미로울 것이며 표 16.1에 양의 허수부(虛數部, imaginary part)와 함께 실었다. 가장 놀라운 특징은 각 복소수의 실수부가 모두 0.5라는 사실이다. 과연 이것은 일반적인 성질일까? 아직 아무도 모르지만 지금껏 알려진 자료는 이를 뒷받침하며, 조만간 이 중대한 사실에 대해 다시 이야기할 것이다. 또한 아직 모르는 것들이 더 있다. 표에 생략점으로 나타낸 부분은 이 수가 무리수란 뜻일까 아니면 초월수란 뜻일까?

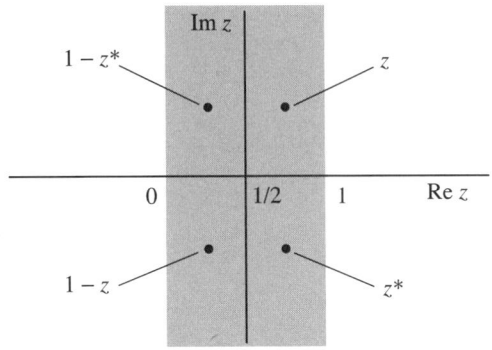

그림 16.4. 제타함수 유기영점들의 대칭성

표 16.1 처음 몇 개의 유기영점들

14.134 725 141 734 693 790 457 251 983 562 470 270 784 257 115 699 243	⋯ $i+0.5$
21.022 039 638 771 554 992 628 479 593 896 902 777 334 340 524 902 781	⋯ $i+0.5$
25.010 857 580 145 688 763 213 790 992 562 821 818 659 549 672 557 996	⋯ $i+0.5$
30.424 876 125 859 513 210 311 897 530 584 091 320 181 560 023 715 440	⋯ $i+0.5$
32.935 061 587 739 189 690 662 368 964 074 903 488 812 715 603 517 039	⋯ $i+0.5$

16.7 $\Pi(x)$와 $\pi(x)$의 계산

제타함수의 해석적 접속과 영점들의 대칭성을 확립한 리만은 다음과 같이 매우 중요한 무한급수를 포함하는 $\Pi(x)$의 놀라운 표현을 얻기 위해 다시 경로적분을 사용했다.

$$\Pi(x) = Li(x) - \sum_{\rho} Li(x^{\rho}) - \ln 2 + \int_{x}^{\infty} \frac{du}{u(u^2-1)\ln u}, \quad x>1$$

(16.1)

여기서 주목할 주요 사항은 $Li(x)$가 간단한 상수 및 부담스런 모습의 적분과 함께 나타난다는 점인데, 이 적분은 주어진 x에 대해 얼마든지 정확하게 어림할 수 있다. 또한 확장된 제타함수의 무수히 많은 영점들에 대해 더

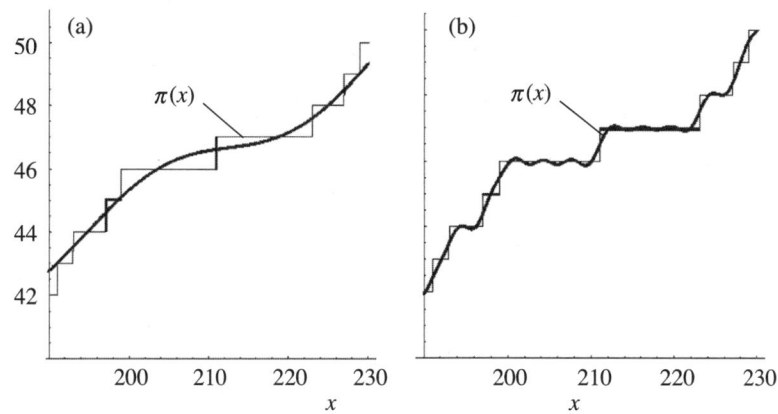

그림 16.5. 소수계단함수에 대한 리만의 어림 (a) 10개 항을 사용 (b) 200개 항을 사용

하는 흥미로운 급수도 등장한다. 리만의 논증은 엄밀하지 않았으므로 여기서 이를 되풀이하지는 않겠다. 하지만 이 수학적 연금술을 일단 받아들인다면 필요한 만큼의 영점들에 대해 더함으로써 어떤 x에 대해서든 적절한 r의 범위에서 $\Pi(x^{1/r})$을 어림할 수 있고, 이어 다음 표현을 사용하여

$$\pi(x) = \sum_{r=1}^{\infty} \frac{\mu(r)}{r} \Pi(x^{1/r})$$

$\pi(x)$의 값을 어림할 수 있다. 물론 이는 매우 번잡한 과정으로 여겨진다. 그러나 그림 16.5를 보면 아주 유익하게 보이기도 한다.

관련된 수학이 의미를 갖도록 하려면 각 소수에서 계단함수 $\pi(x)$의 값은 수직으로 올라가는 높이의 중간점이 되도록 해야 하며, 그러면 이 과정은 $\pi(x)$가 국소적으로 요동하는 현상을 반영할 수 있게 된다. 실제로 제타함수의 유기영점들이 미치는 영향을 개별적으로 자세히 살펴보면 k번째의 영점은 식 (16.1)에 포함된 급수에 대해

$$Li(x^{\rho_k}) + Li(x^{\bar{\rho}_k})$$

만큼 기여하므로 $\pi(x)$에 대한 기여는 다음과 같다.

$$T_k(x) = \sum_{r=1}^{\infty} \frac{\mu(r)}{r} (Li(x^{\rho_k}) + Li(x^{\bar{\rho}_k}))$$

처음 몇 가지 성분함수를 그림 16.6에 도시했다. 주목할 것은 세로축의 눈금 크기로, 이에 따르면 앞의 영점들이 뒤의 영점들보다 더 많이 기여한다. 이 전체 과정은 푸리에해석을 떠올리게 하는데 실제로 심오한 관계가 있으며, 이를테면 우리는 '소수의 음악(music of the primes)'을 '보고' 있는 셈이다.

16.8 잘못된 증거

272쪽의 그림 15.8을 다시 보면 적어도 10^7까지는 $Li(x) > \pi(x)$이다. 그런데 이 관계는 이 값을 훨씬 넘어 심지어 오늘날까지 얻을 수 있는 모든 수치 자료에 대하여 이대로 유지된다. 곧 $Li(x)$는 $\pi(x)$를 높게 어림잡았다는 뜻이며, 가우스는 이 관계가 언제나 그럴 것이라 믿었다. 나아가 리만도 그렇게 여겨 그의 논문 말미에 다음과 같이 썼다.

> 가우스와 골드슈미트(Goldschmidt)가 3,000,000까지 점검해 보았듯, $Li(x)$를 x보다 작은 소수의 개수와 실제로 비교해 보면 첫 수십만에 이르도록 $Li(x)$가 언제나 더 큰 것으로 드러난다. 나아가 이 차이는 x가 커짐에 따라 많은 요동이 있음에도 전반적으로는 더욱 커진다.

$Li(x)$는 너무 크게 보였고, 리만은 사실 이게 $\pi(x)$ 자체보다 $\pi(x)$의 가중합에 더 가까운 어림이라고 썼다. 구체적으로 그의 표현

$$\Pi(x) = \sum_{r=1}^{\infty} \frac{1}{r} \pi(x^{1/r})$$

에서 $\Pi(x)$를 아래처럼 $Li(x)$로 대치하는 것은 합리적으로 보이며

$$Li(x) \approx \pi(x) + \frac{1}{2}\pi(x^{1/2}) + \frac{1}{3}\pi(x^{1/3}) + \cdots$$

뫼비우스반전을 적용하면

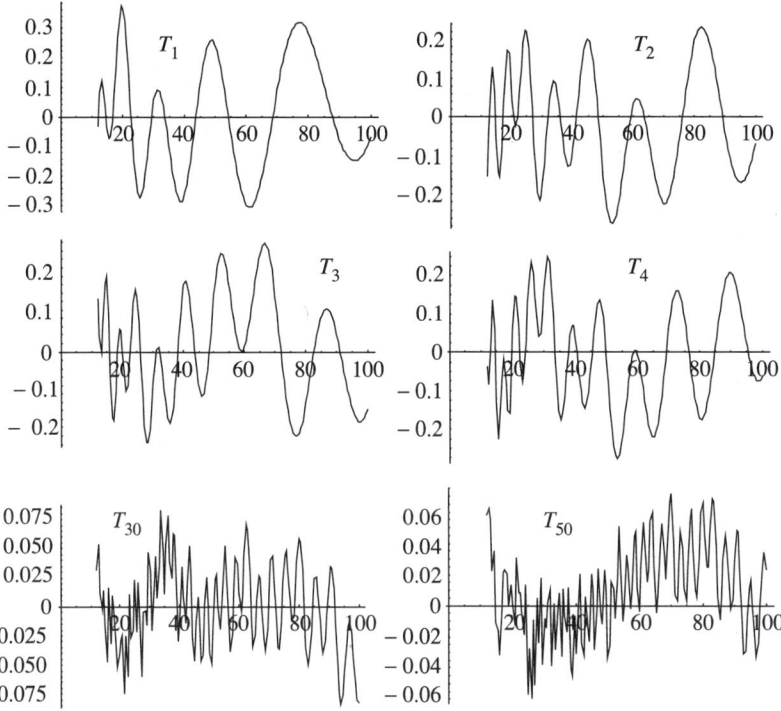

그림 16.6.

$$\pi(x) \approx Li(x) - \frac{1}{2} Li(x^{1/2}) - \frac{1}{3} Li(x^{1/3}) - \cdots$$

과 같이 지배적인 $Li(x)$ 항에 무수히 많은 세부적 교정항이 덧붙여진 아래의 최종적 어림식을 얻는다.

$$R(x) = \sum_{r=1}^{\infty} \frac{\mu(r)}{r} Li(x^{1/r})$$

그림 16.7은 $\pi(x)$에 대한 최종적 어림식 $R(x)$와 $\pi(x)$ 사이의 차를 보여 준다. 이는 모든 x에 대해 개선된 결과로 보이며, 따라서 이것이 사실이라면 분명 $Li(x) > \pi(x)$여야 할 것으로 여겨진다. 하지만 아쉽게도 언제나 그렇지는 않다.

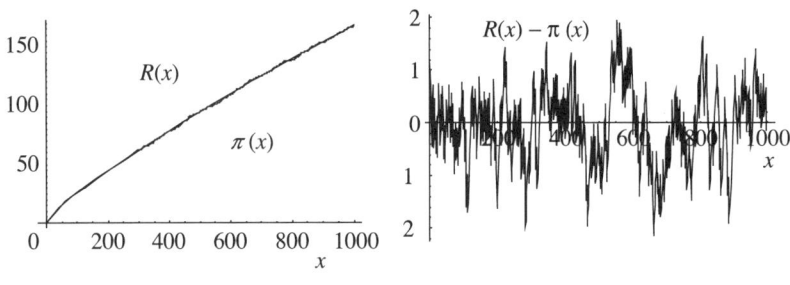

그림 16.7. 리만의 어림

7장의 첫머리에서 인용한 구절은 고트프리 해럴드 하디(Godfrey Harold Hardy)의 펜 끝에서 나온 것인데, 까다롭지만 점잖고 뛰어난 천재성을 지닌 이 영향력 있는 수론가에 대해서는 이미 여러 번 이야기했다. 그는 혼자서 뿐 아니라 위대한 동료 존 에덴서 리틀우드(John Edensor Littlewood, 1885~1977)와의 공동연구를 통해서도 수학에 중요한 기여를 많이 한 것으로 기억된다. 수학 잡지 〈메서메티컬 스펙트럼(Mathematical Spectrum)〉 1971/2년 호에는 아래 소개글과 함께 날카롭고 우아한 리틀우드의 작은 사진이 실려 있다.

왕립학회 회원이자 코플리상(Copley medal) 수상자이며 많은 대학교와 학회의 명예박사 또는 명예회원인 리틀우드 교수는 당대 수학계의 탁월한 해석학자이다. 1885년에 태어난 그는 1908년 이래 케임브리지대학교의 트리니티칼리지(Trinity College)에서 재직해 왔고, 1928년부터 1950년까지 수학과의 라우스 볼 교수(Rouse Ball Professor)(영국 수학자 Walter William Rouse Ball(1850~1925)을 기려 마련한 교수직. - 옮긴이)를 지냈다. 해석학과 수론 분야에서 작고한 하디 교수와 함께 100편 넘게 펴낸 논문들은 참으로 경이로운 업적으로, 덧없는 인생에 비춰 보면 기적과도 같다.

하디도 "… 통찰력과 기법과 역량을 그토록 조화롭게 발휘하는 사람을 달리 본 적이 없다 …"라는 평가에 동의했다.

더욱 낭만적이게도 하디와 리틀우드는 인도의 수학 천재 스리니바사 라마누잔(Srinivasa Ramanujan, 1887~1920)의 이름과 영원토록 엮여 있는데, 이 놀라운 관계에 대한 이야기는 《무한을 알았던 사람(*The Man Who Knew Infinity*)》(《수학이 나를 불렀다》(사이언스북스)로 번역되었다)이란 책에 담겨 있다. 라마누잔의 비상한 능력을 보여 주는 전형적인 예로는 앞서 직관적으로 살펴보았던 $\pi(x)$의 도함수에 대한 정확한 식을 들 수 있다. 그는 다음 식을 증명했으며

$$\frac{d\pi(x)}{dx} = \frac{1}{x \ln x} \sum_{r=1}^{\infty} \frac{\mu(r)}{r} x^{1/r}$$

여기서 계단함수의 도함수는 통상적인 극한을 통해 정의된다.

세 사람은 모두 수론 전반에, 특히 소수정리에 깊은 관심을 보였는데, 언젠가는 $\pi(x)$가 $Li(x)$를 추월하며 그 뒤로 이 두 함수의 크기가 무한히 자주 뒤바뀐다는 사실을 1914년에 증명한 사람은 리틀우드였다. 물론 이 사실은 이 값들에서 $R(x)$가 더 이상 우리의 예상처럼 정확한 어림이 아님을 뜻한다. 잉검은 논문 〈소수의 분포〉에서 "$R(x)$ 함수는 모든 x에서 $\pi(x)$의 값을 놀라운 정확도로 어림한다"라고 썼다. 하지만 그는 리틀우드의 성과를 언급하면서 "$R(x)$가 $Li(x)$보다 우월하다는 생각은 환상이다. 임의로 얼마든지 큰 값을 택할 수 있는 어떤 특별한 x에서는 $R(x)$도 참값으로부터 $Li(x)$ 못지않게 떨어져 있다"라고 덧붙였다. 한편 긍정적인 측면에서 그는 "평균적으로" $R(x)$의 첫 부분인 $Li(x) - \frac{1}{2}Li(x^{1/2})$은 $Li(x)$만 쓴 것보다 더 나은 어림이라고 인정했다. 단 이때 전제조건은 이른바 리만가설이 참이라는 것이었다. 그렇다면 뚜렷이 떠오르는 의문은 "$\pi(x) > Li(x)$가 되는 가장 작은 x값은 얼마인가?"이다. 그러나 이 질

문에 명확한 답은 없다. 같은 논문에서 리틀우드는 두 함수의 차가 적어도 점근적으로 $Li(\sqrt{x})\ln\ln\ln x$ 정도의 크기로 진동하리란 점을 증명했지만, 처음으로 크기가 바뀔 x값에 대해서는 아무런 추산도 내놓지 못했다. 나중에 그의 제자인 스탠리 스큐스(Stanley Skewes)가 이 역전이

$$10^{10^{10^{34}}}$$

이전에 일어날 것임을 밝혔다. 이후 이것은 '스큐스수(Skewes Number)'라고 불리게 되었는데, 이는 그때까지 '유용한' 수로 정의된 것들 가운데 가장 큰 수였다(현재는 조합론(combinatorics)에서 쓰이는 그레이엄수(Graham's Number)가 이를 압도한다). 2000년까지의 자료에 따르면 카터 베이스(Carter Bays)와 리처드 허드슨(Richard Hudson)이 '겨우' 1.39822×10^{316} 이전에 역전이 일어남을 밝힌 게 최선의 성과로 알려져 있지만, 이 값마저도 오늘날의 계산력을 훨씬 넘어선다.

16.9 망골트명시식은 소수정리의 증명에 어떻게 쓰이는가?

리만의 모호한 생각을 수학이 궁극적으로 요구하는 엄격함을 가지고 다듬는 일은 다른 사람들에게 남겨졌으며, 여기에 가장 주목할 만한 기여를 한 사람은 폰 망골트였다. 그는 리만의 식 (16.1)을 엄밀하게 증명했으며, 282쪽에서 기술한 ψ함수에 대해 비슷한 표현을 만들었고, 이것은 소수정리에 대한 연구에서 $\Pi(x)$를 대체했다. 여기서는 이 함수를 좀 더 자세히 살펴본다.

아래에 쓴 복소수 형태의 오일러공식은

$$\zeta(z) = \prod_{p \text{는 소수}} \frac{1}{1-p^{-z}}$$

Re(z) > 1에서 타당하고 아래처럼 고쳐 쓸 수 있으며,

$$\ln \zeta(z) = \ln \prod_{p \text{는 소수}} \frac{1}{1-p^{-z}} = -\sum_{p \text{는 소수}} \ln(1-p^{-z})$$
$$= -\sum_{p \text{는 소수}} \ln(1-e^{-z\ln p})$$

z에 대해 미분하면 다음 식이 나온다.

$$\frac{\zeta'(z)}{\zeta(z)} = -\sum_{p \text{는 소수}} \frac{e^{-z\ln p} \ln p}{1-e^{-z\ln p}} = -\sum_{p \text{는 소수}} \frac{p^{-z} \ln p}{1-p^{-z}}$$
$$= -\sum_{\substack{p \text{는 소수} \\ r=1}}^{\infty} \frac{\ln p}{p^{rz}} \qquad (16.2)$$

마지막 식은 무한등비급수의 합 공식을 사용했다. 우리는 소수정리를 $\psi(x)$ $\sim x$의 형태로 서술하고자 하며, $\psi(x) = \sum_{p^r \leq x} \ln p$라는 정의를 되새기면 자연스럽게 식 (16.2) 우변의 합에서 로그 부분을 추출하게 된다. 이는 아래의 경로적분을 이용하면 되고

$$\frac{1}{2\pi i} \int_{c-i\infty}^{c-i\infty} \frac{y^z}{z} dz = \begin{cases} 0, & 0 < y < 1 \\ \frac{1}{2} & y=1 \\ 1, & y>1 \end{cases}$$

여기서 c는 어떤 편리한 실수이다. 푸리에해석을 알고 있는 사람이라면 다시금 낯익은 느낌이 들 것이다.

(16.2)의 양변에 x^z/z를 곱하고 정리하면

$$\frac{x^z}{z} \sum_{\substack{p \text{는 소수} \\ r=1}}^{\infty} \frac{\ln p}{p^{rz}} = \sum_{\substack{p \text{는 소수} \\ r=1}}^{\infty} \left(\frac{x}{p^r}\right)^z \frac{\ln p}{z} = -\frac{\zeta'(z)}{\zeta(z)} \frac{x^z}{z}$$

가 나오며, 경로를 따라 양변을 적분하면 다음과 같다.

$$\frac{1}{2\pi i} \int_{c-i\infty}^{c-i\infty} \sum_{\substack{p \text{는 소수} \\ r=1}}^{\infty} \left(\frac{x}{p^r}\right)^z \frac{\ln p}{z} dz = \frac{1}{2\pi i} \int_{c-i\infty}^{c-i\infty} -\frac{\zeta'(z)}{\zeta(z)} \frac{x^z}{z} dz$$

$$\sum_{\substack{p \text{ 는 소수} \\ r=1}}^{\infty} \ln p \, \frac{1}{2\pi i} \int_{c-i\infty}^{c-i\infty} \left(\frac{x}{p^r}\right)^z \frac{1}{z} dz = \frac{1}{2\pi i} \int_{c-i\infty}^{c-i\infty} -\frac{\zeta'(z)}{\zeta(z)} \frac{x^z}{z} dz$$

$y = x/p^r$로 놓으면

$$\sum_{\substack{p \text{ 는 소수} \\ r=1}}^{\infty} \ln p \, \frac{1}{2\pi i} \int_{c-i\infty}^{c-i\infty} \frac{y^z}{z} dz = \frac{1}{2\pi i} \int_{c-i\infty}^{c-i\infty} -\frac{\zeta'(z)}{\zeta(z)} \frac{x^z}{z} dz$$

이므로

$$\psi(x) = \sum_{p^r < x} \ln p = \frac{1}{2\pi i} \int_{c-i\infty}^{c-i\infty} -\frac{\zeta'(z)}{\zeta(z)} \frac{x^z}{z} dz$$

인데, $p^r > x$이면 $y < 1$이어서 적분의 기여는 0이 되기 때문이고, x는 소수의 거듭제곱이 아니어야 하기 때문이다. 남은 경로적분은 유수(留數, residue) 이론으로 구하며 이것들을 모두 더하면 답이 나온다. 이 적분은 표 16.2처럼 유수의 종류에 따라 네 가지로 나눠서 보면 가장 좋다.

다시 자연로그의 테일러급수가 나타나는데, 이번에는

$$\frac{1}{2}x^{-2} + \frac{1}{4}x^{-4} + \frac{1}{6}x^{-6} + \frac{1}{8}x^{-8} + \cdots = \frac{1}{2}\ln(1 - x^{-2})$$

와 같이 쓰면 다음 식을 얻는다.

$$\psi(x) = x - \ln(2\pi) - \frac{1}{2}\ln(1 - x^{-2}) - \sum_{\zeta(\rho)=0} \frac{x^\rho}{\rho}$$

여기서의 합은 유기영점들에 대한 것이고 $\Pi(x)$에 대한 리만의 식과 동등하다. 위의 식은 (폰)망골트명시식((Von) Mangoldt Explicit Formula)이라고 부르며 해석적 정수론 전체에서 가장 중요한 식이라고 말할 수 있다. 이 식은 좌변은 실함수이지만 우변에 무한개의 복소수에 대한 합이 있어서 언뜻 모순되게 보인다. 그러나 항들에 포함된 근(根)들이 켤레복소수의 쌍으로 되어 있어서 결과는 실수이다.

표 16.2 유수의 네 종류

특이점	원인	유수
0	$\dfrac{x^z}{z}$	$\dfrac{\zeta'(0)}{\zeta(0)} = \ln 2\pi$
1	ζ의 극	$-\dfrac{x^1}{1} = -x$
$-2, -4, -6, -8, \cdots$	ζ의 무기영점	$\dfrac{1}{2}x^{-2}, \dfrac{1}{4}x^{-4}, \dfrac{1}{6}x^{-6}, \dfrac{1}{8}x^{-8}, \cdots$
ρ	ζ의 유기영점	$\dfrac{x^\rho}{\rho}$

이제 우리는 소수정리와 제타함수 영점들 사이의 관계를 살펴볼 수 있다. $\rho = u + iv$로 쓰면 $|x^\rho| = x^u$인데 $u < 1$이면 $x \to \infty$일 때 급수의 오차항 크기가 x보다 작아진다는 뜻이고, 이는 다시 (약간의 수학적 엄밀성을 덧붙이면) $\psi(x)/x \to 1$란 뜻이 되어 바라는 결과가 나온다. 다시 말해서 확장된 제타함수의 유기영점들이 1보다 작은 실수부를 가진다는 것은 바로 소수정리가 옳다는 사실을 뜻하며, 앞서 이야기했듯 드 라 발레 푸생과 아다마르가 독립적으로 이 사실을 밝혔다.

16.10 리만가설

리만은 그의 논문에서 ζ와 관련된 함수 ξ를 다음과 같이 정의했다.

$$\xi(w) = \pi^{-z/2}(z-1)\Gamma\!\left(\tfrac{1}{2}z + 1\right)\zeta(z)$$

여기서 $z = \dfrac{1}{2} + iw$이다. 왜 이런 함수를 만들었을까? 이유는 이것이 제타함수보다 다루기가 쉽기 때문이다. 이 식의 $(z-1)$은 $z=1$에서 $\zeta(z)$가 가진 문제를 해소해 준다($z \to 1$이면 $(z-1)\zeta(z) \to 1$이라는 88쪽의 내용을 상기). 따라서 ξ는 복소평면 전체에서 해석적이며, $\xi(z) = \xi(1-z)$란

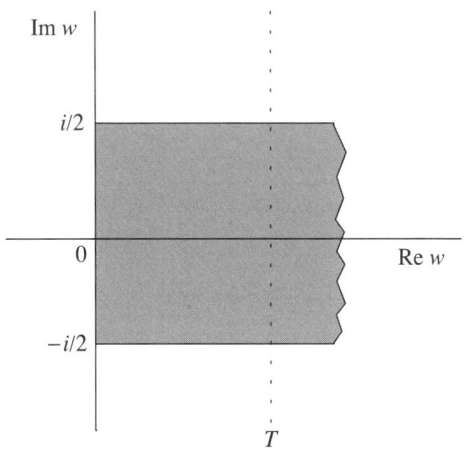

그림 16.8. ξ의 초기 영점들의 위치

점 또한 쉽게 확인할 수 있고, 정의로부터 ζ의 영점들 집합과 ξ의 영점들 집합이 서로 같다는 점도 분명하다. 나아가 ζ의 모든 유기영점이 $0 <$ Re$(z) < 1$에 있다는 사실은 ξ영점들의 허수부가 $-1/2$과 $1/2$ 사이에 있다는 말과 같다. 왜냐하면 $\xi(w) = \xi(u + iv) = 0$이라 하면 $\zeta(z) = 0$인데, 여기서 $z = \left(\frac{1}{2} - v\right) + iu$이므로 $0 < \frac{1}{2} - v < 1$, 곧 $-\frac{1}{2} < v < \frac{1}{2}$이기 때문이다. ζ의 영점들이 갖는 대칭성을 고려하면 양의 허수부만 살펴보면 되며, 이때 $u > 0$이므로 Re$(w) > 0$이다. 따라서 결과적인 영역은 그림 16.8과 같다.

리만은 (여기서도 모호하게) 영점들 가운데

$$\frac{T}{2\pi} \ln \frac{T}{2\pi} - \frac{T}{2\pi}$$

만큼이 이와 같은 직사각형 안에 있다고 주장했으며, 시험 삼아 실수의 영점들을 계산해 보았다. 그런데 이 결과는 소수세기함수와 잘 일치했고, 따라서 다른 영점들이 있을 여지는 거의 없었다. 이에 그는 다음과 같이 썼다:

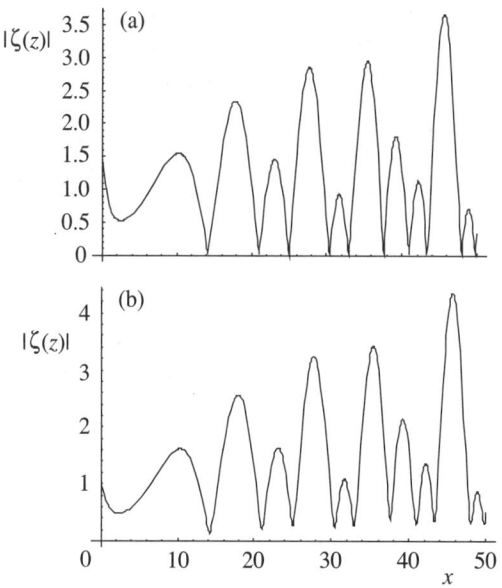

그림 16.9. 특이선과 그 부근에서 제타함수의 행동
$(a)\ z = \frac{1}{2} + xi$ $(b)\ z = \frac{1}{3} + xi$

"대략 이만큼의 실수 영점들이 이 범위 안에 존재하며, 따라서 모든 영점이 실수일 가능성이 아주 높다." 만일 실제로 그렇다면 ζ의 영점들의 실수부는 모두 1/2이어야 한다. 이어서 그는 "물론 우리는 좀 더 엄밀한 증명을 바란다. 그래서 나도 이를 얻고자 잠시 노력했지만 실패로 돌아갔는데, 이것이 내 연구의 다음 목표에 꼭 필요하지는 않은 듯 하므로 당분간 제쳐 놓고자 한다." 이에 따라 자랑스러운 다음 가설이 세워졌다.

> 리만가설(Riemann Hypothesis)
> 리만제타함수 유기영점들의 실수부는 1/2이다.

300쪽의 그림 16.4를 참조하여 이야기하면 모든 영점은 대칭선 위에만 있

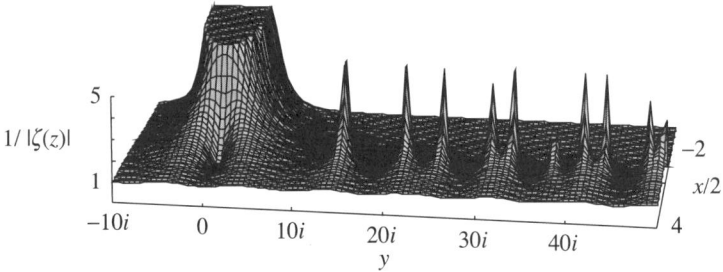

그림 16.10. 제타함수의 영점들을 3차원으로 나타낸 그림

을 뿐 이를 제외한 특이역(特異域, critical region)의 어느 곳에도 없다.

그림 16.9 (a)는 $|\zeta(z)|$함수가 특이선(critical line) $z = \frac{1}{2} + xi$를 따라 위로 올라가면서 어떻게 변하는지를 나타내며, (b)는 $z = \frac{1}{3} + xi$에 대한 모습을 나타낸다. 여기서 보듯 $\text{Re}(z) = \frac{1}{2}$인 수직선, 곧 특이선에는 많은 영점들이 있다. 하지만 $\text{Re}(z) = \frac{1}{3}$인 수직선에는 $\frac{1}{3} + 14i$처럼 아슬아슬하게 접근하는 것도 있지만 실제로 0이 되는 점은 하나도 없다.

그림 16.10은 $1/|\zeta(z)|$을 이용하여 유기영점들의 약간 다른 모습을 보여 준다. 여기서 유기영점들은 $\text{Re}(z) = 1/2$인 직선을 따라 뾰족한 못처럼 나타나며, 무기영점들은 맨 왼쪽에 커다란 산처럼 보인다.

참고로 아다마르는 아래와 같은 매우 만족스러운 식을 얻어 냈으며

$$\xi(w) = -e^{-Az}\prod_{\zeta(\rho)=0}\left(1-\frac{z}{\rho}\right)e^{z/\rho}$$

여기서 $A = -\frac{1}{2}\gamma - 1 + \frac{1}{2}\ln 4\pi$이다.

16.11 리만가설이 왜 중요한가?

리만가설은 제타함수의 모든 유기영점의 실수부는 1/2이라 말하고 있으며, 이는 소수정리의 증명에서 요구하는 조건보다 훨씬 까다로운데, 뒤의 경우

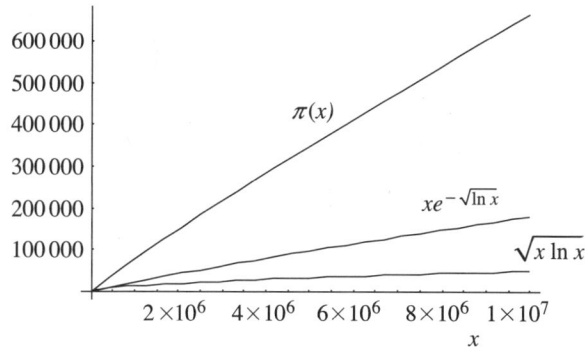

그림 16.11. 리만가설이 만드는 차이

실수부가 1만 아니면 되기 때문이다. 이 가설은 $\pi(x)$를 $Li(x)$로 어림할 때 나타나는 오차의 크기를 따질 때 곧바로 그 중요성을 드러낸다. 하지만 수학의 여러 분야에서 중요하게 쓰이는 점근식들에 포함된 오차도 리만가설의 지배를 받으므로 그 영향은 수학의 가장 깊은 심연까지 미친다. 예를 들어 골드바흐추측의 약한 형태, 곧 "모든 홀수는 세 소수의 합이다"라는 것도 이를 전제한다. 필즈상 수상자 엔리코 봄비에리(Enrico Bombieri)는 "리만가설이 거짓이라면 소수의 분포에 파국이 초래된다"고 말했다. 리만가설은 $\psi(x)$를 x로 어림할 때의 오차 크기와 관련되어 있으므로 결국 $\pi(x)$를 $Li(x)$로 어림할 때의 오차 크기에도 관련된다. 정확히 말하자면 1901년 폰 코흐(von Koch)는 리만가설이 참이라면 $\pi(x) = Li(x) + O(xe^{-c\sqrt{\ln x}})$로 알려진 어림식은 $\pi(x) = Li(x) + O(\sqrt{x}\ln x)$가 됨을 증명했다. 그런데 봄비에리는 리틀우드의 성과에 따르면 $\pi(x) - Li(x)$의 진폭이 점근적으로 $O(Li(\sqrt{x}) \times \ln\ln\ln x)$이므로 코흐가 증명한 결과가 더 이상 크게 개선되지는 못하리라 예상했다. 그림 16.11은 리만가설을 전제로 했을 때와 하지 않았을 때 오차의 크기가 얼마나 달라지는지를 대략 파악할 수 있게 해준다.

리만가설의 증명은 이후 수학 최대의 과제가 되었으며, 상당한 진전을 이루려는 20세기 최고 수학자들의 도전에 아직껏 굳건히 버티고 있는 편이다.

16.12 실수형 대안

유일성정리는 제타함수를 우리가 바라는 어떤 방향으로든 확장할 수 있도록 하므로 오일러-매클로린합공식을 비롯한 많은 방법들이 이 목적으로 쓰여 왔다. 리만은 그중 경로적분을 이용했고, 이를 통해 확장된 제타함수의 본질을 깊이 파헤칠 수 있었다. 또 다른 방법으로는 일반화된 교대조화급수를 사용하는 게 있으며, 여기서 '교대제타함수(alternating Zeta function)'는 아래와 같이 정의되는데

$$\zeta_a(z) = \sum_{r=1}^{\infty} \frac{(-1)^r}{r^z}$$

이는 더 넓은 영역 $\mathrm{Re}(z) > 0$에서 수렴한다.

이 식은 다음과 같이 쓸 수 있고

$$\begin{aligned}\zeta_a(z) &= 1 - \frac{1}{2^z} + \frac{1}{3^z} - \frac{1}{4^z} + \frac{1}{5^z} + \cdots \\ &= 1 + \frac{1}{2^z} + \frac{1}{3^z} + \frac{1}{4^z} + \frac{1}{5^z} + \cdots - 2\left(\frac{1}{2^z} + \frac{1}{4^z} + \frac{1}{6^z} + \cdots\right) \\ &= 1 + \frac{1}{2^z} + \frac{1}{3^z} + \frac{1}{4^z} + \frac{1}{5^z} + \cdots - \frac{2}{2^z}\left(1 + \frac{1}{2^z} + \frac{1}{3^z} + \cdots\right)\end{aligned}$$

따라서

$$\zeta_a(z) = \zeta(z) - \frac{1}{2^{z-1}}\zeta(z)$$

이며, 이로부터 다음 식을 얻는데

$$\zeta(z) = \frac{\zeta_a(z)}{1 - 2^{1-z}} = \frac{1}{1 - 2^{1-z}} \sum_{r=1}^{\infty} \frac{(-1)^r}{r^z} \qquad (16.3)$$

이는 $\mathrm{Re}(z) > 0$에서 정의된다.

이 확장은 오일러의 또 다른 기법인 '오일러급수변환(Euler's series transformation)'으로 완성되며 그 결과는 아래와 같고

$$\zeta(z) = \frac{1}{1-2^{1-z}} \sum_{r=0}^{\infty} \frac{1}{2^{r+1}} \sum_{k=0}^{r} (-1)^k \binom{r}{k} (k+1)^{-z}$$

여기서 $z \neq 1$이다.

이 모습은 경로적분에서 몇 광년 떨어진 것처럼 보인다. 그러나 해석적 접속에 대한 유일성정리를 기억하자! 우리는 확장된 식 (16.3)을 이용하여 복소수를 전혀 포함하지 않는 감질나도록 단순한 형태의 리만가설을 얻을 수 있다. 표준적 방법을 사용하면

$$r^z = r^{a+ib} = r^a r^{ib} = r^a e^{ib \ln r} = r^a (\cos(b \ln r) + i \sin(b \ln r))$$

이므로

$$\frac{1}{r^z} = \frac{1}{r^a} (\cos(b \ln r) - i \sin(b \ln r))$$

로 쓸 수 있는데, 이는 다음을 뜻한다.

$$\zeta(z) = 0 \Leftrightarrow \sum_{r=1}^{\infty} \frac{(-1)^r}{r^z} = 0$$

$$\Leftrightarrow \sum_{r=1}^{\infty} \frac{(-1)^r}{r^a} (\cos(b \ln r) - i \sin(b \ln r)) = 0$$

여기서 실수부와 허수부를 같다고 놓으면 아주 매력적인 새 모습이 나온다.

어떤 한 쌍의 실수 a와 b에 대해 $\sum_{r=1}^{\infty} \frac{(-1)^r}{r^a} \cos(b \ln r) = 0$이고 $\sum_{r=1}^{\infty} \frac{(-1)^r}{r^a} \sin(b \ln r) = 0$이면 $a = \frac{1}{2}$이다.

독자들은 300쪽의 표 16.1에 나오는 몇몇 영점들로 이를 점검해 볼 수도 있을 것이다. 생각해 보면 수학의 가장 유명한 미해결 문제가 수학의 가장 간

단한 아이디어들로 표현된다는 것은 참으로 경이로운 일이라 하겠다. 위 식은 합과 삼각함수와 로그로 이루어져 있으며, 물론 이 가설이 옳다면 크리스토프 루돌프의 제곱근 부호도 포함된다. 수학계 최고의 명성을 얻는다는 게 너무나 쉬운 것 같다!

이 밖에 리만가설의 다른 실수형 대안들도 있다. 예를 들어 $\lfloor Li(x) \rfloor$ 와 $\pi(x)$의 정확한 정수값들은 점근적으로 '약' 절반의 자릿수가 서로 일치해야 한다. 또한 n의 약수들의 합을 $\sigma(n)$이라 할 때, $n \geq 5041$에 대해 $\sigma(n) < e^\gamma n \ln \ln n$이란 것, 그리고 $n \geq 1$에 대해 $\sigma(n) \leq H_n + e^{H_n} \ln H_n$이란 것도 있다. 우리는 아래에서 한 가지 유명한 대안을 좀 더 자세히 살펴보는 것으로 만족하기로 한다.

16.13 불멸에 이르는 반쯤 막힌 뒷길

모든 정수는 제곱수와 제곱이 아닌 수의 곱으로 쓸 수 있는데, 에어디시가 이 간단한 사실을 중요하게 이용했음을 3장에서 살펴보았다. 물론 어떤 특정 정수는 $2^3 \times 3^5 \times 7 \times 11^2 = (2 \times 3^2 \times 11)^2 (2 \times 3 \times 7)$처럼 제곱수와 제곱이 아닌 수의 곱이 될 수도 있고, $3^6 \times 5^4 \times 13^2 = (3^3 \times 5^2 \times 13)^2$처럼 완전제곱수일 수도 있으며, $2 \times 5 \times 13 \times 17$처럼 제곱이 없이 한 번씩만 나오는 소수들의 곱이 될 수도 있다. 이미 살펴본 뫼비우스함수 μ는 가능한 소인수분해의 유형들을 구별하는 데 쓰이며 다음과 같이 정의되었다.

$$\mu(r) = \begin{cases} 0, & r\text{이 반복되는 인수를 가질 때} \\ 1, & r\text{이 (반복되지 않는 - 옮긴이) 짝수 개의 소인수를 가질 때} \\ -1, & r\text{이 (반복되지 않는 - 옮긴이) 홀수 개의 소인수를 가질 때} \end{cases}$$

이제 제곱이 없는 정수들만 생각해 보자. 그러면 신은 두 가지의 경우를 꽤 평등하게 나누었으리라 보는 편이 합리적일 것이며, 따라서 μ는 $+1$과 -1

값을 같은 정도로 자주 나타낼 것이다. 실제로 $P(\mu(r) = 1) = P(\mu(r) = -1) = 3/\pi^2$임을 보일 수 있고, 이에 따라 $P(\mu(r) = 0) = 1 - 6/\pi^2$이며, 여기가 이 보편적인 수를 이 책에서 마지막으로 보는 곳이다. 이런 내용을 바탕으로 생각하면, 정수의 목록을 따라 나아가다 보면 +1과 −1의 개수가 절반을 중심으로 물결치는 모습을 보게 될 텐데, 이는 마치 $\pi(x)$에 대한 $Li(x)$를 비롯한 여러 어림식들이 물결치는 행동을 보이는 것과도 같다. 그런데 이 파동의 크기는 과연 얼마나 될까? 그림 16.12에는 메르텐스 함수(Mertens function) $M(x) = \sum_{r \leq x} \mu(r)$을 이용하여 얻은 이 크기가 나타나 있다.

분명 이 행동은 불규칙적이다. 그럼에도 1885년 '연분수 해석론의 아버지'라고 불리는 토마스 스틸체스(Thomas Stieltjes, 1856~1894)는 자주 의견을 교환했던 샤를 에르미트(Charles Hermite, 1822~1901)에게 쓴 편지에서 x가 아무리 커지더라도 $M(x)/\sqrt{x}$의 값은 위아래의 두 경계 사이에 머물 것이라고 주장했다. 나아가 그는 괄호 안에 이 경계가 아마 +1과 −1일 것이라고도 썼다. 다시 말해서 그는 $|M(x)| < \sqrt{x}$임을 주장한 셈이다. 1897년 메르텐스는 50쪽에 이르는 표를 담은 논문을 발표했는데, 여기에는 10,000까지의 r값에 대한 $\mu(r)$과 $M(r)$의 값들이 실려 있었다. 그는 이 자료를 근거로 스틸체스의 강한 추측이 "매우 그럴듯하다"고 선언했고, 이후 $x > 1$에 대해 $|M(x)| < \sqrt{x}$일 것이란 주장은 수학계에서 '메르텐스추측(Mertens Conjecture)'이라고 불리게 되었다. 한편 20세기로 접어들 무렵 일련의 논문에서 폰 슈테르네크(von Sterneck)는 1,000,000까지의 r값에 대한 $M(r)$의 값들을 발표하면서 이 추측을 더 강화하여 $x > 200$이면 $|M(x)| < 0.5\sqrt{x}$라고 주장했다(그림 16.13 참조).

이 추측은 오류였기 때문에 스틸체스의 증명은 결코 나올 수 없었다. 따

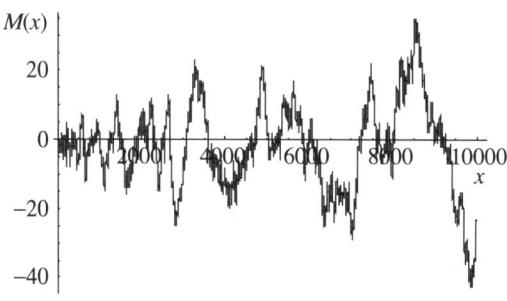

그림 16.12. 메르텐스함수

라서 폰 슈테르네크의 단언도 오류이며, 심지어 이보다 더 큰 범위를 잡은 약한 형태의 추측들도 같은 운명을 맞을 수 있다. 먼저 강한 형태의 추측에 나오는 0.5의 벽은 1963년에야 무너졌는데, 게르하르트 노이바우어(Gerhard Neubauer)는 $x = 7,725,038,629$에서 이런 현상을 발견했지만 1의 벽은 깨지 못했다. 다음으로 1985년 오들리즈코(A. M. Odlyzko)와 릴(H. J. J. te Riele)은 언젠가 1의 벽도 결국 깨질 것임을 증명했다. 이 현상의 불규칙성에 비춰볼 때 그들이 이 결과를 184쪽에 나오는 아이디어에 어울리는 모습으로 발표했다는 것은 조금도 놀랄 일이 아니다. 정확히 말하면 그들은 $\limsup_{x \to \infty} M(x) x^{-1/2} > 1.06$이고 $\liminf_{x \to \infty} M(x) x^{-1/2} < -1.009$임을 보였다. 이 증명은 이른바 '존재증명(existence proof)'의 하나이기에 이 벽이 허물어질 때의 x에 대한 정확한 값은커녕 어림값도 제시하지 않았다. 그러나 같은 해에 야노스 핀츠(Janos Pintz)는 첫 사례가 3.21×10^{64}보다 작은 곳에서 나올 것임을 증명했다. 이는 물론 큰 수이지만 스큐스수나 그레이엄수에 견줄 수는 없다!

수치적 증거가 또 다시 직관을 잘못 이끄는 이 모든 과정이 부끄럽게 여겨진다. 수백만, 수십억, 수조 …는 수론에서 그다지 큰 수도 아니며, 여기서 큰 수라 함은 정말로 큰 수를 말하는데 말이다!

어쨌든 이게 리만가설과 무슨 관계가 있을까? 이 추측이 참이라면 리만가설도 참이다. 사실 어떤 상수 C에 대해서든 $|M(x)| < C\sqrt{x}$의 관계가 성립하기만 하면 리만가설은 참이다. 그런데 아직 이것은 열린 문제로 남아 있으며, 따라서 이 와중에 그동안 주목을 끌었던 두 추측이 그르다고 판정된 것은 별로 놀랄 일은 아니라 하겠다.

제타함수는 다음 관계를 통해 뫼비우스함수와 밀접히 연결되어 있다.

$$\frac{1}{\zeta(z)} = \sum_{r=1}^{\infty} \frac{\mu(r)}{r^z}, \quad \text{Re}(z) > 1$$

여기서는 증명하지 않겠지만 이것은 수론의 일반적 결론 가운데 하나이다. 이 결과와 함께 복소함수론을 마지막으로 한 번만 더 참조하면 우리를 감질나게 하는 결과가 나온다. $M(0) = 0$이라 정의했으므로

$$\frac{1}{\zeta(z)} = \sum_{r=1}^{\infty} \frac{\mu(r)}{r^z} = \sum_{r=1}^{\infty} \frac{M(r) - M(r-1)}{r^z}$$

$$= \sum_{r=1}^{\infty} \frac{M(r)}{r^z} - \sum_{r=1}^{\infty} \frac{M(r-1)}{r^z} = \sum_{r=1}^{\infty} \frac{M(r)}{r^z} - \sum_{r=1}^{\infty} \frac{M(r)}{(r+1)^z}$$

$$= \sum_{r=1}^{\infty} M(r) \left\{ \frac{1}{r^z} - \frac{1}{(r+1)^z} \right\} = \sum_{r=1}^{\infty} M(r) \int_{r}^{r+1} \frac{z}{x^{z+1}} dx$$

$$= z \sum_{r=1}^{\infty} \int_{r}^{r+1} \frac{M(x)}{x^{z+1}} dx = z \int_{1}^{\infty} \frac{M(x)}{x^{z+1}} dx$$

인데, $M(x)$가 $[r, r+1)$이라는 구간들에서 상수이기 때문이다.

만일 메르텐스추측이 사실이라면 다음 식이 나온다.

$$\left| \frac{M(x)}{x^{z+1}} \right| < \left| \frac{C\sqrt{x}}{x^{z+1}} \right| = \frac{C}{\sqrt{x}} \left| \frac{1}{x^z} \right| = \frac{C}{\sqrt{x}} \frac{1}{x^{\text{Re}(z)}} = \frac{C}{x^{\text{Re}(z)+1/2}}$$

마지막 적분은 $\text{Re}(z) + 1/2 > 1$, 곧 $\text{Re}(z) > 1/2$이면 수렴한다. 만일 그렇다면 이는 $\text{Re}(z) > 1/2$인 곳에서 해석적인 함수를 정의하는 셈이며, 이에 의하여 $1/\zeta(z)$은 본래 식의 $\text{Re}(z) > 1$로부터 $\text{Re}(z) > 1/2$로 옮긴

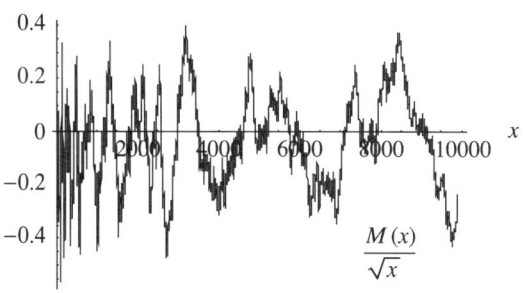

그림 16.13. 스틸체스추측에 대한 작은 범위에서의 수치적 증거

곳에서 다시금 마술과도 같은 손길 아래 해석적 접속을 하게 된다. 이는 $1/\zeta(z)$이 $\text{Re}(z) > 1/2$에서 정의된다는 뜻이며 따라서 이곳에는 영점이 있을 수 없다. 그러면 대칭성에 따라 $\text{Re}(z) < 1/2$에서도 마찬가지이며, 결국 모든 영점은 $\text{Re}(z) = 1/2$에 있어야 하고, 이것이 바로 리만가설이다!

16.14 옛 자극과 새 자극

수학의 문제들

1900년 파리 국제수학자회의

(International Congress of Mathematicians) 강연

다비드 힐베르트 교수

우리의 과학이 다음 세기에 발전해 갈 비밀스런 모습을 잠시나마 지켜보기 위하여 미래를 뒤에 감추고 있는 베일을 걷을 때 기뻐하지 않을 사람이 있을까요? 다음 세대의 수학을 이끌 사람들은 어떤 목표를 향해 나아가려고 분투할까요? 앞으로 다가올 세기들은 넓고도 풍성한 수학적 사고의 영역에서 어떤 새로운 방법과 사실들을 펼쳐 낼까요? 역사는 과학이 끊임없이 발전해 왔다고 가르쳐 줍니다. 우리는 모든 세대가 나름의 문제를 가졌고, 뒤이은 세대는 이를 해결하든

지 아니면 성과 없이 제쳐 두고 다른 새로운 것으로 대체해 왔다는 사실을 압니다. 당면한 미래에 달성될 수학적 지식의 진보를 타당하게 예상하고 싶다면, 아직 불안정한 문제들은 지나치고 현재의 과학이 확립한 문제들을 둘러보면서 장차 어떤 문제의 답을 얻을 수 있을지 생각해 봐야 합니다. 두 세기가 만나는 이 시점에 이런 문제들을 돌아보는 것은 아주 적절한 일이라고 생각합니다. 왜냐하면 위대한 한 시대의 종막은 우리를 과거로의 회고뿐 아니라 미지의 미래에 대한 사유로도 이끌기 때문입니다. 특정한 문제들이 수학 전반의 진보에서 갖는 깊은 의미와 각 수학자의 업적에 미친 역할이 부정되어서는 안 됩니다. 과학의 어느 분야든 많은 문제를 제시하는 한 살아 있지만, 문제가 모자라면 사라지거나 독립적인 발전을 멈추게 됩니다. 모든 사람이 각자의 목표를 떠맡듯, 수학적 탐구도 나름의 문제를 요구합니다. 탐구자들은 문제를 해결하면서 자신의 역량을 가늠합니다. 그들은 새로운 방법과 새로운 전망을 찾음으로써 더 넓고 거침없는 지평을 확보합니다. 어떤 문제의 가치를 미리 정확하게 판단하기란 어려우며 때로 불가능하기도 합니다. 최종적 판정은 과학이 그 문제에서 얻는 것에 달려 있기 때문입니다. 그럼에도 우리는 좋은 수학 문제를 판단하는 어떤 일반적인 기준은 없는지 물을 수 있습니다. 프랑스의 한 노수학자는 "수학 이론은 길을 가다 처음 만나는 누구에게나 설명할 수 있을 만큼 명확하지 않다면 완전하다고 할 수 없다"라고 말했습니다. 이처럼 수학 이론이 선명하고도 이해하기 쉬워야 한다는 조건에 덧붙여, 저는 완전한 수학적 문제가 갖추어야 할 또 다른 조건을 요구합니다. 우리의 마음은 선명하고 쉽게 이해되는 것에 이끌리고 복잡한 것은 꺼려하지만, 모름지기 어떤 수학 문제가 우리를 유혹하려면, 도무지 접근할 수 없을 정도로 어려워 우리의 모든 노력을 비웃는 것이 아닌 한, 충분히 어려워야 합니다. 나아가 그것은 숨겨진 진리에 이르는 미로 속에서 이정표가 되어야 하며, 궁극적으로는 해결에 성공했을 때의 희열을 떠올리게 하는 것이어야 합니다.

1900년 8월 8일 다비드 힐베르트는 프랑스 소르본(Sorbonne) 대학교의 연단에 올라 수학자가 했던 것 가운데 가장 유명한 것으로 꼽힐 강연을 했다(앤드루 와일즈가 타니야먀-시무라추측(Taniyama-Shimura conjecture)의 한 형태, 특히 페르마의 마지막 정리를 다루었던 강연이 아마 이에 맞설 것이다. 단 이 강연에는 오류가 있었고 나중에 수정되었다)(두 일본 수학자의 정확한 이름은 谷山豊(Taniyama Yutaka)와 志村五郎(Shimura Goro)이다. - 옮긴이). 펠릭스 클라인(Felix Klein)이나 앙리 푸앵카레(Henri Poincare)와 치열한 경쟁을 펼치기는 했지만 어쨌든 힐베르트는 당대의 가장 이름 높은 수학자로서, 나중에 노벨상을 받았던 한 제자는 "만나 본 사람들 가운데 가장 위대한 천재로 내 기억에 남을 것이다 …"라고 평했다. 그는 제2차 국제수학자회의에 주요 강연의 연사로 초청되자 이를 20세기의 수학이 나아갈 길을 제시하는 기회로 삼고자 했다. 이를 위하여 그는 답을 얻을 경우 수학적 진보를 낳을 것이라고 여겨지는 문제 23개를 골라서 발표했다. 이 강연은 위의 인용문으로 시작되었고 10개의 문제에 초점을 맞추며 이어졌다. 이 문제들에 특별한 순서는 없었지만 목록에 오르고 강연에서 다루어졌던 것 가운데 다음의 여덟 번째 문제가 있었다.

8. 소수의 문제들

소수의 분포에 대한 이론에서의 본질적인 진전이 최근 아다마르, 드 라 발레 푸생, 폰 망골트 등에 의해 이뤄졌습니다. 그러나 리만의 논문 〈주어진 수보다 작은 소수의 개수에 대하여(*Ueber die Anzahl der Primzahlen unter einer gegebenen Grösse*)〉에서 제기된 문제를 완전히 해결하려면 극히 중요한 리만의 가설, 곧 아래의 급수

$$\zeta(s) = 1 + \frac{1}{2^s} + \frac{1}{3^s} + \frac{1}{4^s} + \cdots$$

로 정의된 제타함수의 영점들은, 잘 알려진 음의 정수로서의 실수 영점들을 제

외하면, 실수부가 모두 1/2이라는 명제의 사실 여부가 증명되어야 합니다. 이 증명이 성공적으로 이뤄지면 바로 다음 문제는 주어진 수보다 작은 소수의 개수에 대한 리만의 무한급수를 더 정확히 점검하는 일이 될 텐데, 특히 어떤 수 x보다 작은 소수의 개수와 x의 로그적분 사이의 차가, $\sqrt{x}$보다 크지 않은 정도에서 무한대가 될 것인지를 판단해야 할 것입니다. 나아가 가끔씩 소수들이 뭉쳐서 나오는 이유가 정말로 제타함수의 첫 복소수 영점들에 의존하는 리만공식의 항들 때문인지도 밝혀야 합니다.

힐베르트의 드높은 명성은 수학계가 그의 목록에 오른 문제들로 달려들게 하는 데에 엄청난 자극제가 되었다. 그리하여 그중 어느 하나만 풀어도 큰 영예를 차지할 수 있게 되었는데, 실제로 성공을 거두거나 성공하는 데 중대한 기여를 한 사람들은 수학자들의 '우등반'에 속한다고 알려졌다. 23개의 문제 가운데 8개는 순수하게 연구를 위한 것이며, 남은 15개 가운데 12개는 세월이 가면서 완전히 해결되었다. 본래의 신비를 고스란히 간직하고 있는 것은 8번 문제 하나뿐이며, 한 세기가 지난 지금까지도 실질적으로 누구의 손길도 닿지 않았다.

필즈상 수상자인 스티븐 스메일(Stephen Smale, 1930~)은 1998년 힐베르트의 정신을 이어받아 나름대로 18개의 문제를 새로 제기했는데, 2002년 2월 13일 터커(W. Tucker)는 그중 14번째 문제에 대한 해답을 공표했다. 스메일의 문제들 가운데 지금껏 해결된 것은 이것뿐이며, 이 목록의 첫 문제는 바로 리만가설이다.

새 천년이 동틀 무렵 클레이수학연구소(Clay Mathematics Institute)는 새로운 자극으로 7개의 문제를 제시하고 각 문제마다 백만 달러의 상금을 내걸었는데, 그중 하나가 리만가설이다.

16.15 진전

물론 진전은 있었다. 1914년에 하디는 〈리만제타함수의 영점에 대하여 (*Sur les zeros de la fonction* $\zeta(z)$ *de Riemann*)〉라는 논문에서 무한히 많은 유기영점들이 특이선 $\mathrm{Re}(z)=1/2$ 위에 있음을 보였다. 1921년 그와 리틀우드는 이보다 훨씬 강력한 결과를 증명했는데, 이에 따르면 어떤 양의 상수 A에 대해 $\zeta\left(\frac{1}{2}+iy\right)$는 각 구간 $-Y \le y \le Y$에서 적어도 AY개의 영점을 가진다. 1942년에 셀베르그는 하디의 본래 결과를 개선하여 모든 유기영점의 어떤 양의 비율만큼이 특이선 위에 있음을 보였다(이 차이는 미묘하지만 중요하다. 예를 들어 정수집합은 무한집합이지만 실수집합과 비교한 정확한 측도(測度, measure)는 0이기 때문이다). 1989년 콘리는 다시 이를 개선하여 적어도 40%의 영점들이 특이선 위에 있음을 보였다. 특이역의 폭은 좁혀졌지만 0이 되지는 않았는데, 그렇더라도 이것을 꽤 믿을 만한 증거로 여길 수 있다. 하지만 앞서 언급했던 두 추측을 돌이켜볼 필요가 있다. 리틀우드는 이런 믿음과 거리가 멀었다. 사실 그는 리만가설이 거짓이라고 여겼다!

유기영점의 수는 무한이고 뚜렷한 패턴도 없으므로 반드시 이를 헤아려야 하는 것은 아니다. 반대로 특이선 위에 있지 않은 것을 하나만이라도 발견하면 되며, 이런 목표 아래 1903년 그람(J.-P. Gram)은 오일러-매클로린합을 이용하여 리만가설이 높이 50에 이르도록, 곧 $\mathrm{Im}(z) < 50$인 범위에서 참임을 증명했다. 하지만 오일러-매클로린합은 더 훌륭한 기법으로 대치되었으며 이에 대해 잠시 살펴보기로 한다.

먼저 $\xi(z) = \xi(1-z)$이란 점 및 이 함수가 실수 z에 대해 실수이고 해석적이란 점을 되새기자. 이는 슈바르츠반사식을 사용할 수 있다는 뜻이고, 따라서

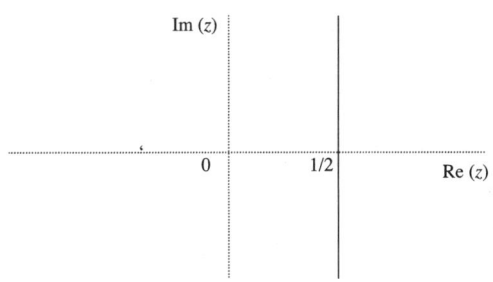

그림 16.14. 리만가설

$$\left(\xi\left(\frac{1}{2}+it\right)\right)^* = \xi\left(\left(\frac{1}{2}+it\right)^*\right) = \xi\left(\frac{1}{2}-it\right) = \xi\left(1-\left(\frac{1}{2}+it\right)\right)$$
$$= \xi\left(\frac{1}{2}+it\right)$$

가 되는데, 자신의 켤레복소수와 같은 복소수만이 실수이다. 그러므로 ξ는 특이선 위에서 실수이며, 특이선에서 영점을 찾는다는 것은 ξ함수의 부호 변화를 찾는다는 뜻이다(이를 달성하는 정확한 방법은 전문적이며 그람법칙 (Gram's law)이라 알려진 것을 사용해야 한다). 이제 우리가 할 일은 어떤 높이까지 몇 개의 영점이 있는지 헤아린 다음 그 결과를 특이선 위에 있는 영점들을 헤아린 결과와 비교하는 것뿐으로, 여기에 조금이라도 차이가 있으면 리만가설은 거짓으로 판명된다. 그리고 이 과정은 우리를 마지막 천재에게로 이끈다. 앞서 에이더 러블레이스는 베르누이수를 찾는 것이 베비지의 계산기계에 맡길 적절한 과제라고 생각했다는 것을 살펴보았다. 괴짜에다 가엾게 대접받은 영국의 천재 앨런 튜링(Alan Turing, 1912~1954)은 리만 제타함수의 영점을 찾는 것이 계산기계의 후계자, 곧 그의 생각을 지적으로 구현한 전자계산기를 평가할 적절한 임무라고 여겼다. 튜링은 제2차세계대전 중 독일군이 에니그마(Enigma)라는 암호기를 사용해서 주고받은 암호를 영국의 블레츨리파크(Bletchely Park)에서 해독하는 데에 엄청난 기여를 한 것으로 가장 널리 기억된다. '울트라(Ultra)'(독일군의 암호를 해독하는 극비 임무의 명칭. - 옮긴이)에 얽힌 흥미진진한 이야기는 더 이상 공무비밀법(Official Secrets Act)의 적용을 받지 않아 많은 사람들에 의해 알려졌는데, 여기서는 최정예 두뇌들이 한데 힘을 모아 불가능해 보이는 임무를 수행했다. 이처럼 엄선된 곳에서도 '교수'라고 불렸던 튜링은 특별했다. 그의 이야기는 많은 사람들이 다루었지만 그 가운데 앤드루 하지스(Andrew Hodges)의 《앨런 튜링(Alan Turing; the Enigma)》과 존 에이거(Jon Agar)의 《튜링과 만능기계(Turing and the Universal Machine)》에 잘 나와 있으므로 여기서는 그의 많은 뛰어난 아이디어들 가운데 하나만 간단히 살펴보고 넘어간다.

1948년 프로그램을 내장한 최초의 전자계산기를 만든 팀에 뒤늦게 합류하면서 맨체스터대학교로 온 튜링은 바로 이곳에서 기계지능(machine intelligence)에 대한 독창적인 아이디어를 펼쳤다. 1951년 이 기계는 '파란 돼지(Blue Pig)' 또는 'MUC(Manchester University Computer)'라 불리는 기계로 거듭났다. 엄청난 배선과 진공관을 금속상자로 감싸 만든 이 계산기에게는 우스꽝스러운 글귀를 읊거나 만들어 내는 일부터 $\xi(z)$의 영점들을 찾는 일에 이르기까지 여러 임무가 맡겨졌다. 밤이 되어 기계가 다른 일에 쓰이지 않게 되면 튜링은 주어진 높이까지의 영점들을 정확히 헤아리도록 고안한 (지금도 사용하는) 식을 이용하여 영점들을 찾고 그 범위를 넓혀 갔다. 하지만 이 탐사는 별다른 성과를 거두지 못한 반면 두 가지 헤아리기가 파란 돼지의 계산력을 훨씬 넘어서는 영역까지 잘 일치한다는 증거는 계속 쌓여 갔다. 오늘날 59,974,310,000개의 영점들이 특이선 위에 있음이 알려져 있고, 이를 벗어난 곳에서는 하나도 발견되지 않았다!

하디에 대해서는 이미 여러 번 이야기했는데, 당대의 가장 뛰어난 수학자

가운데 한 사람이었던 그는 수론에 중요한 기여를 많이 했다. 하지만 그의 엄청나게 인상적인 수학적 트로피의 진열장에는 리만가설의 증명으로 채워지기를 기다리는 넓은 틈이 있다. 물론 이 틈은 아직도 비어 있는데, 아래의 세 가지 일화를 통해 하디의 성격과 리만가설에 대한 그의 견해를 약간이나마 들여다볼 수 있다.

- 아래 목록은 그가 가장 간절히 바라는 네 가지 염원을 순서대로 쓴 것이다.
(1) 리만가설의 증명
(2) 로즈구장(Lord's Ground)(런던에 있는 세계적인 크리켓 경기장 – 옮긴이)의 테스트매치(test match)(크리켓 국제 경기 – 옮긴이)에서 100점 올리기
(3) 신의 비존재에 대한 증명
(4) 베니토 무솔리니 살해

자료에 따라 목록의 내용이 조금씩 다르기는 하지만 첫째는 언제나 리만가설이다.

- 그는 스웨덴의 수학 친구인 하랄 보어(Harald Bohr)(노벨 물리학상을 받은 닐스 보어(Niels Bohr)의 동생으로 103쪽에서 언급되었다)를 주기적으로 방문했는데, 그때마다 변치 않는 절차는 도착하자마자 자리에 앉아 방문의 목표를 구성하는 일이었으며, 그 첫 주제는 언제나 '리만가설의 증명'이었다.

- 한번은 위와 같은 방문을 마치고 돌아오는 바닷길에 험한 폭풍을 만났다. 그는 얼른 엽서에 "리만가설을 증명했다"라고 휘갈겨 써서 리틀우드에게 부쳤다. 무신론자였던 하디는 만일 신이 존재한다면 수학자의 최고 염원인 이 가설을 그가 증명했을 수도 있다는 확인되지 않은 최상의 영예를 안

고 죽도록 내버려 두지는 않을 것이라고 추론했다. 그는 엽서보다 앞서 무사히 영국에 도착했다.

가장 중요한 수학 문제가 무엇인가라는 질문을 받았을 때 힐베르트는 "제타함수의 영점 문제입니다. 이는 수학에서뿐 아니라 절대적으로 가장 중요한 문제입니다!"라고 대답했다. 다른 한편 우리는 모리스 클라인(M. Kline, 1908~1992)의 관점을 택할 수도 있는데, 1985년 그는 〈수학의 인물(Mathematical People)〉과의 인터뷰에서 다음과 같이 말했다.

> 내가 500년 뒤에 다시 살아나 리만가설이나 페르마의 마지막 '정리'가 증명되었음을 본다면 실망할 것이다. 왜냐하면 이 가설들을 증명하려는 시도의 역사를 돌이켜볼 때, 인간의 삶에 그다지 중요하지도 않은 정리들을 증명하는 데 엄청난 세월을 바쳐야 함을 확신할 것이기 때문이다.

앤드루 와일즈가 페르마의 마지막 정리를 증명했으므로 그는 이미 언짢아할 게 분명하며, 오늘날 수많은 전문 및 아마추어 수학자들은 그를 더욱 언짢게 하기 위하여 노력하고 있다!

수학자들은 '조건부'로 증명하기를 좋아하지 않지만, 어쩔 수 없이 그래야 할 때면 증명되지 않은 전제에 상당한 경의를 표한다. 그런데 오늘날 "리만가설이 참이라고 가정하면 …"이라고 시작하는 결론들이 엄청나게 쌓여 있다. 프리먼 다이슨은 양자론과의 중요한 연결 고리를 발견하고서 이렇게 말했다. "누가 알랴? 추상적인 순수수학의 가장 위대한 문제가 물리학자에 의해, 그것도 어쩌면 실험적으로 풀릴지 모른다." 분명 해결하는 사람은 불멸의 명예를(지금은 부 역시) 얻는다. 영국국가복권(British National Lottery)의 선전 문구는 "당신일 수도 있다"고 말하지만, 조나단 다울링(Jonathan J. Dowling)이 쓴 경고의 시에도 귀 기울일 필요가 있다.

리만가설

내 사랑 리만 씨
밤새도록 꿈속에서
당신의 높은 가르침을 떠올렸습니다.
물론 나는 당신의
유명하고도 정교하며
걸출한 미해결 가설을 말하는 것입니다.
오, 나의 삶과
세 아이와 아내는
당신이 증명한 소수정리의 덕을 입었습니다.
당신의 제타함수 기법으로
그 증명은 정말 매끄럽게 끝났습니다.
그래서 저는 더 이상 소수들을 두려워하지 않습니다.

하지만 나는 곧 멈추고
왜 잔을 들이키는지 생각하니
발작적인 웃음이 터져 나옵니다.
왜냐면 아직도 정녕
제타의 영점들이 모두
실수부가 반인 직선으로 가는지 몰라서이죠.

그래서 이 지겨운 답을 찾느라
밤에도 잠들지 못하고
눈도 멀어져 갑니다.
내 마음이 길을 떠나자
나의 계산은

복소적 혼란의 홍수 속에서 커져만 갑니다.

나는 컴퓨터를 샀습니다.
이젠 한물갔지요.
거의 10년을 돌렸으니까요 - 말 그대로 말입니다!
하지만 컴퓨터는 아직도
과연 제타의 모든 영점이
실수부가 0.5인 직선으로 가는지 모릅니다.
나는 이제 내 방에 앉습니다 -
우울함 속에서 실패할 운명을 느낍니다 -
산더미 같은 종이에 파묻혀서 말입니다.
하지만 기도합니다.
어느 날 저녁 내 오래된 전구에 불을 밝혀
떠오른 실마리를 이 종이에 옮기게 되기를.

| 부록 A |

그리스 문자

A	α	alpha	a
B	β	beta	b
Γ	γ	gamma	g
Δ	δ	delta	d
E	ϵ	epsilon	e
Z	ζ	zeta	z
H	η	eta	ê
Θ	θ	theta	th
I	ι	iota	i
K	κ	kappa	k
Λ	λ	lambda	l
M	μ	mu	m
N	ν	nu	n
Ξ	ξ	xi	ks
O	o	omikron	o
Π	π	pi	p
P	ρ	rho	r
Σ	σ	sigma	s
T	τ	tau	t
Y	υ	upsilon	u
Φ	ϕ	phi	f
X	χ	chi	ch
Ψ	ψ	psi	ps
Ω	ω	omega	ô

| 부록 B |

차도(次度)표기법(Big Oh Notation)

1894년 파울 바흐만(Paul Bachmann) 한 사람이 소개했지만, 나중에 수론가들이 대체로 받아들였고, 더 나중에는 컴퓨터 과학자들이 알고리듬의 복잡도를 가늠하는 데에 쓰게 된 이 표기법은 어떤 수식의 불필요한 세부 사항들은 억누르면서 전반적인 크기를 드러낸다.

예를 들어 $n \to \infty$이면 $2n^2 + 7n + 6 \to \infty$이기는 하지만 이것이 n^2보다 아주 빠르게 무한대로 발산한다고 볼 수는 없다. 왜냐하면 $n \to \infty$일 때 '$7n+6$'은 n^2에 비하면 무시할 정도밖에 되지 않으며, $(2n^2 + 7n + 6)/n^2 \to 2$이므로 '2'는 기껏해야 '상수배' 정도밖에 기여하지 않기 때문이다. '차도(次度)표기법'은 이런 상황에 대한 것으로, 이 예의 경우는 $2n^2 + 7n + 6 = O(n^2)$으로 쓴다. 곧 일반적으로 $g(n) = O(f(n))$이라 쓰면 $g(n)$은 점근적으로 $f(n)$의 상수배와 같은 정도로 커진다는 뜻이다. 다시 말해서 점근적으로 볼 때 $f(n)$이 $g(n)$의 지배적인 항이라는 뜻이다.

이런 점에서 $O(1)$은 상수를 나타내며, 예를 들어 $\ln n + \ln \ln n = O(\ln n)$이다.

이 표기법의 'O'는 'order'에서 따왔으며, 이 때문에 영어로는 'big oh notation'이라고 부른다.

부록 C

테일러전개

가장 단순한 함수는 다항식으로, 다항식은 대체로 표준적인 수학적 과정에 매우 민감하기 때문이다. 어떤 함수가 다항식이 아니면 적어도 어떤 일부 구간에서나마 그 함수를 어림할 수 있는 최선의 다항식을 찾을 수 있는데, 단 이런 경우 방대한 문제가 생길 수 있음을 예상해야 한다. 예를 들어 어림의 대상이 되는 함수는 수직으로 치솟는 점근성을 갖거나, 주기함수이거나, 기타 비다항식적인 성질을 가질 수 있다. 아래에서는 자연스럽게 다항식의 차수, 곧 x에 대한 최고차의 순서로 이야기를 풀어 간다.

C.1 1차

직관적으로 볼 때 어떤 점에서 어떤 곡선에 대한 최선의 어림은 그 점에서의 접선임이 명백하다(그림 C.1 참조). 그 점 $(a, f(a))$를 P라고 하면 P에서 곡선의 기울기는 $f'(a)$이고 접선의 방정식은 $y - f(a) = f'(a)(x-a)$이므로 아래의 어림식을 얻으며

$$f(x) \approx f(a) + (x-a)f'(a)$$

이것이 바로 테일러전개의 1차 어림식이다.

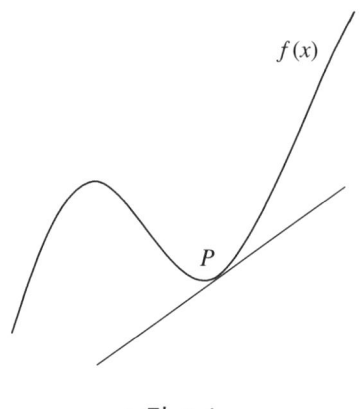

그림 C.1

C.2 2차

위에서는 단순히 직관을 사용하여 최선의 어림 직선을 찾았지만 이 절차는 좀 더 엄밀하게 구성할 수 있다. 일반적인 직선에는 두 가지 독립적인 요소가 있으며 이것들을 특정하면 직선도 유일하게 결정된다. 표준적인 직선의 식 $y = mx + c$에서 m과 c가 바로 그것들이다. 독립적 요소가 둘이라는 것은 최선의 어림식이 될 직선에 대한 조건도 둘이라는 뜻인데, 점 P를 지나는 직선 가운데 P에서 $f(x)$의 기울기와 같은 기울기를 가져야 한다는 것보다 더 나은 조건이 있을까? 다시 말해서 점 P에서의 접선이 바로 최선의 어림식이란 뜻이다. 다항식의 차수가 2라면 점 P에서의 어림식은 포물선으로 주어지며 그 일반식은 $y = Ax^2 + Bx + C$이다. 따라서 독립적 요소도 A, B, C 세 가지인데, 앞서와 같은 두 조건을 부과하는 것은 매우 자연스럽다. 그렇다면 셋째 조건은 무엇일까?

그림 C.2를 보면 어림식으로 두 개의 포물선이 쓰이고 있음을 알 수 있다. 둘 모두 P를 지나고 이 점에서 $f(x)$와 같은 기울기를 가진다. 하지만

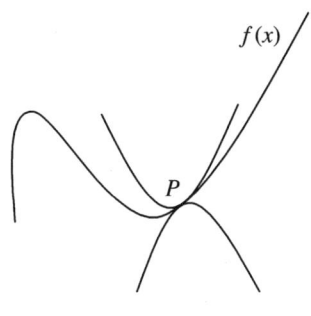

그림 C.2.

우리는 분명 위의 것이 아래 것보다 더 낫다고 보는데, 그 이유는 위의 것이 올바른 방향으로 휘어지고 있기 때문이다. 다시 말해서 셋째 조건은 이 두 후보를 구별할 수 있어야 하고 동시에 올바른 휘어짐을 나타낼 수 있어야 한다. 곡선의 만곡은 2차미분으로 주어지므로 이 셋째 조건은 대상 함수와 어림식의 2차미분이 P에서 같아야 한다는 것이다. 이런 논의를 바탕으로 포물선의 식을 이 경우에 가장 유용한 $y = A(x-a)^2 + B(x-a) + C$의 형태로 쓰면 세 가지 요소를 다음과 같이 구할 수 있다.

$$\frac{dy}{dx} = 2A(x-a) + B, \quad \frac{d^2y}{dx^2} = 2A$$

위 포물선의 식에 $x = a$, dy/dx, d^2y/dx^2를 넣고 부과한 조건을 적용하면 $C = f(a)$, $B = f'(a)$, $A = (1/2)f''(a)$가 나오므로 얻고자 하는 어림식은 다음과 같다.

$$f(x) \approx f(a) + (x-a)f'(a) + \frac{1}{2}(x-a)^2 f''(a)$$

이런 과정을 일반적으로 확장하면 대상 함수와 어림식의 3차, 4차, ⋯ 등의 미분이 P에서 같아야 한다는 뜻이므로 다음 어림식을 얻는다.

$$f(x) \approx f(a) + (x-a)f'(a) + \frac{(x-a)^2}{2!}f''(a) + \frac{(x-a)^3}{3!}f'''(a) + \cdots$$

분모가 계승으로 나온다는 점을 주목하기 바라며 이는 고차미분이 진행되면서 차수들이 차례로 곱해지기 때문이다.

C.3 예

위의 일반식에 $a=0$을 넣고 계산하면 아래 식들을 쉽게 구할 수 있다.

$$(1+x)^a \approx 1 + ax + a(a-1)\frac{x^2}{2!} + a(a-1)(a-2)\frac{x^3}{3!} + \cdots$$

$$e^x \approx 1 + x + \frac{x^2}{2!} + \frac{x^3}{3!} + \cdots$$

$$\sin x \approx x - \frac{x^3}{3!} + \frac{x^5}{5!} - \cdots$$

이와 같이 $a=0$으로 놓고 구한 것은 '테일러전개(식)' 대신 흔히 '매클로린전개(식)(Maclaurin expansion)'라고 부른다. $a=0$으로 놓고 구할 수 없는 중요한 경우로는 $\ln x$가 있는데, 그 이유는 단순히 이 값에서 $\ln x$의 값이 정의되지 않기 때문이다. a의 값으로 다른 값을 택하기보다 이 함수를 1만큼 평행이동하면 편리하며, 그 결과는 $\ln(1+x) \approx x - (1/2)x^2 + (1/3)x^3 - (1/4)x^4 + \cdots$이다.

C.4 수렴성

대상 함수의 미분을 무한히 되풀이할 수 있다면 테일러전개도 무한히 계속할 수 있음은 자명하다. 이 경우 어림식으로 유한한 다항식이 아니라 무한급수가 얻어지는데, (나중에 살펴볼 문제점들이 나타날 수도 있기는 하지만) 본래 어느 한 점에서의 어림값을 구하려는 취지를 뛰어넘어 이 무한급수를 그 점 주변에서의 적절한 어림식으로 사용할 수도 있다. 이때 사용 가능한 주변의 범위는 어림식의 차수가 얼마이든 거기에 포함된 오차항의 크기에 따

라 결정되며, 특히 그 점근적 크기가 중요하다. 여기서는 이에 대해 이야기하지 않을 것이므로 테일러정리(Taylor's Theorem)도 피해 간다. 하지만 놀랍게도 많은 중요한 함수들의 오차항은 모든 x에 대해 점근적으로 0이고, 따라서 어림식으로서의 무한급수는 대상 함수 자체와 같아진다. 위 첫 예에 $a = -1$을 대입하면 $1/(1+x) \approx 1 - x + x^2 - x^3 + \cdots$이 나오는데, 등비급수 이론에 따르면 $|x| < 1$에서는 정확히 같아지며, 따라서 점 $(0, 1)$에서 $1/(1+x)$의 값을 어림하는 것은 $|x| < 1$에서 $1 - x + x^2 - x^3 + \cdots$의 정확한 대안이 된다. 이 사실은 e^x와 $\sin x$와 관련하여 더욱 좋은 소식이다. 왜냐하면 이 함수와 그 무한급수는 모든 x에서 서로 일치하기 때문이다. 실제로 이 사실 덕분에 이 함수들은 무한급수를 이용하여 정의할 수도 있으며, 더 나아가 정의역을 $x \in \mathbb{R}$에서 $z \in \mathbb{C}$로 확장해도 이 무한급수들은 적절한 의의를 잃지 않는다.

부록 D

복소함수론

D.1 복소미분

실변수를 가진 실수값함수(real-valued function)의 도함수에 대한 표준적 정의는

$$f'(x) = \lim_{\delta x \to 0} \frac{f(x+\delta x) - f(x)}{\delta x}$$

이며, 물론 이 극한이 존재해야 한다. 이 엄격한 정의를 제시한 사람은 코시였고, 여기에는 기하적 직관에 대한 강한 호소가 담겨 있다. 곧 기울기가 변하는 현(弦)을 이용하여 접선을 점점 더 정확하게 어림하는데, 이 상황을 확대해서 보면 현의 길이가 짧아짐에 따라 함수와 현과 접선이 한데 엉켜들어 가는 것처럼 보이고, 최종 극한이 실제로 곡선에 대한 접선의 기울기라는 점과 이것이 접선에 대한 정의라는 점을 보다 쉽게 이해할 수 있다. 이때 가장 중요하고도 미묘한 점은 $\delta x \to 0$이라는 극한을 취하는 방향이다. 도함수의 정의에 따르면 극한값은 방향에 무관해야 하며, 이 때문에 $f(x) = |x|$라는 함수는 원점에서 미분불능이다. 만일 정의역을 $x \in \mathbb{R}$에서 $z \in \mathbb{C}$로 바꾸면 도함수의 정의도 형식적으로 다음과 같이 고쳐 쓸 수 있다.

$$f'(z) = \lim_{\delta z \to 0} \frac{f(z+\delta z) - f(z)}{\delta z}$$

이 과정에서 편안하게 여겨졌던 기하적 해석은 냉정한 분석으로 메워야 할

틈을 우리에게 남긴다. 어쨌든 위의 식은 실수계에서와 마찬가지로 점 z에서의 도함수의 정의로 사용된다. 이 경우에 $\delta z \to 0$이라는 극한의 방향을 생각해 보면 실수계에는 단 두 방향만 있었음에 비하여 복소계에서는 무한 가지가 가능하다. 그럼에도 우리가 위의 극한이 $\delta z \to 0$의 방향과 무관해야 한다고 고집한다면 분명 실수계에서보다 훨씬 엄격한 조건을 요구하는 셈이다. 이쯤에서 $\mathbb{R}$이 $\mathbb{C}$에 포함된다는 점을 되새기면 세 가지 경우를 고려해야 하며, 그중 첫 두 가지는 쉽게 처리되지만 셋째는 그렇지 않다.

D.1.1 복소변수의 실수값함수

한 예로 $z = x + iy$인 복소변수를 가진 $f(z) = x$라는 간단한 실수값함수를 보자. 실수축을 따라 극한을 취하면 $\delta z = \delta x$이므로

$$f'(z) = \lim_{\delta z \to 0} \frac{f(z + \delta z) - f(z)}{\delta z} = \lim_{\delta z \to 0} \frac{x + \delta x - x}{\delta x} = 1$$

이다. 반면 허수축을 따라가면 $\delta z = i\delta y$이므로 다음을 얻는다.

$$f'(z) = \lim_{\delta z \to 0} \frac{f(z + \delta z) - f(z)}{\delta z} = \lim_{i\delta y \to 0} \frac{x - x}{i \, \delta y} = 0$$

다시 말해서 이토록 단순한 함수도 도함수를 갖지 못한다. 하지만 세밀히 살펴보면 문제의 뿌리가 드러난다. 먼저 실수값들을 따라 극한을 취하면 극한이 존재할 경우 실수라는 뜻이다. 반면 허수값들을 따라 극한을 취하면 극한이 존재할 경우 허수라는 뜻이며, 이는 분자는 실수이지만 분모가 허수이기 때문이다. 여기서 가능한 타협점은 하나뿐이다. 허수 극한이 0인 마당에 이 함수의 미분이 가능하도록 하려면 실수 극한도 0이어야 한다. 요컨대 이런 함수가 미분가능이려면 도함수는 0이어야 한다.

D.1.2 실변수의 복소수값함수

$f(x) = u(x) + iv(x)$라 하면 극한이 존재할 경우 도함수는 다음과 같다.

$$\begin{aligned} f'(x) &= \lim_{\delta x \to 0} \frac{(u(x+\delta x) + iv(x+\delta x)) - (u(x) + iv(x))}{\delta x} \\ &= \lim_{\delta x \to 0} \frac{u(x+\delta x) - u(x) + iv(x+\delta x) - iv(x)}{\delta x} \\ &= \lim_{\delta x \to 0} \frac{u(x+\delta x) - u(x)}{\delta x} + i \lim_{\delta x \to 0} \frac{v(x+\delta x) - v(x)}{\delta x} \\ &= \frac{\partial u}{\partial x} + i \frac{\partial v}{\partial x} \end{aligned}$$

결국 문제는 실수값함수 두 개의 경우로 귀착된다.

D.1.3 복소변수의 복소수값함수

$z = x + iy$에 대해 $f(z) = u(x, y) + iv(x, y)$라는 형태의 함수를 쓸 수 있다. 셋째이자 마지막인 이 경우는 복소연산의 심장부를 이루며 놀랍고도 심오한 귀결을 내포하고 있다. 먼저 용어부터 살펴보자. 이런 함수가 정의된 영역의 어느 곳에서나 의미 있는 도함수를 가지면 '해석적(解析的, analytic)'이라 부른다(다른 말로는 '정역적(定域的, holomorphic)'이라고도 부른다). 나아가 정의역이 복소평면(complex plane) 전체와 같다면 '전역적(全域的, entire)'이라고 말한다.

이제 다시 실수축과 허수축을 따라 0에 접근한다고 생각하자. 그러면

$$\begin{aligned} f'(z) &= \lim_{\delta x \to 0} \frac{f(z+\delta x) - f(z)}{\delta x} \\ &= \lim_{\delta x \to 0} \left\{ \frac{u(x+\delta x, y) - u(x, y)}{\delta x} + i \frac{v(x+\delta x, y) - v(x, y)}{\delta x} \right\} \\ &= \frac{\partial u}{\partial x} + i \frac{\partial v}{\partial x} \end{aligned}$$

와

$$f'(z) = \lim_{i\delta y \to 0} \frac{f(z+i\delta y) - f(z)}{i\delta y}$$
$$= \lim_{\delta x \to 0} \left\{ \frac{u(x, y+\delta y) - u(x, y)}{i\delta y} + i\frac{v(x, y+y) - v(x, y)}{i\delta y} \right\}$$
$$= -i\frac{\partial u}{\partial y} + \frac{\partial v}{\partial y}$$

가 나오는데, 이 두 가지가 일치하려면 다음이 성립해야 한다.

$$\frac{\partial u}{\partial x} = \frac{\partial v}{\partial y} \quad \text{그리고} \quad \frac{\partial u}{\partial y} = -\frac{\partial v}{\partial x}$$

물론 이것들은 도함수가 적절히 정의되기 위한 필요조건에 지나지 않는다. 충분조건이 되려면 네 개의 편도함수(偏導函數, partial derivative)가 모두 연속이어야 하며, 이렇게 구성된 식들을 코시-리만방정식(Cauchy-Riemann equation)이라고 부른다. 이를 이용하면 해석함수의 도함수는 네 가지의 동등한 방법으로 표현할 수 있으며, 그중 하나는 다음과 같다.

$$f'(z) = \frac{df}{dz} = \frac{\partial u}{\partial x} + i\frac{\partial v}{\partial x}$$

이 표현 속에는 선형성, 곱셈규칙, 나눗셈규칙, 연쇄율 등의 표준적인 미분 규칙들이 복소계의 상황에 맞추어 그대로 반영되어 있다. 특히 $f(z) = z^n$이면 $f'(z) = nz^{n-1}$이며, 더 일반적인 규칙들도 마찬가지이다. 한 예를 보면 다음과 같다.

영역이 연결되어 있다면 모든 z에 대해 $f'(z) = 0$이면 $f(z) = c$이다.

영역이 연결되어야 한다는 조건은 실함수의 경우에도 필요하다. 왜냐하면

$$f(x) = \begin{cases} 0, & x < 1 \\ 1, & x > 2 \end{cases}$$

의 경우 도함수는 분명 0이기 때문이다. 이와 유사한 복소함수의 경우는

$$f(z) = \begin{cases} 0, & |z| < 1 \\ 1, & |z| > 2 \end{cases}$$

이며 분명 여기서도 $f'(z) = 0$이다.

이제 영역이 연결되어 있다고 가정한다.

만일 $f'(z) = 0$이면

$$\frac{\partial u}{\partial x} + i\frac{\partial v}{\partial x} = \frac{\partial v}{\partial y} - i\frac{\partial u}{\partial y} = 0$$

이며, 이는 물론 다음을 뜻한다.

$$\frac{\partial u}{\partial x} = \frac{\partial v}{\partial x} = \frac{\partial v}{\partial y} = \frac{\partial u}{\partial y} = 0$$

$\partial u/\partial x = 0$이므로 $u(x, y)$는 수평선의 일부 구간에서 상수이며, 마찬가지로 $\partial u/\partial y = 0$이므로 $u(x, y)$는 수직선의 일부 구간에서도 상수이다. 또한 이 논리는 $v(x, y)$에도 적용된다. 그러므로 $f(z) = u(x, y) + iv(x, y)$는 영역 안의 수평선과 수직선에서 상수이다. 그런데 영역이 연결되어 있으므로 어떤 두 점 z_1과 z_2는 일련의 수평선과 수직선을 통해 연결될 수 있다. 그리고 이 선들은 모두 영역 안에 있으므로 함수 자체도 이것들을 따라 언제나 상수이며, 결국 $f(z_1) = f(z_2)$이다. 여기서 z_1과 z_2는 임의로 택할 수 있다. 따라서 $f(z)$는 영역 전체에 걸쳐 상수이다.

두 번째의 합리적인 일반적 결과로는 $|f(z)| = c$라면 $f(z) = c$라는 게 있다. 이를 파악하기 위하여 '| |'의 정의를 사용하여 $|f(z)| = c \Leftrightarrow u^2 + v^2 = c^2$을 유도한다. x와 y에 대해 차례로 편미분하면

$$2u\frac{\partial u}{\partial x} + 2v\frac{\partial v}{\partial x} = 0 \quad \text{그리고} \quad 2u\frac{\partial u}{\partial y} + 2v\frac{\partial v}{\partial y} = 0$$

이 되는데, 양변을 2로 나누고 코시-리만방정식을 적용하면 다음 식이 나온다.

$$u\frac{\partial u}{\partial x} - v\frac{\partial v}{\partial y} = 0 \quad \text{그리고} \quad u\frac{\partial u}{\partial y} + v\frac{\partial v}{\partial x} = 0$$

이것을 두 미지수에 대한 두 방정식으로 다루면 아래처럼 쓸 수 있다.

$$(u^2 + v^2)\frac{\partial u}{\partial x} = c^2\frac{\partial u}{\partial x} = 0$$

이것이 성립하려면 $c = 0$(이는 $f(z) = 0$이란 것과 같다) 또는 $\partial u/\partial x = 0$ 이어야 한다. 마찬가지로 다음 결론도 얻어진다.

$$\frac{\partial u}{\partial y} = \frac{\partial v}{\partial x} = \frac{\partial v}{\partial y} = 0$$

그러므로 $f'(z) = 0$이며, 위로부터 $f(z) = c$이다. 실제로 이 결과는 $\text{Re} f(z) = c$이거나 $\text{Im} f(z) = c$이면 성립한다.

$u = x$와 $v = y$로 놓으면

$$\frac{\partial u}{\partial x} = \frac{\partial v}{\partial y} = 1 \quad \text{그리고} \quad \frac{\partial u}{\partial y} = -\frac{\partial v}{\partial x} = 0$$

이므로 $f(z) = z$가 미분가능이란 사실은 그다지 놀랍지 않지만, 반대로 $f(z) = \bar{z}$가 미분불능이란 사실은 믿기 어렵다($u = x$와 $v = -y$로 놓으면 첫째 코시-리만방정식이 성립하지 않는다). 복소함수의 행동에 대한 연구에는 직관이 끼어들 틈이 없다!

테일러전개의 아이디어를 이용하면 아래처럼 표준적인 기본적 함수들을 확장하고 의미를 부여할 수 있다.

$$\sin z = z - \frac{z^3}{3!} + \frac{z^5}{5!} - \cdots$$

$$\cos z = 1 - \frac{z^2}{2!} + \frac{z^4}{4!} - \cdots$$

$$e^z = 1 + z + \frac{z^2}{2!} + \frac{z^3}{3!} + \cdots$$

기타 다른 함수들도 마찬가지이며 $z \in \mathbb{C}$인 모든 z에 대해 수렴함을 보일 수 있다. 그리고 항별로 미분하면 다음과 같이 예상했던 결과를 얻는다.

$$\frac{d}{dz}\sin z = \cos z \qquad \frac{d}{dz}\cos z = -\sin z \qquad \frac{d}{dz}e^z = e^z$$

나아가 다음 결과들도 나온다.

$$e^{iz} = \cos z + i\sin z \qquad \sin z = \frac{e^{iz} - e^{-iz}}{2i} \qquad \cos z = \frac{e^{iz} + e^{-iz}}{1}$$

$$\sinh z = \frac{e^z - e^{-z}}{2} = -i\sin iz \qquad \cosh z = \frac{e^z + e^{-z}}{2} = \cos iz$$

이것들은 물론 다른 많은 표현들도 실수 x를 복소수 z로 대치한 것에 지나지 않으므로 아련한 친근감이 느껴지는 듯하다. 하지만 이런 환상은 $\cos z = 2$와 같은 식도 해를 가진다는 점을 알게 되면 하릴없이 허물어진다. 또한 이게 사실이라면 다음 식들도 성립한다.

$$\frac{e^{iz} + e^{-iz}}{2} = 2 \qquad e^{iz} + e^{-iz} = 4 \qquad e^{2iz} + 1 = 4e^{iz}$$

$$e^{iz} = \frac{4 \pm \sqrt{16-4}}{2} = \frac{4 \pm \sqrt{12}}{2} = 2 \pm \sqrt{3}$$

통상적인 경우처럼 양변에 로그를 취하면 $iz = \ln(1 \pm \sqrt{3})$으로 써야 하며 (이는 지은이의 오류로 옳은 답은 $iz = \ln(2 \pm \sqrt{3})$이다. 단 계속되는 이야기의 맥락상 틀린 대로 옮긴다. - 옮긴이). 따라서 $z = -i\ln(1 \pm \sqrt{3})$이다. 이 가운데 $z = -i\ln(1 + \sqrt{3})$이라는 해는 $\cos z = 2$도 해를 가진다는 것 때문에 우리의 신경에 거슬린다. 하지만 더욱 거슬리는 것은 $z = -i\ln(1 - \sqrt{3})$인데, 일반적으로 음수의 로그는 존재하지 않기 때문이다. 이 궤변적 현상은 나중에 설명한다.

D.2 바이어슈트라스함수

프랙탈(fractal)에 대한 지식을 갖고 있는 우리들로서는 모든 곳에서 연속이지만 어느 곳에서도 미분불능인 실함수가 존재한다는 아이디어가 새롭지 않지만 1861년만 해도 이런 예는 알려져 있지 않았다. 물론 그 존재는 예상되었고 특히 리만은 학생들에게 증명 없이 한 가지 후보 함수를 제시하기도 했다. 결국 최초의 예는 1872년까지 기다려야 했는데, 바어어슈트라스는 수학의 엄밀화를 추구하는 과정에서 바로 이런 함수를 내놓았다. 그는 $0 < a < 1$이고 b는 1보다 큰 홀수일 때 $ab > 1 + (3/2)\pi$라면 $f(x) = \sum_{r=1}^{\infty} a^r \cos(b^r x)$라는 함수는 모든 곳에서 연속이지만 어느 곳에서도 미분불능임을 증명했다. 나중에 하디는 이 결과를 $ab \geq 1$까지 확장했다(그림 D.1 참조).

복소계에서는 이런 괴물을 찾기 위해 그토록 힘들게 노력할 필요가 없는데, 간단한 절대값함수(modulus function)로도 충분하기 때문이다. $f(x) = |x|$라는 실함수의 경우 모든 곳에서 연속이기는 하지만 원점에서 미분불능이므로 문제가 일어남을 이미 보았다. 그런데 복소계에서는 문제가 훨씬 심각하다. $f(z) = |z|$는 복소변수의 연속인 실수값함수로서 도함수가 존재한다면 0이어야 함을 이미 보았지만 어딘지 미심쩍었다. 사실 이것의 도함수는 어디에도 존재하지 않으며 이는 코시-리만방정식을 써서 증명할 수 있다. 곧 $u(x, y) = \sqrt{x^2 + y^2}$이며 $v(x, y) = 0$이므로

$$\frac{\partial u}{\partial x} = \frac{2x}{\sqrt{x^2+y^2}} \qquad \frac{\partial u}{\partial y} = \frac{2y}{\sqrt{x^2+y^2}} \qquad \frac{\partial v}{\partial x} = \frac{\partial v}{\partial y} = 0$$

이다. 따라서 x와 y가 동시에 0이 되지 않는 한 코시-리만방정식은 명백히 충족되지 않는다. 그러나 $x = y = 0$이면 $0/0$이라는 부정형이 나오므로

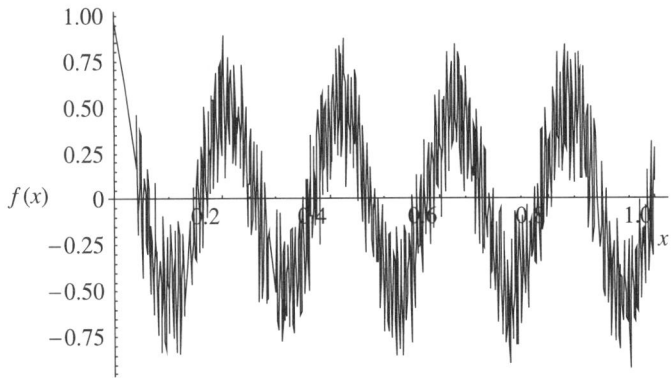

그림 D.1. $a = 0.5$, $b = 30$

아래처럼 가장 근본 원리로 돌아가서 구해야 하는데

$$\left.\frac{\partial u}{\partial x}\right|_{(0,0)} = \lim_{h \to 0} \frac{u(h, 0) - u(0, 0)}{h}$$

$$= \lim_{h \to 0} \frac{\sqrt{h^2}}{h} = \lim_{h \to 0} \frac{|h|}{h} = \begin{cases} 1, & h \to 0^+ \\ -1, & h \to 0^- \end{cases}$$

에서 보듯 $f(x) = |x|$의 경우와 같은 결과가 나온다. 또한 이런 논증에 따르면

$$\left.\frac{\partial u}{\partial y}\right|_{(0,0)}$$

도 존재하지 않는다.

$f(z) = |z|$라는 함수는 분명 복잡하지만 그 동반자라 할 $f(z) = \arg z$에 비하면 괜찮은 편이다. 이것의 값은 오직 2π의 정수배 구간들에서만 정해지므로 적절히 정의되지도 않은 상태에 있다. 구간을 $[-\pi, \pi]$로 한정할 경우 보통 대문자 'A'를 써서 나타내며, 이 경우 $f(z) = \text{Arg}\, z = \tan^{-1}(y/x)$가 된다. 이것도 복소변수의 실수값함수이므로 앞서와 마찬가지로 어디엔가 도함수가 존재한다면 반드시 0이어야 한다. 그런데 코시-리

멱방정식을 적용하면 다시 한 번 아래의 결과가 나온다.

$$u(x, y) = \tan^{-1}\left(\frac{y}{x}\right) \quad v(x, y) = 0$$

$$\frac{\partial u}{\partial x} = \frac{-y}{x^2 + y^2} \quad \frac{\partial u}{\partial y} = \frac{x}{x^2 + y^2} \quad \frac{\partial v}{\partial x} = \frac{\partial v}{\partial y} = 0$$

따라서 여기서도 x와 y가 동시에 0이 아닌 한 코시-리만방정식은 충족되지 않으며, $x = y = 0$인 경우 함수 자체가 정의되지 않으므로 모든 곳에서 미분불능이다.

D.3 복소로그

복소로그(complex logarithm)는 로그에 대한 정형적(定型的) 멱급수(冪級數, power series)를 이용해서 정의할 수 있다.

$$\ln(1+z) = z - \frac{1}{2}z^2 + \frac{1}{3}z^3 - \cdots, \quad |z| \leq 1$$

실수계에서와 같이

$$\ln\left(\frac{1+z}{1-z}\right) = 2\left(z + \frac{1}{3}z^3 + \frac{1}{5}z^5 + \cdots\right), \quad |z| < 1$$

로 하면 단위원(반지름이 1인 원. - 옮긴이) 밖으로 나갈 수 있지만, 그럴 경우 복소수의 편각(argument)이 가진 모호한 성격 때문에 나타나는 중요하고도 미묘한 점이 가려진다. 그러나 로그함수를 지수함수의 역함수로 보는 정의를 사용한다면 이 문제는 훨씬 분명하게 드러난다. $z = e^w$라 하면 $w = \ln z$이다. $w = u + iv$, $z = r(\cos\theta + i\sin\theta)$로 쓰면 $z = e^w = e^{u+iv} = e^u e^{iv} = e^u(\cos v + i\sin v) = r(\cos\theta + i\sin\theta)$가 되어 z에 대한 두 가지 표현이 나온다. 특히 $|z|$는 $e^u = r$이므로 $u = \ln r$인데, 이는 순수한 실수 로그이다. 또한 $\cos v + i\sin v = \cos\theta = i\sin\theta$이므로 $\cos v = \cos\theta$

이고 sin v = sin θ인데, 이로부터 $n \in \mathbb{Z}$에 대해 $v = \theta + 2n\pi$인 관계가 나온다($\mathbb{Z}$는 정수의 집합. - 옮긴이). 이상의 내용은 모두 $\ln z = \ln r + i(\theta + 2n\pi)$가 다가함수(multivalued function)임을 뜻한다. 범위를 주편각함수(principal arg function) Arg로 한정한다면 $n = 0$이 되므로 주로그함수(principal logarithm function)는 $-\pi \leq \theta \leq \pi$에 대해 $\ln z = \ln r + i\theta$ 또는 $\ln z = \ln |z| + i \operatorname{Arg} z$로 쓰며, 위의 급수 정의에 나오는 소문자 'l'은 대문자 'L'로 대체한다. 그러면 앞서 풀었던 $\cos z = 2$의 해 $z = -i \ln(1-\sqrt{3})$은 $z = i\left(\ln 2 + i\left(-\frac{1}{3}\pi\right)\right) = \frac{1}{3}\pi + i \ln 2$가 된다.

이제 $\ln z$를 보통의 방식대로 미분하면

$$\ln z = \ln\sqrt{x^2 + y^2} + i \tan^{-1}\left(\frac{y}{x}\right)$$

가 나온다. 따라서 $u(x, y) = \frac{1}{2} \ln(x^2 + y^2)$과 $v(x, y) = \tan^{-1}(y/x)$이므로

$$\frac{\partial u}{\partial x} = \frac{x}{x^2 + y^2} \qquad \frac{\partial u}{\partial y} = \frac{y}{x^2 + y^2}$$
$$\frac{\partial v}{\partial x} = \frac{-y}{x^2 + y^2} \qquad \frac{\partial v}{\partial y} = \frac{x}{x^2 + y^2}$$

와 같이 코시-리만방정식도 충족되며, 아래의

$$\frac{d}{dz} \ln z = \frac{x}{x^2 + y^2} - i \frac{y}{x^2 + y^2} = \frac{1}{z}$$

처럼 바라는 결과를 얻는다.

복소미분의 정의를 따라가다 보면 낯익음과 놀라움이 필연적으로 섞여서 나타난다. 한편 연속성의 요구는 덜하므로 복소적분의 행동에 대한 예측가능성은 더 높을 것으로 여겨진다. 하지만 우리의 직관은 여기서도 다시 허물어진다.

D.4 복소적분

D.4.1 정적분

복소적분의 주요 내용을 공부하기 전에 '단일연결영역(simply connected region)'이라는 위상수학적 개념부터 이해하고 넘어가자. 이것은 구멍이 없는 영역이란 뜻인데, 좀 더 수학적으로 말하면 다음과 같다: 어떤 영역 안에 폐곡선을 그리고 그 영역을 벗어나지 않은 채 모양을 연속적으로 변형시켜 그 영역 안의 다른 어떤 폐곡선과도 일치시킬 수 있으면 그 영역은 단일연결영역이라고 부른다. 340~341쪽에서 이미 이 개념을 이용했다. 그림 D.2에 이 상황을 도시했다.

원판에 그린 두 폐곡선은 원판을 벗어나지 않고도 연속적으로 변형시켜 서로 일치시킬 수 있다. 그러나 고리에 그린 두 폐곡선은 그럴 수 없다. 같은 내용을 다르게 표현하면, 단일연결영역에서는 어떤 폐곡선이라도 영역 안에 머물면서 한 점이 되도록 수축시킬 수 있다. 또한 유용하게 쓰일 다른 두 정의는 다음과 같다: 어떤 곡선이 그 자신과 닿거나 교차하지 않으면 '단순하다(simple)'고 말하고, 곡선 위의 모든 점에서 잘 정의된 접선을 가지면 '매끄럽다(smooth)'고 말한다. 이제 이론으로 들어간다.

미분과 마찬가지로 복소적분의 정의도 실수의 경우에 크게 의존하므로 이로부터 시작하는 게 좋다. $f(x)$가 $a \leq x \leq b$인 실변수에 대해 정의된 연속인 실수값함수라 하고 $a = x_0, x_1, x_2, \cdots, x_n = b$인 점들을 이용하여 구간 $[a, b]$를 잘게 나누었다고 하자.

그런 다음 아래와 같이 정의하는데

$$S_n = \sum_{r=1}^{n} f(\xi_r)(x_r - x_{r-1}) = \sum_{r=1}^{n} f(\xi_r)\,\delta x_r$$

여기서 ξ_r은 $[x_{r-1}, x_r]$ 사이의 점이다. 그러면 직사각형 넓이의 합은 곡선

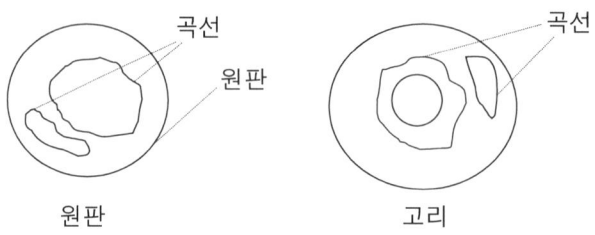

그림 D.2.

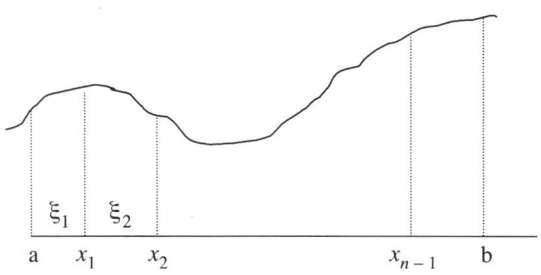

그림 D.3.

아래의 넓이를 어림하며 $n \to \infty$인 극한에서는 $S_n \to \int_a^b f(x)\,dx$이다(그림 D.3 참조).

다음으로 복소평면에 연속인 매끄러운 곡선 C가 있는데, 시작점 a와 끝점 b 사이가 점들 $a = z_0,\ z_1,\ z_2,\ \cdots,\ z_n = b$로 나뉘었다고 하자. 여기에 그림 D.4와 같이 ξ_r로 나타낸 점들을 도입하면 다음 식이 나오며

$$S_n = \sum_{r=1}^{n} f(\xi_r)(z_r - z_{r-1}) = \sum_{r=1}^{n} f(\xi_r)\,\delta z_r$$

$n \to \infty$의 극한을 취하면 아래 결과를 얻는다.

$$S_n \to \oint_C f(z)\,dz$$

이 경우 직사각형의 넓이가 곡선 아래의 넓이를 점점 더 정확하게 어림한다는 기하적 해석은 의미를 잃지만 이 아이디어의 자연스럽고도 정형적인 확

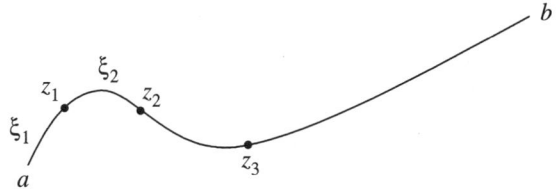

그림 D.4.

장은 가능하다.

곡선 C를 매개변수 형태 $z(t) = x(t) + iy(t)$로 나타내고($z(\alpha) = a$, $z(\beta) = b$), 위의 식을 약간 고쳐 쓰면 아래 식이 나온다.

$$\sum f(z(t))(z(t+\delta t) - z(t)) = \sum f(z(t)) \frac{z(t+\delta t) - z(t)}{\delta t} \delta t$$

$$\xrightarrow[\delta t \to 0]{} \int_\alpha^\beta f(z(t)) \frac{dz(t)}{dt} dt$$

이 식을 보면 왜 매끄러운 곡선이 필요한지 분명히 알 수 있다. 요컨대 우리는 다음 식을 얻는다.

$$\oint_C f(z)\, dz = \int_\alpha^\beta f(z) \frac{dz}{dt} dt$$

선형성에 대한 표준적 규칙은 $\sum$로부터 전해 내려와

$$\oint_C \bigl(f_1(z) + f_2(z)\bigr) dz = \oint_C f_1(z)\, dz + \oint_C f_2(z)\, dz$$

와

$$\oint_C \zeta f(z)\, dz = \zeta \oint_C f(z)\, dz \qquad \zeta \in \mathbb{C}$$

로 나타난다. 같은 이유로 C가 두 개의 매끄러운 곡선 C_1과 C_2로 이루어졌다면

$$\oint_C f(z)\, dz = \oint_{C_1} f(z)\, dz + \oint_{C_2} f(z)\, dz$$

이며

$$\oint_C f(z)\,dz = -\oint_C f(z)\,dz$$

이다. 여기서 화살표는 곡선 C 위에서 움직이는 방향을 나타낸다.

D.5 유용한 부등식

모든 $z \in C$에 대해 $|f(z)| \le M$이고 C의 길이는 L이라 하자. 그러면

$$|S_n| = \left|\sum_{r=1}^{n} f(\xi_r)\,\delta z_r\right| \le \sum_{r=1}^{n} |f(\xi_r)||\delta z_r| \le M \sum_{r=1}^{n} |\delta z_r|$$

인데, $|\delta z_r|$은 z_{r-1}과 z_r을 잇는 현의 길이이므로 $n \to \infty$이면 곡선의 길이에 대한 정의에 따라

$$\sum_{r=1}^{n} |\delta z_r| \to L$$

이 되고, 결국 다음 결론을 얻는다.

$$\left|\oint_C f(z)\,dz\right| \le ML$$

D.6 부정적분

실변수의 실수값함수에 대한 적분은, 물론 함수의 그래프 아래 부분의 넓이를 구하는 과정이기도 하고(단 이 넓이는 음의 값이 될 수도 있다) 미분의 역산이기도 하며, 이 두 가지 사실은 아래와 같은 미적분의 기본정리(the Fundamental Theorem of Calculus)를 통해 서로 연결되어 있다.

$$\int_a^b f(x)\,dx = [F(x)]_a^b = F(b) - F(a)$$

여기서 $F(x)$는 $dF(x)/dx = f(x)$인 임의의 함수로 정의되어 있으며,

이를 $f(x)$의 부정적분(indefinite integral)이라 부르고 $F(x) = \int f(x)\,dx$로 나타낸다.

이 결과에 따르면 어떤 곡선 아래의 넓이를 구하는 것은 미분의 역산을 하는 것과 같고, 아래는 이에 대한 한 예이다.

$$\int_0^1 x\,dx = \left[\frac{x^2}{2}\right]_0^1 = \frac{1^2}{2} - \frac{0^2}{2} = \frac{1}{2}$$

이 과정이 아래의 예처럼 복소계에서도 그대로 활용된다면 좋을 것이다.

$$\int_0^{1+i} z\,dz = \left[\frac{z^2}{2}\right]_0^{1+i} = \frac{(1+i)^2}{2} - \frac{0^2}{2} = i$$

실수계에서는 적분구간의 하단에서 상단에 접근하는 방법에 선택의 여지가 없는데, 복소계의 경우 핵심 사항은 0에서 $1+i$까지 가는 무수히 많은 경로에 상관없이 언제나 같은 결과가 나와야 한다는 점이다. 복소수의 경우에도 미적분의 기본정리 같은 게 있다면 적분의 결과는 경로에 무관할 것이다. 하지만 이는 지나치게 낙관적인 희망인 듯한데, 예를 들어 $f(z) = 1$처럼 매우 단순한 함수를 점 a와 점 b를 잇는 임의의 경로에서 적분하면 어찌되는지 살펴보자.

$$\oint_C 1\,dz$$
$$= \lim_{n\to\infty}((z_1 - a)1 + (z_2 - z_1)1 + (z_3 - z_2)1 + \cdots + (z_n - z_{n-1})1)$$
$$= \lim_{n\to\infty}(z_n - z_0) = b - a$$

정말로 결과는 경로에 무관하다. 따라서 아래처럼 쓸 수 있을 것 같다.

$$\oint_C 1\,dz = \int_a^b 1\,dz = [z]_a^b = b - a$$

이처럼 출발은 좋지만 사태는 곧 잘못 돌아간다.

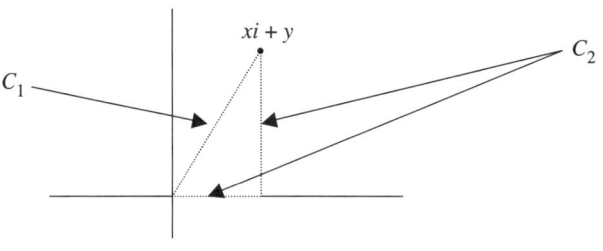

그림 D.5.

예를 들어 $f(z) = \text{Re}(z) = x$를 택해 $a = 0$에서 $b = x + iy$까지 그림 D.5에 나타낸 C_1과 C_2를 따라 적분해 보자. 먼저

C_1: $z(t) = xt + iyt, \quad 0 \leq t \leq 1$

인데, $\dot{z}(t) = x + iy$이므로 다음을 얻는다.

$$\oint_{C_1} \text{Re}(z)\, dz = \int_0^1 xt(x + iy)\, dt = \frac{1}{2} x(x + iy) = \frac{1}{2} x^2 + i\frac{1}{2} xy$$

C_2: $z_1(t) = t, \quad 0 \leq t \leq x, \quad z_2(t) = x + it, \quad 0 \leq t \leq y$

그리고 $\dot{z}_1(t) = 1$이고 $\dot{z}_2(t) = i$이므로

$$\oint_{C_2} \text{Re}(z)\, dz = \int_0^x t \cdot 1\, dt + \int_0^y xi\, dt = \frac{1}{2} x^2 + ixy$$

가 나오며, 이상의 두 결과는 도무지 같은 답이라고 할 수 없다!

다음으로 $f(z) = 1/z$의 경우 두 가지 관점에서 생각할 수 있다. 먼저 이 함수는 원점에 중심을 둔 임의의 고리 영역에서 정의되어 있고 또 해석적이다. 다음으로 이 함수는 원점에서는 정의되지 않으므로 원점에 중심을 둔 임의의 원판에서는 해석적이 아니다. 하지만 이 고리와 원판 영역이 $|z| = 1$로 정의된 단위원을 포함한다고 가정하면

$$z(t) = \cos t + i \sin t, \quad \dot{z}(t) = -\sin t + i \cos t$$

와

$$\oint_C \frac{1}{z} dz = \int_0^{2\pi} \frac{1}{\cos t + i\sin t} (-\sin t + i\cos t)\, dt$$

$$= \int_0^{2\pi} \frac{i}{\cos t + i\sin t} (\cos t + i\sin t)\, dt = 2\pi i$$

를 얻는다. 첫 눈에 이 결과는 별로 놀랍지 않을 것이다. 그러나 이 경로는 폐곡선이며 따라서 적분이 양 끝점에만 의존한다면 그 값은 0이어야 한다.

D.7 풍성한 결론

결과를 증명하지는 않겠지만 타협은 다음으로 모아진다.

코시적분정리(Cauchy's Integral Theorem)

$f(z)$가 단일연결영역 Δ에서 해석적이면 $\oint_C f(z)\,dz$는 Δ 안의 모든 경로에 대해 상수이다.

이로부터 a와 b를 잇는 경로에 대해 다음을 얻는다.

$$\oint_C f(z)\, dz = \int_a^b f(z)\, dz = F(b) - F(a)$$

여기서 $F(z) = \int^z f(\zeta)\, d\zeta$는 그 부정적분이다.

한편 이는 또한 C가 폐곡선이라면 $\oint_C f(z)\, dz = 0$이란 뜻이며, 앞의 예 $f(z) = 1/z$에서 보듯 단일연결영역과 해석적이라는 조건이 모두 필요하다.

이상으로부터 C_1이 양 끝점이 고정된 C를 연속적으로 변화시켜 얻는 임의의 경로일 경우 다음을 얻으며

$$\oint_C f(z)\, dz = \oint_{C_1} f(z)\, dz$$

이를 경로변형원리(Principle of Deformation of Path)라고 부른다.

D.8 놀라운 귀결

> 코시적분공식(Cauchy's Integral Formula)
>
> $f(z)$가 단일연결영역 Δ에서 해석적이면 Δ 안의 모든 점 z와 모든 단순폐곡선경로 C에 대해 다음 공식이 성립한다.
>
> $$f(z) = \frac{1}{2\pi i} \oint_C \frac{f(\zeta)}{\zeta - z} d\zeta$$

이는 영역 안의 어떤 점에서의 함수값은 그 점을 둘러싼 단순폐곡선경로를 이용한 적분으로 구할 수 있다는 뜻으로, 언뜻 아주 기이한 느낌을 준다. 이를 증명하기 위하여 점 z를 중심으로 반지름이 ρ인 원 C_ρ를 그리고 경로변형원리를 적용하면 아래 식을 얻는다(그림 D.6 참조).

$$\oint_C \frac{f(\zeta)}{\zeta - z} d\zeta = \oint_{C_\rho} \frac{f(\zeta)}{\zeta - z} d\zeta$$

위 식의 우변은 다음과 같다.

$$\oint_{C_\rho} \frac{f(\zeta)}{\zeta - z} d\zeta = \oint_{C_\rho} \frac{f(\zeta) - f(z)}{\zeta - z} d\zeta + \oint_{C_\rho} \frac{f(z)}{\zeta - z} d\zeta$$
$$= \oint_{C_\rho} \frac{f(\zeta) - f(z)}{\zeta - z} d\zeta + f(z) \oint_{C_\rho} \frac{1}{\zeta - z} d\zeta$$

한편 간단한 평행이동과 앞서 보았던 결과로부터 다음을 얻는다.

$$\oint_{C_\rho} \frac{1}{\zeta - z} d\zeta = 2\pi i$$

$(f(\zeta) - f(z))/(\zeta - z)$는 폐곡선 C와 그 안의 $\zeta \neq z$인 모든 곳에서 유계이며 아래의 값 또한 $f(z)$가 해석적이므로 유한하다.

$$\lim_{\zeta \to z} \frac{f(\zeta) - f(z)}{\zeta - z} = f'(z)$$

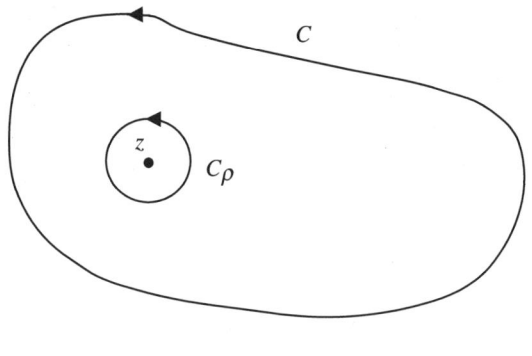

그림 D.6.

그러므로 아래와 같이 말할 수 있고

C의 둘레와 그 안에 있는 모든 ζ에 대해 $\left|\dfrac{f(\zeta)-f(z)}{\zeta-z}\right| < M$

결과적으로 다음 식을 얻으며

$$\left|\oint_{C_\rho} \frac{f(\zeta)-f(z)}{\zeta-z} d\zeta\right| \leq \oint_{C_\rho} \left|\frac{f(\zeta)-f(z)}{\zeta-z}\right| d\zeta$$

$$< \oint_{C_\rho} M\, d\zeta = 2\pi\rho M \xrightarrow[\rho \to 0]{} 0$$

따라서 아래와 같이 바라는 식이 나온다.

$$\oint_C \frac{f(\zeta)}{\zeta-z} d\zeta = 2\pi i f(z) \quad \text{그리고} \quad f(z) = \frac{1}{2\pi i} \oint_C \frac{f(\zeta)}{\zeta-z} d\zeta$$

어떤 의미에서 이것은 해석함수 $f(z)$가 간단한 역수 형태의 함수 $1/(\zeta-z)$를 통해 표현될 수 있다는 뜻이며 여기에는 심원한 암시가 담겨 있다. 예를 들어 해석함수는 모든 차수의 도함수를 가진다.

이 사실 또한 실수계의 경우와 뚜렷이 대조되는데, 실함수들의 미분은 대개 얼마 가지 않아 끝나 버리기 때문이다. 예를 들어 $f(x) = x|x|$의 미분은 $f'(x) = 2|x|$에서 멈추고 더 이상 진행할 수 없다.

적분 기호를 둔 채 되풀이해서 미분하는 것이 허용되다면(이는 쉽게 증명된다), 해석함수를 무한히 미분할 수 있다는 사실의 증명은 아주 간단하다. $f(z)$가 해석적이 되도록 하는 폐곡선경로 C를 하나 택하고 다음과 같이 쓴다.

$$f(z) = \frac{1}{2\pi i} \oint_C \frac{f(\zeta)}{\zeta - z} d\zeta$$

그러면 이로부터 아래 식들이 얻어진다.

$$f'(z) = \frac{1}{2\pi i} \oint_C \frac{f(\zeta)}{(\zeta - z)^2} d\zeta$$

$$f''(z) = \frac{1}{2\pi i} \oint_C \frac{f(\zeta)}{(\zeta - z)^3} d\zeta$$

이 결과를 이용하면 해석함수의 전개에 대한 이론의 일부를 펼칠 수 있다.

D.9 테일러전개와 한 가지 중요한 귀결

무한히 미분가능한 실함수를 다음과 같이 정의하고

$$f(x) = \begin{cases} e^{-1/x^2}, & x \neq 0 \\ 0, & x = 0 \end{cases}$$

극한을 취하여 $f(0), f'(0), f''(0), \cdots$의 값들을 구하면 지수함수 부분이 x의 거듭제곱 부분을 압도하게 되므로 모든 항은 0이 된다. 그 결과 함수 자체는 무한히 미분가능하더라도 이것에 $x = 0$을 중심으로 한 테일러전개를 적용할 수는 없다. 하지만 복소함수의 경우에는 해석을 엄격하게 제한하기 때문에 의미 있는 결과가 나온다. 이 짧은 논의에서는 테일러전개를 새로 정립하고 몇 가지 결론을 축적한 뒤 엄청나게 중요한 결론까지 나아가 본다.

$f(z)$가 $z = a$에 중심을 둔 원 C의 둘레와 그 안에서 해석적이고, z는 원의 안, ζ는 원둘레에 있다고 하자(그림 D.7). 그러면 $\zeta - z = (\zeta - a)$

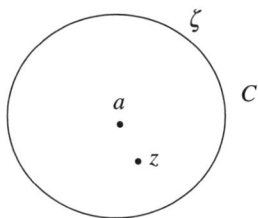

그림 D.7.

$-(z-a)$이므로

$$\frac{1}{\zeta-z}=\frac{1}{(\zeta-a)-(z-a)}$$

$$=\frac{1}{\zeta-a}\frac{1}{1-(z-a)/(\zeta-a)}$$

$$=\frac{1}{\zeta-a}\left(1-\frac{z-a}{\zeta-a}\right)^{-1}$$

이다. $|z-a|<|\zeta-a|$이므로 $|(z-a)/(\zeta-a)|<1$이고, 따라서 아래와 같이 무한한 이항전개가 가능하다.

$$\frac{1}{\zeta-z}=\frac{1}{\zeta-a}\left(1+\frac{z-a}{\zeta-a}+\left(\frac{z-a}{\zeta-a}\right)^2\right.$$
$$\left.+\left(\frac{z-a}{\zeta-a}\right)^3+\cdots+\left(\frac{z-a}{\zeta-a}\right)^n+\cdots\right)$$

그러므로

$$f(z)=\frac{1}{2\pi i}\oint_c\frac{f(\zeta)}{\zeta-a}\left\{1+\frac{z-a}{\zeta-a}+\left(\frac{z-a}{\zeta-a}\right)^2\right.$$
$$\left.+\left(\frac{z-a}{\zeta-a}\right)^3+\cdots+\left(\frac{z-a}{\zeta-a}\right)^n+\cdots\right\}d\zeta,$$

$$f(z)=\frac{1}{2\pi i}\oint_c\frac{f(\zeta)}{\zeta-a}d\zeta+\frac{(z-a)}{2\pi i}\oint_c\frac{f(\zeta)}{(\zeta-a)^2}d\zeta$$
$$+\frac{(z-a)^2}{2\pi i}\oint_c\frac{f(\zeta)}{(\zeta-a)^3}d\zeta+\cdots$$

$$+\frac{(z-a)^n}{2\pi i}\oint_C \frac{f(\zeta)}{(\zeta-a)^{n+1}}d\zeta+\cdots$$

$$=f(a)+(z-a)f'(a)+\frac{(z-a)^2}{2!}f''(a)$$

$$+\frac{(z-a)^3}{3!}f'''(a)+\cdots+\frac{(z-a)^n}{n!}f^{(n)}(a)\cdots$$

$$=\sum_{r=0}^{\infty}A_r(z-a)^r$$

이며, A_r은 다음과 같다.

$$A_r=\frac{1}{2\pi i}\oint_C\frac{f(\zeta)}{(\zeta-a)^{r+1}}d\zeta$$

여기서 항별적분의 타당성은 쉽게 입증되며, 이에 따라 이 원판 위의 함수에 대한 유일하고도 수렴하는 테일러전개가 보장된다. 앞서 보았던 몇몇 표준적인 함수들의 정형적인 급수 정의는 이런 식의 엄밀한 논의를 통해 정당화될 수 있다.

이것과 352쪽에 나오는 'ML'의 결과를 결합하면 계수 A_r이 다음 부등식을 만족한다는 점이 드러나며

$$|A_r|=\left|\frac{1}{2\pi i}\oint_C\frac{f(\zeta)}{(\zeta-a)^{r+1}}d\zeta\right|\le\frac{1}{2\pi}\frac{M}{\rho^{r+1}}2\pi\rho=\frac{M}{\rho^r}$$

이때 반지름이 ρ인 C 위에서 $|f(\zeta)|\le M$이다.

$|f(z)|=c \Rightarrow f(z)=k$라는 결과는 앞서 보았다시피 아주 타당한데, 이것 또한 실수계에서는 성립하지 않는 매우 놀라운 귀결로 확장된다. 예를 들어 $f(x)=1/(1+x^2)$은 1을 넘지 못하고 무한히 미분가능하지만 분명 상수는 아니다. 그러나 복소계에서 유계인 전역함수(entire function)는 상수이며(이것이 리우빌정리(Liouville's Theorem)이다), 이제는 쉽게 증명할 수 있다.

함수 $f(z)$가 전역적이면 0 부근에서 테일러전개를 적용할 수 있으며 이로부터 $f(z) = \sum_{r=0}^{\infty} A_r z^r$을 얻는다. $f(z)$는 $\mathbb{C}$에서 유계이므로 원점에 중심을 둔 반지름 ρ인 어떤 원판에서도 $|f(z)| \leq M$이어야 한다. 따라서 $r \geq 1$인 경우 $|A_r| \leq M/\rho^r$이다. 그런데 ρ는 얼마든지 줄일 수 있으므로 $r \geq 1$인 경우 $|A_r| = A_r = 0$이 되며, 결론적으로 $f(z) = A_0$, 곧 상수가 된다.

이것을 증명한 이상 한 걸음만 더 떼면 수학 전체의 초석 가운데 하나인 다음 정리에 닿는다.

대수학의 기본정리(The Fundamental Theorem of Algebra)
n차의 대수방정식은 n개의 복소수 근을 가진다.

대수방정식을 이루는 다항식을 $P(z) = a_0 + a_1 z + a_2 z^2 + \cdots + a_n z^n$으로 쓰자. $P(z)$가 근을 갖지 않는다면 $f(z) = 1/P(z)$은 전역함수이며, $|z|$가 충분히 커서 $|z| > R$이라 한다면 $|P(z)| > 1$이고 $|f(z)| < 1$일 것이다. 그러면 $|z| \leq R$인 원판 안에서 $|f(z)|$는 분명 연속이며, 이는 표준적인 위상수학의 결론이므로 유계이기도 하다. 결국 $f(z)$는 $\mathbb{C}$ 전체를 통해 유계이므로 루이빌정리에 따라 상수이다. 이렇게 하나의 근을 찾았으므로 인수분해를 통해 다항식의 차수를 1만큼 줄이고 위의 논증을 되풀이한다. 그러면 복소수인 계수를 가진 n차의 대수방정식은 $\mathbb{C}$ 안에서 n개의 근을 가진다는 결론을 얻는다.

이 증명이 이토록 쉽고도 깔끔하게 끝나는 것을 보면 초기에 이와 결부되었던 어려움들이 거짓말처럼 들릴 수도 있다. 특히 복소수에 대해 뿌리 깊은 의구심을 가졌던 수학자들은 이보다 쉽게 해결할 수 없었기 때문에 더욱 힘들어했다. 1799년 가우스는 역사상 가장 중요한 박사학위 논문 가운데 하나를 펴내면서 데카르트, 오일러, 달랑베르, 라그랑주 등이 불완전하게 다루었던 이 문제에 대해 처음으로 만족스러운 증명을 실었지만 계수가 실수인 경우에 대한 것이었다. 가우스는 평생 모두 네 가지 다른 증명을 내놓았고, 마지막 증명에서 마침내 계수가 복소수인 경우를 해결했다.

D.10 로랑전개와 또 하나의 중요한 귀결

테일러전개를 하려면 단일연결영역과 해석성이 반드시 필요하다. 하지만 영역과 함수가 이 조건을 충족하지 못한다면 어찌할 것인가? 코시가 1821년 이래 사실상 홀로 복소함수론을 구축한 지 20년이 지나서야 비로소 프랑스의 몇몇 동료들이 그가 파헤쳐 놓은 풍성한 아이디어들로 넘치는 광산으로 모여들었다. 마침내 1843년 피에르-알퐁스 로랑(Pierre-Alphonse Laurent, 1813~1854)이 테일러급수의 아이디어를 확장하여 위 의문에 대한 답을 내놓았으며, 이는 적절하게도 '로랑급수(Laurent series)'라고 불리게 되었다(1841년에 바이어슈트라스도 이를 알았지만 출판하지 못했다). $f(z) = 1/z$을 예로 들면 이 결과는 두 가지 관점으로 나누어 볼 수 있다. 첫째는 구멍이 뚫린 원판에서 해석함수를 급수로 전개했다고 보는 것이고, 둘째는 원판 위에서 정의되었지만 고립된 특이점(isolated singularity)을 가진 함수를 급수로 전개했다고 보는 것이다. 둘째 관점을 취한다면 우리는 이 특이점 주위에 원을 그려서 잘라 내는 방식으로 접근한다(그림 D.8 참조).

특이점 z_0을 안쪽 원 C_ρ로 감싼 뒤, 바깥 원 C에서 방사상 경로를 통해 안쪽으로 들어간다고 생각하자. 그러면 전체 경로는 먼저 C를 한 바퀴 돌고, 방사상 경로를 통해 C_ρ로 들어가 C를 돌 때와 반대 방향으로 한 바퀴

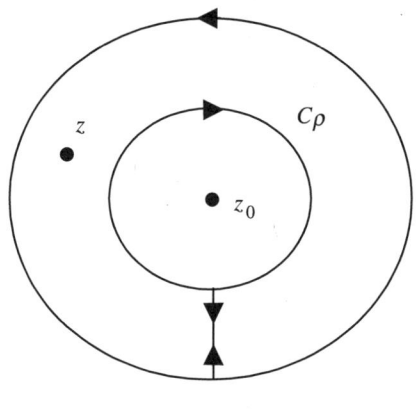

그림 D.8.

돈 다음, 다시 방사성 경로를 통해 C로 돌아와 처음에 출발했던 점까지 가는 것으로 이루어진다. 이렇게 하면 $f(z)$가 해석함수가 되는 단일연결영역이 만들어지며, 따라서 아래처럼 코시적분공식을 적용할 수 있다.

$$f(z) = \frac{1}{2\pi i}\oint_C \frac{f(\zeta)}{\zeta-z}d\zeta - \frac{1}{2\pi i}\oint_{C_\rho}\frac{f(\zeta)}{\zeta-z}d\zeta$$

이때 방사상 경로에서 나오는, 크기는 같지만 방향이 반대인 적분은 상쇄되어 없어진다.

$\zeta \in C$에 대해 $|z-z_0| < |\zeta-z_0|$이므로 테일러전개에서 쓰였던 것과 같은 논증을 적용하면

$$\frac{1}{2\pi i}\oint_C \frac{f(\zeta)}{\zeta-z}d\zeta = \sum_{r=0}^\infty a_r(z-z_0)^r$$

가 되고, 위의 a_r은 다음과 같다.

$$a_r = \frac{1}{2\pi i}\oint_C \frac{f(\zeta)}{(\zeta-z_0)^{r+1}}d\zeta$$

둘째 적분에서의 문제는 $\zeta \in C_\rho$여서 $|z-z_0| > |\zeta-z_0|$이므로 위에 쓰인 기하급수가 발산한다는 점이다. 따라서 표기를 뒤집어 보기로 하는데

$$\zeta - z = (\zeta - z_0) - (z - z_0)$$

로 쓸 수 있으므로

$$\frac{1}{\zeta - z} = \frac{1}{(\zeta - z_0) - (z - z_0)}$$

$$= \frac{1}{z - z_0} \frac{-1}{1 - (\zeta - z_0)/(z - z_0)}$$

$$= \frac{-1}{z - z_0} \left(1 - \frac{\zeta - z_0}{z - z_0}\right)^{-1}$$

$$= \frac{-1}{z - z_0} \left(1 + \frac{\zeta - z_0}{z - z_0} + \left(\frac{\zeta - z_0}{z - z_0}\right)^2 \right.$$

$$\left. + \left(\frac{\zeta - z_0}{z - z_0}\right)^3 + \cdots + \left(\frac{\zeta - z_0}{z - z_0}\right)^n + \cdots \right),$$

$$\frac{-1}{2\pi i} \oint_{C_\rho} \frac{f(\zeta)}{\zeta - z} d\zeta$$

$$= \frac{1}{2\pi i} \oint_{C_\rho} \frac{f(\zeta)}{z - z_0} \left(1 + \frac{\zeta - z_0}{z - z_0} + \left(\frac{\zeta - z_0}{z - z_0}\right)^2 \right.$$

$$\left. + \left(\frac{\zeta - z_0}{z - z_0}\right)^3 + \cdots + \left(\frac{\zeta - z_0}{z - z_0}\right)^n + \cdots \right) d\zeta$$

$$= \frac{1}{2\pi i} \left\{ \frac{1}{z - z_0} \oint_{C_\rho} f(\zeta) \, d\zeta + \frac{1}{(z - z_0)^2} \oint_{C_\rho} (\zeta - z_0) f(\zeta) \, d\zeta + \cdots \right.$$

$$\left. + \frac{1}{(z - z_0)^n} \oint_{C_\rho} (\zeta - z_0)^{n-1} f(\zeta) \, d\zeta + \cdots \right\}$$

$$= \sum_{r=1}^{\infty} \frac{b_r}{(z - z_0)^r}$$

을 얻고, 위의 b_r은 다음과 같다.

$$b_r = \frac{1}{2\pi i} \oint_{C_\rho} (\zeta - z_0)^{r-1} f(\zeta) \, d\zeta$$

이상의 과정을 종합하면 아래 식을 얻으며

$$f(z) = \sum_{r=0}^{\infty} a_r (z - z_0)^r + \sum_{r=1}^{\infty} \frac{b_r}{(z - z_0)^r}$$

이것이 바로 약속했던 로랑급수(Laurent series)이다.

주목할 중요한 사항은 어떤 함수에 대한 테일러전개가 수렴원판(disc of convergence) 안에서 유일하게 결정되듯, 중심이 같더라도 고리가 다르면 변하기는 하지만, 로랑전개도 수렴고리(annulus of convergence) 안에서 유일하게 결정된다는 사실이다. 후자의 현상에 대한 예는 많은데, 그중 하나는 다음과 같다.

$$\frac{1}{z(1+z)} = \frac{1}{z}(1 - z + z^2 - z^3 + \cdots)$$
$$= \frac{1}{z} - 1 + z - z^2 - \cdots, \quad 0 < |z| < 1$$

$$\frac{1}{z(1+z)} = \frac{1}{z^2(1+1/z)} = \frac{1}{z^2}\left(1 - \frac{1}{z} + \frac{1}{z^2} - \frac{1}{z^3}\cdots\right)$$
$$= \frac{1}{z^2} - \frac{1}{z^3} + \frac{1}{z^4} - \cdots, \quad 1 < |z| < 2$$

위에서 오른쪽 경계값 2는 임의적이다. 테일러급수에 나름의 용도가 있듯 로랑급수도 마찬가지이다. 그 가운데 극(極, pole)에서 유수(留數, residue)라고 부르는 것을 계산하는 게 중요한 용도이며, 이를 통해 실수계와 복소계의 정적분을 계산한다.

D.11 유수 계산

특이점 $z = z_0$를 제외한 영역 Δ에서 정의된 해석적인 함수 $f(z)$를 생각하자(특이점을 극이라 부르며, 이로써 앞서 말했던 농담을 이해할 수 있을 것이다). z_0를 중심으로 하는 원을 그리고, Δ 안의 폐곡선 C가 이 원을 둘러싸고 있다면 앞서 보았듯 $f(z)$는 고리 안에서 로랑전개를 가지며 첫 음의 거듭제곱항의 계수는 다음과 같다.

$$b_1 = \frac{1}{2\pi i} \oint_C f(\zeta)\, d\zeta$$

따라서

$$\oint_C f(\zeta)\, d\zeta = 2\pi i\, b_1$$

이므로 b_1의 값을 알면 이 적분을 계산할 수 있다. 관습적으로 b_1을 $z = z_0$에서의 $f(z)$의 유수라고 부르며, 아래처럼 $b_1 = \underset{z=z_0}{\mathrm{Res}}\, f(z)$로 쓴다.

$$\oint_C f(\zeta)\, d\zeta = 2\pi i\, \underset{z=z_0}{\mathrm{Res}}\, f(z)$$

각 특이점마다 원을 그리면 이 아이디어는 n개의 특이점에 대한 아래의 식으로 쉽게 확장되며

$$\oint_C f(\zeta)\, d\zeta = 2\pi i \sum_{r=1}^{n} \underset{z=z_r}{\mathrm{Res}}\, f(z)$$

이것을 (코시) 유수정리((Cauchy's) Residue Theorem)라고 부른다. 이제 유수의 계산법만 찾으면 되고, 이에 대해서는 많은 방법들이 있으므로 우리는 이를 통해 위의 적분을 계산할 수 있다.

여기서는 단순극(simple pole)을 가정할 것인데, 이 경우 로랑전개에 음의 거듭제곱항이 하나만 나타나며, 아래에서는 이와 관련된 두 가지 방법을 살펴본다.

1. 로랑급수는 다음과 같다.

$$f(z) = \frac{b_1}{z - z_0} + a_0 + a_1(z - z_0) + a_2(z - z_0)^2 + \cdots$$

양변에 $(z - z_0)$를 곱하면

$$(z - z_0) f(z) = b_1 + (z - z_0)\{a_0 + a_1(z - z_0) + a_2(z - z_0)^2 + \cdots\}$$

이므로

$$\operatorname*{Res}_{z=z_0} f(z) = b_1 = \lim_{z \to z_0} (z-z_0) f(z)$$

이다. 한 예로 $f(z) = \sin z/(z^2+1)$의 경우

$$\operatorname*{Res}_{z=i} f(z) = \lim_{z \to i} (z-i) \frac{\sin z}{z^2+1} = \frac{\sin i}{2i} = \frac{1}{2} \sinh 1$$

이므로

$$\operatorname*{Res}_{z=-i} f(z) = \lim_{z \to -i} (z+i) \frac{\sin z}{z^2+1} = \frac{\sin(-i)}{-2i} = \frac{1}{2} \sinh 1$$

이다. $z = \pm i$를 포함하지 않은 경로에서 적분하면 이 함수는 해석적이므로 적분값은 0이어야 한다. 하지만 $C = \{z : |z| = 2\}$를 따라 적분하면 다음과 같다.

$$\int_C \frac{\sin z}{z^2+1} dz = 2\pi i \left(\frac{1}{2} \sinh 1 + \frac{1}{2} \sinh 1 \right) = (2\pi \sinh 1) i$$

2. 첫 예에 나오는 분수의 분모는 쉽게 인수분해된다. 다음으로 이렇게 되지 않는 z의 유리함수(rational function)를 $f(z) = p(z)/q(z)$로 쓰고 $p(z)$와 $q(z)$는 해석적이라 하자. 그리고 $f(z)$가 $z = z_0$에서 단순극을 가져서 $p(z_0) \neq 0$이고 z_0는 $q(z)$의 단순영점(simple zero)이라고 하자. $q(z)$를 $z = z_0$에서 테일러급수로 전개하면 아래와 같다.

$$q(z) = q(z_0) + (z-z_0) q'(z_0) + \frac{(z-z_0)^2}{2!} q''(z_0) + \cdots$$

$$= (z-z_0) q'(z_0) + \frac{(z-z_0)^2}{2!} q''(z_0) + \cdots$$

$$= (z-z_0) \left\{ q'(z_0) + \frac{(z-z_0)}{2!} q''(z_0) + \cdots \right\}$$

따라서

$$\operatorname*{Res}_{z=z_0} f(z) = b_1 = \lim_{z \to z_0} (z-z_0) f(z)$$

$$= \lim_{z \to z_0}(z-z_0)\frac{p(z)}{q(z)}$$

$$= \lim_{z \to z_0} \frac{p(z)}{\cancel{(z-z_0)}\{q'(z_0)+((z-z_0)/2!)q''(z_0)+\cdots\}}$$

$$= \frac{p(z_0)}{q'(z_0)}$$

이다. 예를 들어 $f(z) = (z^2+1)/\sin z$이면

$$\operatorname*{Res}_{z=0} f(z) = \frac{0^2+1}{\cos 0} = 1$$

이며, 일반적으로는 다음과 같다.

$$\operatorname*{Res}_{z=k\pi} f(z) = \frac{(k\pi)^2+1}{\cos k\pi} = \begin{cases} (k\pi)^2+1, & k\text{가 짝수일 경우} \\ -((k\pi)^2+1), & k\text{가 홀수일 경우} \end{cases}$$

D.12 해석적 접속

해석적 접속의 결론이 아래와 같음을 되새겨 보자.

두 해석함수가 어떤 복소 영역 Δ에서 정의되어 있고 Δ 안에 있는 곡선 C의 모든 점에서 서로 같다면 Δ 전체를 통해서도 서로 같다.

이제 이를 증명한다(그림 D.9 참조).

두 해석함수 $f_1(z)$와 $f_2(z)$가 $\mathbb{C}$ 안의 어떤 영역 Δ에서 정의되어 있다 하고, 그 차를 $\varphi(z) = f_1(z) - f_2(z)$로 쓰자. 그러면 $\varphi(z)$는 Δ 전체에서 해석적이고 C 위에서는 0이다. 이제 $\varphi(z_0) \neq 0$인 점 $z_0 \in \Delta$가 있다고 하면 분명 $z_0 \notin C$이다. 다음으로 Δ 안의 C를 연장하여 곡선 D를 만들어 z_0에 접근하도록 하고, D 위의 점 가운데 $\varphi(z_0) \neq 0$인 마지막 점을 ζ라 하자. 그러면 ζ의 정의에 따라 $\zeta \neq z_0$이며 D 가운데 ζ를 넘어선 부분에서는 $\varphi(z)$

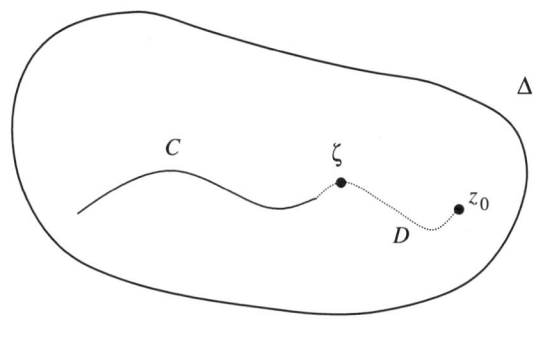

그림 D. 9.

$\neq 0$이다. D를 따라 극한을 취하면서 ζ에 이르기까지 $\varphi(z)$를 미분해 가면 $\varphi(z) = \varphi'(z) = \varphi''(z) = \cdots = 0$이어야 하며, 특히 $\varphi(\zeta) = \varphi'(\zeta) = \varphi''(\zeta) = \cdots = 0$이어야 한다. 이제 $\varphi(z)$를 $z = \zeta$인 점에서 테일러급수로 전개하면 모든 계수가 0이므로 중심을 $z = \zeta$에 둔 원에서 $\varphi(z) = 0$이며, 따라서 ζ를 넘어선 곡선에서도 0이다. 하지만 이는 앞서의 가정과 모순이고, 따라서 증명은 완결된다.

 일반적으로 어떤 함수의 접속이 정말로 있다고 할 때 어떻게 접속할 것인지는 함수 자체에 달려 있다. 때로 동등한 방법들이 무수히 많을 수도 있으며, 이런 경우 겉모습은 다르더라도 실제로는 같아야 한다.

부록 E

제타함수에의 응용

E.1 해석적으로 접속된 제타

리만은 논문 첫 부분에서 오일러 제타함수의 해석적 접속을 실행했다.

$$\zeta(x) = \sum_{r=1}^{\infty} \frac{1}{r^x}$$

이미 알다시피 수렴하려면 $x > 1$이어야 하며, 따라서 이 함수는 그림 E.1의 영역에서 정의된다. $x \in \mathbb{R}$을 단순히 $z \in \mathbb{C}$로 대치하면 다음과 같은 접속을 얻으며

$$\zeta(z) = \sum_{r=1}^{\infty} \frac{1}{r^z}$$

이는 복소변수의 복소수값함수이다. 이 복소 형태도 비슷한 제한을 물려받을 것으로 예상되고, 아래에서 보듯 실제로도 그러한데

$$\sum_{r=1}^{\infty} \left| \frac{1}{r^z} \right| = \sum_{r=1}^{\infty} \left| \frac{1}{e^{z\ln r}} \right|$$

$$= \sum_{r=1}^{\infty} \left| \frac{1}{e^{(\text{Re}(z) + i\,\text{Im}(z))\ln r}} \right|$$

$$= \sum_{r=1}^{\infty} \left| \frac{1}{e^{\text{Re}(z)\ln r}\, e^{i\,\text{Im}(z)\ln r}} \right|$$

$$= \sum_{r=1}^{\infty} \left| \frac{1}{e^{\text{Re}(z)\ln r}} \right| = \sum_{r=1}^{\infty} \frac{1}{r^{\text{Re}(z)}}$$

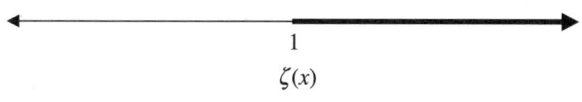

$\zeta(x)$

그림 E. 1.

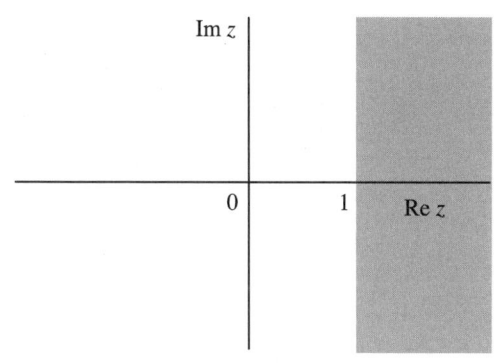

그림 E. 2.

알다시피 이것은 $\mathrm{Re}(z) > 1$일 때만 수렴한다. 그러므로 $\zeta(z)$는 이 영역에서 의미를 가지며, 그림 E.2에 음영으로 이 부분을 나타냈다.

오일러공식은 복소수에 대해서도 타당하므로 이 확장된 함수도 영점을 갖지 않는다는 것은 분명하고, 여기까지는 거칠 게 없다. 다음으로 리만이 경로적분을 사용하여 이룩한 해석적 접속을 살펴보자.

아래 식은 108쪽에서 유도한 식을 복소계로 확장한 것인데

$$\zeta(z)\,\Gamma(z) = \int_0^\infty \frac{u^{z-1}}{e^u - 1}\,du$$

$\mathrm{Re}(z) > 1$에서만 타당하므로 어떤 경로 u^-에 대한 다음의 경로적분을 제시한다.

$$I(z) = \frac{1}{2\pi i} \oint_{u^-} \frac{u^{z-1}}{e^{-u} - 1}\,du, \quad \mathrm{Re}(z) > 1$$

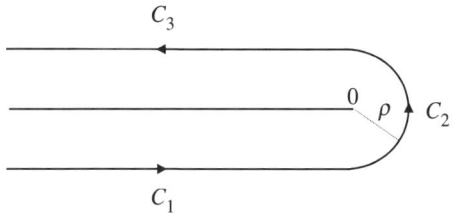

그림 E. 3

이에 대한 유용한 경로로는 $-\infty$부터 실수축의 바로 밑을 평행으로 따라와, 원점을 반시계방향으로 반원을 그리며 돈 뒤, 실수축의 바로 위를 평행으로 따라가 $-\infty$로 다시 돌아가는 것을 들 수 있다(그림 E.3 참조).

C_1, C_2, C_3에 대한 적분을 따로따로 하기 위해 각각 아래와 같이 놓는다.

$$u = re^{-\pi i}, \quad u = \rho e^{i\theta}, \quad u = re^{\pi i}$$

C_3에서는 실질적으로 음의 실수축을 따라 음의 무한대로 가므로 편각이 π이고, 반대로 C_1에서는 이를 따라 돌아오므로 편각이 $-\pi$이며, C_2에서는 반지름이 ρ인 원을 따라 돈다. 그러므로

$$2\pi i I(z) = -\int_\rho^\infty \frac{r^{z-1}e^{-\pi iz}e^{\pi i}e^{-\pi i}}{e^r - 1} dr + \int_{-\pi}^\pi \frac{\rho^{z-1}e^{iz\theta}e^{-i\theta}\rho i e^{i\theta}}{e^{-\rho e^{i\theta}} - 1} d\theta$$
$$+ \int_\rho^\infty \frac{r^{z-1}e^{\pi iz}e^{-\pi i}e^{\pi i}}{e^r - 1} dr$$
$$= -e^{-\pi iz}\int_\rho^\infty \frac{r^{z-1}}{e^r - 1} dr + \int_{-\pi}^\pi \frac{\rho^z e^{iz\theta}i}{e^{-\rho e^{i\theta}} - 1} d\theta$$
$$+ e^{\pi iz}\int_\rho^\infty \frac{r^{z-1}}{e^r - 1} dr$$

이고

$$\pi I(z) = \sin(\pi z)\int_\rho^\infty \frac{r^{z-1}}{e^r - 1} dr + \frac{\rho^z}{2}\int_{-\pi}^\pi \frac{e^{iz\theta}}{e^{-\rho e^{i\theta}} - 1} d\theta$$

이다. 이 적분들을 따로 계산하면

$$\left|\frac{\rho^z}{2}\int_{-\pi}^{\pi}\frac{e^{iz\theta}}{e^{-\rho e^{i\theta}}-1}d\theta\right|=\left|\frac{\rho^z}{2}\right|\left|\int_{-\pi}^{\pi}\frac{e^{iz\theta}}{e^{-\rho e^{i\theta}}-1}d\theta\right|$$

$$\leq \frac{\rho^{\mathrm{Re}(z)}}{2}\int_{-\pi}^{\pi}\left|\frac{e^{iz\theta}}{e^{-\rho e^{i\theta}}-1}\right|d\theta$$

$$\leq \frac{\rho^{\mathrm{Re}(z)}}{2}\int_{-\pi}^{\pi}\frac{e^{-\mathrm{Im}(z)\theta}A}{\rho}d\theta$$

$$=\frac{\rho^{\mathrm{Re}(z)}}{2}\int_{-\pi}^{\pi}\left|\frac{e^{iz\theta}}{e^{-\rho e^{i\theta}}-1}\frac{\rho e^{i\theta}}{\rho e^{i\theta}}\right|d\theta$$

$$=\frac{\rho^{\mathrm{Re}(z)}}{2}\int_{-\pi}^{\pi}\left|\frac{\rho e^{i\theta}}{e^{-\rho e^{i\theta}}-1}\right|\left|\frac{e^{iz\theta}}{\rho e^{i\theta}}\right|d\theta$$

$$=\frac{\rho^{\mathrm{Re}(z)}}{2}\int_{-\pi}^{\pi}\left|\frac{\rho e^{i\theta}}{e^{-\rho e^{i\theta}}-1}\right|\frac{e^{-\mathrm{Im}(z)\theta}}{\rho}d\theta$$

인데,

$$\left|\frac{\rho e^{i\theta}}{e^{-\rho e^{i\theta}}-1}\right|=\left|\frac{u}{e^{-u}-1}\right|$$

는 유계인 u에 대해 유계이므로 이를 상수 A로 나타내자.

그러면

$$\left|\frac{\rho^z}{2}\int_{-\pi}^{\pi}\frac{e^{iz\theta}}{e^{-\rho e^{i\theta}}-1}d\theta\right|\leq\frac{\rho^{\mathrm{Re}(z)}}{2}\int_{-\pi}^{\pi}A\frac{e^{-\mathrm{Im}(z)\theta}}{\rho}d\theta$$

$$\leq\frac{A\rho^{\mathrm{Re}(z)-1}}{2}2\pi e^{\pi|\mathrm{Im}(z)|}=\pi A\rho^{\mathrm{Re}(z)-1}e^{\pi|\mathrm{Im}(z)|}$$

이며, $\mathrm{Re}(z)>1$이면 $\rho\to 0$일 때

$$\frac{\rho^z}{2}\int_{-\pi}^{\pi}\frac{e^{iz\theta}}{e^{-ae^{i\theta}}-1}d\theta\to 0$$

이다. 그리고

$$\pi I(z)=\lim_{\rho\to 0}\sin(\pi z)\int_{\rho}^{\infty}\frac{r^{z-1}}{e^r-1}dr$$

$$=\sin(\pi z)\int_{0}^{\infty}\frac{r^{z-1}}{e^r-1}dr=\sin(\pi z)\Gamma(z)\zeta(z)$$

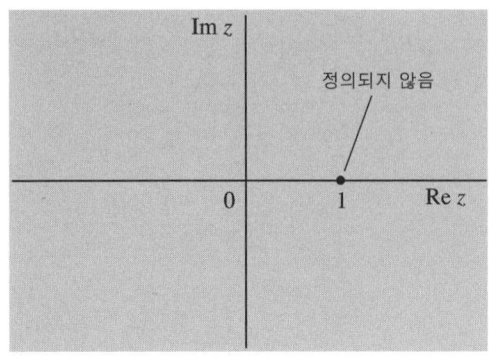

그림 E. 4.

이므로

$$\zeta(z) = \frac{\pi I(z)}{\sin(\pi z)\,\zeta(z)}$$

이다. 또한 $\Gamma(2)\Gamma(1-z) = \pi/\sin(\pi z)$ 이므로

$$\zeta(z) = \frac{\Gamma(1-z)}{2\pi i}\oint_{u^-}\frac{u^{z-1}}{e^{-u}-1}\,du$$

인데, 이것은 $z \neq 1$인 모든 곳에서 정의되고 유한이다.

정의역은 그림 E.4와 같다.

E.2 제타의 함수관계

아래에서는 두 번째의 경로를 돌며 적분하는 방식을 취하여 $I(z)$를 함정에 가둘 텐데, 극한으로 가면 이는 앞서의 경우와 같아진다.

다음 경로적분을 생각해 보자.

$$I_N(z) = \frac{1}{2\pi i}\int_{C_N}\frac{u^{z-1}}{e^{-u}-1}\,du$$

자연수 N에 대해 그림 E.5에 그린 경로에서 $\mathrm{Re}(z) < 0$이다.

바깥 원의 경우 $u = Re^{i\theta}$이고 $-\pi \leq \theta \leq \pi$이므로

$$\left|\frac{u^{z-1}}{e^{-u}-1}\right| = \left|\frac{(\mathrm{R}e^{i\theta})^{z-1}}{e^{-u}-1}\right|$$

$$= \left|\frac{R^{z-1}e^{i\theta(\mathrm{Re}(z)+i\mathrm{Im}(z))}e^{-i\theta}}{e^{-u}-1}\right|$$

$$= \left|\frac{R^{\mathrm{Re}(z)-1}R^{i\,\mathrm{Im}(z)}e^{i\theta\mathrm{Re}(z)}e^{-\mathrm{Im}(z))}}{e^{-u}-1}\right|$$

$$= e^{-\theta\mathrm{Im}(z)}R^{\mathrm{Re}(z)-1}\left|\frac{1}{e^{-u}-1}\right|$$

$$< R^{\mathrm{Re}(z)-1}e^{\pi\mathrm{Im}(z)}A < R^{\mathrm{Re}(z)}e^{\pi\mathrm{Im}(z)}A$$

인데, 이는

$$\left|\frac{1}{e^{-u}-1}\right|$$

이 이 영역에서 유계이기 때문이다.

따라서 N과 같이 R도 무한히 커지면 이 경로 부분의 위 적분에 대한 기여는 무한히 작아지므로 $I_N(z) \to I(z)$가 된다.

함수 $f(u) = u^{z-1}/(e^{-u}-1)$은 $e^{-u}-1=0$에서 극을 가지므로 $k=1, 2, \cdots, N$과 $k=-1, -2, \cdots, -N$에 대해 $u=2k\pi i$이다(이 때문에 바깥 원의 반지름을 $(2N+1)\pi$로 잡는다). $I_N(z)$를 계산하기 위해 유수정리를 사용하려면 이 극들에서의 유수들이 필요하므로 유수 이론을 사용하여 아래처럼 구한다.

$$\operatorname*{Res}_{u=2k\pi i} f(u) = \operatorname*{Res}_{u=2k\pi} \frac{p(u)}{q(u)} = \frac{p(2k\pi i)}{q'(2k\pi i)} = \frac{(2k\pi i)^{z-1}}{-1} = -(2k\pi i)^{z-1}$$

따라서 $I_N(z)$는 아래와 같이 구한다.

$$I_N(z) = \frac{1}{2\pi i}\int_{C_N} \frac{u^{z-1}}{e^{-u}-1}du$$

$$= -\sum_{k=1}^{N}\{(2k\pi i)^{z-1}+(-2k\pi i)^{z-1}\}$$

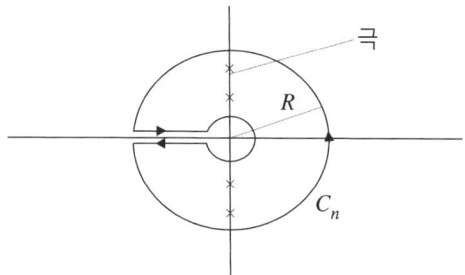

그림 E. 5. 바깥쪽 반지름 $R=(2N+1)\pi$

$$= -\sum_{k=1}^{N}(2\pi k)^{z-1}(e^{\pi(z-1)i/2} + e^{-\pi(z-1)i/2})$$

$$= -\sum_{r=1}^{N}(2\pi r)^{z-1} 2\cos(\pi(z-1)/2)$$

$$= -2(2\pi)^{z-1}\sin(\pi z/2)\sum_{r=1}^{N}r^{z-1}$$

그런데 $I(z) = \lim_{N\to\infty} I_N(z)$를 계산할 때 경로를 반대 방향으로 따라가면서 적분했으므로

$$I(z) = -\lim_{N\to\infty} I_N(z) = 2(2\pi)^{z-1}\sin(\pi z/2)\sum_{r=1}^{\infty}r^{z-1}$$

$$= 2(2\pi)^{z-1}\sin(\pi z/2)\,\zeta(1-z)$$

가 되고, $\mathrm{Re}(1-z) = 1 - \mathrm{Re}(z) > 1$이므로 수렴성도 보장된다.

$I(z)$의 각 형태는 $\mathrm{Re}(z)$에 대한 다른 가정을 사용해서 얻었지만 해석적 접속의 유일성정리에 따라 이런 차이는 무시된다. 이 두 형태를 결합하면 다음이 나오고

$$\zeta(z) = \frac{2\pi(2\pi)^{z-1}\sin(\pi z/2)\,\zeta(1-z)}{\sin(\pi z)\,\Gamma(z)}$$

$$= \frac{(2\pi)^z \sin(\pi z/2)\,\zeta(1-z)}{\sin(\pi z)\,\Gamma(z)}$$

약속했던 함수관계 $\zeta(1-z) = \chi(z)\zeta(z)$를 얻는다. 여기서 $z \neq 1$인 모든 경우에 대해 $\sin(\pi z)\Gamma(z)\zeta(z) = (2\pi)^z \sin(\pi z/2)\zeta(1-z)$이며, 고쳐 쓰면 $\zeta(1-z) = 2(2\pi)^{-z}\cos(\pi z/2)\Gamma(z)\zeta(z)$가 된다.

옮긴이의 말

이 책 제목에 나오는 주제는 '감마'라는 상수이다. 하지만 이것과 관계되는 다른 많은 중요한 주제들도 추가되어 수학 최대의 난제로 알려진 '리만 가설'에 이르는 심원한 분야를 구성한다. 이에 대한 주요 내용은 본문에 자세히 나오므로 여기서는 전체적 통찰에 도움이 될 만한 내용을 간단히 적는다. 이 책이 이에 관한 흥미를 이끌어 앞으로 우리나라에서도 이곳은 물론 다른 관련 분야에서 뛰어난 인물들이 나오도록 하는 데에 작으나마 한 실마리가 되었으면 한다.

두 가지 오일러(상)수

오일러는 수학사상 양적으로 가장 방대한 업적을 쌓은 사람으로 유명하다. 그는 평생 500편이 넘는 저서와 논문을 출판했는데 모두 합치면 연평균 800쪽이 넘는 엄청난 분량에 달한다. 그 결과 지은이도 '들어서면서'에 썼듯 '오일러…'라고 이름 지어진 수학용어들이 아주 많으며, 심지어 하나의 이름이 서로 다른 뜻으로 쓰이기도 한다.

수학에서 '오일러수' 또는 '오일러상수'로 부르는 것에는 두 가지가 있다 (영어로는 Euler number 또는 Euler's constant로 부른다). 하나는 자연로그의 밑(base) e, 그리고 다른 하나는 이 책의 주인공인 '감마(γ)'이다(γ는 '오일러-마스케로니상수(Euler-Mascheroni constant)'라고도 부른다).

본문에 나오듯, γ는 $\lim_{n\to\infty}\left(\sum_{k=1}^{n}\frac{1}{k}-\ln n\right)=\lim_{n\to\infty}(H_n-\ln n)$으로 정의된다. 만일 변수를 자연수 k가 아니라 실수 x로 한다면 $\sum$는 $\int$로 대치되며, 따라서 괄호 안의 식은 0이 되고 만다. $\int\frac{1}{x}dx=\ln x$이기 때문이다. 그러나 변수가 자연수인 경우 $\sum_{k=1}^{n}\frac{1}{k}\neq\ln n$이고, $n\to\infty$인 극한에서 어떤 일정한 값에 수렴한다. 이 극한값이 바로 γ이며, 별다른 표시 없이 그냥 '오일러 상수'라고 부를 경우 e가 아니라 γ를 가리킨다고 이해함이 통례이다. γ의 값은 약 0.5772156649…인데, 그 정확한 값이 초월수인지의 여부는커녕 무리수인지조차 불명이고, 오늘날 수학에서 가장 유명한 미해결 문제의 하나로 남아 있다. 2006년 12월 현재까지의 기록은 116,580,041자리까지 계산한 것이다.

두 가지 오일러(공)식

수학에서 '오일러식' 또는 '오일러공식'이라고 부르는 것에도 두 가지가 있다(영어로는 Euler's formula로 부른다).

이 가운데 먼저 소개할 것은 110쪽에서 이미 본 다음의 식이다.

$$\zeta(x)=\prod_{p\text{는 소수}}\frac{1}{1-p^{-x}}, \quad x>1 \tag{1}$$

이어서 소개할 두 번째 오일러공식은 다음의 식이다.

$$e^{\pm ix}=\cos x\pm i\sin x \tag{2}$$

(2)의 간단한 유도 과정은 지수함수를 테일러급수로 쓰는 데에서 시작한다.

$$e^x=1+x+\frac{x^2}{2}+\frac{x^3}{6}+\frac{x^4}{24}+\cdots=\sum_{n=0}^{\infty}\frac{x^n}{n!} \tag{3}$$

(3)을 복소계로 확장하기 위하여 $z=x+iy$로 쓰고 복소지수함수를 다음과 같이 정의한다.

$$e^z = 1 + z + \frac{z^2}{2} + \frac{z^3}{6} + \frac{z^4}{24} + \cdots = \sum_{n=0}^{\infty} \frac{z^n}{n!} \qquad (4)$$

오일러공식을 얻기 위해 이 정의의 z에 ix를 대입하고 다음과 같이 풀어 쓴다.

$$e^{ix} = 1 + ix - \frac{x^2}{2!} - i\frac{x^3}{3!} + \frac{x^4}{4!} + i\frac{x^5}{5!} - \cdots \qquad (5)$$

$$= \left(1 - \frac{x^2}{2!} + \frac{x^4}{4!} - \cdots\right) + i\left(x - \frac{x^3}{3!} + \frac{x^5}{5!} - \cdots\right)$$

(5)의 끝 부분을 괄호를 사용하여 둘로 나눈 이유는 $\cos x$와 $\sin x$의 테일러급수를 보면 바로 이해된다.

$$\cos x = \sum_{i=0}^{\infty} \frac{\cos^{(n)}(0)}{n!} x^n = 1 - \frac{x^2}{2!} + \frac{x^4}{4!} - \cdots \qquad (6)$$

$$\sin x = \sum_{i=0}^{\infty} \frac{\sin^{(n)}(0)}{n!} x^n = x - \frac{x^3}{3!} + \frac{x^5}{5!} - \cdots$$

다시 말해서 (6)의 두 식을 (5)에 대입하면 바로 (2)의 오일러공식이 나온다.

두 가지 가장 아름다운 식

'수학에서 가장 아름다운 식(the most beautiful equation in mathematics)'이라 하면 흔히 다음 식을 가리킨다.

$$\text{수학에서 가장 아름다운 식: } e^{i\pi} + 1 = 0 \qquad (7)$$

이 식은 (2)의 x에 180°, 곧 π를 대입해서 나오는 $e^{i\pi} = \cos\pi + i\sin\pi = -1$을 정리하면 얻어진다. 이것을 가장 아름다운 식이라고 부르는 이유는 수학에서 가장 중요하다고 여겨지는 '0, 1, e, i, π'라는 '다섯 가지 상수'가 역시 수학에서 가장 중요하다고 여겨지는 '덧셈과 곱셈과 지수셈'이라는 '세 가지 셈'으로 더할 나위 없이 간결하고도 교묘하게 연결되어 있기 때문이다.

나아가 좌변에는 실수와 허수가 함께 들어 있어서, 현실과 허구의 세계를 한데 엮어 주고 있는데, 우변은 이 모두의 합이 0이라고 한다. 그리하여 진정한 현실은 바로 이런 것임을 암시해 주는 것도 같다. 이를테면 불교적 사상인 '색즉시공 공즉시색(色卽是空 空卽是色)'의 수학적 표현이라고나 할까?

그런데 '아름다움'이란 관념은 주관적이고 상대적이다. 따라서 각자 얼마든지 자유롭게 생각할 수 있는데, 그중에서도 많은 사람들은 이 책의 또 다른 주인공이며 (1)에도 선보인 '제타함수'를 가장 아름다운 식으로 꼽기도 한다. (7)은 식 자체에서 아름다움을 직감할 수 있다. 그런데 (1)의 제타함수는 무엇 때문에 아름답다고 할까?

이에 대해서는 먼저 (1)에서 보듯 제타함수가 소수와 밀접한 관계에 있다는 점을 들 수 있다. 66~67쪽에는 소수의 무한성을 처음 보인 유클리드의 증명이 나와 있는데, 이 증명은 그 논리적 간결성 때문에 흔히 '수학적 우아함의 전형(a model of mathematical elegance)'이라고 불린다. 그런데 제타함수를 이용하는 110쪽의 두 가지 증명도 그 논리적 간결성이 유클리드의 증명에 조금도 뒤지지 않는다(또 다른 것으로는 67~68쪽에 소개된 에어디시의 1938년 증명 참조). 따라서 이것만으로도 일단 제타함수를 높이 평가하는 까닭이 충분히 이해된다.

그러나 제타함수의 경우 여기서 더 나아간다. (7)은 너무나 정결한 '결과'여서 별다른 응용성이 없다. 하지만 제타함수는 (1)의 형태로 변형되고, 리만의 해석적 접속으로 이어지며, 여기서 나오는 리만가설을 전제로 수많은 결론이 세워지는 등 그 내용이 매우 풍성한 '원천'의 역할을 한다. 특히 리만가설의 경우 실수계에서는 그토록 무질서하게만 보이는 소수들을 허수계에서는 질서의 극치라고 할 하나의 직선 위에 정렬하도록 한다. 따라서 이런 점들을 종합해볼 때 제타함수는 (2)에 맞설 또 다른 가장 아름다운 식의 후보로 조금도 손색이 없다.

오일러와 수학의 6대 상수

(7)의 '가장 아름다운 식'에는 수학에서 가장 중요하게 여기는 다섯 가지 상수가 들어 있다고 했다. 그런데 그중 0과 1이라는 '원초적인 수'를 제외한 나머지 세 개의 수가 모두 오일러와 밀접한 관계가 있다는 점 또한 신비롭다. 물론 e, i, π 모두 오일러가 처음 발견한 것은 아니다. 하지만 이 수들의 표기는 오일러로부터 비롯된다. e는 1727년, i는 1777년에 오일러가 처음 사용함으로써 널리 알려지게 되었고, π도 1706년 존스(Williams Jones, 1675~1749)가 처음 사용했으나 오일러가 1737년부터 이를 채택한 덕분에 보편적으로 인정받게 되었다.

그런데 이 다섯 가지 다음으로 중요한 상수는 무엇일까? 이에 대해서도 여러 주관적인 답이 나올 수 있겠지만, 이 책을 차분히 읽은 사람이라면 대부분 '감마(γ)'라고 하는 데에 동의할 것으로 여겨진다. 아무튼 이 여섯째로 중요한 상수로 꼽히는 감마도 오일러와 관련된다는 점은 놀라운 일이 아닐 수 없다. 실제로 '오일러상수'란 이름은 바로 이 여섯째 상수에 붙여졌고, 앞서 말했듯, 때로 e를 오일러상수라고 부르기도 하지만 특별한 언급이 없는 한 γ를 가리키는 것으로 이해한다. 어쩌면 오일러 자신도 이를 바랄 것 같다. 이미 잘 알려진 e보다 γ에 대한 연구가 앞으로 더욱 깊은 흥미를 끌 것이며, 지칠 줄 모르는 탐구욕으로 점철된 그의 생애에 비춰 볼 때, 이 과정에 그의 이름이 엮여 언제까지나 함께 나아가기를 원하리라고 여겨지기 때문이다.

그 다음 일곱째로 중요한 상수가 무엇인지에 대해서는 명확한 의견일치가 없지만, '황금비(golden ratio)'를 나타내는 φ가 가장 유력할 것도 같다. 하지만 어쨌든 오일러는 '수학의 6대 상수'라고 일컬을 중요한 상수들 중 0과 1을 제외한 나머지 모두를 자신과 결부시켰다는 점만으로도 수학사에 영원히 빛날 큰 영예를 차지했다고 말할 수 있다.

역사적 교육법(학습법)

이 책은 일반적인 교양수학 책들과 달리 수식이 상당히 많아서 언뜻 부담스럽게 여겨진다. 그러나 전반적으로 치밀한 사전 설계 아래 진행되므로 고교 상급생부터 대학 교양과정 정도의 수학 지식을 가진 사람이라면 너무 위축되지 않는 한 충분히 깊은 맛을 음미할 수 있다. 사실 하나의 상수 '감마'를 통해 이토록 넓은 범위를 섭렵할 수 있다는 것은 이 책과의 만남에서 얻는 뜻밖의 행운이라 하겠고, 이를 가능하게 한 지은이의 역량과 노력에 많은 찬사를 보낸다.

이 밖에 또 한 가지 주목할 중요한 특징으로, 지은이는 여러 가지 주제의 역사와 배경에 대해서도 지면이 허락하는 한 많은 이야기를 실었다는 점을 들겠다. 흔히 '수학은 엄밀한 논리적 학문'이란 생각에 가려 이런 이야기들의 중요성을 잘 깨닫지 못한다. 그러나 참으로 강조하건대 인간이 영위하는 학문 가운데 '인간적 학문'이 아닌 것은 없다. 미국의 저명한 수학저술가 이브스(Howard Whitley Eves, 1911~2004)도 "수학적 개념의 진정한 이해를 역사적 연원의 분석 없이 얻을 수는 없다"라고 썼는 바, "수학은 수많은 천재들의 땀과 노력과 애환이 서린 지극히 인간적인 학문"이란 점을 잘 헤아리면 수학 자체에 대해서도 더욱 깊은 이해에 이를 수 있음을 절감하게 될 것이다.

이 점에 대해서는 '추천의 글'을 쓴 프리먼 다이슨도 같은 견해를 피력했다: "… 더 성공적인 제3의 방법은 없을까? 나는 그런 방법이 있다고 믿으며, 해빌 박사가 쓴 이 책이 바로 어디서 그 길을 찾을 것인지 보여 준다. 이 제3의 길은 '역사적 접근법'이라고 부를 수 있다. 학생들에게 실제적 기법들을 가르치되, 그것들이 처음 개발되었던 때의 역사적 맥락 안에서 다루기 때문이다." 요약하자면 "흔히 자연과학 지식은 객관적이고 논리적이어서 이해하고 펼치는 데에 개인차가 별로 없으리라 여기지만, 인간이 영위하는 학문은 모두 '인간적 학문'이란 점에서 본질적으로 아무 차이가 없으며, 따라서 인문과학과 자연과학을 막론하고 인간적으로 '자기화한 지식'만이 진정한 지식이다"라고 말할 수 있다.

도서출판 승산에서는 이미 이 책의 주제와 밀접하게 관련된 《소수의 음악: 수학 최고의 신비를 찾아》과 《리만가설: 베른하르트 리만과 소수의 비밀》을 내놓았다. 따라서 위의 '역사적 접근법'에 비춰 보면 순서가 좀 바뀐 감이 있다. 하지만 이 책들은 내용이 조금 가벼우므로 이를 통해 흥미를 키우고 다시 이 책으로 깊이를 다지는 것도 좋으리라 여겨진다. 한편 길게 보면 리만가설의 증명 여부는 괴델(Kurt Gödel, 1906~1878)의 불완전성정리(incompleteness theorem)와도 관련이 있을 수 있다. 이에 대해서는 《불완전성: 쿠르트 괴델의 증명과 모순》을 참조하기 바란다.

향림골에서 고중숙

참고자료

Agar, J. 2001 *Turing and the Universal Machine: The Making of the Modern Computer* (*Revolutions in Science*). Icon Books.

Ahlfors, L. V. 1966 *Complex Analysis*. McGraw-Hill.

Aleksandrov, A. D., Kolmogorov, A. N. & Lavrent'ev, M. A. (eds) 1964 *Mathematics, Its Content, Methods and Meaning* (English edn), 3 vols. Cambridge, MA: MIT.

Baillie, R. 1979 Sums of reciprocals of integers missing a given digit. *Am. Math. Mon.* **86**, 372, 374.

Barnett, I. A. 1972 *Elements of Number Theory*. Prindle, Webster & Schmidt.

Barrow, J. D. Chaos in numberland (http://plus.maths.org/issue 11/features/cfractions/). Issue 11 of Plus online magazine (http://plus.maths.org).

Baumgart, J. K. (ed.) 1969 *Historical Topics for the Mathematical Classroom*. 31st Yearbook of the National Council of Teachers of Mathematics.

Benford, F. 1938 The law of anomalous numbers. *Proc. Am. Phil. Soc.* **78**, 551ff.

Borwein, J. M. & Borwein, P. B. 1987 The way of all means. *Am. Math. Mon.* **94**, 519~522

Boyer, C. B. & Merzbach, U. C. 1991 *A History of Mathematics*. Wiley.

Browne, M. W. 1998 Following Benford's Law, or looking out for no.

1. *The New York Times* (Tuesday, 4 August).

Burkill, H. 1995/6 G. H. Hardy. *Math. Spectrum* **28**(2), 25~31.

Burrows, B. L. & Talbot, R. F. 1984 Sums of powers of integers. *Am. Math. Mon.* **91**, 394~403.

Burton, D. M. 1980 *Elementary Number Theory*. Allyn & Bacon.

Calinger, R. 2001 *Towards a New Biography of Euler: Historiography*. The Catholic University of America.

Cherwell, Lord 1941 Number of primes and probability considerations. *Nature* **148**, 436.

Cohn, H. 1980 *Advanced Number Theory*. New York: Dover.

Cohn, H. 1971/72 How many prime numbers are there? *Math. Spectrum* **4**(2), 69~71.

Conrey, B. 1989 At least two fifths of the zeros of the Riemann Zeta function are on the critical line. *Bull. JAMS*, pp. 79~81.

Conway, J. H. & Guy, R. K. 1995 *The Book of Numbers*. Copernicus.

Coolidge, J. L. 1963 *The Mathematics of Great Amateurs*. New York: Dover.

Cowen, C. C., Davidson, K. R. & Kaufmann, R. P. 1980 Rearranging the alternating harmonic series. *Am. Math. Mon.* **87**, 17~19.

Davis, P. J. & Hersh, R. 1983 *The Mathematical Experience*. Pelican.

DeTemple, D. W. 1991 The non-integer property of sums of reciprocals of consecutive integers. *Math. Gaz.* **75**, 193~194.

de Visme, G. H. 1961 The density of prime numbers. *Math. Gaz.* **45**, 13~14.

Devlin, K. 1988 *Mathematics, the New Golden Age*. Penguin.

Dowling, J. P. 1989 The Riemann Conjecture. *Math. Mag.* **62**, 197.

Dunham, W. 1999 *Euler: The Master of Us All*. The Mathematical Association of America.

Eves, N. 1965 *An Introduction to the History of Mathematics*. New York: Holt, Rinehart and Winston.

Eves, H. 1969 *In Mathematical Circles: A Two Volume Set*. Kent: PWS.

Eves, H. 1983 *Great Moments in Mathematics Before 1650*. The Mathematical Association of America.

Eves, H. 1971 *Mathematical Circles Revisited*. Kent: PWS.

Eves, H. 1988 *Return to Mathematical Circles*. Kent: PWS.

Fauvel, J. & Gray, J. (eds) 1987 *The History of Mathematics-A Reader*. Macmillan.

Flegg, G. 1984 *Numbers, Their History and Meaning*. Penguin.

Fletcher, C. R. 1996 Two prime centenaries. *Math. Gaz.* **80**, 476, 484.

Freebury, H. A. 1958 A *History of Mathematics*. Cassell.

Furry, W. H. 1942 Number of primes and probability considerations. *Nature,* **150**, 120~121.

Gardner, M. 1986 *Knotted Doughnuts and Other Mathematical Entertainments*. San Francisco, CA: Freeman.

Glaisher, J. W. L . 1972 On the history of Euler's constant. *Messenger Math.* 1, 25~30.

Glick, N. 1978 Breaking records and breaking boards. *Am. Math. Mon.* **85**, 2, 26.

Graham, R. L., Knuth, D. & Patashnik, O. 1998 *Concrete Mathematics: A Foundation for Computer Science*. Addison-Wesley.

Gullberg, J. 1997 *Mathematics from the Birth of Numbers*. W. W Norton & Co.

Hardy, G. H. & Wright, E. M. 1938 The *Theory of Numbers*. Oxford.

Hinderer, W. 1993/94 Optimal crossing of a desert. *Math. Spectrum* **26**, 100, 102.

Hodges, A. 1983 *Alan Turing: The Enigma*. Vintage.

Hoffman, P. 1991 *Archimedes' Revenge: The Joys and Perils of Mathematics*. Penguin.

Ingham, A. E. 1995 *The Distribution of Prime Numbers*. Cambridge University Press.

Khinchin, A. I. 1957 *Mathematical Foundations of Information Theory.* New York: Dover.

Kline, M. 1979 *Mathematical Thought from Ancient to Modern Times.* Oxford University Press.

Kôrner, T. W. 1996 *The Pleasures of Counting.* Cambridge University Press.

Kreyszig, E. 1999 *Advanced Engineering Mathematics.* Wiley.

Lagarias, J. C. 2002 An elementary problem equivalent to the Riemann hypothesis. *Am. Math. Mon.*

Le Veque, W. J. 1996 *Fundamentals of Number Theory.* New York: Dover.

Lines, M. E. 1986 *A Number for Your Thoughts: Facts and Speculations About Numbers from Euclid to the Latest Computers.* Adam Hilger.

MacKinnon, N. 1987 Prime number formulae. *Math. Gaz.* **71**, 113~114.

McLean, K. R. 1991 The harmonic hurdler runs again. *Math. Gaz.* **75**, 190, 193.

Maor, E. 1994 *e: The Story of a Number.* Princeton, NJ: Princeton University Press.

Montgomery, H. L. 1979 Zeta zeros on the critical line. *Am. Math. Mon.* 86, 43~45.

Nahin, P. J. 1998 *An Imaginary Tale. The Story $\sqrt{-1}$.* Princeton, NJ: Princeton University Press.

Napier, J. 1889 *The Construction of the Wonderful Canon of Logarithms.* Blackwood and Sons.

Newcomb, S. 1881 *Am. J. Math.* **4**, 39~40.

Niven, I. 1961 *Numbers, Rational and Irrational.* Random House.

Olds, C. D. 1963 *Continued Fractions.* The Mathematical Association of America.

Ore, O. 1988 *Number Theory and Its History.* New York: Dover.

Patterson, S. J. 1995 *An Introduction to the Theory of the Riemann Zeta*

Function. Cambridge University Press.

Reid, C. 1996 *Hilbert.* Springer.

Rockett, A. M. & Szusz, P. 1992 *Continued Fractions.* World Scientific.

Rose, H. E. 1994 *A Course in Number Theory.* Oxford University Press.

Shannon, C. E. & Weaver. W. 1980 *The Mathematical Theory of Communication*, 8th edn. University of Illinois Press.

Smith, D. E. A *Source Book in Mathematics.* New York: Dover.

Sondheimer, E. & Rogerson, A. 1981 *Numbers and Infinity.* Cambridge University Press.

Spiegel, M. R. 1968 *Mathematical Handbook.* McGraw-Hill. Schaum Series.

Stark, H. M. 1979 *An Introduction to Number Theory.* Cambridge, MA: MIT.

Struik, D. (ed) 1986 *A Source Book in Mathematics 1200 to 1800.* Princeton, NJ: Princeton University Press.

Swetz, F., Fauvel, J., Johansson, B., Katz, V. & Bekken, O. (eds) 1994 *Learn from the Masters (Classroom Resource Material).* The Mathematical Association of America.

Tall, D. O. 1970 *Functions of Complex Variable.* vols 1 and 2. New York: Dover.

Wadhwa, A. D. 1975 An interesting subseries of the harmonic series. *Am. Math. Mon.* **82**, 931, 933.

Walthoe, J., Hunt, R. & Pearson, M. 1999 Looking out for number one (http://plus.maths.org/issue9/features/benford/). Issue 9 of Plus online magazine (http://plus.maths.org).

Webb, J. 2000 In perfect harmony (http://plus.maths.org/issue12/features/harmonic/). Issue 12 of Plus online magazine (http://plus.maths.org).

Weisstein, E. 2002 *The CRC Concise Encyclopedia of Mathematics,* 2nd edn. Chapman & Hall/CRC, London.

Wells, D. 1986 *The Penguin Book of Curious and Interesting Numbers*. Penguin.

Wilf, H. S. 1987 A greeting and a view of Riemann's Hypothesis. *Am. Math. Mon.* **94**, 3, 6.

Willans, C. P. 1964 A formula for the nth prime number. *Math. Gaz.* **48**, 413, 415.

Wright, E M. 1961 A functional equation in the heuristic theory of primes. *Math. Gaz.* **45**, 15~16.

Young, R. M. 1991 Euler's constant. *Math. Gaz.* **75**, 187, 190.

Related Web Resources

Clay Mathematics Institute (www.claymath.org).

MacTutor History of Mathematics Archive (www-groups.dcs.st-and.ac.uk/~history).

Math Archives (http://archives.math.utk.edu/topics/history.html).

On-line Encyclopedia of Integer Sequences (www.research.att.com/~njas/sequences).

인명 찾아보기

가우스, 카를 프레데리크, Gauss, Carl Frederick, 58
      감마의 계산, calculation of Gamma, 149
      라플라스에게 보낸 편지, letter to Laplace, 244
      새로 가다듬은 소수정리, refined form of the PNT, 272
      소수정리에 대한 첫 시도, first attempt at PNT, 269~270
      엔케에게 보낸 편지, letter to Encke, 269
      연분수의 행동, continued fraction behaviour, 244
      자연수의 합, summation of the natural numbers, 81
고든, 사비에르, Gourdon, Xavier, 150
골드바흐, 크리스티안, Goldbach, Christian, 99
그레고리, 제임스, Gregory, James, 59
글레이셔, 제임스, Glaisher, James, 150
나이슬리, 토머스, Nicely, Thomas, 71
네이피어, 존, Napier, John, 29
      네이피어규칙, rules, 52
      네이피어막대, bones, 52
      네이피어유추식, analogies, 51
      네이피어주판, abacus, 55
      소수표기법, decimal notation, 35
뉴컴, 사이먼, Newcomb, Simon, 230
뉴턴, 아이작, Newton, Isaac, 47
니그리니, 마크, Nigrini, Mark, 243
니콜라이, Nicolai, F. G. B., 149
드무아브르, 아브라함, de Moivre, Abraham, 146
드미첼, 패트릭, Demichel, Patrick, 150
드템플, 듀앤, DeTemple, Duane W., 131
디리클레, 레조이네, Dirichlet, Lejeune
      등차수열에 들어 있는 소수, primes in arithmetic sequences, 285~286

정수의 약수 평균 개수와 감마의 출현, Gamma's appearance in the
average number of divisors of a number, 181~182
라그랑주, 조제프 루이, Lagrange, Joseph Louis, 152, 155
    윌슨정리의 증명, proof of Wilson's theorem, 260
라마누잔, 스리니바사, Ramanujan, Srinivasa, 305
라이프니츠, 고트프리트 폰, Leibnitz, Gottfried von, 80
라플라스, 피에르, Laplace, Pierre
    가우스에게서 받은 편지, letter from Gauss, 244
    로그에 대한 언급, judgement of logarithms, 46
    오차함수, error function, 173
란다우, 에드문트, Landau, Edmund, 186
람베르트, 요한, Lambert, Johann
    로그표 부록, supplement to log tables, 269
    연분수에 대한 기여, contribution to continued fractions, 155
러셀, 버트런드, Russell, Bertrand, 192
렌치 주니어, 존, Wrench Jr, John W., 59
로랑, 피에르-알퐁스, Laurent, Pierre-Alphonse, 362
루돌프, 크리스토프, Rudolff, Christof
    소수와 근호, decimal fractions and the root sign, 34
르장드르, 앙드리앵-마리, Legendre, Adrien-Marie
    n!에 대한 표현, expression for n!, 256
    $\pi(x)$의 어림, estimate of $\pi(x)$, 273
    π^2은 무리수, π^2 is irrational, 111
    감마함수의 명명, naming of the Gamma function, 99
    르장드르에 대한 가우스의 언급, comment from Gauss, 273
리만, 베른하르트, Riemann, Bernhard
    $\Pi(x)$의 어림, approximation for $\Pi(x)$, 302
    $\Pi(x)$의 표현, expression for $\Pi(x)$, 300
    독창적 논문, the seminal paper, 286~287
    리만가설, The Hypothesis, 309
    소수세기함수, prime counting function, 291
    제타함수의 해석적 접속, analytic continuation of the Zeta function, 370
    제타함수의 확장, extension of the Zeta function, 296
    조건부수렴에 대하여, on conditional convergence, 168
리틀우드, 존 에덴서, Littlewood, John Edensor, 304
    $\pi(x)$가 $Li(x)$보다 클 수 있다는 점에 대한 연구, result that $\pi(x)$ can be greater than $Li(x)$, 305

　　　　　제타함수의 영점에 대한 연구, result concerning the zeros of the Zeta function, 324
마르코프, 안드레이, Markov, Andrei, 225
마스케로니, 로렌초, Mascheroni, Lorenzo
　　　　　감마의 계산, calculation of Gamma, 149
　　　　　감마의 명명, naming of Gamma, 150
마이셀, 다니엘, Meissel, Daniel, 265
매클로린, 콜린, Maclaurin, Colin
　　　　　매클로린전개, expansion, 336
　　　　　오일러-매클로린합, Euler-Maclaurin summation, 143
메르센, 마랭, Mersenne, Marin, 254
메르카토르, 니콜라스, Mercator, Nicholas, 47
메르텐스, 프란츠, Mertens, Franz, 317
　　　　　감마의 곱셈 형태, product forms for Gamma, 178
　　　　　메르텐스함수, 메르텐스추측, function, conjecture, 317
멩골리, 피에트로, Mengoli, Pietro, 80
뫼비우스, 아우구스트, Möbius, August
　　　　　뫼비우스반전식, Inversion formula, 292
　　　　　뫼비우스함수, Möbius function, 292
바이어슈트라스, 카를, Weierstrass, Karl
　　　　　감마함수의 정의, definition of the Gamma function, 104
　　　　　바이어슈트라스함수, Weierstrass function, 345
반스, Barnes, C. W., 122
발레 푸생, 샤를 드 라, Vallée Poussin, Charles de la
　　　　　르장드르어림의 최적형, optimal form of Legendre's estimate, 289
　　　　　몫의 부족분과 감마의 출현, Gamma's appearance in the deficiencies of quotients, 182
　　　　　소수정리의 증명, proof of PNT, 288
베르누이, 다니엘, Bernoulli, Daniel, 175
베르누이, 야콥, Bernoulli, Jacob
　　　　　바젤문제, Basel Problem, 81
　　　　　베르누이수, Bernoulli numbers, 137
　　　　　정수 거듭제곱의 합, summation of powers of integers, 139
베르누이, 요한, Bernoulli, Johann, 81, 89
베르트랑, 조제프, Bertrand, Joseph, 62
베셀, Bessel, F. W., 175
베일리, 로버트, Baillie, Robert, 75

벤포드, 프랭크, Benford, Frank, 231
봄비에리, 엔리코, Bombieri, Enrico, 313
불, 조지, Boole, George, 115
불리알두스, 이스마엘, Bullialdus, Ismael, 139
뷔르기, 욥스트, Bürgi, Jobst, 40
브라헤, 티코, Brahe, Tycho, 29
  제임스 I세와의 만남, meeting with James I, 29
브룬, 비고, Brun, Viggo
  쌍둥이소수상수, twin primes constant, 71
브리그스, 헨리, Briggs, Henry, 41
비에트, 프랑수아, Viète, François, 28
생-빈센트, 그레구아르 드, Saint-Vincent, Grégoire de, 46
섀넌, 클로드 엘우드 Shannon, Claude Elwood, 222
셀베르그, 아틀레, Selberg, Atle
  실수를 사용한 소수정리의 증명, real proof of PNT, 289
  제타함수의 영점에 대한 연구 결과, result on the zeros of the Zeta function, 324
스큐스, 스탠리, Skewes, Stanley, 306
스털링, 제임스, Stirling, James, 146
스테빈, 시몬, Stevin, Simon
  ⟨십진법에 대하여(*De Thiende*)⟩, 34
스틸체스, 토마스, Stieltjes, Thomas, 317
  스틸체스상수, constants, 189
아다마르, 자크, Hadamard, Jacques
  $\xi(t)$에 대한 식, formula for $\xi(t)$, 312
  소수정리의 증명, proof of PNT, 288
아르키메데스, 시라쿠사의, Archimedes of Siracusa, 30
  π의 범위, bounds for π, 158
  《모래 세는 사람(*The Sandreckoner*)》 30
  소 떼 문제, herd-of-cattle problem, 154
  지수법칙, Laws of Indices, 30
아리아바타, Aryabhata, 154
아벨, 닐스, Abel, Neils, 273
아페리, 로저, Apery, Roger, 86
야코비, 카를 구스타프, Jacobi, Carl Gustav, 187
에라토스테네스, Eratosthenes, 265
에르미트, 샤를, Hermite, Charles, 317

에어디시, 폴, Erdös, Paul
    소수 무한성의 증명, proof of the infinity of primes, 67~68
    소수에 대한 인용문, quote about primes, 253
    소수조화급수의 발산, divergence of the prime harmonic series, 68~69
    엄청난 식, stupendous formula, 185
엔케, 요한, Encke, Johann, 269
영, Young, R. M., 127
오렘, 니콜, Oresme, Nicole, 57
오일러, 레온하르트, Euler, Leonhard, 81~82, 94
    'e'의 유래, naming of e, 236
    감마를 계산하기 위한 제타공식, a Zeta formula for evaluating Gamma, 180
    감마의 계산, computation of Gamma, 149
    감마의 탄생, birth of Gamma, 97
    감마의 표현들, expressions for Gamma, 97
    감마함수에 대한 다른 정의, alternative definition of the Gamma function, 102
    감마함수의 정의, definition of the Gamma function, 99~100
    감미도 gradus suavitatis, 199
    다면체공식, polyhedron formula, 196
    로그의 정의, definition of logarithms, 48
    문제 목록, list of problems, 83~84
    바젤문제의 해답, solution of the Basel Problem, 81
    베르누이수 생성식 generator for the Bernoulli Numbers, 85~86
    보조식, complement formula, 107
    복소로그, complex logarithms, 49
    소수역수급수의 발산성 증명, proof that the series of reciprocals of primes diverges, 111
    연분수를 이용하여 e가 무리수임을 증명, use of continued fractions to prove e irrational, 155
    오일러급수변환, series transformation, 315
    오일러-매클로린합, Euler-Maclaurin summation, 143
    일반오일러상수, generalized constants, 189
    정수가 두 제곱수의 합으로 표현될 조건, condition for an integer to be the sum of two squares, 76
    제타함수와 소수의 관계, connection between Zeta function and primes, 109~110

    조화급수의 발산, divergence of the harmonic series, 59
    짝수에 대한 제타함수의 일반형, general form of Zeta for even n, 85
    토티엔트함수, Totient function, 186
    펠방정식, Pell's equation, 154
오트레드, 윌리엄, Oughtred, William, 43
와일즈, 앤드루, Wiles, Andrew, 188
워링, 에드워드, Waring, Edward, 260
월리스, 존, Wallis, John
    $\zeta(2)$의 계산, computation of $\zeta(2)$, 80
    연분수, continued fractions, 154
    페르마의 도전, Fermat challenge, 152
웹, 존, Webb, John, 195
위너, 노버트, Wiener, Norbert, 299
윌런, Willan, C. P., 260
윌슨, 존, Wilson, John, 260
유클리드, Euclid, 67
잉검, Ingham, A. E.
    결정적 동등성의 증명, proof of crucial equivalence, 283
    리만의 어림에 대한 언급, comment on the Riemann approximation, 288
    실수를 이용한 소수정리의 증명에 대한 언급, comment regarding a real proof of the PNT, 305
제나유, 앙리, Genaille, Henri, 55
조충지(祖冲之) Tsu Chung-chih, 158
졸트너, 요한 폰, Soldner, Johann von
    $Li(x)$함수의 사용, use of the $Li(x)$ function, 174
    감마의 계산, calculation of Gamma, 149
체비셰프, 파프누티, Chebychev, Pafnuty
    베르트랑추측, Bertrand conjecture, 63
    소수정리의 선구적 업적, PNT initiative, 281
케일, 존, Keill, John
    로그에 대한 견해, views on logarithms, 41
케플러, 요하네스, Kepler, Johannes, 40, 43
    행성의 운동에 대한 법칙, laws of planetary motion, 43
켐프너, Kempner, A. J., 72
코시, 오귀스탱 루이, Cauchy, Augustin Louis, 293
    유수(留數)정리, Residue Theorem, 366
    코시-리만방정식, Cauchy-Riemann equations, 341

　　　　코시적분공식, Integral Formula, 356
　　　　코시적분정리, Integral Theorem, 355
쿠즈민, Kuzmin, R. O., 247
쿰머, 에른스트, Kummer, Ernst, 142
크누스, 도널드, Knuth, Donald, 150
크레이그, 존, Craig, John, 29
킨친, 알렉산드르, Khinchin, Aleksandr, 250
　　　　정보이론에 대한 기여, contribution to Information Theory, 222
킹, 오거스타 에이더(러브레이스 백작부인), King, Augusta Ada(Countess Lovelace), 142
튜링, 앨런, Turing, Alan, 325
파울하버, 요한, Faulhaber, Johann, 137
파파니콜라우, 토머스, Papanikolaou, Thomas
　　　　감마의 소수 계산 decimal calculation of Gamma, 150
　　　　감마의 연분수, continued fraction for Gamma, 160
퍼트넘, 윌리엄 로웰, Putnam, William Lowell, 210
페르마, 피에르, Fermat, Pierre
　　　　x^n의 적분, integral of x^n, 46
　　　　수론의 문제, number-theoric challenges, 152
펠, 존, Pell, John, 154
폰 망골트, Von Mangoldt
　　　　망골트명시식, explicit formula, 306
푸아송, 시메옹 드니, Poisson, Siméon Denis, 144
프레니클 드 베시, 베르나르, Frénicle de Bessy, Bernard, 152
피타고라스, 시모아의 Pythagoras of Samos, 192
핑컴, 로저, Pinkham, Roger, 236
하디, 고트프리 해럴드 Hardy, Godfrey Herold
　　　　네 가지의 간절한 염원, four greatest desires, 327
　　　　리틀우드와 라마누잔과의 공동연구, collaboration with Littlewood and Ramanujan, 304
　　　　바이어슈트라스함수의 확장, result about the Weierstrass function, 345
　　　　서빌석좌교수직의 제안, offer to vacate Savilian Chair, 97
　　　　제타함수의 영점에 대한 연구 결과, results about the zeros of the Zeta function, 324
하우슨, Howson, A. G., 83
핼리, 에드먼드, Halley, Edmond, 49
호이겐스, 크리스티안, Huygens, Christian, 155

힐, 시어도어, Hill, Theodore, 234
힐베르트, 다비드, Hilbert, David, 322
    감마에 대한 언급, comment on Gamma, 160
    리만가설에 대한 언급, comment on the Riemann Hypothesis, 328
    파리 강연, Paris address, 320

항목 찾아보기

22/7와 π의 차, difference between 22/7 and π, 158
ML결과, ML result, 352
가우스정수, Gaussian integer, 188
감마, Gamma
    +/− 어림, +/− approximation, 171
    감마함수와의 관계, connection with Gamma function, 104
    보조식, Complement Formula, 107
    아름다운 식, Beautiful Formula, 108
    −의 다른 형태, alternative form for, 102
    −의 복소 확장, complex extension of, 371
    −의 분모, denominator, 160
    −의 정의, definition of, 99
    −의 표현, expressions for, 177~178
    −의 함수관계와 확장, functional relation of and extension of, 100
감마함수, Gamma function, 105
감미도(甘味度), gradus suavitatis, 199
강우량, rainfall, 201
겔로시아, gelosia, 53
경로변형원리, Principle of Deformation of Path, 355
계승에서 끝자리에 나타나는 0의 개수, number of zeros ending a factorial, 257
골드바흐추측, Goldbach Conjecture, 174
교대제타함수, alternating Zeta function, 314
그람법칙, Gram's Law, 325
그리스 문자, Greek alphabet, 331
글레이셔−킹클린상수, Glaisher−Kinkelin constant, 147, 183
기하적 조화, geometric harmony, 195
기하평균, geometric mean
    $\pi(x)$를 어림하는 데의 활용, used in an estimate of $\pi(x)$, 277

　　　　　거의 모든 연분수에서의 수렴, convergence of for almost all continued fractions, 250
　　　　　로그의 산술평균과의 관계, connection with the arithmetic mean of logarithms, 39
　　　　　산술평균 및 조화평균과의 비교, compared with arithmetic and harmonic means, 191
끈 위의 벌레, worm on a band, 213
넣기빼기원리, inclusion−exclusion principle
　　　　　서로소의 결과에 대한 증명에서의 활용, use in proving co−prime result, 118
　　　　　소수 헤아리기에서의 활용, use in counting primes, 265
　　　　　−의 정의, definition of, 116
네이피어, Napier
　　　　　−규칙, rules, 52
　　　　　−로그, logarithm, 37
　　　　　막대, bones, 52
　　　　　−유추식, analogies, 51
　　　　　−주판, abacus, 55
《놀라운 로그법의 구성(*Mirifici logarithmorum canonis constructio*)》, 30
《놀라운 로그법의 해설(*Mirifici logarithmorum canonis descriptio*)》, 30
　　　　　서문, Preface, 31
누적밀도함수, cumulative density function, 238
다울링의 시, Dowling's poem, 329
단순곡선, simple curve, 349
단위불변성, scale invariance, 236~237
대규모인터넷메르센소수탐사, Great Internet Mersenne Prime Search, 254
대수학의 기본정리, Fundamental Theorem of Algebra, 361
디감마함수, Digamma function, 105
디지털분석법, digital analysis, 243
《랍돌로지아(*Rabdologia*)》, 54
런던대학교 입학시험, London University Matriculation Examination, 83
로그, logarithms
　　　　　$\pi(x)$의 하계를 규정하는 −, giving lower bounds for $\pi(x)$, 256, 258
　　　　　가우스의 활용, Gauss's use of, 270
　　　　　거의 모든 연분수의 행동에서의 출현, appearance in the behaviours of almost all continued fractions, 247
　　　　　네이피어 정의의 규명, reconciliation of Napier's definition of, 50

다가함수라는 오일러의 논증, Euler's argument that they are many valued, 49
벤포드법칙에서의 출현, appearance in Benford's Law, 230
불확실성의 정의에서의 출현, appearance in the definition of uncertainty, 222
브리스의 −, Briggsian, 42
−에 대한 케일의 견해, Keill's view of, 41
오일러의 정의, Euler's definition of, 48
−의 복소형, complex form of, 347
케플러의 활용, Kepler's use of, 43
로그적분, logarithmic integral
−에 의한 $\pi(x)$의 어림, in estimating $\pi(x)$, 271
−의 정의, definition of, 173
로랑전개, Laurent expansion, 190, 362
루이빌정리, Liouville's Theorem, 361
르장드르의 n!에 대한 표현, Legendre's expression for n!, 256
르장드르의 $\pi(x)$에 대한 표현, Legendre's expression for $\pi(x)$, 273
르장드르추측, Legendre's Conjecture, 286
리만가설, Riemann Hypothesis
−에 대한 리틀우드의 견해, Littlewood's opinion of, 324
−에 대한 하디의 경외, Hardy's respect for, 327
−의 서술, statement of, 311
−의 재구성, reformulations of, 315
−의 중요성, importance of, 312
힐베르트 강연에 언급된 −, as mentioned in Hilbert's address, 320
리만의 $\Pi(x)$ 식, Riemann's formula for $\Pi(x)$, 300
리만의 가중소수세기함수, Riemann weighted prime counting function, 291
리만의 제타함수 접속, Riemann's continuation of the Zeta function, 296
마델룽상수, Madelung's constants, 76
마스케로니−졸트너 불일치, Mascheroni−Soldner discrepancy, 149
매끄러운 곡선, smooth curve, 349
매서−그라망상수, Masser−Gramain constant, 188
맨체스터대학교 컴퓨터, Manchester University Computer, 326
메르센소수, Mersenne primes, 187, 254
메르텐스추측, Mertens Conjecture, 317
메르텐스함수, Mertens function, 317
《모래 세는 사람(*The Sandreckoner*)》, 30, 154

몫 부족분, deficits of quotients, 182
몫 부족분들의 평균, average deficits of quotients, 182
뫼비우스반전, Möbius Inversion, 292
뫼비우스함수, Möbius function, 292, 316, 319
바닥함수와 천장함수, Floor and Ceiling functions, 116
바빌로니아의 셈 체계, Babylonian counting system, 234
바빌로니아의 진흙판, Babylonian tablets, 30
바빌로니아의 항등식, Babylonian identity, 192
바이어슈트라스함수, Weierstrass function, 345
바젤문제, Basel Problem, 81
법률적 회계감사, forensic auditing, 243
베르누이수, Bernoulli Numbers, 85, 135, 137, 140, 144, 297
베르누이의 적분, Bernoulli's integral, 89
베르트랑추측, Bertrand Conjecture
   p_n의 상계에 대한 활용, use for an upper bound for p_n, 259
   —의 기술과 H_n에의 활용, statement and use with H_n, 63
베셀방정식, Bessel Equation, 175
벤포드법칙, Benford's Law, 230
보어-몰러럽정리, Bohr-Mollerup Theorem, 103
보조식, Complement Formula, 107
복소로그, complex logarithms, 347
복소미분, complex differentiation, 338
복소적분, complex integration, 349
복소함수의 부정적분, indefinite integral for complex functions, 353
부분몫, partial quotients
   감마의 —, of Gamma, 159~160
   거의 모든 연분수의 부분몫 분포, PDF of, 248
   —사이의 의존성, dependence between, 251
   —의 정의, definition of, 155
   —의 행동, behaviour of, 244
불확실성, uncertainty, 223
브룬상수, Brun's constant, 71
브리그스로그, Briggsian logarithms, 41~42
블레츨리파크, Bletchely Park, 325
사과(四科), quadrivium, 199
사막 건너기, crossing the desert, 204
사인적분, sine integral, 173

산술평균, arithmetic mean
  다른 평균들과의 비교, compared with other means, 191
  로그값들의 −, of logs of numbers, 39
  부분몫들의 −, of partial quotients, 250
삼학(三科), trivium, 199
상극한과 하극한, superior and inferior limits, 184
《새 천문학(*Astronomia Nova*)》, 44
생일역설, birthday paradox, 232
섀넌의 엔트로피에 대한 정의, Shannon's definition of entropy, 222
《세계의 조화(*Harmonice Mundi*)》, 45
소수, primes, 66
  유클리드−, Euclidean, 67
소수세기함수, prime counting function
  리만의 −, Riemann restatement of, 291
  −의 정의, definition of, 254
  체비셰프의 −, Chebychev restatement of, 282
소수세기함수에 대한 가우스의 개선된 어림, Gauss's refined estimate of the prime counting function, 272
소수세기함수에 대한 가우스의 본래 어림, Gauss's original estimate of the prime counting function, 271
소수정리, Prime Number Theorem
  리만가설과의 관계, connection with the Riemann Hypothesis, 312∼313
  망골트명시식과의 관계, connection with Von Mangoldt explicit formula, 308
  −와 동등한 형태들, equivalent forms of, 283
  −의 서술, statement of, 255
  −의 재구성, reformulation of, 278∼279
  −의 증명, proof of, 288∼289
  제타함수 영점들과의 관계, connection with the zeros of the Zeta function, 299
소수정리와 x째 소수 크기의 동등성, equivalence of PNT and the size of the xth prime, 280
소수조화급수의 발산, divergence of the prime harmonic series, 110∼111
소수조화급수의 발산 속도, rate of divergence of the prime harmonic series, 113
수렴값, convergents, 156
수론의 농담, number−theoretic joke, 185
슈바르츠반사원리, Schwartz Reflection Principle, 299
스큐스수, Skewes Number, 306
스털링어림법, Stirling's approximation
  e를 연분수로 나타냈을 때 그 기하평균의 행동에 대한 활용, use with the behaviour

of the geometric mean of the continued fraction form of *e*, 250
$\pi(x)$의 상계에 대한 활용, use in giving an upper bound for $\pi(x)$, 277
$\pi(x)$의 하계에 대한 활용, use in giving a lower bound for $\pi(x)$, 258
—의 정의, definition of, 146
스틸체스상수, Stieltjes constants, 189
시에르핀스키상수, Sierpinski constant, 183
신기록들의 독립성, independence of record events, 251
〈십진법에 대하여(*De Thiende*)〉, 34
쌍둥이소수추측, Twin Primes Conjecture, 70
아페리상수, Apery's constant, 86
약수들의 평균 개수, average number of divisors, 182
에니그마 암호, Enigma Code, 325
에라토스테네스의 체, sieve of Eratosthenes, 265
엔트로피, entropy, 222
연분수, continued fraction
    감마가 유리수일 경우 분모의 최소 크기에 대한 결과, result giving the minimum size of the denominator of a rational Gamma, 160
    기하적 조화에서의 활용, use in geometric harmony, 195
    —에 의한 감마의 어림, of an approximation to gamma, 172
    음악적 조화에서의 활용, use in musical harmony, 197
    —의 세 결과, three results of, 157
    —의 정의, definition of, 155
    —의 통계적 행동, statistical behaviour of, 243
    인터뷰문제에서의 출현, appearance in an interview problem, 219
    특수한 수들의 연분수 형태, form of special numbers, 159
    펠방정식과의 관계, connection with Pell's equation, 161
영국단위계, British Imperial system, 235
오일러공식, Euler's Formula, 110
오일러급수변환, Euler's series transformation, 315
오일러-매클로린합공식, Euler-Maclaurin summation formula, 135, 143
    리만가설에서의 활용, use with the Riemann Hypothesis, 324
    —에 의한 감마의 어림, estimating Gamma, 149
    —에 의한 제타함수의 확장, extending the Zeta function, 314
오일러의 일곱 가지 문제, Euler's seven problems, 84
오차함수, error function, 173
완전세트 모으기, collecting a complete set, 209
완전수, perfect numbers, 66

윌슨정리, Wilson's Theorem, 260
유기영점, non-trivial zeros
　　　　$\pi(x)$에 대한 기여, contribution to $\pi(x)$, 301~302
　　　　-과 관련되는 결과들, results connected with, 324
　　　　리만가설과의 관계, connection with the Riemann Hypothesis, 311
　　　　-의 유수, residues of, 308
　　　　-의 첫 예들과 대칭성, early examples of and symmetry of, 300
유수 계산, calculus of residues, 365
유일한 소인수분해 영역, Unique Factorization Domain, 109
유클리드소수, Euclidean prime, 67
음악적 조화, musical harmony, 197
일반오일러상수, Euler's generalized constants, 189
정규소수, regular primes, 143
제2가우스분포, Gauss's second distribution, 247
제곱평균, root mean square, 194
제타함수, Zeta function
　　　　실수에 대한 -, for real x, 86
　　　　-에 대한 리만의 확장, Riemann extension of, 296
　　　　-와 감마함수와의 관계, relation with the Gamma function, 108
　　　　-와 뫼비우스함수와의 관계, connection with the Möbius function, 319
　　　　-와 소수와의 관계, connection with primes, 110
　　　　-와 소수정리 및 리만가설과의 관계, connection with the Prime Number Theorem and the Riemann Hypothesis, 309
　　　　-의 다른 형태, alternating form of, 314
　　　　-의 실수 영점들, real zeros of, 298
　　　　-의 유기영점과 소수, non-trivial zeros and primes, 301
　　　　-의 초기 유기영점들, early non-trivial zeros of, 300
　　　　-의 함수관계, functional relation for, 296
　　　　-의 해석적 접속, analytic continuation of, 370
　　　　자연수에 대한 -, for positive integers, 79
제타함수 유기영점의 대칭성, symmetry of Zeta's non-trivial zeros, 300
조건부수렴, conditional convergence, 168
조화급수, harmonic series
　　　　$\pi(x)$의 어림, approximation to $\pi(x)$, 277
　　　　감마의 정의에서의 역할, role in definition of Gamma, 83
　　　　독립성 측정에서의 활용, used in measuring independence, 201, 251
　　　　발산의 범위, bounds on divergence, 93

　　　　　　소수조화급수, of primes, 66
　　　　　　오일러공식과의 관계, connection with Euler's formula, 111
　　　　　　-의 세 가지 결과, three results for, 59
　　　　　　-의 정의, definition of, 58
　　　　　　-의 출현, appearance in
　　　　　　　　　기록 세우기, setting records, 200
　　　　　　　　　끈 위의 벌레 문제, worm on a band puzzle, 213
　　　　　　　　　사막 건너기, crossing the desert, 204
　　　　　　　　　완전세트 모으기, coupon collecting, 209
　　　　　　　　　최대 돌출, maximum overhang, 212
　　　　　　　　　최적 선택 문제, optimal choice problem, 214
　　　　　　　　　카드 섞기, card shuffling, 205
　　　　　　　　　퀵소트, Quicksort, 206
　　　　　　　　　파괴검사, testing to destruction, 202
　　　　　　　　　퍼트넘상 문제, Putnam Prize Competition, 210
조화다면체, harmonic polyhedra, 197
조화분수, harmonic fractions, 163
조화평균, harmonic mean, 191
지수함수적분, exponential integral, 173
차도(次度)표기법, Big Oh Notation, 332
체비셰프의 가중소수세기함수, Chebychev weighted prime counting function, 282
최대 돌출, maximum possible overhang, 212
최적의 선택, optimal choice, 214
카드 섞기, shuffling cards, 205
코사인적분, cosine integral, 173
코시-리만방정식, Cauchy-Riemann equations, 341
코시스트, Cossist, 137
퀵소트, Quicksort, 206
킨친상수, Khinchin's constant, 250
태양과 행성 사이의 평균 거리, average distance of a planet from the Sun, 45
테일러전개, Taylor expansions, 343, 358
토티엔트함수, Totient function, 186
특이대(特異帶), critical strip, 299
파괴검사, testing to destruction, 202
파란 돼지, Blue Pig, 326
퍼트넘상 문제, Putnam Prize question, 210
페르마의 마지막 정리, Fermat's Last Theorem, 188

페르마의 문제들, Fermat's challenges, 152
펠방정식, Pell's equation
        기하적 조화에서의 출현, appearance in geometric harmony, 196
        부분분수와의 관계, connection with partial fractions, 160~161
        -의 정의, definition of, 154
평균, means
        여러 가지 -, variety of, 191
포터상수, Porter's constant, 183
(폰)망골트명시식, Von Mangoldt's explicit formula, 306, 308
(폰)망골트함수, Von Mangoldt function, 178
프로스타파레시스, prosthaphaeresis, 29
피타고라스, Pythagorean
        -음계, musical scale, 198
        -입체, solids, 195
        -콤마, comma, 199
함수관계, functional relationship
        감마함수의 -, of the Gamma function, 100
        로그의 -, of logarithms, 40
        제타함수의 -, established for the Zeta function, 374
해석기관, Analytical Engine, 142
해석적 접속, analytic continuation, 368
        -의 아이디어, idea of, 294
확률밀도함수, probability density function, 238, 247
확장된 제타함수의 무기영점, trivial zeros of the extended Zeta function
        -에 대한 식, formula for, 297
        -의 유수, residues of, 308
확장된 제타함수의 실수 영점들, extended Zeta function's real zeros, 297
환산, scaling
        -의 효과, effect of, 237
황금비, Golden Ratio
        1과 2의 평균으로서의 -, as the average of 1 and 2, 194
        거의 모든 수에 대한 예외로서의 -, as an exception to almost all numbers, 249
        -의 교대조화급수 형태, alternating harmonic form, 169
        -의 연분수 형태, continued fraction form, 159
힐베르트의 강연, Hilbert's address, 160, 320
힐베르트의 리만가설에 대한 견해, Hilbert's opinion on the Riemann Hypothesis, 327

도·서·출·판·승·산·에·서·만·든·책·들

19세기 산업은 전기 기술 시대, 20세기는 전자 기술(반도체) 시대, 21세기는 양자 기술 시대입니다. 미래의 주역인 청소년들을 위해 21세기 **양자 기술**(양자 암호, 양자 컴퓨터, 양자 통신 같은 양자정보과학 분야, 양자 철학 등) 시대를 대비한 수학 및 양자 물리학 양서를 계속 출간하고 있습니다.

GREAT DISCOVERIES SERIES

퀀텀맨 : 양자역학의 영웅, 파인만

로렌스 크라우스 지음 | 김성훈 옮김 | 392쪽 | 20,000원

리처드 파인만이 과학에 기여한 놀라운 업적들을 이야기하는 전기. 리처드 파인만의 개인적인 삶뿐만 아니라 문제의 발견과 해결을 위한 노력, 사고, 탐구, 발전 등 과학에서의 삶을 명료하고 생동감 있게 표현한다.

아인슈타인의 우주 : 알베르트 아인슈타인의 시각은 시간과 공간에 대한 우리의 이해를 어떻게 바꾸었나

미치오 카쿠 지음 | 고중숙 옮김 | 328쪽 | 15,000원

밀도 높은 과학적 개념을 일상의 언어로 풀어내는 카쿠는 이 책에서 인간 아인슈타인과 그의 유산을 수식 한 줄 없이 체계적으로 설명한다. 가장 최근의 끈이론에도 살아남아 있는 그의 사상을 통해 최첨단 물리학을 이해할 수 있는 친절한 안내서이다.

불완전성 : 쿠르트 괴델의 증명과 역설

레베카 골드스타인 지음 | 고중숙 옮김 | 352쪽 | 15,000원

괴델의 불완전성 정리는 20세기의 가장 아름다운 정리라 불린다. 이는 인간의 마음으로는 완전히 헤아릴 수 없는, 인간과 독립적으로 존재하는 영원불멸한 객관적 진리의 증거이다. 괴델의 정리와 그 현란한 귀결들을 이해하기 쉽도록 펼쳐 보임은 물론 괴팍하고 처절한 천재의 삶을 생생히 그렸다. (함께 읽는 책 : 『괴델의 증명』)
간행물윤리위원회 선정 '청소년 권장 도서', 2008 과학기술부 인증 '우수과학도서' 선정

너무 많이 알았던 사람 : 앨런 튜링과 컴퓨터의 발명

데이비드 리비트 지음 | 고중숙 옮김 | 408쪽 | 18,000원

튜링은 제2차 세계대전 중에 독일군의 암호를 해독하기 위해 '튜링기계'를 성공적으로 설계, 제작하여 연합군에게 승리를 안겨 주었고 컴퓨터 시대의 문을 열었다. 또한 반동성애법을 위반했다는 혐의로 체포되기도 했다. 저자는 소설가의 감성으로 튜링의 세계와 특출한 이야기 속으로 들어가 인간적인 면에 대한 시각을 잃지 않으면서 그의 업적과 귀결을 우아하게 파헤친다.

신중한 다윈 씨 : 찰스 다윈의 진면목과 진화론의 형성 과정

데이비드 쾀멘 지음 | 이한음 옮김 | 352쪽 | 17,000원

찰스 다윈과 그의 경이로운 생각에 관한 이야기. 데이비드 쾀멘은 다윈이 비글호 항해 직후부터 쓰기 시작한 비밀

'변형' 공책들과 사적인 편지들을 토대로 인간적인 다윈의 초상을 그려 내는 한편, 그의 연구를 상세히 설명한다. 역사상 가장 유명한 야외 생물학자였던 다윈의 삶을 읽고 나면 '다윈주의'라는 용어가 두렵지 않을 것이다.
한국간행물윤리위원회 선정 '2008년 12월 이달의 읽을 만한 책'
〈KBS TV 책을 말하다〉 2009년 1월 테마북 선정

열정적인 천재, 마리 퀴리 : 마리 퀴리의 내면세계와 업적

바바라 골드스미스 지음 | 김희원 옮김 | 296쪽 | 15,000원

저자는 수십 년 동안 공개되지 않았던 일기와 편지, 연구 기록, 그리고 가족과의 인터뷰 등을 통해 신화에 가려졌던 마리 퀴리를 드러낸다. 눈부신 연구 업적과 돌봐야 할 가족, 사회에 대한 편견, 그녀 자신의 열정적인 본성 사이에서 끊임없이 갈등을 느끼고 균형을 잡으려 애썼던 너무나 인간적인 여성의 모습이 그것이다. 이 책은 퀴리의 뛰어난 과학적 성과, 그리고 명성을 위해 치러야 했던 대가까지 눈부시게 그려 낸다.

파인만

파인만의 과학이란 무엇인가

리처드 파인만 강연 | 정무광, 정재승 옮김 | 192쪽 | 10,000원

'과학이란 무엇인가?' '과학적인 사유는 세상의 다른 많은 분야에 어떻게 영향을 미치는가?'에 대한 기지 넘치는 강연이 생생하게 수록되어 있다. 아인슈타인 이후 최고의 물리학자로 누구나 인정하는 리처드 파인만의 1963년 워싱턴대학교에서의 강연을 책으로 엮었다.

파인만의 물리학 강의 I

리처드 파인만 강의 | 로버트 레이턴, 매슈 샌즈 엮음 | 박병철 옮김 | 736쪽 |
양장 38,000원 | 반양장 18,000원, 16,000원(I-I, I-II로 분권)
40년 동안 한 번도 절판되지 않았던, 전 세계 이공계생들의 필독서, 파인만의 빨간 책.
2006년 중3, 고1 대상 권장 도서 선정(서울시 교육청)

파인만의 물리학 강의 II

리처드 파인만 강의 | 로버트 레이턴, 매슈 샌즈 엮음 | 김인보, 박병철 외 6명 옮김 | 800쪽 | 40,000원

파인만의 물리학 강의 I에 이어 국내 처음으로 소개하는 파인만 물리학 강의의 완역본. 전자기학과 물성에 관한 내용을 담고 있다.

파인만의 물리학 강의 III

리처드 파인만 강의 | 로버트 레이턴, 매슈 샌즈 엮음 | 김충구, 정무광, 정재승 옮김 | 511쪽 | 30,000원

파인만의 물리학 강의 3권 완역본. 양자역학의 중요한 기본 개념들을 파인만 특유의 참신한 방법으로 설명한다.

파인만의 물리학 길라잡이 : 강의록에 딸린 문제 풀이

리처드 파인만, 마이클 고틀리브, 랠프 레이턴 지음 | 박병철 옮김 | 304쪽 | 15,000원

파인만의 강의에 매료되었던 마이클 고틀리브와 랠프 레이턴이 강의록에 누락된 네 차례의 강의와 음성 녹음 그리고 사진 등을 찾아 복원하는 데 성공하여 탄생한 책으로 기존의 전설적인 강의록을 보충하기에 부족함이 없는 참고서이다.

파인만의 여섯 가지 물리 이야기

리처드 파인만 강의 | 박병철 옮김 | 246쪽 | 양장 13,000원, 반양장 9,800원

파인만의 강의록 중 일반인도 이해할 만한 '쉬운' 여섯 개 장을 선별하여 묶은 책. 미국 랜덤하우스 선정 20세기 100대 비소설 가운데 물리학 책으로 유일하게 선정된 현대과학의 고전.
간행물윤리위원회 선정 '청소년 권장 도서'

파인만의 또 다른 물리 이야기

리처드 파인만 강의 | 박병철 옮김 | 238쪽 | 양장 13,000원, 반양장 9,800원

파인만의 강의록 중 상대성이론에 관한 '쉽지만은 않은' 여섯 개 장을 선별하여 묶은 책. 블랙홀과 웜홀, 원자 에너지, 휘어진 공간 등 현대물리학의 분수령인 상대성이론을 군더더기 없는 접근 방식으로 흥미롭게 다룬다.

일반인을 위한 파인만의 QED 강의

리처드 파인만 강의 | 박병철 옮김 | 224쪽 | 9,800원

가장 복잡한 물리학 이론인 양자전기역학을 가장 평범한 일상의 언어로 풀어낸 나흘간의 여행. 최고의 물리학자 리처드 파인만이 복잡한 수식 하나 없이 설명해 간다.

천재 : 리처드 파인만의 삶과 과학

제임스 글릭 지음 | 황혁기 옮김 | 792쪽 | 28,000원

'카오스'의 저자 제임스 글릭이 쓴 천재 과학자 리처드 파인만의 전기. 과학자라면, 특히 과학을 공부하는 학생이라면 꼭 읽어야 하는 책.
2006년 과학기술부인증 '우수과학도서', 아・태 이론물리센터 선정 '2006년 올해의 과학도서 10권'

발견하는 즐거움

리처드 파인만 지음 | 승영조, 김희봉 옮김 | 320쪽 | 9,800원

인간이 만든 이론 가운데 가장 정확한 이론이라는 '양자전기역학(QED)'의 완성자로 평가받는 파인만. 그에게서 듣는 앎에 대한 열정.
문화관광부 선정 '우수학술도서', 간행물윤리위원회 선정 '청소년을 위한 좋은 책'

퀀텀맨 : 양자역학의 영웅, 파인만

로렌스 크라우스 지음 | 김성훈 옮김 | 392쪽 | 20,000원

리처드 파인만이 과학에 기여한 놀라운 업적들을 이야기하는 전기. 리처드 파인만의 개인적인 삶뿐만 아니라 문제의 발견과 해결을 위한 노력, 사고, 탐구, 발전 등 과학에서의 삶을 명료하고 생동감 있게 표현한다.

대칭 시리즈

심화된 수학을 공부할 때, 현대 과학을 논할 때 빼놓을 수 없는 핵심 개념인 대칭symmetry을 다양한 분야에서 입체적으로 다룬 승산의 책을 만나보세요.

초끈이론의 진실 : 이론 입자물리학의 역사와 현주소

피터 보이트 지음 | 박병철 옮김 | 465쪽 | 20,000원

초끈이론이 탄생한 지 20년이 지난 지금까지도 아무런 실험적 증거를 내놓지 못하고 있다. 그 이유는 무엇일까? 입자물리학이 지배하고 있는 초끈이론을 논박하면서 그 반대진영에 있는 고리 양자중력, 트위스터 이론 등을 소개한다.

2009년 대한민국학술원 기초학문육성 '우수학술도서' 선정

무한 공간의 왕

시오반 로버츠 지음 | 안재권 옮김 | 668쪽 | 25,000원

쇠퇴해가는 고전 기하학을 부활시켰으며, 수학과 과학에서 대칭의 연구를 심화시킨 20세기 최고의 기하학자 '도널드 콕세터'의 전기.

미지수, 상상의 역사

존 더비셔 지음 | 고중숙 옮김 | 536쪽 | 20,000원

인류의 수학적 사고의 발전 과정을 보여주는 4000년에 걸친 대수학algebra의 역사를 명강사의 설명으로 읽는다. 대칭 개념의 발전 과정을 대수학의 관점으로 볼 수 있다.

아름다움은 왜 진리인가

이언 스튜어트 지음 | 안재권, 안기연 옮김 | 432쪽 | 20,000원

현대 수학・과학의 위대한 성취를 이끌어낸 힘, '대칭symmetry의 아름다움'에 관한 책. 대칭이 현대 과학의 핵심 개념으로 부상하는 과정을 천재들의 기묘한 일화와 함께 다루었다.

대칭 : 자연의 패턴 속으로 떠나는 여행

마커스 드 사토이 지음 | 안기연 옮김 | 492쪽 | 20,000원

수학자의 주기율표이자 대칭의 지도책 『유한군의 아틀라스』가 완성되는 과정을 담았다. 자연의 패턴에 숨겨진 대칭을 전부 목록화하겠다는 수학자들의 야심찬 모험을 그렸다.

대칭과 아름다운 우주

리언 레더먼, 크리스토퍼 힐 지음 | 안기연 옮김 | 464쪽 | 20,000원

힐과 레더먼이 쓴 매혹적이면서도 쉽게 읽히는 이 책은 대칭과 같은 단순하고 우아한 개념이 어떻게 우주의 구성에 중요한 의미를 갖는지 궁금해 하는 독자의 호기심을 채워 준다. 대칭이 물리학 속에서 어떤 의미를 갖는지를 환론의 대모 에미 뇌터의 삶과 함께 조명했다.

우주의 탄생과 대칭

히로세 다치시게 지음 | 김슬기 옮김 | 240쪽 | 14,000원

우리 주변에서 쉽게 찾아볼 수 있는 대칭을 비롯하여 분자나 원자와 같은 미시세계를 거쳐, 소립자의 세계를 이해하는 데 매우 중요한 표준이론까지 소개한다. 또한 여러 차례의 상전이를 거쳐 오늘날과 같은 모습이 되기까지의 우주의 여정도 함께 확인할 수 있다.

영재수학

경시대회 문제, 어떻게 풀까

테렌스 타오 지음 | 안기연 옮김 | 178쪽 | 12,000원

세계에서 아이큐가 가장 높다고 알려진 수학자 테렌스 타오가 전하는 경시대회 문제 풀이 전략! 정수론, 대수, 해석학, 유클리드 기하, 해석 기하 등 다양한 분야의 문제들을 다룬다. 문제를 어떻게 해석할 것인가를 두고 고민하는 수학자의 관점을 엿볼 수 있는 새로운 책이다.

평면기하의 탐구문제들 제1권, 제2권

프라소로프 지음 | 한인기 옮김 | 328쪽 | 각권 20,000원

기초 수학이 강한 러시아의 저명한 기하학자 프라소로프의 역작. 이 책에 수록된 정리들과 문제들은 문제 해결자의 자기주도적인 탐구활동에 적합하도록 체계화한 것이다.

문제해결의 이론과 실제

한인기, 꼴랴긴 Yu. M. 공저 | 208쪽 | 15,000원

입시 위주의 수학교육에 지친 수학 교사들에게는 '수학 문제해결의 가치'를 다시금 일깨워 주고, 수학 논술을 준비하는 중등 학생들에게는 진정한 문제 해결력을 길러주는 수학 탐구서.

유추를 통한 수학탐구

P.M. 에르든예프, 한인기 공저 | 272쪽 | 18,000원

유추는 개념과 개념을, 생각과 생각을 연결하는 징검다리와 같다. 이 책을 통해 자신의 힘으로 수학하는 기쁨을 얻는다.

영재들을 위한 365일 수학여행

시오니 파파스 지음 | 김홍규 옮김 | 280쪽 | 15,000원

재미있는 수학 문제와 수수께끼를 일기 쓰듯이 하루 한 문제씩 풀어 가면서 논리적인 사고력과 문제해결능력을 키우고 수학언어에 친근해지도록 하는 책으로 수학사 속의 유익한 에피소드도 읽을 수 있다.

수학 명저

괴델의 증명
어니스트 네이글, 제임스 뉴먼 지음 | 더글러스 호프스태터 서문 | 곽강제, 고중숙 옮김 | 176쪽 | 15,000원

『타임』지가 선정한 '20세기 가장 영향력 있는 인물 100명'에 든 단 2명의 수학자 중 한 명인 괴델의 불완전성 정리를 군더더기 없이 간결하게 조명한 책. 괴델은 '무모순성'과 '완전성'을 동시에 갖춘 수학 체계를 만들 수 없다는, 즉 '애초부터 증명 불가능한 진술이 있다'는 것을 증명하였다. (함께 읽기 : 『불완전성』)

오일러 상수 감마
줄리언 해빌 지음 | 프리먼 다이슨 서문 | 고중숙 옮김 | 416쪽 | 20,000원

수학의 중요한 상수 중 하나인 감마는 여전히 깊은 신비에 싸여 있다. 줄리언 해빌은 여러 나라와 세기를 넘나들며 수학에서 감마가 차지하는 위치를 설명하고, 독자들을 로그와 조화급수, 리만 가설과 소수정리의 세계로 안내한다.
2009 대한민국학술원 기초학문육성 '우수학술도서' 선정

리만 가설 : 베른하르트 리만과 소수의 비밀
존 더비셔 지음 | 박병철 옮김 | 560쪽 | 20,000원

수학의 역사와 구체적인 수학적 기술을 적절히 배합시켜 '리만 가설'을 향한 인류의 도전사를 흥미진진하게 보여 준다. 일반 독자들도 명실공히 최고 수준이라 할 수 있는 난제를 해결하는 지적 성취감을 느낄 수 있다. (함께 읽기 : 『오일러 상수 감마』, 『소수의 음악』)
2007 대한민국학술원 기초학문육성 '우수학술도서' 선정

뷰티풀 마인드
실비아 네이사 지음 | 신현용, 승영조, 이종인 옮김 | 757쪽 | 18,000원

MIT에 재학 중이던 21세 때 완성한 게임 이론으로 46년 뒤 노벨경제학상을 수상한 존 내쉬의 영화 같았던 삶. 그의 삶 속에서 진정한 승리는 정신분열증을 극복하고 노벨상을 수상한 것이 아니라, 아내 앨리사와의 사랑으로 끝까지 살아남아 성장했다는 점이다.
간행물윤리위원회 선정 '우수도서', 영화 『뷰티풀 마인드』 오스카상 4개 부문 수상

우리 수학자 모두는 약간 미친 겁니다
폴 호프만 지음 | 신현용 옮김 | 376쪽 | 12,000원

83년간 살면서 하루 19시간씩 수학문제만 풀었고, 485명의 수학자들과 함께 1,475편의 수학 논문을 써낸 20세기 최고의 전설적인 수학자 폴 에어디쉬의 전기.
한국출판인회의 선정 '이달의 책', 론폴랑 과학도서 저술상 수상

무한의 신비
애머 악첼 지음 | 신현용, 승영조 옮김 | 304쪽 | 12,000원

고대부터 현대에 이르기까지 수학자들이 이루어 낸 무한에 대한 도전과 좌절. 무한의 개념을 연구하다 정신병원에

서 쓸쓸히 생을 마쳐야 했던 칸토어와 피타고라스에서 괴델에 이르는 '무한'의 역사.

수학 재즈

에드워드 B. 버거, 마이클 스타버드 지음 | 승영조 옮김 | 352쪽 | 17,000원

왜 일기예보는 항상 틀리는지, 왜 증권투자로 돈 벌기가 쉽지 않은지, 왜 링컨과 존 F. 케네디는 같은 운명을 타고 났는지. 이 모든 것을 수식 없는 수학으로 설명한 책. 저자는 우연의 일치와 카오스, 프랙탈, 4차원 등 묵직한 수학 주제를 가볍게 우리 일상의 삶의 이야기로 풀어서 들려준다.

물리학 명저

타이슨이 연주하는 우주 교향곡 제1권, 제2권

닐 디그래스 타이슨 지음 | 박병철 옮김 | 1권 256쪽, 2권 264쪽 | 각권 10,000원

모두가 궁금해하는 우주의 수수께끼를 명쾌하게 풀어내는 책. 10여 년 동안 미국 월간지 「유니버스」에 '우주'라는 제목으로 기고한 칼럼을 두 권으로 묶었다. 우주에 관한 다양한 주제를 골고루 배합하여 쉽고 재치 있게 설명한다.
아·태 이론물리센터 선정 '2008년 올해의 과학도서 10권'

갈릴레오가 들려주는 별 이야기 : 시데레우스 눈치우스

갈릴레오 갈릴레이 지음 | 앨버트 반 헬덴 해설 | 장헌영 옮김 | 232쪽 | 12,000원

과학의 혁명을 일궈 낸 근대 과학의 아버지 갈릴레오 갈릴레이가 직접 기록한 별의 관찰일지. 1610년 베니스에서 초판 550권이 일주일 만에 모두 팔렸을 정도로 그 당시 독자들에게 놀라움과 경이로움을 안겨 준 이 책은 시대를 넘어 현대 독자들에게까지 위대한 과학자 갈릴레오 갈릴레이의 뛰어난 통찰력과 날카로운 지성을 느끼게 해 준다

퀀트 : 물리와 금융에 관한 회고

이매뉴얼 더만 지음 | 권루시안 옮김 | 472쪽 | 18,000원

'금융가의 리처드 파인만'으로 손꼽히는 금융가의 전설적인 더만! 그가 말하는 이공계생들의 금융계 진출과 성공을 향한 도전을 책으로 읽는다. 금융공학과 퀀트의 세계에 대한 다채롭고 흥미로운 회고. 수학자 제임스 시몬스는 70세의 나이에도 1조 5천억 원의 연봉을 받고 있다. 이공계생들이여, 금융공학에 도전하라!

스트레인지 뷰티

조지 존슨 지음 | 고중숙 옮김 | 608쪽 | 20,000원

20여 년에 걸쳐 입자물리학계를 지배한 탁월한 과학자이면서도, 고뇌에서 벗어나지 못했던 한 인간에 대한 다차원적 조명. 리처드 파인만에 필적하는 노벨상 수상자 괴짜 천재 머레이 겔만의 삶과 학문.
(함께 읽는 책 : 「대칭 시리즈」 전 5권)

브라이언 그린

엘러건트 유니버스

브라이언 그린 지음 | 박병철 옮김 | 592쪽 | 20,000원

초끈이론과 숨겨진 차원, 그리고 궁극의 이론을 향한 탐구 여행. 초끈이론의 권위자 브라이언 그린은 핵심을 비껴가지 않고도 가장 명쾌한 방법을 택한다.

『KBS TV 책을 말하다』와 『동아일보』, 『조선일보』, 『한겨레』 선정 '2002년 올해의 책'

우주의 구조

브라이언 그린 지음 | 박병철 옮김 | 747쪽 | 28,000원

『엘러건트 유니버스』에 이어 최첨단의 물리를 맛보고 싶은 독자들을 위한 브라이언 그린의 역작! 새로운 각도에서 우주의 본질을 이해할 수 있을 것이다.

『KBS TV 책을 말하다』 테마북 선정, 제46회 한국출판문화상(번역부문, 한국일보사)
아·태 이론물리센터 선정 '2005년 올해의 과학도서 10권'

블랙홀을 향해 날아간 이카로스

브라이언 그린 지음 | 박병철 옮김 | 40쪽 | 12,000원

세계적인 물리학자이자 베스트셀러 『엘러건트 유니버스』의 저자, 브라이언 그린이 쓴 첫 번째 어린이 과학책. 저자가 평소 아들에게 들려주던 이야기를 토대로 쓴 우주여행 이야기로, 흥미진진한 모험담과 우주 화보집이라고 불러도 손색없는 화려한 천체 사진들이 아이들을 우주의 세계로 안내한다.

로저 펜로즈

실체에 이르는 길 제1권, 제2권 : 우주의 법칙으로 인도하는 완벽한 안내서

로저 펜로즈 지음 | 박병철 옮김 | 각권 856쪽 | 각권 35,000원

우주를 수학적으로 가장 완전하게 서술한 교양서. 수학과 물리적 세계 사이에 존재하는 우아한 연관관계를 복잡한 수학을 피하지 않으면서 정공법으로 설명한다. 우주의 실체를 이해하려는 독자들에게 놀라운 지적 보상을 제공한다. 학부 이상의 수리물리학을 이해하려는 학생에게도 가장 좋은 안내서가 된다.

2011년 아·태 이론물리센터 선정 '올해의 과학도서 10권'

오일러상수 감마

1판 1쇄 펴냄 2008년 11월 24일
1판 4쇄 펴냄 2017년 7월 10일

지은이	줄리언 해빌
옮긴이	고중숙
펴낸이	황승기
편집	이재만, 서규범, 박지혜, 김병수
마케팅	송선경, 황유라
표지디자인	권수진
본문디자인	미래미디어
펴낸곳	도서출판 승산
등록날짜	1998년 4월 2일
주소	서울시 강남구 역삼동 723번지 혜성빌딩 402호
전화번호	02-568-6111
팩시밀리	02-568-6118
이메일	books@seungsan.com
트위터	@BooksSeungsan

ISBN 978-89-6139-018-7   03410

■ 도서출판 승산은 좋은 책을 만들기 위해 언제나 독자의 소리에 귀를 기울이고 있습니다.